深入浅出 ColdFire 系列
32位嵌入式微处理器

谌利 张瑞 汪浩 李侃 编著

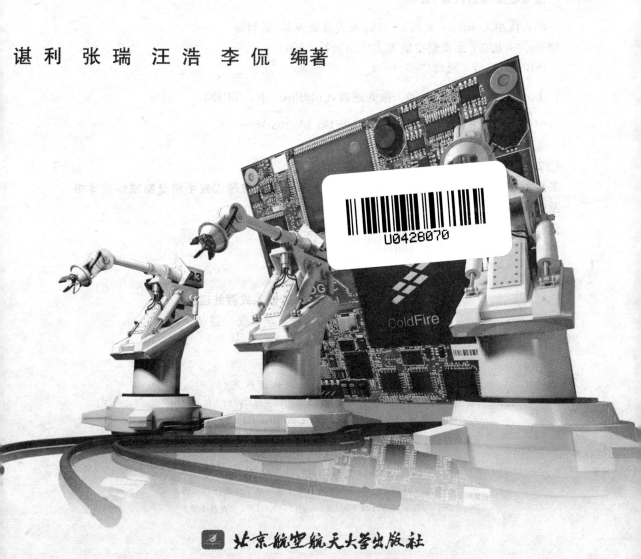

北京航空航天大学出版社

内 容 简 介

本书是针对飞思卡尔32位ColdFire系列嵌入式微处理器的应用和开发,主要是针对该系列V2与V3内核,即代表该系列大部分的中低端产品的应用。通过对每个模块的介绍和详细的应用实例,使读者更方便更容易地理解各个功能模块的应用,从而达到快速上手的目的。本书基于一个具体的芯片MCF5225x进行举例和应用,该芯片为最新的ColdFire家族成员,其特点是集成了几乎所有ColdFire家族的中低端功能模块,包括使用比较多的以太网、USB OTG、CAN、DMA、FlexBus/MiniBus,SDR/DDR Controller等模块,并且可以适用于其他各类ColdFire系列芯片。本书附光盘1张,内含飞思卡尔半导体公司授权的ColdFire系列资料和代码例程。

读者对象主要是目前ColdFire处理器的使用者和32位嵌入式处理器的开发者与爱好者,也可作为大学相关课程的实验教材。

图书在版编目(CIP)数据

深入浅出ColdFire系列32位嵌入式微处理器/谌利等
编著. —北京:北京航空航天大学出版社,2009.9
　ISBN 978-7-81124-903-3

Ⅰ.深…　Ⅱ.谌…　Ⅲ.微处理器,ColdFire　Ⅳ.TP332

中国版本图书馆CIP数据核字(2009)第153208号

© 2009,北京航空航天大学出版社,版权所有。

未经本书出版者书面许可,任何单位和个人不得以任何形式或手段复制或传播本书及其所附光盘内容。
侵权必究。

深入浅出ColdFire系列32位嵌入式微处理器
谌利　张瑞　汪浩　李侃　编著
责任编辑　刘星
*
北京航空航天大学出版社出版发行
北京市海淀区学院路37号(100191)　发行部电话:010-82317024　传真:010-82328026
http://www.buaapress.com.cn　E-mail:emsbook@gmail.com
涿州市新华印刷有限公司印装　各地书店经销
*
开本:787×1092　1/16　印张:23.5　字数:602千字
2009年9月第1版　2009年9月第1次印刷　印数:5 000册
ISBN 978-7-81124-903-3　定价:42.00元(含光盘1张)

序 一

这是一本关于飞思卡尔32位ColdFire处理器开发和应用的书。很多人在看这本书前可能会问这样两个问题:为什么要32位?为什么是ColdFire?

这是一个不争的事实:嵌入式系统中的核心部件微控制器(MCU)或微处理器(MPU)正从早些年的主流8位系统逐渐向全新的32位系统快速升级换代。特别是近年来半导体设计和制造技术的突飞猛进,大大降低了芯片的价格,使得32位系统在总体成本上已经可以被包括消费类产品在内的众多应用领域所接受;另外由于日趋复杂的功能需求,特别是呈爆炸性扩展的网络通信互联的需要,正促使32位系统以异乎寻常的速度进入各类产品和系统的设计领域,32位的设计方案也被大量摆放在广大电子设计工程师的面前。因此,如何深入理解一款32位处理器的性能和资源及其所需的开发环境,以便在较短时间内设计出一款高性价比和高可靠性的产品,是摆在很多硬件和软件设计工程师面前的一个巨大挑战。

和传统的8位系统发展道路类似,现在的32位系统设计也正处于群雄逐鹿、各显神通的阶段,国内比较常见的32位微控制器有ARM,ColdFire和MIPS等系列。纵观国内嵌入式系统设计领域,目前ARM架构无疑处于32位系统设计的主导地位,这点和当初的51系列在8位单片机中的地位是何其相似。各种原因当然有很多,但其中一个非常重要的原因是关于ARM架构的设计开发资料和相关书籍比较多,工程师们比较容易从公开的渠道获取一些基本资料,以支撑自己的产品开发。但恰恰也像8位单片机的发展历程一样,面对形形色色各类差异化的产品设计,绝非一个架构就可以包揽一切。对于广大设计工程师来说,有机会能了解和掌握不同架构的32位处理器系统,对于优化自己的设计方案,扩展设计思路将会提供非常大的帮助。

飞思卡尔的ColdFire系列32位处理器目前似乎不为广大的国内工程师所熟知。但若提及早些年Motorola的68K系列,很多有些年纪的工程师应该还记忆犹新。这款早年的32位处理器绝对统领了当时的32位嵌入式系统设计。国内的许多高端嵌入式设计也采用了68K系列,很多产品至今还在批量生产,其可靠性和稳定性被一致公认。ColdFire系列正是脱胎于68K,在原68K的基础上极大地提高了芯片的运行速度,增强了指令系统和数据运算能力,扩充了大量不同的外围功能模块。针对不同级别应用的实际需求,提供了由低端V1到高端V4的不同级别的内核。各内核级别之间在体现功能和性能差异化的同时,又保证了很好的兼容性和可移植性,为不同的产品设计提供了丰富灵活的选择。特别要强调的是,飞思卡尔充分考虑到现有8位系统直接向32位系统迁移的这么一个趋势,专门设计了引脚和外围功能模块完全兼容的8位单片机(9S08系列)和32位ColdFire单片机(V1系列),这使得一个8位系统设计几乎不用改动任何硬件和软件,就可以直接升级到32位高性能系统成为一种可能。工程师们完全可依据现有的8位系统的设计经验,学习和掌握32位系统设计的基本要素,在此基础

深入浅出 ColdFire 系列 32 位嵌入式微处理器

上进一步提升到更高级别和更复杂的 32 位系统设计。

毋庸置疑，32 位系统的设计复杂程度远非简单的 8 位系统可以比拟。32 位系统往往涉及大量的接口与数据处理、复杂的系统控制过程和高端的人机界面等。这样，一个 32 位系统的设计，一般都牵涉到大量的数据存储管理、高效的嵌入式实时操作系统、众多可选的网络和通信接口、灵活可靠的数据互联技术等不同方面的设计要求。对于一个电子设计工程师，特别是刚接触 32 位系统的工程师而言，要同时掌握如此庞杂繁复的硬件和软件系统，在短时间内绝非易事。本人在日常现场技术支持的过程中，深刻体会到国内广大设计工程师迫切所需的是更多富含实际应用经验和开发心得的资料，以便他们在设计时可以参考和借鉴，减少设计弯路，缩短设计时间。于是，就极力邀请飞思卡尔的几个经验丰富的应用工程师们挤出他们宝贵的业余时间，写一些有关 ColdFire 处理器的应用文章，和广大设计工程师们做些技术交流并分享一些心得体会。很高兴他们能热心投入到这么一件对于他们来讲完全是工作职责范围之外的事情中，并在很短的时间内就成就了这本书。

衷心希望此书能给从事嵌入式系统设计的工程师们带来一些帮助。

张明峰

飞思卡尔半导体公司现场应用工程师经理

2009 年 2 月 22 日于上海

序 二

  ColdFire 系列微处理器作为 Motorola M68000 系列的延伸，从诞生至今已有 10 多年了，其间经过了多次的完善和性能的提升，并通过广大的专业工作者在汽车、工业、医疗、消费类等领域中得到广泛的应用。但介绍 ColdFire 微处理器的中文原版书籍，在此之前还没有。针对这种情况，作为飞思卡尔半导体的应用工程师，决定写一本介绍可变长 RISC 架构系统内核和外围模块的书籍，让更多国内读者了解 ColdFire，同时给应用开发人员的实际工作提供帮助。如果能为 ColdFire 系列微处理的普及尽一些绵薄之力，那就更好了。

  作为一本面向嵌入式初学者和软硬件工程师的书籍，本书还包含了基于飞思卡尔半导体最新推出的 MCF52259、MCF5445 上的一些程序实例，希望能让读者深入浅出地了解芯片之外，对一些标准的工业接口和规范也能有一定的认识。

  飞思卡尔半导体公司为广大的客户提供了基于 ColdFire 内核的大量衍生产品，它们集成了不同大小的存储和不同的外设，相信用户一定可以从中找到适合自己方案的处理器。

郭 雷

飞思卡尔半导体公司系统与应用工程师经理

2009 年 2 月 18 日

前 言

ColdFire 系列家族最早起源于摩托罗拉的 68K 系列处理器,至今与 68K 系列处理器有着非常好的继承性和连贯性,其全系列的产品针对嵌入式领域的各方面及高低端的应用非常的完备,并且各外设模块都有很好的一致性,使得研发人员只要学会一种产品,就可以很容易地开发其家族成员的其他产品,这与 ARM 系列产品完全不同。由于 ARM 系列产品各厂商都有,其外设也是不尽相同,所以为跨厂商平台的升级移植工作带来一定难度。68K/ColdFire 产品在欧美地区应用一直非常广泛,而国内公司对 68K/ColdFire 产品并不熟悉,大多是跨国大型企业在国内的分公司才会熟悉。

飞思卡尔半导体的前身是摩托罗拉半导体事业部,是摩托罗拉非常重要的一部分,2004 年作为独立的上市公司从摩托罗拉中独立出来。2006 年飞思卡尔半导体公司为了拓展在中国的业务,在中国成立了针对工业与消费类电子的核心团队——系统与应用工程师团队,主要负责 8/16 位单片机和 32 位 ColdFire 处理器新产品在定义、验证、应用开发等各方面的研发工作以及为亚太区的市场提供技术服务。谌利在 2006 年之前一直在摩托罗拉半导体及后来的飞思卡尔半导体公司负责手机平台的软件开发和市场支持,2006 年底转入系统与应用工程师核心团队成为负责 32 位微处理器 ColdFire 的第一位工程师。后来应用工程师团队逐渐扩大,汪浩、李侃和居颖轶加入进来。通过现场应用工程师团队的努力,ColdFire 在中国的业务也是日益增大。

中国工科工程师普遍来说在英文上处于劣势,一般的阅读没有问题,但是要大量地精通阅读专业英文资料,则可能受到一定限制,会导致研发效率的下降。尤其是 ColdFire 产品中文的资料较少,导致工程师入门门槛比较高,这也使我们日益感觉到有必要为中国的嵌入式系统研发人员更有效地介绍 ColdFire 系列产品。此时恰逢现场应用工程师经理张明峰先生邀请应用工程师与现场应用工程师联手编写一本关于 ColdFire 系列产品实际应用的书,以便中国的工程师可以快速入门,熟练掌握该产品的开发和应用。在本书编写过程中,我们欣喜地看到我们的美国同事 Rudan Bettelheim 编写 *ColdFire Microprocessors and Microcontrollers* 一书的中文译本也出版发行,这本书主要从内部功能来介绍 ColdFire 系列产品,与本书的应用实例形成较好的搭配,读者可以把两本书结合起来阅读。

经过团队不懈的努力,历时半年多,终于完成此书的写作。在本书初稿完成的时候,正值全球经济危机蔓延到包括电子行业的实体经济的严冬,中国电子产业也受到波及。我们希望这本书正如 ColdFire 的名字一样,能够为中国电子产业的严冬带来一缕火焰。

本书的 4 位作者来自飞思卡尔半导体应用工程师和现场工程师团队,其中,谌利、汪浩和李侃均为高级应用工程师,张瑞为现场应用工程师,4 人均为本书的编写花费了大量的时间和精力。此外,高级应用工程师居颖轶也为本书的编写和校对工作作出了重要贡献。本

深入浅出 ColdFire 系列 32 位嵌入式微处理器

书主要基于飞思卡尔半导体公司 ColdFire 系列芯片手册、应用手册等资料以及各位工程师的使用和开发经验。在编写本书的过程中，我们得到了系统与应用工程师经理郭雷先生和中国区现场应用工程师经理张明峰先生的大力支持，同时还得到飞思卡尔公司全球产品经理 Mr. Jeff Bock、亚太市场经理曾劲涛先生和全球系统应用工程师经理 Mr. Clay Merritt 的大力支持，在此对他们以及所有关心本书编写和出版的朋友们表示诚挚的谢意。

由于时间与水平所限，本书难免会有错误，望谅解，并与编者联系指出错误，本人邮箱 shenli77@hotmail.com；也可以发送电子邮件到 emsbook@gmail.com，与本书策划编辑进行交流。

谌 利

飞思卡尔半导体公司应用工程师

2009 年 2 月于上海

目录

第1章 ColdFire 基本介绍
1.1 ColdFire 的历史和概述 ……………………………………………………… 2
1.2 ColdFire 应用领域 …………………………………………………………… 5
1.2.1 工业控制领域 ………………………………………………………… 6
1.2.2 消费类电子领域 ……………………………………………………… 6
1.2.3 医疗电子领域 ………………………………………………………… 7
1.2.4 测试与测量 …………………………………………………………… 8
1.2.5 家庭及楼宇自动化 …………………………………………………… 9
1.3 本书内容 ……………………………………………………………………… 9

第2章 ColdFire 内核及处理器架构介绍
2.1 ColdFire 内核基本介绍 …………………………………………………… 11
2.2 ColdFire 内核结构 ………………………………………………………… 11
2.2.1 V2 内核架构 ………………………………………………………… 12
2.2.2 V3 内核架构 ………………………………………………………… 13
2.2.3 V4 内核架构 ………………………………………………………… 14
2.2.4 V4e 内核架构 ………………………………………………………… 17
2.3 内核主要寄存器 …………………………………………………………… 18
2.3.1 数据寄存器 ………………………………………………………… 18
2.3.2 地址寄存器 ………………………………………………………… 18
2.3.3 堆栈指针 …………………………………………………………… 18
2.3.4 程序指针 …………………………………………………………… 19
2.3.5 条件寄存器 ………………………………………………………… 19
2.3.6 异常中断向量基地址寄存器 ……………………………………… 19
2.3.7 状态寄存器 ………………………………………………………… 19
2.4 MAC 和 EMAC ……………………………………………………………… 19
2.4.1 MAC ………………………………………………………………… 19
2.4.2 EMAC ……………………………………………………………… 21
2.4.3 应用实例 …………………………………………………………… 21
2.5 高速缓存 …………………………………………………………………… 22
2.5.1 ColdFire 缓存工作原理 …………………………………………… 22
2.5.2 主要寄存器 ………………………………………………………… 25
2.6 内部 SRAM 和内部 Flash ………………………………………………… 26

2.6.1 内部 SRAM …………………………………………………………… 26
2.6.2 内部 Flash …………………………………………………………… 26
2.7 ColdFire 处理器架构 ……………………………………………………… 31
2.7.1 CF5210 平台 ………………………………………………………… 31
2.7.2 标准产品平台 ………………………………………………………… 33
2.7.3 系统访问控制 ………………………………………………………… 35
2.8 基本指令集介绍 …………………………………………………………… 35
2.8.1 寻址模式 ……………………………………………………………… 37
2.8.2 指令集 ………………………………………………………………… 39
2.9 µCOS-Ⅱ 在 ColdFire 上的移植 …………………………………………… 46
2.9.1 µCOS-Ⅱ 移植的关键代码 …………………………………………… 46
2.9.2 OS_CPU.H …………………………………………………………… 47
2.9.3 OS_CPU_C.C ………………………………………………………… 48
2.9.4 OS_CPU_A.ASM ……………………………………………………… 50
2.9.5 OS_CPU_I.ASM ……………………………………………………… 55

第 3 章 编程开发工具

3.1 开发工具概况 ……………………………………………………………… 56
3.2 CodeWarrior for ColdFire ………………………………………………… 56
3.2.1 CodeWarrior 基本使用 ……………………………………………… 57
3.2.2 项目配置 ……………………………………………………………… 64
3.2.3 Link 文件语法 ………………………………………………………… 69
3.2.4 ColdWarrior 的默认库文件 ………………………………………… 71
3.2.5 烧写编程 ……………………………………………………………… 73
3.2.6 调 试 ………………………………………………………………… 76
3.3 Linux/µCLinux 开发环境——BSP ……………………………………… 76
3.3.1 Linux/µCLinux for ColdFire 基本介绍 …………………………… 76
3.3.2 LTIB 使用 …………………………………………………………… 77
3.3.3 内核与文件系统的下载 ……………………………………………… 80
3.3.4 调 试 ………………………………………………………………… 81
3.4 IAR for ColdFire 基本介绍 ……………………………………………… 83
3.4.1 IDE 环境介绍 ………………………………………………………… 83
3.4.2 编译器 ………………………………………………………………… 84
3.4.3 调试器 C-SPY ……………………………………………………… 86

第 4 章 内核异常与中断控制器

4.1 内核异常与中断控制器的基本介绍 ……………………………………… 88
4.2 内核异常处理 ……………………………………………………………… 88
4.2.1 异常中断处理的工作原理 …………………………………………… 88
4.2.2 中断向量表与异常介绍 ……………………………………………… 91
4.3 中断控制器的介绍 ………………………………………………………… 94

  4.3.1 中断优先级和中断级别 ………………………………………… 94
  4.3.2 寄存器基本介绍 …………………………………………………… 98
 4.4 应用实例 …………………………………………………………………… 99
  4.4.1 中断控制器的初始化 ……………………………………………… 99
  4.4.2 中断向量表的初始化 …………………………………………… 100
  4.4.3 中断服务程序的例程 …………………………………………… 103

第5章 Flex 总线和 Mini-Flex 总线

 5.1 Flex 总线基本介绍 ……………………………………………………… 105
 5.2 硬件信号 ………………………………………………………………… 106
 5.3 寄存器介绍 ……………………………………………………………… 109
 5.4 工作模式 ………………………………………………………………… 110
  5.4.1 总线状态机和突发模式 ………………………………………… 110
  5.4.2 时序分析 ………………………………………………………… 112
  5.4.3 数据对齐和非对齐 ……………………………………………… 119
 5.5 应用实例 ………………………………………………………………… 120
  5.5.1 连接通用总线设备 ……………………………………………… 120
  5.5.2 Flex 总线与 EIM 的区别 ………………………………………… 123

第6章 SDRAM 控制器

 6.1 SDRAM 外部功能引脚支持 …………………………………………… 126
  6.1.1 统一架构 ………………………………………………………… 126
  6.1.2 伪分裂架构 ……………………………………………………… 127
  6.1.3 全分裂架构 ……………………………………………………… 128
  6.1.4 SDRAM 控制器的信号 ………………………………………… 129
 6.2 SDRAM 控制寄存器简介 ……………………………………………… 130
  6.2.1 SDRAM 模式/扩展模式寄存器 ………………………………… 130
  6.2.2 SDRAM 控制寄存器 …………………………………………… 130
  6.2.3 SDRAM 配置寄存器 1/2 ……………………………………… 131
 6.3 SDR/DDR/DDR2 的功能比较 ………………………………………… 131
  6.3.1 外部引脚功能比较 ……………………………………………… 131
  6.3.2 性能差异分析 …………………………………………………… 132
 6.4 应用案例 ………………………………………………………………… 132
  6.4.1 MCF5445x SDRAM 接口应用向导 …………………………… 132
  6.4.2 硬件设计样例 …………………………………………………… 133
  6.4.3 DDR2 RAM 初始化样例 ……………………………………… 134
  6.4.4 DDR2 硬件设计的布局参考 …………………………………… 136
  6.4.5 PCB 布线指导 …………………………………………………… 138

第7章 USB 控制器

 7.1 USB 基本概述 …………………………………………………………… 141
 7.2 MCU USB 模块介绍 …………………………………………………… 145

7.2.1	MCU USB 模块概述	145
7.2.2	主机实现	150
7.2.3	设备类实现	151
7.2.4	人机接口设备类介绍	153
7.2.5	存储设备类实现	158
7.3	MPU USB 模块介绍	164
7.3.1	MPU USB 模块概述	164
7.3.2	USB 设备类的工作原理	166
7.3.3	USB 设备类例程	168
7.3.4	USB 主机类原理	174
7.3.5	USB 主机类例程	178

第 8 章 快速以太网控制器

8.1	快速以太网控制器概述	186
8.2	以太网控制寄存器简介	188
8.3	以太网控制器外部功能引脚	190
8.3.1	功能引脚简介	190
8.3.2	MII 接口原理图	190
8.4	以太网控制器的中断控制	191
8.4.1	中断源简介	191
8.4.2	中断初始化样例	192
8.5	以太网控制器应用简介	194
8.5.1	缓冲区描述符	194
8.5.2	初始化启动流程	195
8.5.3	发送数据流程	196
8.5.4	接收数据流程	197
8.5.5	以太网控制器简单测试实例	198
8.6	应用案例——ColdFire_TCP/IP_Lite	200
8.6.1	简 介	200
8.6.2	协议栈启动过程	202
8.6.3	NicheTask 实时操作系统	205
8.6.4	Mini Socket TCP API 简介	206
8.6.5	协议的流程分析样例	207

第 9 章 串行外设接口模块

9.1	队列串行外设模块	210
9.1.1	QSPI 概述	210
9.1.2	QSPI 寄存器介绍	211
9.1.3	QSPI 工作原理与数据传输流程	212
9.1.4	QSPI 使用实例	217
9.2	DMA 串行外设接口模块	220

9.2.1	DSPI 概述	221
9.2.2	DSPI 寄存器介绍	222
9.2.3	DSPI 工作原理	225
9.2.4	DSPI 使用实例	228
9.3	EZPORT 模块	232
9.3.1	EZPORT 概述	232
9.3.2	EZPORT 命令集	233
9.3.3	EZPORT 使用实例	236

第 10 章　I2C 模块介绍与应用

10.1	I2C 协议简介	243
10.2	I2C 模块框图和寄存器介绍	245
10.3	I2C 模块初始化流程	247
10.4	I2C 模块中断处理流程	249
10.5	I2C 模块应用实例——基于 NicheTask 的 LCD 驱动	257

第 11 章　FlexCAN 控制器

11.1	FlexCAN 控制器寄存器简介	261
11.1.1	FlexCAN 模式寄存器	261
11.1.2	FlexCAN 控制寄存器	261
11.1.3	自由计时器	262
11.1.4	接收屏蔽寄存器	262
11.1.5	错误计数器	262
11.1.6	错误和状态寄存器	262
11.1.7	消息缓冲中断屏蔽寄存器	262
11.1.8	消息缓冲中断标志寄存器	262
11.1.9	消息缓冲	262
11.2	CAN 外部功能引脚简介	264
11.3	CAN 的中断控制	265
11.4	FlexCAN 应用向导	265
11.4.1	CAN 总线位时序的计算	265
11.4.2	FlexCAN 模块的振荡器容许公差	268
11.5	CAN 底层驱动简介	272
11.5.1	软件架构	272
11.5.2	API 函数简介	273
11.5.3	API 函数样例	284

第 12 章　DMA 与 EDMA 控制器介绍与应用

12.1	DMA 控制器	286
12.1.1	DMA 控制器概述	286
12.1.2	DMA 寄存器介绍	287
12.1.3	DMA 控制器原理	289

12.1.4　DMA 使用实例 …… 292
12.2　EDMA 控制器 …… 296
　12.2.1　EDMA 控制器概述 …… 297
　12.2.2　EDMA 寄存器介绍 …… 297
　12.2.3　EDMA 控制器原理 …… 299
　12.2.4　EDMA 应用实例 …… 300

第 13 章　ColdFire 内置定时器

13.1　ColdFire 定时器基本介绍 …… 308
13.2　通用定时器 …… 308
　13.2.1　通用定时器的输入捕捉模式 …… 308
　13.2.2　通用定时器的输出比较模式 …… 311
　13.2.3　通用定时器的脉冲计数模式 …… 313
　13.2.4　通用定时器的 PWM 功能 …… 314
13.3　可编程中断定时器 …… 315
　13.3.1　可编程中断定时器概述 …… 315
　13.3.2　应用实例 …… 315
13.4　DMA 定时器 …… 316
　13.4.1　DMA 定时器概述 …… 316
　13.4.2　应用实例 …… 318
13.5　实时时钟模块 RTC …… 319

第 14 章　脉宽调制模块

14.1　简　介 …… 322
14.2　PWM 寄存器介绍 …… 323
　14.2.1　PWM 使能寄存器 …… 323
　14.2.2　PWM 极性控制寄存器 …… 323
　14.2.3　PWM 时钟源选择寄存器 …… 323
　14.2.4　PWM 时钟预分频选择寄存器 …… 323
　14.2.5　PWM 中央对齐使能寄存器 …… 324
　14.2.6　PWM 控制寄存器 …… 324
　14.2.7　PWM 比例寄存器 A 和 PWM 比例寄存器 B …… 324
　14.2.8　PWM 通道计数器 …… 324
　14.2.9　PWM 通道周期寄存器 …… 325
　14.2.10　PWM 通道占空比寄存器 …… 325
　14.2.11　PWM 关闭寄存器 …… 325
14.3　功能介绍 …… 326
　14.3.1　PWM 时钟源选择 …… 326
　14.3.2　PWM 定时器 …… 327
14.4　PWM 使用实例 …… 332

目 录

第 15 章 通用异步收发器

15.1 UART 模块概述 · 344
15.2 UART 工作简介 · 345
   15.2.1 异步通信的数据格式 · 345
   15.2.2 UART 的通道工作模式 · 345
   15.2.3 UART 的中断 · 347
   15.2.4 波特率计算 · 348
   15.2.5 DMA 操作 UART 收发 · 348
   15.2.6 UART 多点通信 · 349
15.3 UART 的寄存器 · 350
15.4 UART 的应用 · 352
   15.4.1 UART 配置流程 · 352
   15.4.2 例　　程 · 352
   15.4.3 UART 外围硬件设计 · 357

参考文献

第 1 章

ColdFire 基本介绍

为什么要使用 32 位处理器？

在嵌入式领域，对于早期的应用来说主要是基于 8 位和 16 位单片机，这些应用一般是任务单一、简单可靠的系统。随着应用领域对系统的功能和性能等方面提出更高的需求，8 位和 16 位单片机系统已经无法胜任，这时就需要基于 32 位系统架构的微处理器。一般来说，如果一个嵌入式系统有以下几个方面的特点，就需要采用 32 位微处理器：

- 当系统寻址范围大于 64 KB 时，所需的地址线位宽是 16 位，16 位单片机勉强能胜任，此时应该考虑 32 位系统；当寻址范围大于 1 MB 时，则地址位宽为 20 位，此时需要使用 32 位系统。
- 当需要在一个 8 位的系统上实现大于 20 MIPS 的性能时，或者在 16 位系统上实现大于 40 MIPS 的性能时，需要考虑使用 32 位系统。
- 当需要采用 Linux 操作系统时，处理器需要采用 32 位带内存管理单元 MMU；而 μCLinux 则用于没有内存管理单元的 32 位微处理器。
- 当需要使用多层次的通信协议栈时，如 TCP/IP，采用 32 位处理器可以达到很好的通信效果和性能支持。
- 需要采用浮点运算或者高精度定点运算时，使用 32 位微架构可以达到更好的运算处理能力。

Freescale 为业界提供了广泛的 32 位微处理器产品线，从低端与 8 位单片机完全兼容的 V1 ColdFire 系列到最高端的 PowerPC 架构，无论用户有何种应用，总能够从整个产品线中找到适合的产品。图 1-1 显示的是 Freescale 32 位微处理器的产品线。

图 1-1 Freescale 32 位微处理器家族

深入浅出 ColdFire 系列 32 位嵌入式微处理器

1.1 ColdFire 的历史和概述

摩托罗拉公司于 1976 年启动 MACSS 项目（Motorola Advanced Computer System on Silicon，摩托罗拉硅晶高级计算机系统），打算开发一款与以前产品完全不兼容的全新微处理器。根据计划，新 CPU 应该是对当时摩托罗拉主流 8 位 CPU 6800 的一个高端互补产品，因此不会考虑两者间的兼容性。不过，当 68000 设计出来后，它还是被保留了一个可兼容 6800 外设的总线协议模式，并且专门有 8 位数据总线的产品被生产出来。当然，设计人员还是更在意其向后兼容性，这为 68000 在 32 位 CPU 领域确立领先优势奠定了基础。例如，68000 使用 32 位寄存器和内部总线，尽管其本身的结构很少直接操作长字。小型计算机诸如 PDP-11 和 VAX（二者采用了类似的微编码）对 68000 的设计有深刻的影响。

20 世纪 70 年代中期，8 位微处理器生产商纷纷竞争导入下一代 16 位 CPU。国家半导体在 1973—1975 年间首先开发出了 IMP-16 和 PACE，但其速度并不理想。英特尔公司于 1977 年推出 8086，迅速受到欢迎。此时，为确保竞争上的领先，摩托罗拉认识到其 MACSS 项目必须跳过 16 位系统，而直接推出 16/32 位混合型 CPU。到 1979 年，摩托罗拉 68000，即 MC68000，才姗姗来迟。由于比 8086 晚两年，其晶体管数目更多，并因其易用性得到了好评。

最初的 MC68000 使用 3.5 μm HMOS 技术（即高性能 N 通道金属氧化物半导体，CMOS 的前身）制造；1979 年发布了工程样品，次年产品型面世，速度有 4、6、8、10 MHz 多种；最快的 16.67 MHz 版本到 20 世纪 80 年代末才面市。MC68000 在早期得到了很多高端产品的青睐。在 Sun 公司的 Sun workstation 等多种 Unix 工作站中，MC68000 一度占统治地位。市场领先的其他一些计算机，包括 Amiga（阿米加）、Atari ST（雅达利 ST）、Apple Lisa（苹果 Lisa）和 Macintosh（麦金托什），以及第一代激光打印机，如苹果公司的 LaserWriter，都使用 MC68000。1982 年，摩托罗拉进一步更新了 MC68000 的指令集以支持虚拟内存，并使其能够满足由 Popek 和 Goldberg 于 1974 年提出的虚拟化标准。为支持低成本系统和使用较少内存的应用，摩托罗拉于 1982 年推出了面向 8 位外部数据总线的 MC68008。1982 年以后，摩托罗拉开始把更多的注意力投向 68020 和 88000。

由日立公司设计，与摩托罗拉公司于 1985 年联合推出了使用 CMOS 技术的 68HC000。68HC000 的速度有 8～20 MHz 多个版本。除了使用 CMOS 电路，68HC000 与基于 HMOS 的 MC68000 完全一致，但正是因此其能耗得到大幅下降。MC68000 在 25℃ 环境下能耗大约为 1.35 W，而 8 MHz 的 68HC000 能耗为 0.13 W，较高频率的版本能耗也相应提高（HMOS 技术则不同，其在 CPU 空闲时仍会耗电，因此功耗与频率基本无关）。1990 年摩托罗拉又推出了 MC68008 的 CMOS 版本，并将其改进为可兼容 8 位和 16 位两种总线模式。其他 HMOS 版 68000 的生产商包括 Mostek、Rockwell（洛克维尔）、Signetics、Thomson（汤姆逊）和东芝。东芝也生产 CMOS 版 68000（TMP68HC000）。

随着技术的进步，68000 在计算机单机市场逐渐被淘汰，但其应用仍活跃于消费和嵌入式领域。游戏机制造商使用 68000 作为许多街机和家用游戏机的处理器：雅达利在 1983 年推出的 Food Fight 便是使用 68000 的代表街机游戏；世嘉的 System 16、卡普空的 CPS-1 和 CPS-2 以及 SNK 的 Neo Geo 也都使用 68000。到了 20 世纪 90 年代，尽管街机游戏开始使用更加强大的 CPU，68000 仍被用作声音控制器。20 世纪 80 年代末到 90 年代初，一些游戏机厂商使用 68000 作为家用游戏平台的中央处理器,这包括世嘉的 Mega Drive (MD)和 Neo Geo 家用版。后来,68000 还在世嘉的 32 位 CPU 游戏机 Sega Saturn 中用作声音控制器。

基于 68000 的 683XX 系列微控制器广泛应用于许多应用领域中,包括网络和电话设备、电视机顶盒、实验室与医疗设备等。思科、3Com 等公司曾在他们生产的通信设备中使用 MC68302 及其衍生产品。德州仪器在一些高端图形计算器中,如 TI-89 和 TI-92,使用 68000。这些设备早期使用以 68EC000 为内核的专门化微控制器,后来改用封装好的 MC68SEC000[①]。

由于 68K 系列在嵌入式领域获得巨大成功,摩托罗拉半导体部于 1993—1994 年以 68K 系列为基础推出了性能和功能更加强大的可变长精简指令集(VL RISC)的纯 32 位处理器 ColdFire。后来由摩托罗拉分离出来独立上市的飞思卡尔(Freescale)半导体公司,继续根据市场的需求推出不同性能和外设的 ColdFire 产品,以丰富 ColdFire 家族的成员,形成了一个完整的产品链。因此其本质来说 M68K 和 ColdFire 是一脉相承的,ColdFire 的历史可追溯到 1978 年,到 2009 年为止,已经 31 年了。

图 1-2 是目前 ColdFire 系列的产品路线图。

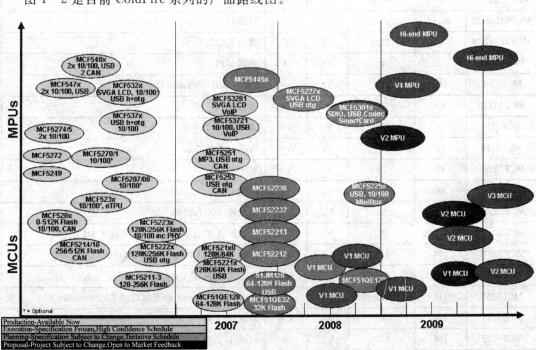

图 1-2 ColdFire 系列产品路线图

在飞思卡尔半导体公司完整丰富的汽车电子、工业和通用处理器产品线中,ColdFire 为市场提供了价格适中的高性能 32 位处理器。它的特点是性能优异,集成度高,芯片的生态系统(ecosystem)丰富强大。这里所说的生态系统指的是处理器芯片能够在市场上广泛应用所必需的一系列外围的系统,其中包含了处理器丰富的数据手册、应用手册和参考手册,强大的编译开发调试工具,免费或低廉的实时或非实时操作系统,低价的参考硬件演示平台或者评估系

---

① 本节关于 M68000 历史的介绍引用自维基百科中文网站关于"摩托罗拉 68000"词条。

统。这一切的生态系统都是为了能够让用户可以在短时间内熟悉处理器的功能、性能及使用方法,从而加快产品的开发进度,缩短产品进入市场的周期。如此强大的生态系统是32位微处理器所特有的,因为32位处理器一般都是用来搭建一个嵌入式系统,其复杂度和难度都比其他的独立芯片或8位和16位处理器要大,对于开发者来说,处理器的生态系统则就显得尤为重要。

  ColdFire 的性能也是为用户所称道的,它的 V4 内核的产品在 266 MHz 主频的情况下指令速度可以达到 410 Dhrystone 2.1 MIPS。表 1-1 列出了几个代表性 ColdFire 产品的性能参数。

表 1-1 ColdFire 系列产品的性能对比

产品	性能		内核	指令集 ISA_x	主要特性(这里只列出区别于其他处理器的特性)
	最高主频 /MHz	Dhrystone MIPS @Max freq			
MCF51QE128	50.33	47.3	V1	C	低功耗
MCF51JM128	50.33	47.3	V1	C	USB OTG
MCF51AC256	50.33	47.3	V1	C	通用 MCU
MCF5206E	54	40	V2	A	通用 MPU
MCF5208	166	159	V2	A+	DDR/SDR,FlexBus,以太网
MCF52110	80	76	V2	A+	通用 MCU
MCF5213	80	76	V2	A+	通用 MCU,CAN
MCF5216	66	63	V2	A+	SDR+集成 Flash
MCF52211	80	76	V2	A+	USB OTG
MCF52223	80	76	V2	A+	USB OTG
MCF52235	60	56	V2	A+	以太网,CAU,RNG
MCF52259	80	76	V2	A+	以太网,USB,CAURNG,CAN,通用 MCU
MCF52277	166	159	V2	A+	DDR/SDR,LCD/触摸屏,USB OTG,CAN,SSI
MCF5235	150	144	V2	A+	SDR,以太网,CAN
MCF5253	140	125	V2	A	Audio,High speed USB SDR,ATA,SD card
MCF5271	100	96	V2	A+	SDR,以太网
MCF5272	166	159	V2	A	SDR,以太网,USB device
MCF5275	166	159	V2	A+	DDR/SDR,双以太网,USB device
MCF5282	80	76	V2	A+	SDR,512 KB Flash,以太网,CAN
MCF53013	240	211	V3	A+	DDR/SDR,Codec,SSI,USB OTG,双以太网,CAN
MCF5307	90	75	V3	A	通用 MPU
MCF5329	240	211	V3	A+	DDR/SDR, LCD, SSI, USB OTG, High speed USB,以太网
MCF5373L	240	211	V3	A+	DDR/SDR,SSI,USB OTG,High speed USB,以太网
MCF5407	220	316	V4	B	通用 MPU

第 1 章　ColdFire 基本介绍

续表 1-1

产品	性能		内核	指令集 ISA_x	主要特性（这里只列出区别于其他处理器的特性）
	最高主频 /MHz	Dhrystone MIPS @ Max freq			
MCF54455	266	410	V4	C	DDR/SDR,SSI,USB OTG,High speed USB,双以太网,CAU/RNG,PCI,IDE
MCF5475	266	410	V4e	B	FPU,DDR/SDR,USB Host,双以太网,SEC
MCF5485	200	308	V4e	B	FPU,DDR/SDR,USB Host,双以太网,SEC,CAN

ColdFire 的高集成度使它可以拥有丰富的外围接口，几乎提供了目前工业和通用领域所需要的所有接口，从而减少了基于 ColdFire 系统的整体 BOM(bill of material)价格。一般的外设包括：

- 多通道应用于各种场合的定时器(PIT,DTIMER,GPT,PWM 等)。
- USB OTG/HOST/Device，从高速(High speed)、全速(Full speed)到低速(Low speed)都有产品支持。
- 10/100M 以太网控制器。
- CAN2.0B 的总线控制器。
- PCI 控制器(主从模式)在高端 V4 产品中也有支持。
- ATA 接口。
- IIC,SPI,UART 等通用的串行总线。
- Audio IIS 总线提供了音频 codec 的接口。
- DMA 控制器。
- Crypto 模块提供了硬件加密功能，使得芯片可以以更高速度的处理能力应用在安全加密领域。
- 模拟数据转换(ADC)模块。
- eTPU 时序协处理器。
- RTC 实时时钟模块。
- LCD 控制器模块。
- FlexBus/MiniBus 提供了外扩设备的总线。
- SBF 模块提供了系统从串行闪存启动的能力。

作为通用的 32 位微处理器，ColdFire 拥有较低的代码消耗、较低的系统成本、高性能、功能强大的调试模块以及完整的支持环境，应用领域广泛，包括医疗仪器、电子测量仪器、POS 终端机、安防系统、家庭多媒体网络、工厂自动化应用和监控系统以及需要保护控制机制的各种连接应用。

1.2　ColdFire 应用领域

ColdFire 除了强大的高度集成性和处理能力之外，更令人称道的是其超高的产品稳定性和产品质量,这样的特性使其在工业包括军工应用中拥有非常重要的地位,更是国外一些知名电气厂家信任的对象。当然,ColdFire 除了在工业中的超然地位之外,在消费类、医疗行业、测试与测量仪器以及家庭楼宇自动化领域都有其非常重要的应用。

1.2.1 工业控制领域

ColdFire 的高可靠性和人机交互方面的特色使其可以应用于许多工业领域控制和自动化系统中,作为图像构建和网络接口的主处理器。CAN 总线在工业控制领域有着广泛的应用,ColdFire 系列中有许多产品都集成了 FlexCAN 模块,支持 CAN2.0B 的协议。图 1-3 是一个典型的基于 CAN 总线组网的以 ColdFire 为核心的机器手和电机控制系统。

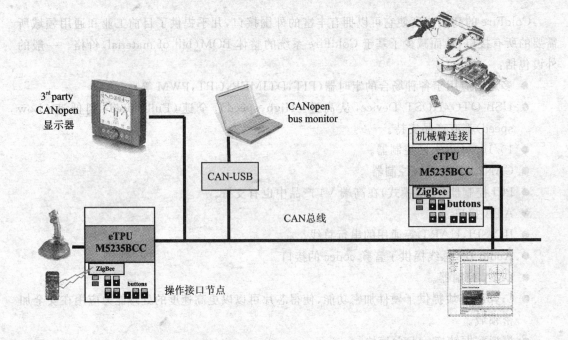

图 1-3 工业自动化产品示例

在此系统中,操作人员通过手柄的控制由 MCF5235 采集并通过 CAN 总线传输到控制端,控制端的 MCF5235 则通过 eTPU 的精确时间模块来精确控制机械臂的电机转动动作。

1.2.2 消费类电子领域

ColdFire 在消费类电子领域有着广泛的应用,目前在该领域已有很多成功的应用例子。

(1) 便携式个人多媒体设备

单芯片的 ColdFire 产品可以提供较高的集成度,包含硬盘/CDROM 的 ATA/IDE 接口、SSI 模块支持的音频 codec 接口、LCD 模块支持的显示接口以及各种外设的辅助接口。

(2) VOIP 解决方案

典型的 VOIP 产品外观如图 1-4 所示。VOIP 产品要求具有以太网接口和音频采样、处理及播放能力。针对此类需求,ColdFire 处理器有多款产品提供了集成 100M 以太网接口和音频处理模块。EMAC 模块可以提供数字信号处理性能,使其胜任此方面的应用。

Freescale 与第三方公司 Arcturus(http://www.arcturusnetworks.com)合作提供了多个基于 ColdFire 不同系列处理器的 VOIP 完整解决方案,包含硬件平台与软件协议包支持。

(3) 网络视频

典型的网络视频方案如图 1-5 所示,广泛应用于安防、监控系统等领域。ColdFire 丰富的各种协议连接接口和高性能的信号处理能力可以很好地实现网络视频处理与传输的功能,与其他同类处理器比较,可以降低整体系统的成本。

图 1-4　VOIP 典型产品外观

图 1-5　网络视频方案典型外观

1.2.3　医疗电子领域

嵌入式系统在医疗电子领域也有着广泛的应用,图 1-6 是一些医疗电子领域的应用。

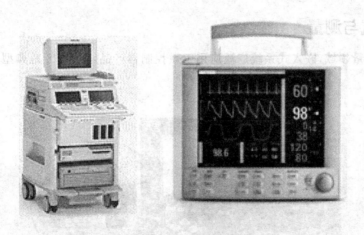

图 1-6　医疗电子领域应用

在医疗监护或者心电、超声测量等方面的仪器应用,ColdFire 同样可以提供足够的适应性。图 1-7 是一个医疗监护系统的架构图。它采用 MCF53281 作为主芯片,实现全自动的病人监护、报警、自动输液、联网检测等功能。其中,MCF5329/MCF53281 作为系统的核心,拥有 240 MHz 的主频,提供了 CAN、以太网、USB、SPI、串口以及 LCD 的接口。

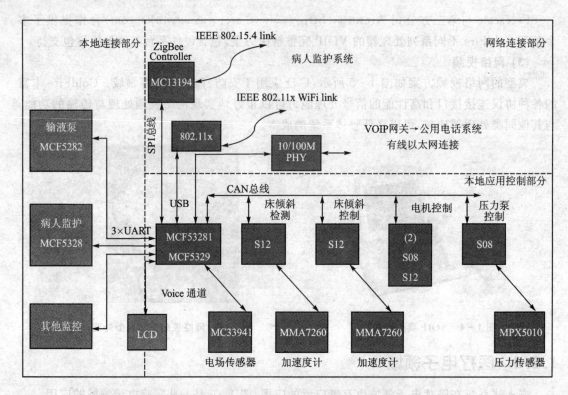

图 1-7 医疗监护系统

1.2.4 测试与测量

在测试与测量领域,嵌入式系统广泛应用于微控制器产品,图 1-8 是典型的测试测量应用的例子。

图 1-8 测试测量应用

自动化测量一般需要高精度的 ADC 和供数据传输使用的其他连接接口,LCD 也是测量设备一个重要的要求。ColdFire V1 产品提供有高精度的 ADC 模块以及 USB、以太网的接口,适用于测量系统的设备。

1.2.5 家庭及楼宇自动化

图 1-9 是一个典型的家庭楼宇自动化系统。

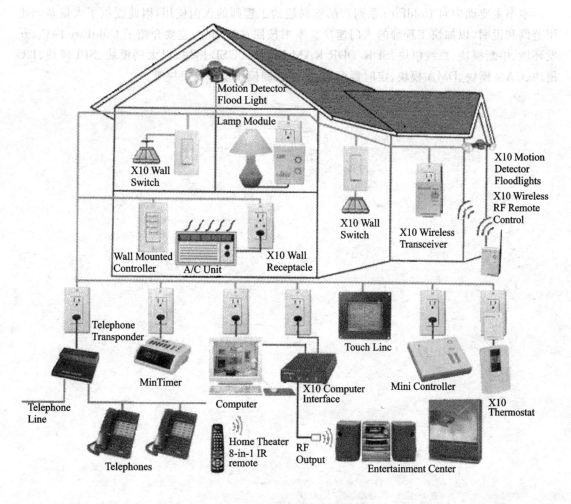

图 1-9 家庭楼宇自动化系统

家庭自动化控制系统的概念是基于以太网和无线射频技术组网,将各种传感与控制系统集中管理的系统,例如电灯、电话、电视、窗帘、热水器、音响、厨房电器、安全气体检测、红外安全检测、门禁系统等的组合自动化管理。ColdFire 系列为该系统提供了合适的功能和性能。由于在各节点上的系统要求占用尽可能小的空间,所以 MCU 相比 MPU 产品更有适应性;同时 ColdFire 产品的互联性和兼容性让其可以更好地胜任此类系统的应用。

1.3 本书内容

ColdFire 系列产品中的模块继承性很好,因此本书将以 ColdFire MCU 系列产品 MCF52259 为基础介绍 ColdFire 的通用模块的基本概念和使用过程;此外,对于其他一些 MPU 产品才有的模块,则依照 MCF54455 产品为范例进行介绍;其他的产品对应模块基本上可以完全参照这两个芯片来学习。在本书编写的过程中，MCF52259和MCF54455系列产品属于比较新上市的产品，此时Freescale也在定义更新的产品系列以适应市场需求，读者同样可以参照本书学习后续更新的产品。

本书主要面向对ColdFire系列产品感兴趣的工程师的入门使用，因此提供了大量基础使用范例和说明，以加快工程师的入门速度。本书按照章节划分，主要介绍了ColdFire内核、开发环境、中断模块、总线模块、SDR/DDR RAM控制器、USB模块、以太网模块、SPI模块、I2C模块、CAN模块、DMA模块、定时器模块、脉宽控制模块及串口模块等。

第 2 章
ColdFire 内核及处理器架构介绍

本章主要介绍 ColdFire 内核的基本情况和处理器架构,另外还介绍了 ColdFire 的基本指令集。

2.1 ColdFire 内核基本介绍

ColdFire 作为从 M68000 发展起来的新一代 32 位微处理器,最显著的特点就是所支持的可变长精简指令集(variable-length RISC)。这一特点使得处理器的代码密度可以显著提高,从而比其他定长指令集的 CPU 在同样条件下占用内存的空间更小。同绝大多数 RISC 处理器一样,ColdFire 的大部分指令都是单周期执行的。具体来说,ColdFire 指令集可以支持 1~3 个字(word),即支持 16 位操作指令(Operation Instruction)、32 位操作指令以及 48 位操作指令。表 2-1 表示的是指令字的结构。

表 2-1 ColdFire 指令字结构

指令字	功 能
操作字(Operation Word)	用来指定指令要做些什么以及操作寻址模式、操作的寄存器等信息
扩展字 1(Extension Word)	扩展字 1 和 2 是针对一些复杂指令和长字节指令操作提供的扩展信息
扩展字 2(Extension Word)	

这里要明确的是 ColdFire 的可变长指令与 ARM 的 THUMB 指令模式是有区别的。最显著的区别就是 ARM 在从 32 位 ARM 指令模式切换到 THUMB 指令模式时,CPU 需要进行一系列的模式切换,从而增加了系统额外的工作量,如果有频繁切换的情况,反而会丧失系统性能,得不偿失;而 ColdFire 的可变长指令是不需要任何切换的,从而实现灵活的编程方式,在不损失系统性能的情况下实现较高的代码密度,可以说有点类似 ARM 的 THUMB-2,因为后者也是不需要切换的。

2.2 ColdFire 内核结构

ColdFire 按照内核(core)来划分可以分为 V1,V2,V3,V4/V4e,V5/V5e 等几个等级。

ColdFire V1 产品主要是为了实现 Freescale 8 位与 32 位产品的无缝兼容而推出的独特的 32 位处理器产品,其外设与 8 位单片机 S08 兼容,而内核则是 32 位的 ColdFire 内核,与 V2 兼容。V1 内核实际上是简化版本的 V2 内核,指令集兼容(ISA_C)并支持 S08 单片机调试口,省略了乘加运算单元(MAC)、除法单元(DIV)和一些协处理指令,因此本书不对 V1 做详细介绍。

2.2.1 V2 内核架构

图 2-1 是 V2 内核的架构框图。

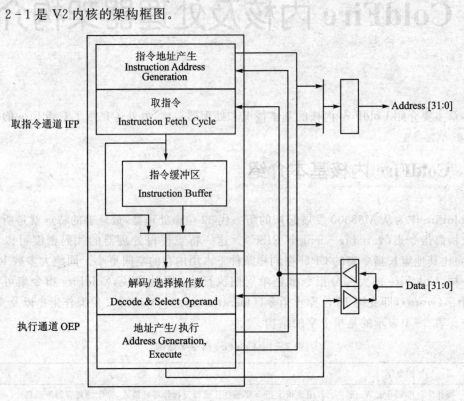

图 2-1 V2 内核架构

V2 内核由取指令通道和执行通道构成,其中取指令与执行各由两级流水线构成,中间用指令缓冲区连接。取指令通道首先由 IAG 产生下一条执行指令的地址,再由 IF 单元通过内核的地址/数据总线获得指令,并将指令放入指令缓存中,如果指令缓存区为空(即之前没有指令执行或者缓存被清空,这种情况往往在有跳转指令执行的时候出现),则直接将指令送入执行通道中。执行通道先进行解码和选择操作数的操作,然后执行该指令。由于指令缓冲区(由 FIFO 实现)的存在,内核可以通过取指令通道实现预取指的操作。

下面简单介绍内核中的各级模块。

(1) 取指令通道(IFP)

① 指令地址产生(IAG)用来计算下一个预取指令的地址。

② 取指令循环(IC)从处理器的本地总线(K 总线)取指令。

③ 指令缓冲区(IB)采用 FIFO 队列来耦合取指通道和执行通道。

(2) 执行通道(OEP)

① 解码/选择操作数(DSOC)用来解码指令并获得操作数。

② 地址产生/执行(AGEX)用来计算操作数的地址及执行指令。

IFP 在顺序取指的情况下，IAG 通过对最后一个指令地址加 4 来产生下一个取指的地址，地址则被送到内核的 K 总线(K-bus)上(如果没有更高优先级的取操作数动作在执行的话)。一旦预取指令的地址送到 K-bus 上，取指周期则会对相应的内存进行访问并将读取的指令在此周期内返回给 IFP。如果访问的指令不在 K-bus 的内存中(例如此指令没有对应缓存，或者需要访问外部的存储器)，IFP 则会停留在取指令循环(IC)阶段，直到取得对应的指令数据。

如前所述，IFP 取得的指令可以送入指令缓存 FIFO 中，或者在 FIFO 为空且 OEP 空闲的情况下直接送入 OEP 去执行。在 V2 内核中，FIFO 的长度为 3 个 32 位空间。ColdFire 内核采用了一种简单的静态条件跳转预测算法，OEP 解码出来的所有条件跳转都直接反馈到 IFP 用来做预取指地址以及重新更新流水线。

对于寄存器到寄存器以及寄存器到内存的操作，指令可以一次通过执行通道的两个模块执行。对于内存到寄存器以及"读-修改-写内存"的操作，指令则需要在执行通道执行两次：第一次计算有效的内存地址并且在处理器的总线上启动读取操作数的动作；第二次完成操作数的处理并执行相应指令。

2.2.2 V3 内核架构

包含 V3 内核的产品主要有 MCF537x，MCF532x，MCF5307 等。图 2-2 是 V3 的内核架构图。

V3 内核作为 V2 内核的升级，最大的区别就是在取指令通道 IFP 中取指周期划分成 2 级，并增加了指令预解码模块。由于增加了流水线的分级，可以平衡好每级的逻辑延迟，从而可以提高整个系统的主频。

V3 处理器流水线各级模块如下所述。

(1) 取指令通道(IFP)

① 指令地址产生(IAG)用来计算下一个预取指令的地址。

② 取指令循环 1(IC1)启动处理器的本地总线取指令。

③ 取指令循环 2(IC2)完成处理器的本地总线取指令。

④ 指令预解码(IED)产生 OEP 所需的预解码信号。

⑤ 指令缓冲区(IB)采用 FIFO 队列来耦合取指通道和执行通道。

(2) 执行通道(OEP)

① 解码/选择操作数(DSOC)用来解码指令并获得操作数。

② 地址产生/执行(AGEX)用来计算操作数的地址及执行指令。

与 V2 内核不同，增加的指令预解码模块可以提前预知指令的长度，IED 可以将预解码信息和机器指令一并送入指令缓冲区。V3 的指令缓冲区有 8 个单元，每个单元都可存储一个由操作指令、预解码信息(或叫扩展操作指令)、可选的扩展字 1 和 2 构成的机器指令，这样就可以减小 OEP 中执行单元的逻辑复杂度并加快其执行速度。

IFP 和 IB 的长度增加，可能会导致对于异常跳转所产生的条件分支处理效率降低。由于

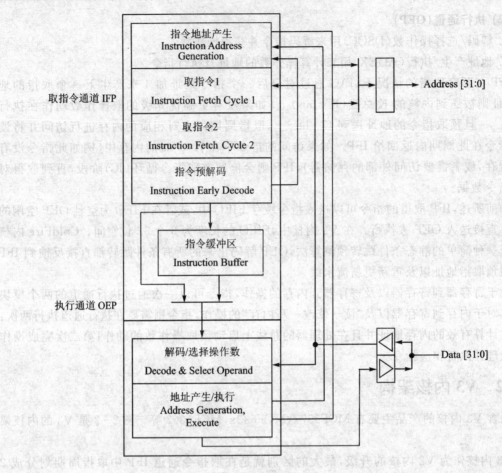

图 2-2 V3 内核架构

异常跳转的产生,越长的流水线会导致越低的效率。为了降低这种影响,IED 中增加了跳转加速(change-of-flow acceleration)逻辑模块。IED 可以获知指令的长度边界,通过跳转加速模块,IED 可以在预取指的阶段监测跳转指令,并计算跳转目的地址,将地址反馈回 IAG 模块,从而实现预跳转。整个预跳转不需要 OEP 的参与,这样不必等到跳转指令移入 OEP 后才跳转,避免浪费整个预取指令的循环,可以极大地加快异常跳转的速度。例如,在执行无条件跳转指令 BRA 时,跳转加速单元监测到该指令,则计算出该指令所跳转的目的地址,并反馈回 IAG,从而将跳转指令之后的一系列预取指令清除,由新的跳转分支代码来替代。这样一来,对于 OEP 来说,跳转后的指令就紧跟着跳转指令,使得跳转指令好像只需要一个循环就可实现。对于条件跳转的情况,例如 BCC 指令,V3 内核采用静态的预测算法来进行跳转。默认的静态预测策略是前向跳转(forward bcc,按顺序往下跳转)预测为不跳转,而对于回向跳转(backword bcc,向执行过的语句跳转)预测为跳转。当然程序可以通过修改 CCR 寄存器的第 7 位来配置不同的预测策略。

OEP 模块与 V2 的类似,这里不作累述。

2.2.3 V4 内核架构

V4 内核支持 ISA_C 的指令集,增强乘加运算单元(EMAC)和内存管理单元(MMU)作为

第 2 章 ColdFire 内核及处理器架构介绍

V4 内核的可选集成模块。含有 V4 内核的 ColdFire 产品包括 MCF5407，MCF5445x 等。其中 MCF5407 是不带 MMU 和 EMAC 的，仅有 MAC 模块；而 MCF5445x 则包含 MMU 和 EMAC 模块。V4 采用了高性能的哈佛结构总线设计以及分支缓存和加速技术，处理性能可以达到 1.54 Dhrystone 2.1 MIPS/MHz。

图 2-3 是 V4 的内核架构图。

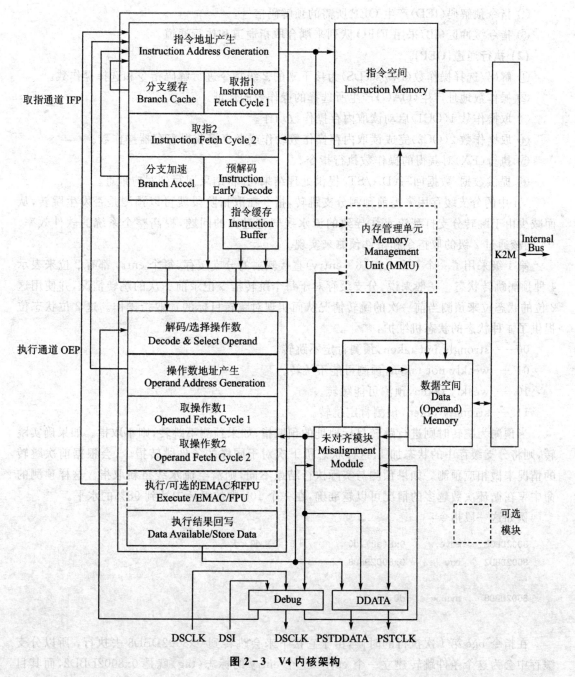

图 2-3 V4 内核架构

相对于 V3 内核，V4 内核在 IFP 中增加了分支缓存用来做跳转时使用，同时 OEP 增加到 5 级流水线。

V4处理器流水线的各级模块如下所述。

(1) 取指令通道(IFP)

① 指令地址产生(IAG)用来计算下一个预取指令的地址。
② 取指令循环1(IC1)启动处理器的本地总线取指令。
③ 取指令循环2(IC2)完成处理器的本地总线取指令。
④ 指令预解码(IED)产生OEP所需的预解码信号。
⑤ 指令缓冲区(IB)采用FIFO队列来耦合取指通道和执行通道。

(2) 执行通道(OEP)

① 解码/选择操作数(DS/secDS)为接下来的2级指令进行解码指令和选择操作数。
② 操作数地址产生(OAG)产生所选择的操作数的地址。
③ 取操作数1(OC1)启动读取内存操作数动作。
④ 取操作数2(OC2)完成读取内存操作数动作或者直接获得寄存器操作数。
⑤ 执行(EX)对获得的操作数执行指令。
⑥ 提供数据/数据回写(DA/ST)提供处理结果,并将结果回写到对应地址。

V4中的分支缓存用来提前预测分支跳转,指令在取指阶段就可以预测是否发生跳转,从而减少由于跳转分支打乱流水线导致的流水线气泡过大的问题,提高整个系统的软件效率。V4内核通过2级的取指令和条件预测来实现。

第1级采用了一个8个入口(8-entry)直接映射的分支缓存,每个entry都有2位来表示4种预测跳转状态。一般来说,分支缓存对于每个跳转指令记录前一次的跳转情况,并使用这2位的状态位来预测当前一次的跳转情况从而实现对跳转目标的预取指操作。这2位状态位提供了4种状态的状态机维护:

00——strongly not taken,预测肯定不跳转。
01——weakly not taken,预测可能不跳转。
10——weakly taken,预测可能跳转。
11——strongly taken,预测肯定跳转。

当预测为跳转时则进行跳转目标地址的预取指;如果预测不跳转,则不取指。如果确实跳转,则将分支缓存中的状态加1,这样状态机下次对于同样的条件跳转指令,会根据前次跳转的情况来做相应预测。如果预测与实际执行结果不同,则清空流水线重新取指。这样预测的命中率在循环次数越多的情况可以越准确,在一个100次的循环中达到98%的水平。

例如这一段指令:

```
8002DBCE    move.w    0x8(a2),d0      /*8(a2)*/
8002DBD2    bge       0x8002DBD8
...
8002DBD8    mvs.w     d0,d0
...
```

在指令bge第1次执行的时候,由于它接下来会跳转到0x8002DBD8去执行,所以分支缓存中会为这个条件跳转建立一个entry,这个entry的标志(tag)就是0x8002DBD2,而其目标映射就是0x8002DBD8。此时在分支缓存中就会产生一个标志和目标地址的一一对应关系,同时还建立2位的跳转预测状态位,分支缓存中最多可以保存8个这样的对应映射。这样的映射使得下次取指令操作再次运行到 tag 值即 0x8002DBD2 时,预取指单元会自动根据其对应的目标映射和跳转状态机的状态到 0x8002DBD8 去取指令,从而实现预测跳转的操作。如果状态机为不跳转状态,则按顺序取指。

2.2.4 V4e 内核架构

作为增强型的 V4 内核,V4e 内核将 V4 内核的可选配置模块 EMAC 和 MMU 作为标准模块集成进来,并集成了浮点运算单元 FPU。图 2-4 是 V4e 的内核架构。

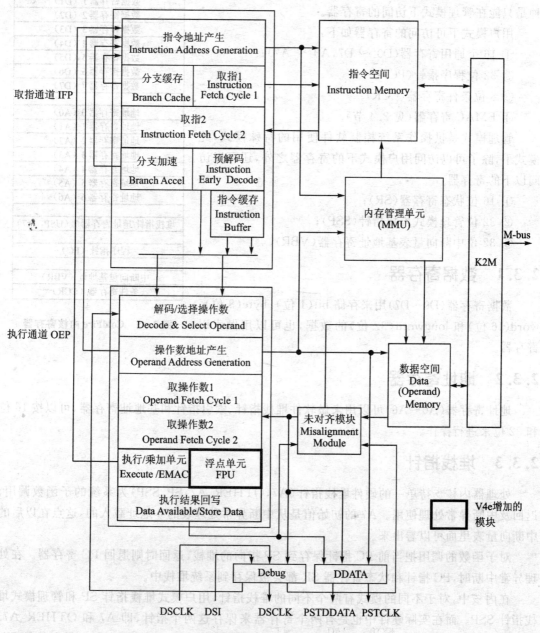

图 2-4 V4e 的内核架构

MMU 和 FPU 仅在 V4e 内核中出现,因此本书暂不作详细介绍。

2.3 内核主要寄存器

本节以 MCF52259 为例介绍 ColdFire 内核中的寄存器(见图 2-5)。由于内核有用户模式(supervisor mode)和管理模式(user mode),相应的寄存器也有两类:一种是在两种模式下都可访问的寄存器;另一种是只能在管理模式下访问的寄存器。

用户模式下可访问的寄存器如下:
① 16 个通用寄存器(D0 ～ D7,A0 ～ A7);
② 32 位程序指针(PC);
③ 8 位条件寄存器(CCR);
④ EMAC 寄存器(见 2.4 节)。

管理模式是供操作系统控制软件使用的特殊模式,此模式下,除了可以访问用户模式下的寄存器之外,还可以访问以下的寄存器:
① 16 位状态寄存器(SR);
② 32 位管理模式堆栈指针(SSP);
③ 32 位中断向量表基地址寄存器(VBR)。

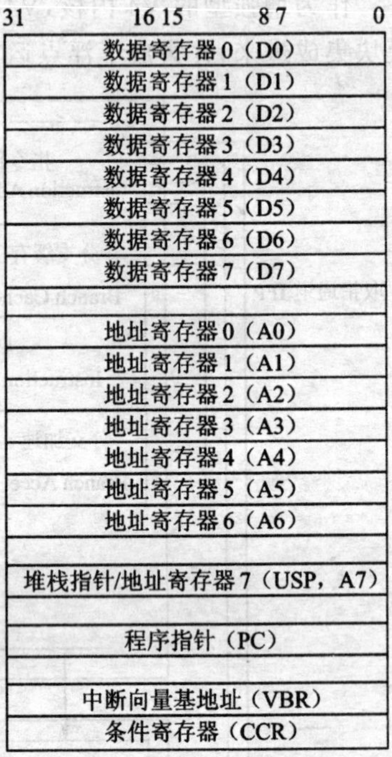

31	16 15	8 7	0
数据寄存器 0(D0)			
数据寄存器 1(D1)			
数据寄存器 2(D2)			
数据寄存器 3(D3)			
数据寄存器 4(D4)			
数据寄存器 5(D5)			
数据寄存器 6(D6)			
数据寄存器 7(D7)			
地址寄存器 0(A0)			
地址寄存器 1(A1)			
地址寄存器 2(A2)			
地址寄存器 3(A3)			
地址寄存器 4(A4)			
地址寄存器 5(A5)			
地址寄存器 6(A6)			
堆栈指针/地址寄存器 7(USP,A7)			
程序指针(PC)			
中断向量基地址(VBR)			
条件寄存器(CCR)			

图 2-5 ColdFire 内核寄存器

2.3.1 数据寄存器

数据寄存器(D0～D7)用来存储 bit(1 位)、byte(8 位)、word(16 位)和 longword(32 位)的数据,也可以用做索引寄存器。

2.3.2 地址寄存器

地址寄存器(A0～A6)可以用来做软件堆栈指针、索引指针和基地址寄存器,可以按 16 位和 32 位来进行操作。

2.3.3 堆栈指针

处理器内核支持单一的硬件堆栈指针(A7,OTHER_A7,SP,SSP)为系统的子函数调用、返回及中断异常处理使用。A7 的初始值是从中断异常处理表的 0 地址载入的,这点在以后的中断向量表里面可以看出来。

对子函数的调用把当前 PC 指针保存到 SP 指向的堆栈,返回时则退回 PC 寄存器。在处理异常中断时,PC 指针和状态寄存器 SR 都会被保存到系统堆栈中。

在内核中,对于不同的模式有两个不同的堆栈指针,用户模式堆栈指针 SP 和管理模式堆栈指针 SSP。而在实际硬件中也是有两个寄存器来保存这两个指针,即 A7 和 OTHER_A7。在不同的处理器模式下,两个寄存器所保存的内容是不同的:在用户模式下,A7 保存的是 SP,OTHER_A7 保存的是 SSP;在管理模式下则相反。

2.3.4 程序指针

程序指针(PC)用来保存当前执行的指令地址。在指令执行过程中,处理器自动将 PC 指针内容增加;在异常处理时,则自动赋予其新的异常处理函数的跳转地址。

2.3.5 条件寄存器

条件寄存器(CCR)其实是状态寄存器 SR 的低 8 位,但是它可以在用户模式下访问。其中的最高位 P 仅在 V3 的内核中出现,用来控制内核的条件分支的跳转;其他的还有通用标志位,例如扩展标志位 X、负数标志 N、0 标志、溢出标志 V、进位/借位标志 C 等,都可以反映当前运算指令的结果,从而为后面的指令如条件跳转等提供条件。

2.3.6 异常中断向量基地址寄存器

异常中断向量基地址寄存器(VBR)包含了异常中断处理向量在整个系统寻址空间中的基地址。由于 VBR 的低 20 位是不可写的,都初始化为 0,所以向量表实际上是以 1 MB 为边界的。在系统复位后,VBR 的值初始化为 0,且向量表的第 1 个长字单元存储系统的堆栈指针初始化值,第 2 个长字则是系统程序的入口地址,这两个长字在系统 POR 启动或者复位中断后自动载入堆栈指针寄存器 SSP 和程序指针寄存器 PC。通过 VBR,用户程序可以将中断向量表放在系统的任何一个以 1 MB 为边界的可用地址上。通常在 MPU 中,由于 Flash 是外置的设备,为了提高系统响应中断的速度,会在初始化时把中断向量表复制到速度更高的 SDRAM 或者内部 SRAM 中,然后将 VBR 重定位。

2.3.7 状态寄存器

状态寄存器(SR)保存了处理器的状态,它的低 8 位就是 CCR 寄存器。只有在管理模式下才能访问 SR 寄存器;在用户模式下,只有 CCR 寄存器可以被访问。除了 CCR 寄存器,其他的一些控制和状态位主要用于一些 CPU 的运行状态,由跟踪调试(Trace)使能位来控制处理器在每个指令(除 STOP 指令)执行完后是否产生一个 Trace 中断。这个功能主要用于软件调试以及监视程序执行情况。S 位可以控制 CPU 处于管理模式还是用户模式;中断状态位 M 和中断优先级屏蔽 I 定义了当前的中断优先级,因此可以屏蔽等于或低于当前优先级的中断。但优先级为 7 的中断是不可被屏蔽的,因此不受此寄存器影响。

2.4 MAC 和 EMAC

ColdFire 内核中集成了支持乘加运算的硬件单元 MAC 和增强型 MAC(EMAC)。

2.4.1 MAC

乘加运算单元(Multiply Accumulate Unit)提供了一部分的 DSP 操作,可以在执行乘加指令时提高系统的运算速度和性能。MAC 提供的基本操作如下:

① 无符号和有符号整数乘法;

② 乘加操作支持无符号、有符号整型和有符号定点小数运算;

③ 其他的寄存器操作。

MAC 由 3 级执行流水线构成,支持 16 位操作数的乘法以及一个 32 位的累加。图 2-6 显示了 MAC 单元的结构。

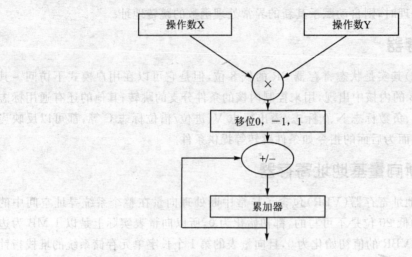

图 2-6 MAC 单元功能图

MAC 单元主要用于执行乘法指令 MULS 和 MULU。从图 2-6 中可以看出,MAC 可以实现两个数的乘法运算,然后可以再对结果进行一个加减运算。它的这种结构对于数字滤波器的运算特别有效,因为典型数字滤波器可以表示成一系列的乘加组合,单项系数与递增因子首先做乘法,结果再递归给下一次累加。

MAC 是针对 16 位乘法进行设计的,两个 16 位操作数相乘产生一个 32 位操作数。如果要进行 32 位乘法,则需要重复使用 16 位的乘法器和一些额外的逻辑。两个 32 位操作数相乘的结果也只能取 32 位,对于 32 位整型运算,仅输出低 32 位结果。对于小数运算,整个 64 位结果都运算出来,然后采用截短或四舍五入的方式输出 32 位结果。16 位数的运算可以在 1 个时钟周期内完成,32 位的整型运算可以在 3 个时钟周期内完成,而 32 位小数运算需要 4 个时钟周期。

所有的运算需要寄存器作为输入操作数,累加的结果则存于累加器中,因此,需要额外的 MOVE 指令把操作数移入通用寄存器中。如果需要搬移大量的数据到寄存器中,则会对整个运算性能产生很大的影响。为了避免这一点,ColdFire 内核增加了 MOVEM 指令,该指令采用线性突发方式(line burst)来高效移动大量的数据,这样可以使从内存装载操作数到寄存器和 MAC 指令运算操作同时进行,这对于高阶的数字滤波器和 DSP 运算尤其有用。图 2-7 是 MAC 单元的寄存器。

乘加运算单元的寄存器比较简单,主要有 3 个寄存器。

(1) MAC 状态寄存器(MACSR)

用来控制 MAC 的运行模式以及运算结果的状态,例如控制是否溢出模式的 OMC、有符号无符号模式的 S/U、整数小数模式的 F/I、运算结果截短还是四舍五入模式,还有与 CPU 的 CCR 类似的 N,Z,V,C 标志位。

(2) MASK 寄存器

高 16 位为 0xFFFF,低 16 位的 MASK 寄存器可以用来在执行 MAC+MOVE 指令时产

第 2 章 ColdFire 内核及处理器架构介绍

图 2-7 MAC 单元的寄存器

生操作数地址。这个寄存器和操作数的地址进行简单的与操作,从而产生新的操作数地址供 MAC 指令使用,这点对于指定一定内存空间区域内的操作数循环队列进行 MAC 指令运算特别有用。

(3) ACC 累加器寄存器

用来保存 MAC 运算的输出结果,或者用来与乘法结果进行累加。

2.4.2 EMAC

为了支持更高精度的乘加运算,ColdFire 提供了增强型乘加单元 EMAC。EMAC 与 MAC 相比主要提高在 3 个方面:

① 增强了 32×32 的乘法运算性能。

② 增加了 3 个累加器来减小 MAC 流水线由于累加器与通用寄存器之间交换数据所产生的延迟。

③ 增加了一个 48 位的累加器数据通道,用于 40 位的结果输出和 8 位的扩展位,从而增加算法运算的动态范围。

2.4.3 应用实例

一个典型的 MAC 乘加单元的运算功能实例如下,这里实现一个 4 阶($N=4$)无限冲激响应的 IIR 滤波器,各系数均为 16 位数据。通常一个 IIR 滤波器的输出响应公式如下:

$$y(i) = \sum_{k=1}^{N-1} a(k)y(i-k) + \sum_{k=0}^{N-1} b(k)x(i-k)$$

当系数 a 为 0 时,则为有限冲激响应 FIR 滤波器。

假设初始化条件是:

A0 指向的区域保存运算结果;

A3 指向的区域保存历史序列 $x(n-3), x(n-2), x(n-1), y(n-3), y(n-2), y(n-1)$;

A4 指向的区域保存系数 $b(3), b(2), b(1), b(0), a(3), a(2), a(1)$;

A5 指向的区域为输入序列 $x(n)$。

程序代码如下所示:

```
move.l    A3,A2              /* A2 保存历史序列首地址供运算结束时的历史数据回写 */
move.w    (A5),D7            /* 载入 x(n) 到 D7 */
clr.l     D0
move.l    D0,ACC             /* 清空 ACC */
move.l    (A4)+,D5           /* 载入 b3,b2 到 D5 */
move.l    (A3)+,D1           /* 载入 x(n-3) 到 D1 (part of a trick) */
```

mac.w	D1.1,D5.u,(A3)+,D0		/* x(n-3) * b3 存入 ACC,同时 x(n-2)载入 D0 */
mac.w	D0.1,D5.1,(A4)+,D6		/* ACC + x(n-2) * b2 存入 ACC,同时载入 b1,b0 到 D6 */
move.l	(A3)+,D1		/* 载入 x(n-1)到 D1 */
mac.w	D1.1,D6.u		/* ACC + x(n-1) * b1 存入 ACC */
move.l	D7,D2		/* x(n) into D2 */
mac.w	D2.1,D6.1		/* acc + x(n) * b0 存入 ACC */
movem.l	D0-D2,(A2)		/* 将输入历史数据更新左移一个样本点,并存回历史序 列区域,供下一次运算使用; 至此,运算完 x(n)项的累加,结果保存在 ACC 中 */
move.l	A3,A2		/* A2 保存 y(i-k)序列首地址,运算结束时数据回写 */
move.l	(A4)+,D5		/* 载入 a3,a2 到 D5 */
move.l	(A3)+,D1		/* 载入 y(n-3)到 D1 */
mac.w	D1.1,D5.u,(A3)+,D0		/* y(n-3) * a3 存入 ACC,同时载入 y(n-2)到 D0 */
mac.w	D0.1,D5.1,(A4)+,D6		/* Acc + y(n-2) * a2 存入 ACC,同时载入 a1 到 D6 */
move.l	(A3),D1		/* 载入 y(n-1)到 D1 */
mac.w	D1.1,D6.u		/* acc + y(n-1) * a1 存入 ACC. 运算结束 */
move.l	ACC,D7		/* 结果保存到 D7 */
move.w	D7,(A0)		/* 运算结果 y(n)回写到内存中 */
move.l	D7,D2		/* 同时写入 D2 供回写到历史序列中 */
movem.l	D0-D2,(A2)		/* 将输入历史数据更新左移一个样本点,并存回历史序 列区域,供下一次运算使用 */

整个运算过程非常简洁易懂,用户也比较容易修改成多阶的滤波器算法。要注意的是 MAC 只支持 16×16 位的乘法,否则会溢出,且通常滤波器的系数均为浮点数,在运算前需要进行归一化处理。

2.5 高速缓存

当处理器需要访问某块地址空间时,首先会自动检查缓存中是否存在它的内容,这是通过比较访问空间的地址和缓存单元的所有标签来进行的,如果找到对应的标签,称之为产生缓存命中(Cache hit),否则称为缓存缺失(Cache miss)。在缓存缺失情况下,缓存控制器会分配一个新的单元,用访问的地址来配置它的标签,同时将外部空间对应地址的数据内容读入到此单元中去,因此如果产生缓存缺失,那么访问数据的时间将会大大延长。缓存命中率(hit rate)和缺失率(miss rate)是衡量缓存性能的一个重要指标。

2.5.1 ColdFire 缓存工作原理

ColdFire 家族中的大部分 MPU 系列都带有内部的缓存,可以同时配置成指令缓存和数据缓存。缓存具有单时钟周期访问的特性,用它作为内核和外设之间的耦合器可以提高系统对外设的访问性能。高速缓存(Cache)并不属于内核的范畴,它仅是作为内核与外设之间的桥梁,但由于其工作与内核的关系比较紧密,则在这里进行介绍,这里以 V4 内核的高速缓存为例来进行介绍。图 2-8 是数据缓存在 ColdFire 系统中的结构图。

从图 2-8 中可以看出高速缓存是作为外部存储器和内核之间的匹配器或者叫桥梁,它可

第 2 章　ColdFire 内核及处理器架构介绍

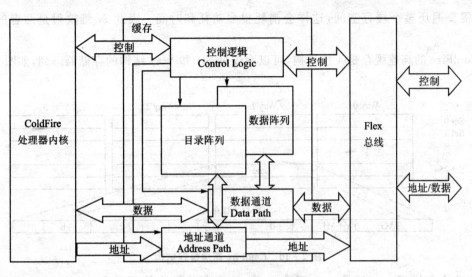

图 2-8　数据缓存的结构

以直接被屏蔽掉从而内核直接对外设进行存取;也可实现高速内核与低速外设之间的速度匹配,实现系统性能的最大化。指令缓存的结构与数据缓存的结构类似,只是在使用时只允许内核对指令缓存进行读取,而无写入操作。这是必然的,因为不会指望程序运行时可以修改程序本身,这和代码通常存于 ROM 是一个道理。

　　缓存是同步静态 RAM(synchronous SRAM)实现存储器阵列,其工作频率与内核的频率一致。Cache 的大小可以配置为 2 KB、4 KB、8 KB、16 KB、32 KB。例如 MCF5445x 内部就有 16 KB 的指令缓存和 16 KB 的数据缓存。在对外部存储空间进行缓存时,外部的存储空间可以按照地址分成一些集合(Set)。在缓存和 Set 的对应关系上有 3 种机制:第 1 种是任何 Set 都可以复制到任何缓存上,这叫做全映射(full associative);第 2 种是每个 Set 都只能对应缓存的一个位置,这叫做直接映射(direct mapped);第 3 种是每个 Set 都可以对应缓存的 N 个区域,这叫做 N 维映射(N-way associative)。图 2-9 给出直接映射和 2 维映射的原理。

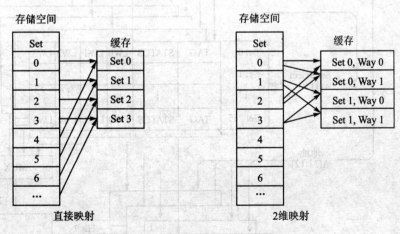

图 2-9　缓存映射原理

　　直接映射的优点就是映射关系简单,在缓存命中时搜索标签最快,但是由于只有单维,容易造成命中率低。对于全映射的关系,可以实现较高的命中率,但是在 CPU 查询缓存标签的时候，需要遍历整个缓存空间，这样会消耗很多功耗和时间。因此 N 维映射是两者的折衷方案。

ColdFire 的高速缓存是 4 维结构，可以看成是 Set 和 Way 结构的存储器阵列，如图 2−10 所示。

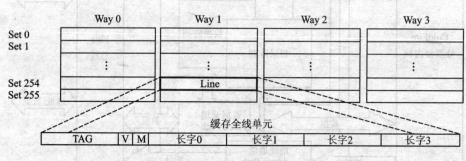

图 2−10 ColdFire 高速缓存结构

这里的全线（Line）就是一个缓存单元，是缓存的最小管理单位，一个 Line 包括标签（TAG），V，M 和 4 个长字（long word）。TAG 表示的是当前 Line 存储的 4 个长字对应于系统地址空间的高 20 位地址；V 表示当前 Line 是否为有效的单元，也就是此 Line 是否与系统的某个地址空间相对应；M 表示此单元是否被 CPU 内核修改而导致与其对应的系统空间地址内容不一致，即"脏"数据。这里的 Set 对应的就是系统地址空间的地址 A[11：4]位索引。这样我们可以看到，通过标签 TAG 和 Set 的组合，系统地址空间的任何一个地址都可以与高速缓存的某个 Line 单元映射起来。图 2−11 表示了这种对应关系。

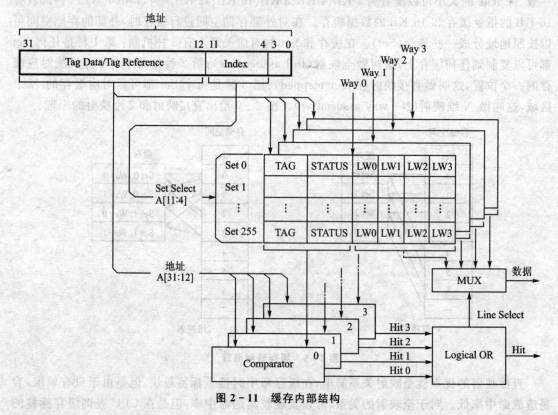

图 2−11 缓存内部结构

第 2 章　ColdFire 内核及处理器架构介绍

另外还有一个需要介绍的就是缓存的 3 种工作模式,通过缓存控制器的寄存器来设置。

第 1 种是直写(Write-Through)模式。在这种模式下,如果 CPU 对某个系统地址进行写操作,而此地址没有对应的缓存,CPU 则直接对外部系统地址写入,而不将此更新的内容放入缓存中;如果此地址有对应的缓存,CPU 会同时对缓存和外部地址进行更新。

第 2 种是回拷(Copyback)模式。这种模式典型应用于对局部变量和堆栈的缓存,因为可以减小对外部总线的访问从而减小写访问延迟。这种模式下内核对系统外部空间的写操作将只更新缓存中的对应单元,且同时设置 V 位来表示此单元已被更新而与外部系统空间的数据不一致。只有在此单元要被替代(replacement)为其他地址时才会被写回外部地址,此时会先把其中的数据写入到 push buffer 中,再将新替代地址的内容更新到 Line 中,最后把 push buffer 的数据写回外部地址空间。这种方式的优点就是如果没有经常发生替代的情况,内核频繁地对系统外部空间的操作可以简化为对其对应缓存的频繁操作,而无需访问外部空间,从而减少访问时间。

第 3 种就是禁止缓存模式。对于 I/O 设备和一些寄存器空间不能用缓存,因为这些空间的内容可能被外部条件所修改而无法自动更新缓存中的内容。

高速缓存从其含义上来说也有隐藏的意思,也就是初始化缓存后在程序执行过程中,代码本身并不需要知道缓存的存在,而由系统的缓存控制器来考虑何时使用缓存和如何使用缓存。这里就简单介绍一下数据缓存的工作过程。

在系统初始化时,程序需要初始化缓存控制器,包括缓存的默认工作方式、缓存单元等都设为无效(invalidate)。另外还可以用访问控制寄存器 ACR0～3 来控制指定的某个空间特殊的缓存特性。此后当内核对系统空间进行读写时,如果该空间是可以缓存的,则缓存控制器会按照此地址的 A[11:4] 对应的标签 Set 来分配一个 Line 单元,把地址的高 20 位写入对应的标签 TAG 中,并发起 4 个周期(4-cycle)的突发模式(burst)访问来获得 4 个长字的内容放入 Line 单元中,设置 V 位;同时将第 1 个长字传给内核,从而实现了缓存全线单元(Cache Line) 的分配和建立。如果内核需要对此地址数据或连续 4 个长字地址的数据进行读写,只要访问高速缓存的内容即可。而对于写操作,还会根据定义的不同操作模式(直写或回拷)来进行操作。在分配 Cache Line 时如果一个 Set 的 4 个 Way 全部被占用了(Valid 位全部有效),控制器会采用一个伪随机循环替代算法来选择其中一个 Line 进行替代,即将其原先的内容写回对应系统地址(如果是回拷模式),将新的内容放入此 Line 中。

2.5.2　主要寄存器

ColdFire 的缓存的控制寄存器主要有 4 个,用来在初始化时定义缓存的工作模式。

(1) CACR 缓存控制寄存器

用来控制缓存的通用工作模式,主要配置缓存的使能、写保护功能、数据占用锁定模式、数据回写模式、分支缓存的控制、指令缓存控制等。CACR 主要控制默认的内存空间的缓存访问机制,对于特殊的区域如果需要指定的缓存规则,则需要使用 ACRn。

(2) ACRn 访问控制寄存器($n = 0～3$)

ACR0～1 对应数据区域,ACR2～3 对应指令区域控制。这个寄存器定义了某段地址区域内的缓存规则、写保护、回写方式等。

更详细的介绍可以参考 MCF54455 手册中关于高速缓存的章节。

2.6 内部 SRAM 和内部 Flash

2.6.1 内部 SRAM

所有的 ColdFire 内部都集成了容量不等的供程序使用的片上静态随机存储器 SRAM，主要用来做系统配置、快速访问函数以及重要变量的存储等通用操作。由于 SRAM 直接挂在内核总线 K-bus 上，并且使用的时钟与内核同频，使得内核访问 SRAM 只需要一个时钟周期。也正是由于 SRAM 是挂在 K-bus 上，存储在 SRAM 内部的数据和程序不需要用缓存来优化速度，它的访问速度和缓存是相同的。一些 ColdFire 内部的 SRAM 为单个完整的空间，而另外一些则被分成两个空间，分别设置各自的内存地址空间。

SRAM 模块主要由基地址寄存器 RAMBAR 来控制。由于各 ColdFire 产品的 RAMBAR 寄存器略有不同，对于其他产品请参照对应产品的手册。其中的 BA 基地址寄存器，用来控制 SRAM 在系统中的内存映射地址。由于 MCF52259 有 64 KB SRAM，所以基地址是以 64 KB 为边界进行定义的；其他的内核根据不同的容量，BA 基地址寄存器有不同的有效位。系统的外设总线中除 CPU 内核之外还有 DMA 等其他外设（如 FEC 和 USB）可做总线上的主控设备，PRIU 与 PRIL 分别用来控制各主设备同时访问 SRAM 高 32 KB 或低 32 KB 地址时的优先级：置 1 时，CPU 拥有更高的优先级；反之其他的外设有更高的优先级。

因为 SRAM 是挂在内核的 K-bus 上的，若其他的外部设备总线主设备要访问此空间，需要通过一个叫后门（backdoor）的方式来访问，这一点将在后面的系统架构中描述。SPV/BDE 就是用来允许这个后门访问方式的。写保护 WP 与 BWP 分别控制内核与后门对 SRAM 是否有写操作权限。C/I、SC、SD、UC 和 UD 都是地址空间屏蔽位，用来控制指定的访问类型被屏蔽或允许。C/I 对应 CPU 空间及中断响应周期的访问，SC 对应管理模式下代码地址空间访问，SD 对应管理模式下数据地址空间访问，UC 对应用户模式下代码地址空间访问，UD 对应用户模式下数据空间访问。如果置 1，则在 SRAM 中屏蔽此访问模式，即在访问此空间时，不允许访问 SRAM 模块。通常这几位都是在设置 SRAM 低功耗模式下使用，因为通过设置这几位可以控制 SRAM 仅供代码访问使用或者仅供数据访问使用，而单一的访问使用可以使 SRAM 的功耗降低。

SRAM 模块的初始化没有什么复杂的步骤，仅需要初始化 RAMBAR 寄存器并使能它即可；其他的初始化属于系统代码的部分，例如复制映射到 SRAM 中的变量初始值以及需要在 SRAM 中运行的代码。通常来说，为了提高系统的整体效率，在设计系统软件时，需要把一些对时间敏感和使用频繁的部分放入 SRAM。例如将中断相应程序、中断向量表、全局变量、一些使用频繁的子函数、一些时间敏感的算法函数、系统堆栈等放入 SRAM，并且尽可能的利用 SRAM。

2.6.2 内部 Flash

为了支持一些小型嵌入式系统的应用，ColdFire 家族 V2 产品提供了微控制器（MCU）系列。相比微处理器（MPU）系列产品，微控制器系列属于中低端的处理性能，缩减了外围设备并简化了外围引脚。最重要的一点是为了减少整个系统的 BOM 成本，微控制器内部集成了

第 2 章 ColdFire 内核及处理器架构介绍

Flash 用来做程序和静态数据存储，ColdFire 内部是通过 CFM（ColdFire Flash Module）来实现内部集成 Flash 的。MCF52259 内部集成了 512 KB 32 位宽的 Flash，其他的 V2 MCU 系列则集成不同的容量。CFM 可以保存代码与静态数据，支持在线编程（即可以在程序运行的时候擦除与编程），支持系统电源供电而无需额外的供电，此外还可以支持快速的页擦除、编程与校验操作、访问控制及安全机制等，为系统设计提供了极大的灵活性。此外，由于 CFM 同 SRAM 一样，也是挂在内核的内部总线 K-bus 上，它可以运行在内核主频上，且无需也不可以用系统缓存来优化，因此在 V2 MCU 产品中并没有集成系统缓存。

通常内核读访问 Flash 空间时会使用超过 1 个周期的时间和延迟，当连续访问一个内存块时，采用背靠背（back-to-back）模式则平均时间约 1 个总线周期。Flash 的逻辑块被分成以 2 KB 为单位的页，每页可以被单独擦除。

CFM 还提供了一个重要的功能，就是片外主设备可以通过 SPI 模式对片内 Flash 进行读写访问，这一点对于大规模生产时的生产线预编程非常有用。这一编程方式是通过 EZPORT 模块实现的，在本书的 SPI 模块中有详细的描述。

1. CFM 结构

图 2-12 表示了 MCF52259 CFM 的内存结构。

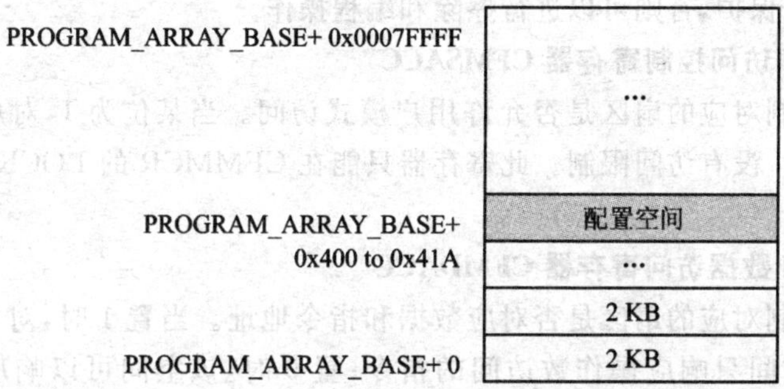

PROGRAM_ARRAY_BASE+ 0x0007FFFF	...
PROGRAM_ARRAY_BASE+ 0x400 to 0x41A	配置空间
	...
	2 KB
PROGRAM_ARRAY_BASE+ 0	2 KB

图 2-12 MCF52259 CFM 内部结构

可以看出 CFM 由页组成，并且在偏移为 0x400 的地址有一个 24 字节的配置区域用来配置 CFM 的访问控制和保护状态，这些内容将在系统启动时被自动装载到 CFM 的寄存器中，后面会详细介绍这些寄存器。

图 2-12 中要注意的是 PROGRAM_ARRAY_BASE，这个变量其实指的是 Flash 在系统中映射的基地址。但是在不同的总线主设备访问该 CFM 时，这个变量是不同的。这是由于其他外部总线主设备访问 CFM 时必须通过后门方式访问，而在内核擦写和编程 CFM 时同样需要通过后门方式。表 2-2 列出不同情况下 PROGRAM_ARRAY_BASE 的值。其中，flashbar 是 Flash 基地址寄存器 FLASHBAR 的 BA 值；ipsbar 是外设基地址寄存器 IPSBAR 的 BA 值。

表 2-2 PROGRAM_ARRAY_BASE 映射值

访问模式	PROGRAM_ARRAY_BASE 值
CPU 读 CFM（执行程序）	flashbar
CPU 写 CFM 外部主设备访问 CFM	ipsbar + 0x04000000

2. CFM 寄存器和功能

下面简单介绍一下 CFM 的寄存器,详细的内容请参考芯片手册。

(1) FLASH 基地址寄存器 FLASHBAR

类似 RAMBAR 寄存器,用来指定 Flash 在系统中的基地址和其他一些访问控制,例如 C/I、SC、SD、UC、UD 和 V,它们同 RAMBAR 里面的定义一样。

(2) CFM 模块配置寄存器 CFMMCR

定义了写锁定控制、一些出错的中断及命令完成中断的使能控制。

(3) CFM 时钟分频寄存器 CFMCLKD

用来控制 CFM 模块的时钟产生。CFM 要求工作时钟频率必须是 150~200 kHz,而系统总线频率一般远超过此值,因此需要进行分频来产生所需的时钟频率。

(4) CFM 安全控制寄存器 CFMSEC

定义了安全访问方面的一些位,例如后门访问 CFM 的使能、Flash 的安全使能等。

(5) 32 位 CFM 保护寄存器 CFMPROT

每一位对应一个扇区。这里扇区的概念是另外一种划分 Flash 的方法,其中低 15 个扇区和高 15 个扇区各为 4 KB,而中间两个扇区则各为 196 KB,总共 32 个扇区。当对应的位置 1 时,对应的扇区被写保护,否则可以进行擦除和编程操作。

(6) 32 位 CFM 访问控制寄存器 CFMSACC

每一位可以控制对应的扇区是否允许用户模式访问。当某位为 1,对应的扇区只允许管理模式访问;为 0 时,没有访问限制。此寄存器只能在 CFMMCR 的 LOCK 位清除时可写,否则都为只读。

(7) 32 位 CFM 数据访问寄存器 CFMDACC

每一位可以控制对应的扇区是否对应数据和指令地址。当置 1 时,对应的扇区只作为数据地址空间,即该空间只响应操作数访问的指令;置 0 时,该空间可以响应指令和操作数的操作。

(8) CFM 状态寄存器 CFMUSTAT

定义了命令控制器的状态、命令执行状态以及 Flash 的访问、保护和校验状态。

(9) CFM 命令寄存器 CFMCMD

Flash 控制器的命令字寄存器,用来执行一定的 Flash 操作指令。表 2-3 列出了命令字与对应的命令。

表 2-3 CFM 命令字含义

CMD[6:0]	描述
05	空白检查
06	页擦除校验
20	写入编程
40	页擦除
41	全片擦除

(10) CFM 时钟选择寄存器 CFMCLKSEL

用来配置 Flash 读访问的延迟选择,是芯片出厂时定义好的,不可改变。

3. CFM 编程举例

上面对寄存器进行了简单的介绍,主要是为了更好地理解 CFM 编程的实例。通常,Freescale 公司提供的编程开发环境 CodeWarrior for ColdFire 对片内 Flash 的烧写驱动和规范都已经集成,只需要选择好目标系统,接好调试器 BDM,就可以对片内系统进行程序下载和在线调试,在第 3 章中有详细的介绍。

这里主要针对用户可能用到的在线编程进行举例,即如何在用户程序运行时对 Flash 进行操作,这一点对于许多嵌入式系统中在线存储数据是非常有用的。

(1) CFM 初始化

在执行任何操作时,需要对 CFM 模块的时钟进行初始化。下面的例子是在系统时钟频率为 66 MHz 时,将 CFM 的时钟频率设定 196.43 kHz,处于在 150~200 kHz。如果小于 150 kHz,可能会在编程擦除等操作时对 Flash 阵列产生过应力损坏;如果大于 200 kHz,则可能导致编程和擦除不完全而失败。

```
void flash_init( void )
{
    MCF_CFM_CFMCLKD = 0x54;
    /* init_serial_flash(); */              /* 这里对串行 Flash 无作用 */
}
```

(2) 空白检查

空白检查用来确认整片 Flash 内部是否都被擦除,其步骤如下:
① 向需要整片 Flash 内任意地址写入任意数据;
② 向 CFMCMD 寄存器写入 0x05 命令字;
③ 向 CFMUSTAT 的 CBEIF 位写 1 以清除该位。

如果操作执行完成了,CFMUSTAT 的 CCIF 位会被置位,因此执行命令时,可以轮询该位来确认是否执行完毕。执行完成后,如果整片为空,则 CFMUSTAT 的 BLANK 位会被置 1。

```
int flash_blank_check(void)
{
    mcf5xxx_irq_disable();                  /* 中断禁止 */
    FLASH_BASE_ADDRESS = 0;
    MCF_CFM_CFMCMD = 0x05;
    MCF_CFM_CFMUSTAT = 0x80;
    while( ! (MCF_CFM_CFMUSTAT & MCF_CFM_CFMUSTAT_CCIF))
    {};
    mcf5xxx_irq_enable();                   /* 中断使能 */
    return(MCF_CFM_CFMUSTAT & MCF_CFM_CFMUSTAT_BLANK);
}
```

(3) 页擦除校验

用来验证指定的区域内是否被擦除,其步骤如下:
① 向需要检查的区域内任意地址写入任意数据;
② 向 CFMCMD 寄存器写入 0x06 命令字;
③ 向 CFMUSTAT 的 CBEIF 位写 1 以清除该位。

如果操作执行完成了,CFMUSTAT 的 CCIF 位会被置位,因此执行命令时,可以轮询该位来确认是否执行完毕。执行完后,如果指定区域内为空,则 CFMUSTAT 的 BLANK 位会被置 1。

```
int flash_pageblank_check(unsigned long * address, unsigned long data)
{
```

```
    mcf5xxx_irq_disable();           /* 中断禁止 */
    * address = data;
    MCF_CFM_CFMCMD = 0x06;
    MCF_CFM_CFMUSTAT = 0x80;
    while( ! (MCF_CFM_CFMUSTAT & MCF_CFM_CFMUSTAT_CCIF))
    {};
    mcf5xxx_irq_enable();            /* 中断使能 */
    return(MCF_CFM_CFMUSTAT & MCF_CFM_CFMUSTAT_BLANK)
}
```

(4) 写入编程

向指定地址写入一个 32 位长字,这个命令是最重要的写入命令。其步骤如下:

① 向指定地址写入指定的数据;

② 向 CFMCMD 寄存器写入 0x20 命令字;

③ 向 CFMUSTAT 的 CBEIF 位写 1 以清除该位。

数据是 32 位的长字,指定的地址必须是以长字为边界的地址,即低 2 位地址为 0。如果操作执行完成了,CFMUSTAT 的 CCIF 位会被置位,因此执行命令时,可以轮询该位来确认是否执行完毕。

下面是写入编程的例子:

```
volatile void flash_write( unsigned long * address, unsigned long data )
{
    mcf5xxx_irq_disable();           /* 中断禁止 */
    * address = data;
    MCF_CFM_CFMCMD = 0x20;
    MCF_CFM_CFMUSTAT = 0x80;
    while( ! (MCF_CFM_CFMUSTAT & MCF_CFM_CFMUSTAT_CCIF))
    {};
    mcf5xxx_irq_enable();            /* 中断使能 */
}
```

(5) 整片擦除

整片擦除将把整个 Flash 全部擦除,这个命令不能在程序本身里面使用,这样会把程序字节擦除,只能在程序从上位机下载到目标系统时使用,其步骤如下:

① 对 Flash 的任意地址写一个任意数据;

② 向 CFMCMD 寄存器写入 0x41 命令字;

③ 向 CFMUSTAT 的 CBEIF 位写 1 以清除该位。

如果 Flash 中有被保护的扇区,CFMUSTAT 的 PVIOL 会被置位,且擦除会失败。如果操作执行完成了,CFMUSTAT 的 CCIF 位会被置位,因此执行命令时,可以轮询该位来确认是否执行完毕。

下面是擦除程序的例子:

```
volatile void flash_chip_erase(void)
{
```

第 2 章 ColdFire 内核及处理器架构介绍

```
    mcf5xxx_irq_disable();              /* 中断禁止 */
    FLASH_BASE_ADDRESS = 0;
    MCF_CFM_CFMCMD = 0x41;
    MCF_CFM_CFMUSTAT = 0x80;
    while( ! (MCF_CFM_CFMUSTAT & MCF_CFM_CFMUSTAT_CCIF))
    {};
    mcf5xxx_irq_enable();               /* 中断使能 */
}
```

(6) 擦除页

擦除页将擦除指定页面中的内容,这个操作对于程序运行时在线更新数据区内的数据很重要,其步骤如下:

① 往页面内的任意地址写任意数据;
② 向 CFMCMD 寄存器写入 0x41 命令字;
③ 向 CFMUSTAT 的 CBEIF 位写 1 以清除该位。

与整片擦除类似,如果擦除的区域内有错误,则相应位置位;同样也用 CCIF 的标志位来确认是否执行完毕。

```
volatile void flash_page_erase( unsigned long * address, unsigned long data )
{
    mcf5xxx_irq_disable();              /* 中断禁止 */
    * address = data;
    MCF_CFM_CFMCMD = 0x40;
    MCF_CFM_CFMUSTAT = 0x80;
    while( ! (MCF_CFM_CFMUSTAT & MCF_CFM_CFMUSTAT_CCIF))
    {};
    mcf5xxx_irq_enable();               /* 中断使能 */
}
```

有了以上的函数集,用户程序可以容易地实现对 CFM 一定区域内的 Flash 进行在线操作。关于外部控制器通过 EZPORT 对内部 CFM 进行编程操作的介绍,请参考 SPI 章节(第 9 章)中相关内容。

2.7 ColdFire 处理器架构

ColdFire 家族采用了两种典型的处理器架构来组织内核与外围设备之间的结构。其中 MCU 系列采用的是 CF5210 平台,MPU 则主要采用标准产品平台(SPP 平台)。

2.7.1 CF5210 平台

CF5210 的平台主要包含以下的模块:
- ColdFire V2 内核。
- 片上存储器控制器,可控制内部 SRAM 和内部 Flash。
- 系统总线仲裁(MARB)。

- 标准外设。
- 4 通道 DMA。
- 中断控制器。

图 2-13 是 CF5210 的结构框图。

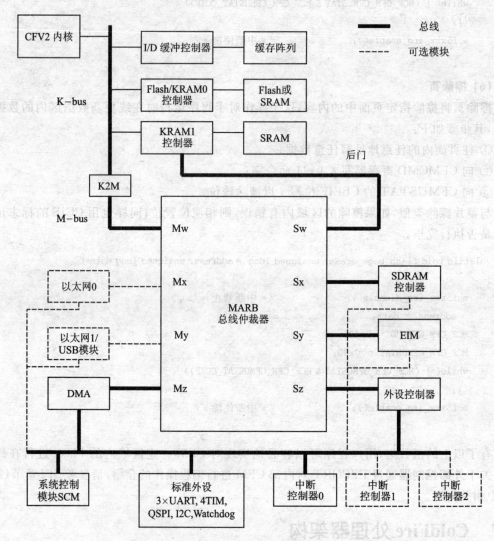

图 2-13 CF5210 的结构框图

CF5210 中由 K2M(K-bus 转 M-bus)分割成两个部分:内核 K-bus 部分和 M-bus 部分。在 K-bus 部分,内核作为 K-bus 的主控器,管理着缓存、内部 Flash 及内部 SRAM,K-bus 的频率是与内核主频相同的。如前面 SRAM 和 Flash 的介绍,这种总线结构决定了内部 Flash 和内部 SRAM 是不能被缓存所缓冲的。SRAM 中的数据访问可以在单个系统时钟周期完成,而内部 Flash 中的数据则平均访问时间为 1 个多周期。

M-bus 部分主要是 MARB 总线仲裁器。它可以支持 4 个总线主机端口(Mw、Mx、My 和 Mz)和 4 个从机端口(Sw、Sx、Sy 和 Sz),连接着 ColdFire 中的所有外设模块。DMA 模块和两个可选的以太网模块或 USB 模块可以连接到总线主机端口,内核通过 K2M 模块占用一个主机端口。从机端可以连接的从机模块有 SDRAM 控制器（通过它可以外扩 SDRAM）、EIM 控制器（用来做外部总线的扩展）和外设控制器（用来访问所有外设的寄存器和数据）。外设控制器在访问所有的外设寄存器时，由 IPSBAR 寄存器来控制外设寄存器在内存中所映射的基地址。此外，前面所述的用来提供外部主机访问内部 SRAM 的后门总线也连接在 MARB 的一个从机端。

在同一时刻，MARB 只能有一个主机访问从机，占用系统总线。如果有访问冲突发生时，MARB 总线仲裁器负责仲裁所有主机与从机之间的访问。在仲裁时有两套可配置的仲裁机制来选择：循环优先级模式和固定优先级模式，由 ColdFire 内的 SCM 模块来控制此模式。

(1) 循环优先级模式

此模式是系统复位后的默认模式，它会循环地给 4 个主机优先级。当两个主机访问同时使用总线时，优先级高的可以不必等待而获得访问权，优先级低的则需要等待总线空闲后再访问。在循环周期中，循环的顺序由 MPARK 的 Mn_PRTY 位来控制，在最高优先级完成了访问后，自动被降为最低的优先权，而其他的 3 个主机的优先权则自动增加 1。当没有主机使用总线时，仲裁器会将总线访问权停留在某个主机上。MARB 的总线访问权有两种停留模式：一种是停留在前一次获得访问权的主机上；另一种是停留在当前优先级最高的主机上。MPARK[PRK_LAST]位用来选择这两种方式。

(2) 固定优先级模式

在固定优先级模式下，拥有最高优先级的主机（由 MPARK[Mn_PRTY]位指定）获得总线控制权，只有在其不再需要使用总线时才放弃控制权。如果 MPARK[TIMEOUT]被置 1，对于其他主机，在无法获得总线控制权时每个访问周期自动增加 1（由计数器完成）。当发生溢出时（计数器的值达到 MPARK[LCKOUT_TIME]），总线仲裁器则会自动变换到循环优先级模式以将总线控制权轮询到其他主机上，仲裁器返回到固定模式下，直到所有的优先级锁定被清空（即主机都被轮询），使原先设置的最高优先级主机重新获得控制权。关于 MPARK 寄存器的详细定义，可参考相应的手册。

2.7.2 标准产品平台

标准产品平台（SPP）应用于所有的 MPU 产品系列，支持 V2、V3、V4 和 V5 系列内核的产品，主要包含以下模块。

- V2、V3、V4 和 V5 内核。
- 片上存储控制器，可支持 SRAM。
- Crossbar 总线交换器。
- 16 通道增强型的 DMA。
- 中断控制器。
- 标准外设。
- 外部总线控制器。

图 2-14 是 SPP 的结构框图。

SPP 平台中，内核部分的 K-bus 上只挂了 1 个缓存控制器和 1 个 KRAM 控制器，比 CF5210 平台少了对内部 Flash 的支持。此平台一般由 Flex 总线外扩的 Flash 来保存代码，在运行时，可以将外部 Flash 中的代码载入速度更快的 SDR 或 DDR SDRAM 中，且内部缓存可

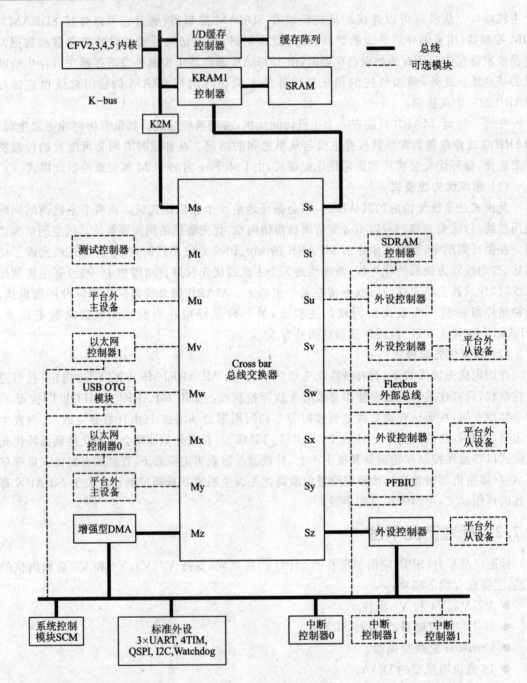

图 2-14 SPP 的结构框图

以对外部 Flash 和外部 SDRAM 进行缓冲以提高运行速率。

内核总线 K-bus 通过 K2M 模块连接到 Crossbar 总线交换器的主机端口上。Crossbar 总线交换器是 SPP 平台最大的特点,整个 SPP 围绕着 Crossbar 来组建。Crossbar 有 8 个主机端口用来连接总线主设备(可主动发起访问的设备),8 个从机端口来连接总线从设备(只能被主设备访问的设备)。Crossbar 总线交换器允许所有的主机端同时访问不同的从机设备,而相互不影响,不像 CF5210 平台中的同一时间总线是独占的。

在Crossbar的主机端口上，SPP平台支持了一个增强型16通道DMA和2个集成以太网控制器，此外剩下的4个主机端口可以用来接额外的平台外主机，例如额外的以太网控制器、USB控制器、PCI控制器、串行启动模块等。

在Crossbar的从机端口可以挂上外设控制器来访问片内各模块的寄存器和数据以及标准外设、中断控制器等。SPP平台的中断控制器最多可以支持到3个，因此总共的中断源可以支持到192个，并且每个中断源都有独立的向量地址。外设控制器通过IPSBAR寄存器将外设的寄存器映射到系统内存地址上，用户可以指定自己的映射地址。从机端口上所接的SDRAM控制器可以用来支持可选的SDR、DDR、mobileDDR及DDR2的SDRAM，具体支持的类型可以参考各芯片的手册。与MARB类似，Crossbar的从机端也有一个端口通过后门总线访问内核K-bus上的片内SRAM，这样，Crossbar上的其他主设备如DMA或以太网控制器，就可以通过这个通道来访问SRAM。Flex总线模块同样可以挂在一个从机端口上，为系统提供外扩总线来访问片外的异步设备，包括Flash存储器。

2.7.3 系统访问控制

对于MARB或者Crossbar总线交换器都可以通过寄存器来控制它们的主机或从机端口的访问控制权限，主设备访问权寄存器（MPR）用来控制指定的主机端口上的主设备在管理模式/用户模式下是否有读写访问权，外设访问控制寄存器（PACR）用来控制指定的外设模块在管理模式/用户模式下是否可以被读写访问。当有任何访问触犯了访问控制的设置条例时，访问出错中断将会被触发。组外设访问控制寄存器（GPACR）与PACR类似，但它的作用范围是一段区域而非单个外设，在一些ColdFire产品中，取消了此寄存器。

2.8 基本指令集介绍

ColdFire指令集架构ISA（Instruction Set Architecture）起源于精简的M68000指令集，在最小的代码扩展和最少的逻辑门之间达到平衡，可以说ColdFire ISA是M68000的子集。从本质上来说M68000属于CISC体系结构，它的指令集比较庞大复杂，在嵌入式领域应用不太适合，因此才出现了ColdFire的体系结构来兼容替代M68000产品。ColdFire属于可变长指令RISC处理器（VL-RISC），指令长度是16位、32位或48位，既精简了一部分M68000的指令以达到减少使用逻辑门、简化结构、降低系统功耗的目的，又可以使代码的密度增加。随着ColdFire的发展，对不同的内核版本，都出现了与之相对应的指令集。此外针对后来出现的MAC、EMAC以及FPU都出现了与之对应的指令集。为了达到整个家族产品的连贯性和可移植性，指令集是向下兼容的，也就是说早期的指令版本是可以在新的指令系统中使用的，或者说新版本的指令集是早期版本的扩展集。目前已有的指令集版本如下：

① ISA_A　最早的ColdFire指令集架构。

② ISA_B　在ISA_A的基础上增加了增强的数据搬移指令、字节和字的比较指令以及一些其他指令。

③ ISA_C　增加了对位操作的指令。

④ FPU　ColdFire浮点运算指令集。

⑤ MAC　MAC指令集。

⑥ EMAC 增强型 MAC 的指令集。

⑦ EMAC_B 基于 EMAC 指令集增加了双累加器的操作指令。

除了以上的指令集外，还有一些 ISA 的扩展指令集，例如 ISA_A 的扩展集 ISA_A+。每个 CPU 支持哪种指令集可以参考对应的手册。此外，在 ColdFire 中也可以通过读取寄存器来判断其支持哪种指令集。在 CPU 复位后，D0 寄存器会自动载入 CPU 的版本信息与指令集信息，D1 则会载入一些内部存储器的信息，具体可参看手册。

ColdFire 的可变长指令集可以是 16 位、32 位或 48 位，即 1~3 个字长。它的第 1 个字叫操作字(opword)，指定了指令的长度、寻址模式及具体操作。后面字称为扩展字，可以是条件预测、立即数、扩展寻址模式、跳转分支、指定寄存器等操作数。操作字是指令的基本字，它的格式如表 2-4 所列。

表 2-4 操作字格式

位	15~6	5	4	3	2	1	0
描述	指令	模式 Mode			寄存器 Register		

指令区即为具体的指令集。ColdFire 的指令集可以分为不同的指令子集(Line)，第 15~12 位用来指定指令的子集。指令子集的定义如表 2-5 所列。

表 2-5 指令子集

子集 Line(opword[15:12])	指令类别
0x0	位操作指令,运算与逻辑操作
0x1	移动字节
0x2	移动长字
0x3	移动字
0x4	杂项
0x5	加减立即数指令,并设置条件寄存器
0x6	程序指针类指令,跳转类
0x7	立即数移动,带符号扩展移动,填 0 移动
0x8	逻辑或
0x9	运算减指令
0xA	EMAC 指令集
0xB	比较指令,扩展或
0xC	逻辑与,乘法指令
0xD	运算加指令
0xE	运算移位,逻辑移位
0xF	缓存操作指令

模式区指定了指令的寻址模式，在后面每个模式介绍时对应了不同的值。寄存器位用来选择通用寄存器的号码 Dn 或 An 的 n。

有些情况索引寻址或间接寻址需要使用操作字和一个扩展字组合来表示寻址方式。这时扩展字的格式如表2-6所列。

表2-6 扩展字格式

位	15	14	13	12	11	10	9	8	7	6	5	4	3	2	1	0
描述	D/A	寄存器(Register)			W/L	比例(Scale)		0	偏移量(displacement)							

D/A用来选择是数据寄存器还是地址寄存器,W/L选择索引的大小是字还是长字,Scale选择索引比例。具体的使用见寻址模式的介绍。

2.8.1 寻址模式

ColdFire有许多灵活高效的寻址模式来访问存储器和寄存器。相对于纯RISC的架构,ColdFire可以完全在存储器中采用"读出－修改－回写"方式处理操作数而不必将操作数载入内核寄存器。

(1) 数据寄存器直接寻址模式（mode = 0b000）

这种方式直接访问CPU的通用寄存器。

产生的寻址操作结果:EA= Dn(寻址的结果用有效地址EA表示,下同)

例如:

MOVE.L D0,D1   /*将D0寄存器的值复制到D1中,.L表示操作字的长度为32位*/

(2) 地址寄存器直接寻址模式(mode = 0b001)

与数据寄存器寻址类似,只是寄存器换成地址寄存器An。

操作结果:EA = An

例如:

MOVE.L A1,A2   /*将A1寄存器的值复制到A2中*/

(3) 地址寄存器间接寻址模式(mode = 0b010)

目标数据的地址存于地址寄存器中,地址寄存器作为数据指针来寻址。

操作结果:EA=(An)

语法格式:(An)

例如:

MOVE.B D2,(A5)   /*将D2中的数据的低8位复制到由A5指向的内存地址*/

(4) 地址寄存器后加间接寻址模式(mode = 0b011)

地址寄存器作为数据指针来寻址,寻址后地址寄存器内的地址值增加一个size大小,size由操作数的大小决定。操作数为字节、字或长字,对应的size为1、2或4。这种方式一般用于访问内存中升序排列的数组。

操作结果:EA=(An),An=An+size

语法格式:(An)+

例如:

MOVE.W D2,(A5)+   /*将D2的低16位复制到A5指向的内存中,同时A5的地址增加2(由.W决定)*/

(5) 地址寄存器预减间接寻址模式(mode = 0b100)

地址寄存器中的值先减一个size大小的值,然后以新的值作为地址所指向的内存空间为寻址结果。这种方式一般用于访问内存中降序排列的数组。

操作结果：An=An−size, EA=(An)

语法格式：−(An)

例如:

MOVE.L D2,−(A5)   /*将A5的值减小4,然后将D2中的32位数据新的值指向的内存*/

(6) 地址寄存器16位偏移间接寻址模式(mode = 0b101)

地址寄存器的值偏移16位之后指向的内存空间进行寻址。16位数是有符号的数,因此偏移的范围可以是+/−32 KB。

操作结果：EA=(An)+d_{16}

语法格式：(d_{16},An)

例如:

MOVE.B D2,(d_{16},A5) /*将D2中的低8位数据移到A5加d_{16}指向的内存空间*/

(7) 地址寄存器8位偏移与比例索引偏移间接寻址(mode = 0b110)

这种寻址在地址寄存器增加一个8位偏移后,还增加一个比例索引值。这是ColdFire独有的寻址模式,由3个元素组成寻址地址。这种寻址方式对于有规律的按比例分散在内存中的表阵列非常有用。8位偏移用来在每个表内进行元素的寻址,比例索引用来决定各表的寻址,而比例尺则是表与表之间的距离。

操作结果：EA=(An)+(Xi)*ScaleFactor+d_8

语法格式：(d_8,An,Xi*Scale)

例如:

MOVE.L D0,(2,A3,D1*4) /*复制的目标地址是A3寄存器的值加上2再加上D1值乘上比例4的结果*/

(8) 程序指针16位偏移间接寻址(mode = 0b111, reg = 0b010)

在当前PC指针的基础上偏移16位的值作为新的寻址地址,由于是以PC指针为参考进行的寻址,代码只用于只读操作。

操作结果：EA=(PC)+d_{16}

语法结构：(d_{16},PC)

(9) 程序指针8位偏移与比例索引偏移间接寻址(mode = 0b111, reg = 0b011)

与地址寄存器的8位偏移及比例索引偏移寻址类似,只是地址寄存器变成PC。

操作结果：EA=(PC)+d_8+(Xi)*ScaleFactor

语法结构：(d_8,PC,Xi*Scale)

(10) 绝对16和32位地址寻址模式(mode = 0b111, reg = 0b000/001)

这是最简单的一种寻址方式,代码中的操作数即为寻址地址。

操作结果：EA=data

例如:

第 2 章 ColdFire 内核及处理器架构介绍

```
MOVE.W D5,0x2000        /*将 D5 的低 16 位数据复制到 0x2000 地址上*/
```

(11) 立即数寻址(mode = 0b111, reg = 0b100)

同样,所要操作的数据就在代码中,不需要寻址。在代码中,用"#"来表示立即数。

语法结构:#data

例如:

```
MOVE.W #0x4000,D1       /将立即数 0x4000 写入 D1 寄存器中*/
```

2.8.2 指令集

ColdFire 的指令集分为以下几大类:

① 数据搬移 Data movement。

② 程序控制 Program control。

③ 整型算法 Integer arithmetic。

④ 浮点型算法 Floating-point arithmetic(此书没有列出)。

⑤ 逻辑操作 Logical operations。

⑥ 移位操作 Shift operations。

⑦ 位操作 Bit manipulation。

⑧ 系统控制 System control。

⑨ 缓存维护 Cache maintenance。

表 2-7 和 2-8 按字母顺序列出指令集的摘要。其中表 2-7 的指令是管理模式和用户模式通用的指令集,而表 2-8 仅在管理模式下使用。详细的用法与例程请参考 Freescale 的编程手册(ColdFire Family Programmer's Reference Manual)。

表 2-7 ColdFire 通用指令集(管理模式和用户模式)

指令	操作数语法	操作数大小 B—字节 W—字 L—长字 S—单精度浮点 D—双精度浮点	操作功能	指令集
ADD ADDA 运算"加"	Dy,\<ea\>x \<ea\>y,Dx \<ea\>y,Ax	L L L	Source + Destination → Destination	ISA_A
ADDI ADDQ 立即数运算"加"	#\<data\>,Dx #\<data\>,\<ea\>x	L L	Immediate Data + Destination → Destination	ISA_A
ADDX 带扩展位"加"	Dy,Dx	L	Source + Destination + CCR[X] → Destination	ISA_A

续表 2-7

指令	操作数语法	操作数大小 B—字节 W—字 L—长字 S—单精度浮点 D—双精度浮点	操作功能	指令集
AND 运算"与"	\<ea>y,Dx Dy,\<ea>x	L L	Source & Destination → Destination	ISA_A
ANDI 立即数运算"与"	#\<data>, Dx	L	Immediate Data & Destination → Destination	ISA_A
ASL 左移位操作	Dy,Dx #\<data>,Dx	L L	CCR[X,C] ← (Dx << Dy) ← 0 CCR[X,C] ← (Dx << #\<data>) ← 0	ISA_A
ASR 右移位操作	Dy,Dx #\<data>,Dx	L L	msb → (Dx >> Dy) → CCR[X,C] msb → (Dx >> #\<data>) → CCR[X,C]	ISA_A
Bcc 条件跳转	\<label>	B, W	If Condition True, Then PC + dn → PC	ISA_A
Bcc 条件跳转	\<label>	L	If Condition True, Then PC + dn → PC	ISA_B
BCHG 检测位并取反	Dy,\<ea>x #\<data>,\<ea>x	B, L B, L	~(\<bit number> of Destination) → CCR[Z] → \<bit number> of Destination	ISA_A
BCLR 检测位并清0	Dy,\<ea>x #\<data>,\<ea>x	B, L B, L	~(\<bit number> of Destination) → CCR[Z]; 0 → \<bit number> of Destination	ISA_A
BITREV 按位反转	Dx	L	寄存器的高位与低位依次交换： new Dx[31]=old Dx[0], new Dx[30]=old Dx[1],…	ISA_A+, ISA_C
BRA 无条件跳转	\<label>	B, W	PC + dn → PC	ISA_A
BRA 无条件跳转	\<label>	L	PC + dn → PC	ISA_B
BSET 检测位并置1	Dy,\<ea>x #\<data>,\<ea>x	B, L B, L	~(\<bit number> of Destination) → CCR[Z]; 1 → \<bit number> of Destination	ISA_A
BSR 跳转子函数	\<label>	B, W	SP - 4 → SP; next PC → (SP); PC + dn → PC	ISA_A

第 2 章　ColdFire 内核及处理器架构介绍

续表 2-7

指令	操作数语法	操作数大小 B—字节 W—字 L—长字 S—单精度浮点 D—双精度浮点	操作功能	指令集
BSR 跳转子函数	\<label\>	L	SP − 4 → SP；next PC → (SP)； PC + dn → PC	ISA_B
BTST 检测位	Dy,\<ea\>x #\<data\>,\<ea\>x	B, L B, L	~ (\<bit number\> of Destination) → CCR[Z]	ISA_A
BYTEREV 字节反转	Dx	L	寄存器的指按字节反转： new Dx[31：24]=old Dx[7：0]， new Dx[23：16]=old Dx[15：8]， new Dx[15：8]=old Dx[23：16]	ISA_A+ ISA_C
CLR 目标清 0	\<ea\>x	B, W, L	0 → Destination	ISA_A
CMP 比较 CMPA	\<ea\>y,Dx \<ea\>y,Ax	L L	Destination − Source → CCR	ISA_A
CMP 比较 CMPA	\<ea\>y,Dx \<ea\>y,Ax	B, W W	Destination − Source → CCR	ISA_B
CMPI 与立即数 比较	#\<data\>,Dx	L	Destination − Immediate Data → CCR	ISA_A
CMPI 与立 即数比较	#\<data\>,Dx	B, W	Destination − Immediate Data → CCR	ISA_B
DIVS/DI- VU 运算 "除法"	\<ea\>y,Dx	W, L	Destination / Source → Destination (Signed or Unsigned)	ISA_A
EOR 寄存 器异或	Dy,\<ea\>x	L	Source ^ Destination → Destination	ISA_A
EORI 立即 数异或	#\<data\>,Dx	L	Immediate Data ^ Destination → Destina- tion	ISA_A
EXT 数据 扩展 EXTB	Dx Dx Dx	B → W W → L B → L	Sign − Extended Destination → Destina- tion	ISA_A
FF1 找第一 个 1	Dx	L	Bit offset of First Logical One in Register → Destination	ISA_A+ ISA_C

续表 2-7

指令	操作数语法	操作数大小 B—字节 W—字 L—长字 S—单精度浮点 D—双精度浮点	操作功能	指令集
ILLEGAL 产生一个非法错误的中断	none	none	SP − 4 → SP；PC → (SP)；SP − 2 → SP；SR → (SP)；SP − 2 → SP；Vector Offset → (SP)；(VBR + 0x10) → PC	ISA_A
JMP 跳转	<ea>y	none	Source Address → PC	ISA_A
JSR 子函数跳转	<ea>y	none	SP − 4 → SP；nextPC → (SP)；Source → PC	ISA_A
LEA 载入有效地址	<ea>y,Ax	L	<ea>y → Ax	ISA_A
LINK 在堆栈中分配一块空间	Ay,#<dn>	W	SP − 4 → SP；Ay → (SP)；SP → Ay，SP + dn → SP 用于子函数调用时为子函数分配局部变量的空间	ISA_A
LSL 逻辑左移位	Dy,Dx #<data>,Dx	L L	CCR[X,C] ← (Dx << Dy) ← 0 CCR[X,C] ← (Dx << #<data>) ← 0	ISA_A
LSR 逻辑右移位	Dy,Dx #<data>,Dx	L L	0 → (Dx >> Dy) → CCR[X,C] 0 → (Dx >> #<data>) → CCR[X,C]	ISA_A
MOV3Q 移动 3 位立即数到目标地址	#<data>,<ea>x	L	Immediate Data → Destination	ISA_B
MOVCLR 移动累加器结果并清 0 累加器	ACCy,Rx	L	Accumulator → Destination， 0 → Accumulator	EMAC
MOVE 移动 MOVE from CCR MOVE to CCR	<ea>y,<ea>x MACcr,Dx <ea>y,MACcr CCR,Dx <ea>y,CCR	B,W,L L L W W	Source → Destination MACcr，可以是 MAC 控制器任意寄存器：ACCx，ACCext01，ACCext23，MACSR，MASK	ISA_A MAC MAC ISA_A ISA_A

续表 2-7

指令	操作数语法	操作数大小 B—字节 W—字 L—长字 S—单精度浮点 D—双精度浮点	操作功能	指令集
MOVE 移动	#<data>, d16(Ax)	B,W	Immediate Data → Destination	ISA_B
MOVEA 移动	<ea>y,Ax	W,L → L	Source → Destination	ISA_A
MOVEM 移动多个寄存器	#list,<ea>x <ea>y,#list	L	Listed Registers → Destination Source Source → Listed Registers	ISA_A
MOVEQ 快速移动	#<data>,Dx	B → L	Immediate Data → Destination	ISA_A
MULS/ MULU 有/无符号乘	<ea>y,Dx	W * W → L L * L → L	Source * Destination → Destination（有符号或无符号）	ISA_A
MVS 带符号扩展位移动	<ea>y,Dx	B,W	Source with sign extension → Destination	ISA_B
MVZ 添0移动	<ea>y,Dx	B,W	Source with zero fill → Destination	ISA_B
NEG 取负	Dx	L	0 − Destination → Destination	ISA_A
NEGX 带扩展位取负	Dx	L	0 − Destination − CCR[X] → Destination	ISA_A
NOP 空指令	none	none	PC + 2 → PC (Integer Pipeline Synchronized)	ISA_A
NOT 按位取反	Dx	L	~ Destination → Destination	ISA_A
OR 按位或	<ea>y, Dx Dy,<ea>x	L L	Source | Destination → Destination	ISA_A
ORI 立即数按位或	#<data>,Dx	L	Immediate Data | Destination → Destination	ISA_A

续表 2-7

指令	操作数语法	操作数大小 B—字节 W—字 L—长字 S—单精度浮点 D—双精度浮点	操作功能	指令集
PEA 将地址压栈	<ea>y	L	SP − 4 → SP；<ea>y → (SP)	ISA_A
PULSE 产生处理器状态	none	none	Set PST = 0x4	ISA_A
REMS/ REMU 除法运算	<ea>y,Dw:Dx	L	Destination / Source → Remainder (Signed or Unsigned)	ISA_A
RTS 函数返回	none	none	(SP) → PC；SP + 4 → SP	ISA_A
SATS 符号位溢出	Dx	L	If CCR[V] == 1； then if Dx[31] == 0； then Dx[31:0] = 0x80000000； else Dx[31:0] = 0x7FFFFFFF； else Dx[31:0] is unchanged	ISA_B
Scc 根据条件设置目标寄存器	Dx	B	If Condition True, Then 1s → Destination； Else 0s → Destination	ISA_A
SUB SUBA 减法运算	<ea>y,Dx Dy,<ea>x <ea>y,Ax	L L L	Destination − Source → Destination	ISA_A
SUBI SUBQ 立即数减法	#<data>,Dx #<data>,<ea>x	L L	Destination − Immediate Data → Destination	ISA_A
SUBX 带扩展位减法	Dy,Dx	L	Destination − Source − CCR[X] → Destination	ISA_A
SWAP 高低位交换	Dx	W	MSW of Dx LSW of Dx	ISA_A
TAS 检测并置 1	<ea>x	B	Destination Tested → CCR； 1 → bit 7 of Destination	ISA_B

续表 2-7

指令	操作数语法	操作数大小 B—字节 W—字 L—长字 S—单精度浮点 D—双精度浮点	操作功能	指令集
TPF 空指令	none #\<data> #\<data>	none W L	PC + 2→ PC;PC + 4 → PC;PC + 6→ PC 占用指令空间，产生单周期无操作指令，而 NOP 指令需要同步流水线，可能占用多个周期	ISA_A
TRAP 产生 TRAP 中断	#\<vector>	none	1 → S Bit of SR; SP − 4 → SP; nextPC → (SP); SP − 2 → SP; SR → (SP) SP − 2 → SP; Format/Offset → (SP) (VBR + 0x80 +4 * n) → PC, n 为 TRAP 号	ISA_A
TST 检测操作数 并更新 CCR 寄存器	\<ea>y	B, W, L	Source Operand Tested → CCR	ISA_A
UNLK 与 LINK 的 操作相对 应，将压栈 的数据退栈	Ax	none	Ax → SP; (SP) → Ax; SP + 4 → SP	ISA_A
WDDATA 将操作数送 入调试模块 DDATA 引脚	\<ea>y	B, W, L	Source → DDATA port	ISA_A

表 2-8 ColdFire 管理模式指令集

指 令	操作数语法	操作数大小	操作功能	最早所属指令集
CPUSHL Cache Line 回写	ic,(Ax) dc,(Ax) bc,(Ax)	none	将 Cache Line 中被 CPU 修改的值回写到对应的存储空间中，主要在处于回拷模式下 Cache Line 被新的空间替代时使用	ISA_A
HALT CPU 停滞	none	none	CPU 流水线内的操作完成后停滞，等待 GO 命令重新启动内核	ISA_A
INTOUCH 产生取指令操作	Ay	none	Instruction fetch touch at (Ay) 通常用于对指定的指令区进行缓存预取指，并锁定该缓存，此指令区域一般为对时间较敏感的代码	ISA_B

续表 2-8

指　　令	操作数语法	操作数大小	操作功能	最早所属指令集
MOVE from SR 读 SR 寄存器	SR,Dx	W	SR → Destination	ISA_A
MOVE from USP 读 USP 寄存器	USP,Dx	L	USP → Destination	ISA_B
MOVE to SR 写 SR 寄存器	<ea>y,SR	W	Source → SR；Dy or #<data> source only	ISA_A
MOVE to USP 写 USP 寄存器	Ay,USP	L	Source → USP	ISA_B
MOVEC 写控制寄存器	Ry,Rc	L	Ry → Rc	ISA_A
RTE 退出中断服务程序	none	none	2(SP) → SR；4(SP) → PC；SP+8 → SP 按格式调整堆栈指针	ISA_A
STLDSR 保存现场并更新 SR 寄存器	#<data>	W	SP−4 → SP；zero−filled SR → (SP)；Immediate Data → SR 用于中断服务程序入口处,将 SR 压入堆栈,并用新的立即数更新 SR	ISA_A+ ISA_C
STOP CPU 进入 STOP 模式	#<data>	none	Immediate Data → SR；STOP	ISA_A
WDEBUG 写 Debug 控制寄存器	<ea>y	L	Addressed Debug WDMREG Command Executed	ISA_A

2.9　μCOS-Ⅱ 在 ColdFire 上的移植

　　μCOS-Ⅱ 是由 Jean J. Labrosse 研发出的针对嵌入式系统应用的小型实时操作系统,Jean 于 1999 年成立 Microμm 公司,并由该公司提供 μCOS-Ⅱ 针对不同处理器的移植与解决方案。μCOS-Ⅱ 对 ColdFire 有比较完整的支持与移植方案。这里介绍 μCOS-Ⅱ 在 ColdFire 上的移植只是为了更好地理解 ColdFire 指令系统的例程,本节并不对 μCOS-Ⅱ 本身做过多的介绍,因此要对此节进行深入了解最好有一定的 μCOS-Ⅱ 基础。

2.9.1　μCOS-Ⅱ 移植的关键代码

　　μCOS-Ⅱ 移植最主要的是它在上下文切换时对内核寄存器出入系统堆栈的处理过程,其中包含任务切换时的处理以及中断函数的处理。此外还有一些有关硬件的函数移植,例如系统定时器的移植、中断保护的移植等。
　　μCOS-Ⅱ 的任务切换(或者叫上下文切换)是调用 OS_TASK_SW() 来实现的,在许多处理器中,这个函数由 CPU 的软件中断来实现。同样,在 ColdFire 中,本例采用了 TRAP #14 软件中断来实现,也即调用此任务切换时,触发 TRAP #14 软件中断。

第 2 章　ColdFire 内核及处理器架构介绍

需要明确的是本例采用了 ColdFire 的 CodeWarrior 标准编译模式(标准参数传递模式)，有 3 个默认编译对移植是有影响的:

① 子函数的返回数据是通过数据寄存器 D0 来传递的，返回的指针是通过地址寄存器 A0 来传递。

② 调用子函数时，编译器将调用参数按照反方向压入堆栈中，即首先压入最后的参数，其次是倒数第二的参数。

③ 当传递 16 位参数时占用 32 位的空间。

与 μCOS-Ⅱ 移植到任何处理器的方式相同，移植工作主要集中在以下 4 个文件中：

① OS_CPU.H；
② OS_CPU_C.C；
③ OS_CPU_A.ASM；
④ OS_DBG.C。

2.9.2　OS_CPU.H

(1) 数据类型

OS_CPU.H 主要是定义一些整个软件的数据类型格式，如：

```
typedef unsigned   char    BOOLEAN;
typedef unsigned   char    INT8U;        /*无符号 8 位*/
typedef signed     char    INT8S;        /*有符号 8 位*/
typedef unsigned   short   INT16U;       /*无符号 16 位*/
typedef signed     short   INT16S;       /*有符号 16 位*/
typedef unsigned   int     INT32U;       /*无符号 32 位*/
typedef signed     int     INT32S;       /*有符号 32 位*/
typedef float              FP32;         /*单精度浮点*/
typedef double             FP64;         /*双精度浮点*/

typedef unsigned   int     OS_STK;       /*堆栈宽度 32 位*/
typedef unsigned   short   OS_CPU_SR;    /*定义 CPU 状态寄存器,16 位*/
```

(2) 临界定义

以下两个宏在禁止和使能系统中断时，用于进入和退出一些不可打断的代码中，其中的两个函数 OS_CPU_SR_Save() 和 OS_CPU_SR_Restore() 的函数体在 OS_CPU_A.ASM 中定义。

```
#define  OS_ENTER_CRITICAL()   (cpu_sr = OS_CPU_SR_Save())     /*禁止中断*/
#define  OS_EXIT_CRITICAL()    (OS_CPU_SR_Restore(cpu_sr))     /*使能中断*/
```

(3) 任务切换

如前所述，本例采用 TRAP #14 来触发任务切换操作：

```
/*使用 Trap #14 中断来进行任务级别的上下文切换*/
#define  OS_TASK_SW()          asm(TRAP #14);
```

操作系统的堆栈采用向下生长的方式进行维护：

```
#define  OS_STK_GROWTH           1            /*定义堆栈生长方向:1 = Down,0 = Up    */
```

初始化的 CPU 状态寄存器 SR 值:

```
#define  OS_INITIAL_SR           0x2000       /*管理员模式,中断使能*/
```

如前,指定了 14 号软件中断:

```
#define  OS_TRAP_NBR             14           /*OSCtxSw()通过 TRAP #14 触发*/
```

2.9.3 OS_CPU_C.C

OS_CPU_C.C 主要提供了基本的任务堆栈初始化函数及一些 hook 函数供任务处理和切换时调用。在本例中,hook 函数并没有使用到,因此不作介绍。

OSTaskStkInit()函数,在任务初始化时由 OSTaskCreate 调用来初始化任务堆栈。此函数的输入参数:

task——指向 task 入口函数的指针;
p_arg——task 初始化时的入口参数,可以供用户程序使用;
p_tos——指向 Task 栈顶的指针;
opt——可选的传递参数,此例中没有使用。

```
OS_STK   *OSTaskStkInit (void (*task)(void *pd), void *p_arg, OS_STK *ptos, INT16U opt)
{
  INT32U   *pstk32;
  opt = opt;                            /*opt 在程序中没有使用,这里为了防止编译器报警*/

  switch ((INT32U)ptos & 0x00000003) {  /*长字对齐*/
    case 0:
      pstk32 = (OS_STK *)((INT32U)ptos + 0);
      break;
    case 1:
      pstk32 = (OS_STK *)((INT32U)ptos - 1);
      break;
    case 2:
      pstk32 = (OS_STK *)((INT32U)ptos - 2);
      break;
    case 3:
      pstk32 = (OS_STK *)((INT32U)ptos - 3);
      break;
  }

  *pstk32      = 0;                     /*模拟带参数调用函数的堆栈情形*/
  *--pstk32    = (INT32U)p_arg;         /*p_arg*/
  *--pstk32    = (INT32U)task;          /*任务返回地址*/

/*- - - - - - - - - - - - - - - - 模拟中断异常堆栈帧 - - - - - - - - - - - - - - - - */
```

第 2 章　ColdFire 内核及处理器架构介绍

```
*--pstk32 = (INT32U)task;                    /*任务返回地址*/
*--pstk32 = (INT32U)(0x40000000 | OS_INITIAL_SR);   /*格式与状态寄存器*/

/*-------保存现场,所有的 CPU 寄存器-------*/
*--pstk32 = (INT32U)0x00A600A6L;             /*寄存器 A6*/
*--pstk32 = (INT32U)0x00A500A5L;             /*寄存器 A5*/
*--pstk32 = (INT32U)0x00A400A4L;             /*寄存器 A4*/
*--pstk32 = (INT32U)0x00A300A3L;             /*寄存器 A3*/
*--pstk32 = (INT32U)0x00A200A2L;             /*寄存器 A2*/
*--pstk32 = (INT32U)0x00A100A1L;             /*寄存器 A1*/
*--pstk32 = (INT32U)p_arg;                   /*寄存器 A0*/
*--pstk32 = (INT32U)0x00D700D7L;             /*寄存器 D7*/
*--pstk32 = (INT32U)0x00D600D6L;             /*寄存器 D6*/
*--pstk32 = (INT32U)0x00D500D5L;             /*寄存器 D5*/
*--pstk32 = (INT32U)0x00D400D4L;             /*寄存器 D4*/
*--pstk32 = (INT32U)0x00D300D3L;             /*寄存器 D3*/
*--pstk32 = (INT32U)0x00D200D2L;             /*寄存器 D2*/
*--pstk32 = (INT32U)0x00D100D1L;             /*寄存器 D1*/
*--pstk32 = (INT32U)p_arg;                   /*寄存器 D0*/

/*-------保存所有 EMAC 寄存器-------------*/
*--pstk32 = (INT32U)0x00000000L;             /*寄存器 MACSR*/
*--pstk32 = (INT32U)0x00000000L;             /*寄存器 MASK*/
*--pstk32 = (INT32U)0x000ACE23L;             /*寄存器 ACCEXT23*/
*--pstk32 = (INT32U)0x000ACE01L;             /*寄存器 ACCEXT01*/
*--pstk32 = (INT32U)0x0000ACC3L;             /*寄存器 ACC3*/
*--pstk32 = (INT32U)0x0000ACC2L;             /*寄存器 ACC2*/
*--pstk32 = (INT32U)0x0000ACC1L;             /*寄存器 ACC1*/
*--pstk32 = (INT32U)0x0000ACC0L;             /*寄存器 ACC0*/

return ((OS_STK *)pstk32);                   /*返回指向栈顶的指针*/
}
```

OSTaskStkInit()函数首先将栈顶指针进行 32 位对齐操作,然后依次将 task 被调用时的传递参数 p_arg、task 的返回地址(在初始化中即为 task 的入口地址)、初始化的状态寄存器 SR、A6~A0、D7~D0、EMAC 的寄存器(此例以 MCF52259 为例,故需要保存 EMAC 的寄存器,对于无 EMAC 的 ColdFire CPU 可省略该步)压入堆栈中,最后将新的栈顶指针返回给 task 创建函数。这样做的目的就是模仿任务切换时的压栈和退栈顺序,使得任务堆栈在创建时就如同已经被中断过而保护的现场一样。

OSVectGet()与 OSVectSet()允许用户程序动态修改系统中断向量表的中断服务程序入口地址,在本例中并不需要此应用。

图 2-15 是初始化后的任务栈情况,可以参看 _OSStartHighRdy 函数对此栈的退栈情况进行研究。

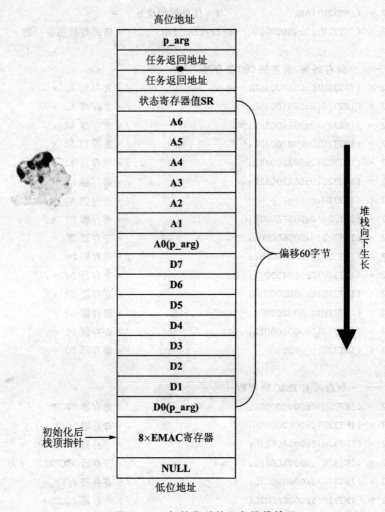

图 2-15 初始化后的任务堆栈情况

2.9.4 OS_CPU_A.ASM

OS_CPU_A.ASM 中实现了几个最关键的任务调度时使用的函数。

```
_OS_CPU_SR_Save:
    MOVE.W    SR,D0            /*复制 SR 寄存器到 D0 */
    MOVE.L    D0,-(A7)         /*保存 D0 */
    ORI.L     #0x0700,D0       /*禁止中断*/
    MOVE      D0,SR
    MOVE.L    (A7)+,D0         /*恢复 D0 */
    RTS
```

OS_OPU_SR_Save 函数用来将 SR 寄存器的内容保存进堆栈中,同时禁止中断;然后将原保存的 SR 值通过 D0 寄存器返回给此函数的调用者。

```
_OS_CPU_SR_Restore:
    MOVE.L    D0,-(A7)         /*保存 D0 */
```

第2章 ColdFire 内核及处理器架构介绍

```
    MOVE.W      10(A7),D0
    MOVE.W      D0,SR
    MOVE.L      (A7)+,D0              /*恢复D0*/
    RTS
```

OS_CPU_SR_Restore 函数用于将先前保存的 SR 的值恢复到 SR 寄存器中。调用者通过系统堆栈来传递参数到子函数中，因此在保存了当前 D0 的内容之后，通过对栈顶进行 10 字节的偏移地址可以找到传入的参数，从而将其通过 D0 寄存器回写入 SR，其堆栈变化的情况见图 2-16。

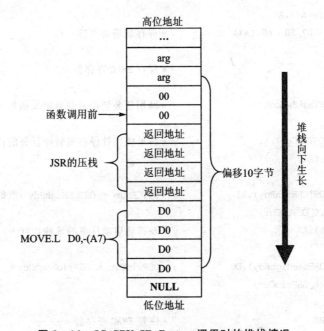

图 2-16 OS_CPU_SR_Restore 调用时的堆栈情况

```
_OSStartHighRdy:
    JSR         _OSTaskSwHook             /*调用任务切换时的自定义的函数*/

    MOVEQ.L     #1,D4                     /*OSRunning = TRUE;*/
    MOVE.B      D4,_OSRunning             /*指示进入多任务状态*/

    MOVE.L      (_OSTCBHighRdy),A1        /*指向处于准备状态的任务队列的最高优先级的任
                                            务控制块 TCB*/
    MOVE.L      (A1),A7                   /*取得将要恢复运行的任务的堆栈指针*/

    OS_EMAC_RESTORE                       /*恢复 EMAC 寄存器       */

    MOVEM.L     (A7),D0-D7/A0-A6          /*恢复现场所有寄存器     */
    LEA         60(A7),A7                 /*移动堆栈指针           */

    RTE                                   /*进入任务*/
```

· 51 ·

OSStartHighRdy 函数由 OSStart 调用来启动最高优先级的任务。函数置位全局变量 OSRunning，将任务的 TCB 指针传递给堆栈指针 A7，由于 TCB 结构的第一个成员即为 task 的堆栈，所以这个动作将任务的堆栈指针传递给 A7，即 SP；然后调用 OS_EMAC_RESTORE（在 OS_CPU_I.ASM 中定义）从堆栈中退出 EMAC 寄存器；MOVEM.L 指令将堆栈中接下来保存的通用寄存器提取出来，再设置栈顶；此时在栈顶保存的内容即为此 task 状态寄存器和返回地址，执行 RTE 把状态寄存器值退栈赋值到 SR，并把返回地址赋给 PC 指针，从而跳转到 task 的入口地址。请结合 OSTaskStkInit() 中的堆栈图来分析。

```
_OSCtxSw:
    LEA         -60(A7),A7
    MOVEM.L     D0-D7/A0-A6,(A7)        /*保存现场寄存器*/

    OS_EMAC_SAVE                        /*保存 EMAC 寄存器*/

    JSR         _OSTaskSwHook           /*调用任务切换时的自定义函数*/

    MOVE.L      (_OSTCBCur),A1          /*将堆栈指针保存到暂停任务的任务控制块 TCB*/
    MOVE.L      A7,(A1)

    MOVE.L      (_OSTCBHighRdy),A1      /*OSTCBCur = OSTCBHighRdy ,取得最高优先级任务*/
    MOVE.L      A1,(_OSTCBCur)
    MOVE.L      (A1),A7                 /*获得将启动任务的堆栈指针*/

    MOVE.B      (_OSPrioHighRdy),D0     /*OSPrioCur = OSPrioHighRdy*/
    MOVE.B      D0,(_OSPrioCur)

    OS_EMAC_RESTORE                     /*恢复 EMAC 寄存器*/

    MOVEM.L     (A7),D0-D7/A0-A6        /*恢复 CPU 寄存器*/
    LEA         60(A7),A7

    RTE                                 /*进入新任务*/
```

OSCtxSw 函数是用来做任务切换的。在操作系统需要进行任务切换时（例如，当前任务因为等待一些资源或消息等而挂起，且有更高优先级的任务），调用 OS_Sched() 会触发中断 TRAP #14 中断，而 OSCtxSw 作为此中断的服务函数来进行具体的任务切换工作。

中断产生时，中断程序自动将当前任务的返回地址和 SR 寄存器压入堆栈中，然后函数 OSCtxSw 将当前任务的堆栈预留出 60 字节供通用寄存器压栈使用，再把 EMAC 寄存器压栈；之后将栈顶指针保存到任务的 TCB 结构中；接着把目标任务的 TCB 栈指针赋给系统堆栈指针 A7；接下来开始恢复新任务的 EMAC 寄存器和通用寄存器。恢复完之后，栈顶的内容是新任务的 SR 和返回地址，执行 RTE 指令自动将此内容退栈从而进入新的任务中运行。图 2-17 给出了详细的堆栈过程图。

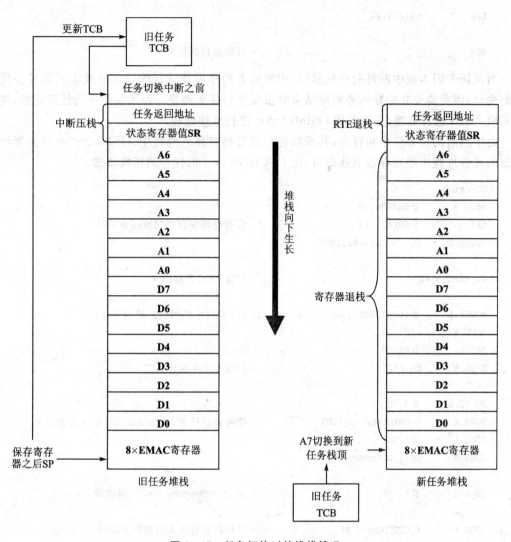

图 2-17 任务切换时的堆栈情况

```
_OSIntCtxSw:
    JSR         _OSTaskSwHook           /* 调用任务切换时的自定义函数 */

    MOVE.B      (_OSPrioHighRdy),D0     /* OSPrioCur = OSPrioHighRdy，获得准备运行任务队
                                           列的最高优先级任务 */

    MOVE.B      D0,(_OSPrioCur)

    MOVE.L      (_OSTCBHighRdy),A1      /* OSTCBCur = OSTCBHighRdy */
    MOVE.L      A1,(_OSTCBCur)
    MOVE.L      (A1),A7                 /* 获得新任务堆栈 */

    OS_EMAC_RESTORE                     /* 恢复 EMAC 寄存器 */

    MOVEM.L     (A7),D0-D7/A0-A6        /* 恢复 CPU 寄存器 */
```

```
    LEA        60(A7),A7

    RTE                                  /*开始运行新任务*/
```

当某任务因为被中断打断而挂起时,中断服务程序可能进行的操作导致了系统任务优先级的变化,因此需要在中断服务程序结束时重新进行任务调整。如果需要进行任务切换,则调用 OSIntExit 进行处理,其中采用 OSIntCtxSw 进行堆栈处理。

由于当前的任务被中断打断,其现场寄存器已经被压入堆栈中,OSIntCtxSw 只需要切换到新的任务堆栈中把寄存器退栈即可,比 OSCtxSw 少了旧任务的压栈步骤。

```
_OSTickISR:
    MOVE.W     #0x2700,SR
    LEA        -60(A7),A7                /*保存现场寄存器到堆栈中*/
    MOVEM.L    D0-D7/A0-A6,(A7)

    OS_EMAC_SAVE                         /*保存 EMAC 寄存器*/

    MOVEA.L    #1075118080,A0            /*PIT 定时中断的状态控制寄存器*/
    MOVE.W     (A0),D0
    ORI.L      #04,D0
    MOVE.W     D0,(A0)                   /*清除 PIF 中断标志位*/

    MOVEQ.L    #0,D0
    MOVE.B     (_OSIntNesting),D0        /*中断嵌套计数,OSIntNesting 是 8 位数据*/
    ADDQ.L     #1,D0
    MOVE.B     D0,(_OSIntNesting)

    cmpi.l     #1,d0                     /*若 OSIntNesting == 1,则继续*/
    bne        _NoInc1
    MOVE.L     (_OSTCBCur),A1            /*将堆栈指针压入当前任务堆栈*/
    MOVE.L     A7,(A1)

_NoInc1:

    JSR        _OSTimeTick
    JSR        _OSIntExit

    OS_EMAC_RESTORE                      /*恢复 EMAC 寄存器*/

    MOVEM.L    (A7),D0-D7/A0-A6          /*恢复现场*/
    LEA        60(A7),A7
    RTE
```

OSTickISR 函数是操作系统的 TICK 函数,在本例中采用系统的 PIT0 来作为 OS 的 tick,关于 PIT0 初始化部分的介绍请参考本书定时器章节(第 13 章)。OSTickISR 函数首先屏蔽所有中断,将现场的寄存器压栈,清空定时器控制状态寄存器的中断位,中断嵌套深度

OSIntNesting 加 1,如果是第一层嵌套,则需要把 SP 寄存器保存到任务的 TCB 中,如果是多次嵌套,则因为已经保存了该 SP 值而不需要再次保存;接着调用 OSTimeTick 函数来检查任务优先级的变化;OSIntExit 则如前所述进行必要的任务切换,如果没有切换发生,则继续恢复原任务堆栈中的寄存器,最后重新回到任务运行。

2.9.5 OS_CPU_I.ASM

这个文件主要是为带 EMAC 的 ColdFire 处理器提供保存和恢复 EMAC 寄存器的代码使用,即前面一直用到的 OS_EMAC_RESTORE 和 OS_EMAC_SAVE 函数。

```
.macro      OS_EMAC_SAVE
/* 保存 EMAC 寄存器的代码 */
MOVE.L      MACSR,D7              /* 保存 MACSR */
CLR.L       D0                    /* 禁止 MACSR 的 rounding */
MOVE.L      D0,MACSR
MOVE.L      ACC0,D0               /* 保存累加器 */
MOVE.L      ACC1,D1
MOVE.L      ACC2,D2
MOVE.L      ACC3,D3
MOVE.L      ACCEXT01,D4           /* 保存扩展累加器 */
MOVE.L      ACCEXT23,D5
MOVE.L      MASK,D6               /* 保存地址 MASK */
LEA         -32(A7),A7            /* 移动堆栈指针 */
MOVEM.L     D0-D7,(A7)
.endm
---------------------------------------------------------
.macro      OS_EMAC_RESTORE
/* 恢复 EMAC 寄存器的代码 */
MOVEM.L     (A7),D0-D7            /* 恢复 EMAC */
MOVE.L      #0,MACSR
MOVE.L      D0,ACC0                /* 恢复累加器 */
MOVE.L      D1,ACC1
MOVE.L      D2,ACC2
MOVE.L      D3,ACC3
MOVE.L      D4,ACCEXT01
MOVE.L      D5,ACCEXT23
MOVE.L      D6,MASK
MOVE.L      D7,MACSR
LEA         32(A7),A7
.endm
```

读者可自行阅读此代码,结合本章的分析,学习 ColdFire 内核的运行情况和指令处理过程。

第 3 章
编程开发工具

本章介绍 ColdFire 处理器的软件开发调试工具 CodeWarrior for ColdFire、ColdFire Linux BSP 开发工具链及 IAR 的开发工具。

3.1 开发工具概况

68K/ColdFire 作为拥有几十年历史的产品,拥有非常丰富的开发生态环境,其中包含了众多的开发工具来适应不同的客户需求。例如 Freescale 公司官方的开发工具 CodeWarrior for ColdFire、GreenHills 公司的开发工具 MULTI、WindRiver 公司的 Workbench with Compliler、IAR 公司的 YellowSuite for ColdFire 等。针对 Linux 平台和 μCLinux 的开发需求,Freescale 提供了打包好的全套开发环境 LTIB(Linux Target Image Builder),其中将全部移植到 ColdFire 内核的 Linux 或者 μCLinux 源代码、驱动、交叉编译工具链等打包成一个文件发布,方便用户开发环境的建立和使用。

3.2 CodeWarrior for ColdFire

CodeWarrior for ColdFire 是一个完整的集成开发环境,提供了可视化的自动项目管理,集成 Freescale 的 C/C++编译器、汇编编译器、链接引擎、实时运行支持库、调试器驱动接口和实时调试环境、ColdFire 的专家库、项目向导开发例程等部件。目前支持全系列的 ColdFire MCU/MPU 产品以及其对应的开发板。Freescale 公司为用户提供了 3 种不同收费标准的 CodeWarrior 开发工具。

(1) 特殊版本(免费开发给用户)
- 支持汇编和 C 语言。
- 工程项目文件个数没有限制。
- 支持 CodeWarrior USBTAP 和 P&E 并口/USB 调试器。
- 集成 CF Flasher 编程器。
- 优化编译器。
- 支持全系列 ColdFire 芯片产品。

- 代码和数据大小限制为 128 KB。
- 1 年的技术支持服务。

(2) 标准版本(约 $ 2500)
- 支持特殊版本的全部功能。
- 支持带浮点运算处理器的浮点运算库。
- V2 和 V4e 内核的仿真。
- 无代码大小限制。

(3) 专业版本(约 $ 6000)
- 支持标准版本的全部功能。
- 支持 C++语言。
- 支持 Abatron BDI 和 CodeWarrior EthernetTAP 调试器。
- CodeWarrior 扩展功能(例如版本控制管理、第三方插件集成等)。
- RTOS 的调试功能(嵌入第三方动态链接库),实时进行代码运行分析。

3.2.1 CodeWarrior 基本使用

CodeWarrior 作为一个完整的集成开发环境,集成了项目管理(Project Manager)、代码编辑工具(Editing Tools)、编译链接系统(Build System)、调试(Debugger)等部件。图 3-1 是 CodeWarrior 集成开发环境的结构。

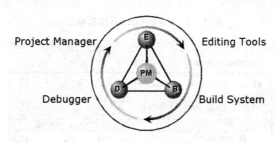

图 3-1 集成开发环境结构

下面分别对各部分进行介绍。

图 3-2 是 CodeWarrior 的全貌,左边的项目栏包含了当前打开的项目窗口。

(1) 项目窗口

图 3-3 是项目窗口的外观,项目窗口内列出了当前打开的项目工程,用户可以同时打开多个工程。通过 Project→Set Default Project 来设置默认的当前激活的项目。

(2) 目标栏

每个项目可以由一个或多个目标构成。CodeWarrior 中目标的概念表示不同的编译配置,即同一个项目包含了许多不同的功能模块代码或者运行于不同的硬件环境,可以通过不同的目标来区分。例如同样对于 MCF52259 的一个完整的项目,其中的一个目标可以是专门操作以太网模块的代码,另外一个目标可以是操作 USB 模块的代码,还可以是两个模块合成的代码,此外还可以区分目标代码是运行在系统 RAM 中还是 Flash 中。图 3-4 是目标栏的外观。

目标栏显示了当前工作编译和调试的目标,可以通过下拉菜单来更换目标。

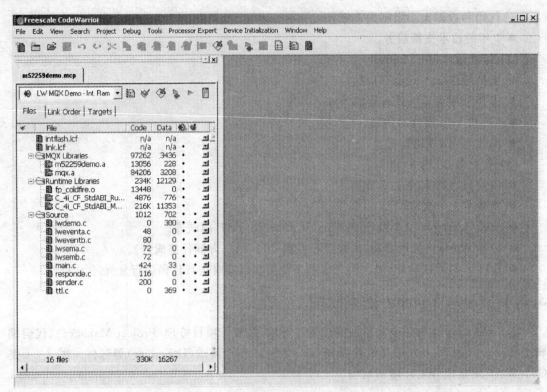

图 3-2　CodeWarrior IDE 窗口

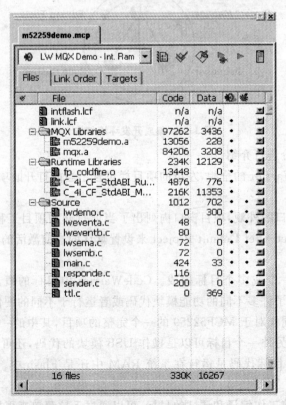

图 3-3　项目窗口

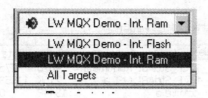

图 3-4 目标栏

(3) 标签栏

标签栏主要有 3 个标签项组成：文件(Files)、链接顺序(Link Order)和目标(Targets)。文件选项卡中列出了当前项目中的所有文件，如图 3-5 所示。

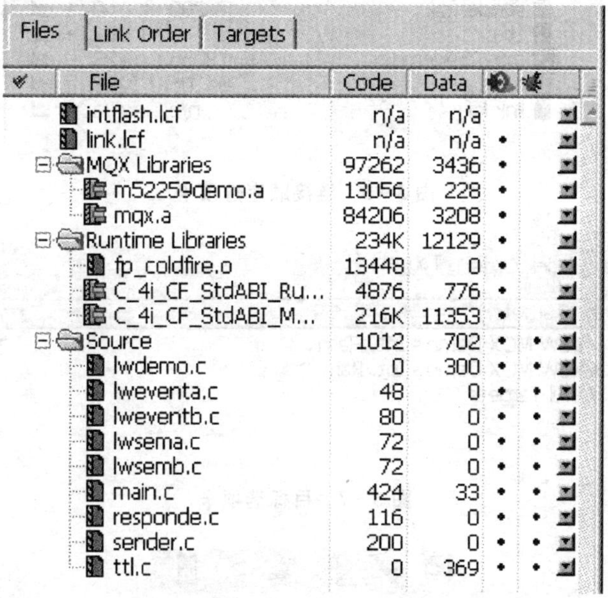

图 3-5 文件选项卡

其中 一列表示对应的文件是否需要重新编译，如果对应的文件在最后编译后被修改了，此列会显示修改标志表示需要重新进行编译。文件列(File)显示的是文件的名称。代码列(Code)显示的是对应文件编译后的目标代码大小，但这并不是最终在硬件上运行的代码大小，因为最终不使用的函数是不会被链接进硬件目标代码的。数据列(Data)显示的是对应文件所占用的数据空间。编译列( )显示的是对应文件是否被编译进该目标中，黑点表示编译进去，空白表示不编译，用户可以直接用鼠标点击该位置来控制选择。调试列( )显示对应的文件是否进行源代码调试，如果选中，在编译时会产生该文件的符号信息等供调试时使用。

链接顺序选项卡显示了自上而下的目标文件的链接顺序，可以直接拖拽文件来改变链接顺序。图 3-6 是链接顺序选项卡的外观。

目标选项卡列出了当前项目中所有的目标，并且图标 标记出当前正激活的目标。图 3-7 是目标选项卡的外观。

(4) 项目工具栏

项目工具栏是所有的对项目进行各种操作按钮工具的集合。图 3-8 是项目工具栏的外观。

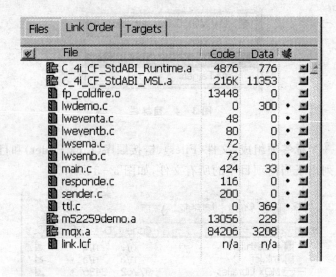

图3-6 链接顺序选项卡

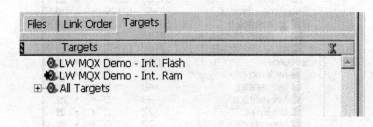

图3-7 目标选项卡

图3-8 项目工具栏

其中 是项目配置按钮,在3.2.2小节详细介绍其中的项目配置。同步 用来检查当前的源文件或库文件是否有被改动而需要重新编译的,可以通过点击此项来同步代码的修改。 用来启动编译链接生成目标代码。 启动项目在目标系统上的调试。 启动软件全速运行。 是用来配置文件的属性,例如是否生成调试符号信息等。

(5) 编辑器

CodeWarrior 内嵌的文本编辑器可以方便地进行代码编辑工作:支持多种不同颜色显示已知的语法和C/C++关键字;自动格式配置,例如对括号的匹配和格式匹配;按住CTRL键同时双击函数名或变量名可以自动跳转到函数或变量的定义。图3-9是代码编辑器窗口。

图标 可以用来显示当前代码文件所关联的头文件,包括通过多层嵌套所关联的头文件,对于多层 include 头文件的分析很有帮助。 则可以显示当前文件中所有的函数列表。 用来在代码中添加标记,供浏览查找代码行使用。 用来配置代码的语法颜色显示。 是配置当前文件的版本控制信息,一般只读文件会显示成 图标,可以通过单击该按钮解除只读属性,解除后显示为 。

第 3 章 编程开发工具

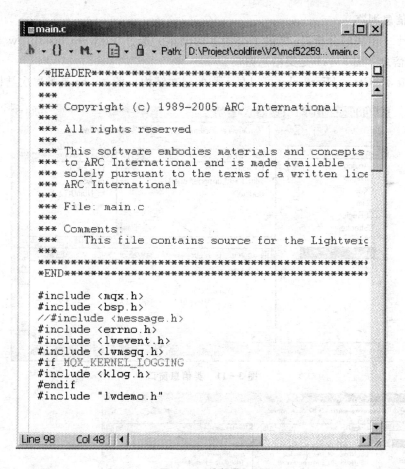

图 3-9 编辑器

(6) 项目代码分析

选择 View→Browser Contents，可以浏览整个工程的各种分类代码信息，例如可以看到函数列表、类列表、常量列表、枚举列表等。图 3-10 是代码分析窗口。

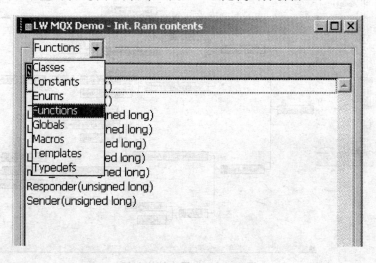

图 3-10 代码分析窗口

(7) 类信息浏览

对于C++语法的分析,还提供了类信息的浏览。选择View→Class Browser可以看到类成员等的信息。图3-11是类信息窗口。

选择View→Class Hierarchy可以显示类的层次结构。图3-12是类层次结构的例子。

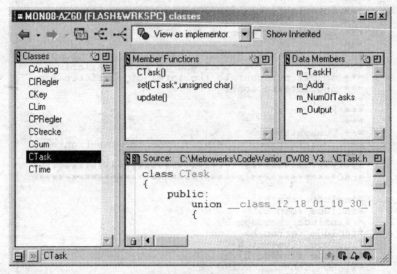

图3-11 类信息窗口

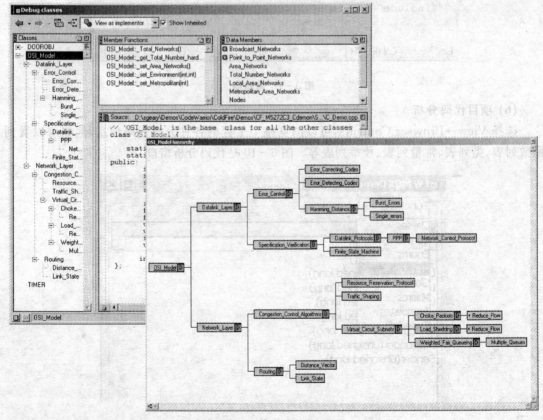

图3-12 类层次结构分析

第3章 编程开发工具

(8) 编译器

CodeWarrior 的集成编译器主要有以下特点：

- 支持汇编、C 和 C++ 编译。
- 支持变量、代码和常量分段。
- 支持混合编译。
- 支持命令行编译。
- 生成标准的 ELF/DWARF 目标文件。

编译器完全支持 ISO/IEC9899:1990 C 国际标准，此外还可配置支持 C99 和 GCC 扩展标准。关于编译器的详细介绍，请参考 CodeWarrior 安装目录下 Help 目录中的文档 ColdFire_Build_Tools_Reference.pdf 文档。

(9) 链接器

CodeWarrior 集成的链接器按照项目工程指定的链接顺序和工程 lcf 文件的配置，将工程文件的重定向目标文件链接成一个目标文件。通常链接器将目标定位到 4 个默认的区域内：

- .text——包含可执行代码。
- .data，.sdata——包含初始化的数据变量。
- .bss，.sbss——包含未初始化的数据变量，这些数据在运行时被自动清零。
- .rodata——保护只读数据。

其中 .sdata 和 .sbss 表示区域内寻址段，可以实现更快的访问速度，但其是 16 位数据寻址的范围。用户可以采用 #pragma 来定义自己的区域放置指定的代码或数据。链接器默认情况下不会将未使用的代码部分链接进目标文件中，在配置中称为 Deadstripping 功能，但用户可以通过配置来禁止此功能。对于汇编代码和由其他编译器编译的目标文件不会使用此功能。

关于 lcf 文件的介绍参考 3.2.3 小节。

(10) 项目开发步骤

从一般的项目开发过程来说，首先是建立项目工程文件，从文件菜单选择新建项目，则弹出新建项目窗口，如图 3-13 所示。

选好 CPU 和调试接口，下一步选好项目存放的目录，就可以自动生成一个项目，包含了预先装载的一些实时运行库文件和一些基本的调试库文件，例如基本的串口驱动、print 函数的支持库、算术运算库等。用户可以删去不需要的库文件，或者用自己的函数代替。用户可以直接用鼠标拖拽的方式来添加自己的代码文件，直接拖入文件列表即可。此外还可以按照喜好在文件列表中创建文件组以便对代码进行分类。

每一个项目都有一个链接文件，CodeWarrior 认可的链接文件是扩展名为 lcf 的文件，具体的格式在 3.2.3 小节中介绍。编辑好代码和链接文件之后，单击 ⚙ 来编译项目，如果编译成功，则会在项目指定的目录下生成目标文件：

- *.elf 带调试信息的目标代码文件。
- *.bin 目标代码的二进制文件，生成这个文件是可选的。
- *.s19 motorola 的 S19 文件，生成这个文件是可选的。
- *.xMAP 内存空间映射文件。

编译完之后需要将代码下载到硬件系统中进行调试。下载的过程根据当前项目目标配置

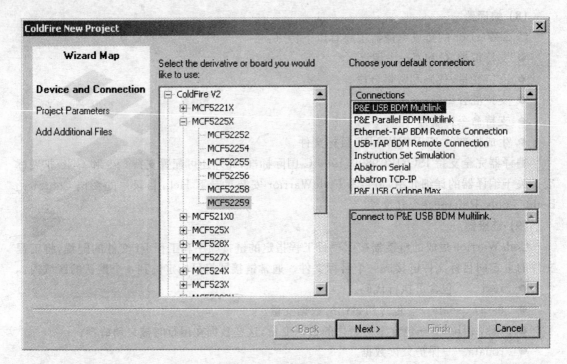

图 3-13 新建项目窗口

的不同有两种方式：

第 1 种，如果当前编译的目标是将代码放在 SRAM 或者 SDRAM 运行，而与硬件上的 ROM 或 Flash 无关的话，可以连接好调试器和硬件并上电后，直接单击图标 。这样 CodeWarrior 会自动通过调试器复位硬件系统，然后运行一系列目标系统的初始化文件（*.cfg 文件和 *.mem 文件）来初始化 CPU 的一些寄存器状态、时钟模块、SDRAM 模块等，再将目标代码载入到指定运行区域，从而开始调试或运行。

第 2 种，代码需要从 Flash 中开始运行。在这种情况下，需要先手动将代码烧写到硬件的 Flash 中，CodeWarrior 中集成的 Flash Programmer 可以用来实现此步骤。3.2.5 小节详细介绍了烧写编程 Flash 的过程。在编程结束后，即可以单击 开始代码的调试运行。

3.2.2 项目配置

单击 可以进入项目的配置窗口，如图 3-14 所示。

通过此窗口的配置，可以控制项目的路径、代码规则、编译、链接、编辑和调试等。

(1) 目标 (Target)

在项目配置窗口中，第 1 个选项是项目的目标，一个项目可以配置多个目标。在目标栏中可以配置目标的各种属性，如图 3-15 所示。

Target Settings：

设置目标的名称，选择链接器、预链接和后链接器，设置链接目标文件输出的输出路径。

Access Paths：

设置工程项目的访问路径，项目将在此路径内查找所需文件。

Build Extras：

第3章 编程开发工具

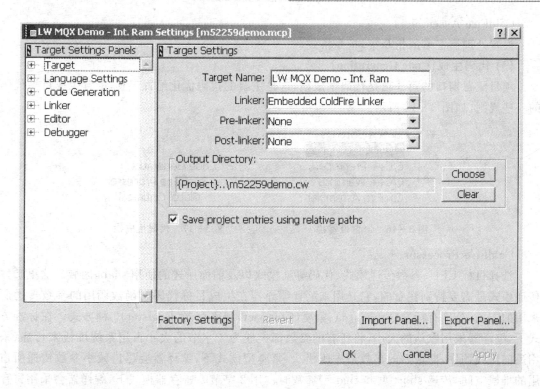

图3-14 项目配置窗口

额外的一些项目建立选项,例如采用外部的调试器。

Runtime Settings:
实时运行的设置,环境变量的一些设置。

File Mappings:
配置文件类型与编译器直接的映射关系,即为不同的文件选择不同的编译器。

Source Trees:
指定代码的路径树结构。

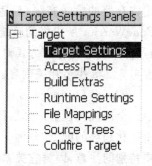

图3-15 目标配置栏

ColdFire Target:
设置目标生成的文件类型和名称。

(2) 语言设置(Language Settings)

项目配置窗口第2项是语言设置栏,如图3-16所示。它可以配置代码语言的各种属性和告警。

C/C++ Language:
设置C/C++的编译选项,强制C++编译,允许支持布尔量,允许C++支持wchar_t类型等设置。

C/C++ Preprocessor:
编译器的预处理和全局宏定义。

C/C++ Warnings:
设置编译告警类别。

ColdFire Assembler：

设置处理器汇编的指令集，指令格式。

(3) 代码生成(Code Generation)

项目配置窗口的第 3 项是代码生成栏，这是主要的代码优化配置工具，配置生成目标代码的一些规则，如图 3-17 所示。

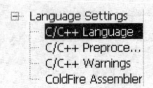

图 3-16　语言设置栏　　　　图 3-17　代码生成栏

ColdFire Processor：

选择目标 CPU、参数传递模式、代码寻址模式以及前面所述的使用 sdata 区域。这里参数传递模式是需要特别注意的，它是用来配置编译器在生成目标代码时函数调用的参数传递所采用的方式，分别有标准(Standard)、紧凑(Compact)和寄存器(Register)3 种方式。在标准方式下，编译器采用默认的大小，将所有的参数都扩展为 4 字节的大小占用系统堆栈来传递(采用反向压栈顺序，即最后的参数最先压栈)。紧凑型模式下，编译器会尽量减小参数传递所占用的堆栈空间，传递 short 型和 char 型参数时占用 2 字节。寄存器模式下，编译器会采用寄存器来保存传递参数，而不采用堆栈方式，这种情况下代码执行的效率会大大提高，但是由于通用寄存器的数量有限，只适用于较少参数传递的系统中。需要注意的是，如果系统中调用了 CodeWarrior 所提供的系统 ABI 库函数，则也需要选择相应参数传递模式的标准 C 库和实时运行库，例如寄存器方式对应的 ABI 实时运行库是 C_xx_CF_RegABI_Runtime.a。具体可以参考 3.2.5 小节相关内容。

Global Optimizations：

全局优化设置编译器优化目标代码的方式，有代码优先和数据优先两个全局配置以及两个优化趋势的配置，分为 5 级优化方式。建议在调试程序时关闭优化方式。这部分的配置需要特别的注意，因为它关系到整个系统的生成代码大小和执行效率之间的平衡。全局配置的两个互斥选项是执行速度优先和代码大小优先；选择执行速度优先时，编译器会在取舍速度和代码大小时优先选择执行速度，因此会导致代码较大，占用较多的程序空间；而代码大小优先则正好相反。优化趋势配置是由级别 0 到级别 4 共 5 级选项构成。其中级别 0 是不作任何优化的，因此代表最大代码大小快速编译和易调试的选项级别；而级别 4 优化规则最丰富，代表了最小代码大小且难调试级别。其他的具体优化规则如表 3-1 所列。

表 3-1　优化级别对应表

优化规则	描述	优化级别
全局寄存器分配/全局寄存器分配仅分配给临时变量 Global Register Allocation/Global Register Allocation Only for Temporary Values	频繁使用的变量保存于寄存器中，而非内存中	1,2,3,4

续 3-1

优化规则	描述	优化级别
无效代码消除 Dead Code Elimination	删除逻辑上没有被使用或调用的代码	1,2,3,4
分支优化 Branch Optimizations	合并,重构中间码部分以减少分支跳转指令	1,2,3,4
运算算法操作 Arithmetic Operations	用同等运算处理的快速运算指令代替复杂运算指令	1,2,3,4
表达式简化 Expression Simplification	采用同等的简单表达式代替复杂的表达式	1,2,3,4
相同子表达式消除 Common Subexpression Elimination	用一个单一变量来代替冗余重复的表达式	2,3,4
复制传播/复制和表达式传播 Copy Propagation/Copy and Expression Propagation	用来在有变量出现的地方,直接用变量的确定值来代替变量本身	2,3,4
孔颈优化 Peephole Optimization	对一小段代码的执行采用合成代码的方式来进行的优化	2,3,4
无效存储消除 Dead Store Elimination	对于变量被重新赋值前没有被使用的赋值进行消除	3,4
生存周期分割 Live Range Splitting	降低变量的存在周期来达到优化分配寄存器,减少变量占用寄存器的时间	3,4
循环不变量代码移动 Loop-Invariant Code Motion	将循环中不变的量移出循环,减少循环语句	3,4
强度折减 Strength reduction	在循环中,采用额外的递归指令代替复杂的运算指令	3,4
循环变换 Loop Transformations	改进循环的代码来减少建立和完成的周期。普通的循环变换包括:循环交换、循环分割、循环合并、循环分裂、循环展开、循环分块、循环偏移、循环反转、循环不变量移动、向量化和平行化	3,4
循环展开 Loop Unrolling	在循环中复制一部分代码以减少循环周期,从而减少跳转指令,改为流水线运行指令优化	3,4
矢量化 Vectorization	将循环中的标量运算矢量化,从而减少迭代周期	3,4
基于生存周期寄存器分配/寄存器着色 Lifetime Based Register Allocation/Register Coloring	在某些特定场合,只要没有额外的声明,采用同一寄存器来保存不同的变量	3,4
指令调度 Instruction Scheduling	重新安排指令顺序以减少寄存器和处理器资源的冲突	2,3,4
重复 Repeated	重复用所选择的优化规则对代码进行优化	4

(4) 链接器(Linker)

项目配置窗口第 4 项是链接器的配置栏,用来配置代码链接时的一些规则,如图 3-18 所示。

ELF Disassembler：

选择在反汇编输出文件中是否显示头文件信息、符号和字符表、重定位信息、特定字段代码信息、调试 DWARF 格式的信息等。

ColdFire Linker：

配置在 elf 文件中输出调试信息,产生链接后的内存映射文件(此文件对分析代码内存映射非常有用),产生 S19 目标文件与 S19 文件的格式配置,产生二进制目标文件。此外 Entry Point 设置了软件的入口地址。

(5) 编辑器(Editor)

项目配置窗口第 5 项是编辑栏,主要是配置编辑器的显示属性,如图 3-19 所示。

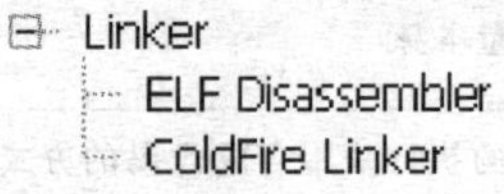

图 3-18 链接器配置栏 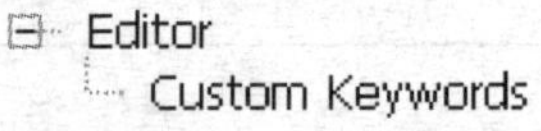　　图 3-19 编辑器配置栏

Custom Keywords：

可以定义编辑器中对指定的关键字进行着色显示。

(6) 调试器(Debugger)

项目配置窗口第 6 项是调试器栏,主要是配置调试时的初始化与一些调试规则,如图 3-20 所示。

Debugger Setting：

配置可重定位库的路径,调试启动时 PC 指针所停的位置,设置是否调试动态链接库,是否对调试的符号信息进行缓存等调试时的配置。

Remote Debugging：

选择采用的连接硬件的调试器的种类,目前支持 USB TAP/Ethernet TAP、P&E BDM 等 12 种,此外,还可通过在 IDE Preferences 中添加驱动库支持额外的调试器。

图 3-20　调试器栏

CF Debugger Setting：

配置调试的目标处理器以及是否有操作系统的调试。另外,指定调试器在下载程序之前所需要加载的硬件初始化脚本 CFG 文件和内存初始化脚本 MEM 文件。此外,指定是否要对特定的区域进行下载,例如变量初始化的值、代码等区域。在 RAM 区域进行调试时必须选中这些项才可将数据下载进去;而运行在 Flash 的调试由于已经将代码烧写入 Flash 中,可以不需要在这里重新下载。

CF Exceptions：

用来定义调试器是否捕获相应的 CPU 异常处理中断。如果选中该项,则调试器会找到对应的异常向量表的基地址并改写自己的向量表基地址(原基地址偏移 0x408),调试器会在新的向量表上插入一个 Halt 指令和一个异常中断返回指令,从而达到捕获中断并停在中断入口处的效果。

CF Interrupt:

设置在调试时屏蔽某级及以下级别的中断。因为在调试时有单步执行的调试方法,在单步时有可能由于中断触发而进入中断服务程序,而不是走到下一步代码执行,所以需要在调试时屏蔽一些中断。

CF Reset:

配置调试启动时的动作,例如需要初始化 SP 和 PC 寄存器来模拟真实 ROM 程序运行时的启动动作。

Debugger PIC Settings:

用来指定调试时装载 elf 文件的地址。通常不使用此配置。

Source Folder Mapping:

用来配置编译文件夹和代码文件夹的映射关系。

3.2.3 Link 文件语法

Link 文件(*.lcf)是 CodeWarrior 项目工程中用来配置代码链接位置的文件,用户可以在 Link 文件中指定不同的代码数据段并按需求将代码放入,从生成的 MAP 文件中可以看到链接的结果。如果没有指定代码段,则系统按默认的规则链接项目。

Link 文件按顺序包含 3 个部分。

(1) MEMORY 部分

用 MEMORY{}所包含的段来定义存储的空间地址和范围,一个 lcf 文件只能定义一个MEMORY 部分。语法结构如下:

```
segmentName(accessFlags) : ORIGIN = address,LENGTH = length [> fileName]
```

例如:

```
MEMORY {
    segment_1 (RWX): ORIGIN = 0x80001000, LENGTH = 0x19000
    segment_2 (RWX): ORIGIN = AFTER(segment_1), LENGTH = 0
    segment_x (RWX): ORIGIN = memory address, LENGTH = segment size
    ...
}
```

例子中将整个地址空间划分成若干个段。其中每行最前面为段名,可以按照自己的指定含义来定义。(RWX)部分表示此段的访问权限:R 指可读,W 指可写,X 指可执行。ORIGIN指定了该段的起始地址,LENGTH 指定了该段的长度。在定义段地址时如果无法确认起始地址且希望紧随第一个段结尾之后,可以采用 AFTER()关键字来定义起始地址;而长度无法确认时也可以用 LENGTH = 0 来表示不限制该段的长度,如例中的 segment_2 所表示的。例子中并没有用到 filename 的字段,这是可选部分,用来在链接时将此段的二进制代码输出到指定的文件中而不是默认的 elf 输出文件。链接器并不会检测各段是否有重叠情况发生。

(2) closure 部分

这是可选部分,以 FORCE_ACTIVE{}、KEEP_SECTION{}或 REF_INCLUDE{}所包含

的段。由于 CodeWarrior 默认情况下的 deadstripping 功能可以把代码中没有被使用的部分（函数或变量）优化掉，而在此段内定义的部分可以避免被优化掉。

例如：

用来保留函数和符号不被优化
FORCE_ACTIVE {break_handler, interrupt_handler, my_function}

用来保留指定的 section 段不被优化
KEEP_SECTION {.interrupt1, .interrupt2}

用来保留被引用过文件中指定的代码段不被优化
REF_INCLUDE {.version}

FORCE_ACTIVE{ }用来包含防止被优化的函数和符号；
KEEP_SECTION{ }用来包含防止被优化的 section；
REF_INCLUDE{ }用来包含防止被优化的 section，但对含有此 section 的文件必须被引用过。

(3) SECTIONS 部分

以 SECTIONS{ }所包含的段。用来定义前面 MEMORY 中定义的 segment 段中的内容，以及一些全局变量。

例如：

```
SECTIONS {
    .section_name :                  # section 名字
    {                                # 以大括号开始
      _textSegmentStart = .;
      filename.c     (.text)         # 将 filename.c 文件中的 .text 段放入此处
      filename2.c    (.text)         # 接着放入 filename2.c 中的 .text 段
      filename.c     (.data)         # 然后放入 filename.c 中的 .data 段
      filename2.c    (.data)         # 接着放入 filename2.c 中的 .data 段
      filename.c     (.bss)          # 然后放入 filename.c 中的 .bss 段
      filename2.c    (.bss)          # 然后放入 filename2.c 中的 .bss 段
      . = ALIGN (0x10);              # 后面地址按照 16 字节地址边界对齐
      _textSegmentEnd = .            # 定义一个常量表示该 section 末尾，代码中可以引用该常量进行
                                     #   越界判断，防止代码访问越界
    } > segment_1                    # 整个 section 映射到物理区域为 segment_1（前面 MEMORY 中定义
                                     #   的区域）
    .next_section_name:
    {
      *(.data)
    } > segment_x
}                                    # section 部分的结束
```

section_name 必须以点号开始，filename.c (.text)表示将 filename.c 文件中的 .text 段放入此 section 中。

第3章 编程开发工具

". = ALIGN(0x10)"将接下来的 section 部分起始地址按照 16 字节对齐。

"> segment_1"表示将此 section 中的内容放入 MEMORY 中定义的 segment_1 段的空间中。此后如果还需要往 segment_1 空间增加内容,则使用">>"符号表示追加。

"_textSegmentStart = ."用来定义全局变量_textSegmentStart,它的值为当前的地址。此变量可以在代码中使用,这点对于代码中调用与绝对地址相关的算法特别有用。

当不需要对文件一一指定所在区域时,可使用"*"通配符表示所有文件,如"*(.data)"表示所有文件的.data 段。

在项目程序中还有一种特殊的用法就是存储地址与运行地址不同的情况,例如对于 MCU 中有些需要初始化的空间和需要在 RAM 中运行的程序。这种情况要采用如下的语法结构:

```
.section_name:AT(loadAddress)
{
    ...
} > segment_x
```

在此段中的数据或程序存储于以 loadAddress 为地址的 ROM 中,而运行时,由初始化程序将其载入 segment_x 的空间中,并以此作为动态运行时的地址。

3.2.4 ColdWarrior 的默认库文件

CodeWarrior 在安装目录下包含了符合 ISO/IEC C/C++标准的主要标准库(MSL,Main Standard Library)和实时运行库(Runtime Library)。这些预编译的库包含支持整型/浮点运算等的标准 C 库函数及部分扩展库。

1. 标准 C/C++库(MSL)

由于支持全功能的标准 C 的库文件占用空间很大,CodeWarrior 提供了实现这些库的原程序,用户可以根据自己的需要裁剪这些库以减小所占空间。此外,相对 MCU 系列 ColdFire 来说内存或 Flash 空间比较小的处理器,CodeWarrior 提供了缩减版本库(库文件名包含_SZ_字符)。MSL 的库文件的默认存储位置在{ColdWarrior Install directory}\ColdFire_Support\msl 目录下,分为 C 和 C++的目录。用户可以根据库文件的名字来判断它的种类,一般 MSL 库文件的名字命名格式如下:

Language ISA Int_size CF FPU ABI Position Size MSL.a

其中各部分的规则见表 3-2。

表 3-2 标准库文件名称功能对照表

名字部分	值	含义
Language	C_	C 语言
	C++_	C++语言
ISA	V4_	兼容 ISA_B 和 ISA_C 的指令集
Int_size	2i_	支持 2 字节整型
	4i_	支持 4 字节整型

续表 3-2

名字部分	值	含义
CF_	CF_	ColdFire 处理器
FPU	FPU_	浮点运算处理器支持
ABI	(nothing)	支持紧凑 ABI 接口
	RegABI	支持寄存器 ABI 接口
	StdABI_	支持标准 ABI 接口
Position	PI_	地址独立的代码和数据
Size	SZ_	缩减大小版本
MSL.a	MSL.a	库名

例如：C_4i_CF_MSL.a 是支持 4 字节整型紧凑 ABI 接口的标准 C 库；C++_4i_CF_RegABI_PI_SZ_MSL.a 是缩减版本的支持 4 字节整型寄存器 ABI 接口，且支持地址独立代码数据的 C++ 库。由于 C++ 库是基于 C 库编译生成的，会调用一些 C 库的函数，所以一般使用 C++ 库时同时也需要包含对应的 C 库。对于不同的 CPU 和不同的项目工程，用户需要正确地选用对应的库文件到工程中。这里地址独立指的是该库产生的代码和数据是与该库的运行地址无关的，应用中不同的进程可以共享该段代码。使用此类库，需要在项目工程中进行必要的修改，并修改所使用的实时运行库的初始化部分来支持动态载入过程。详细的修改请参考 ColdFire 编程工具手册。

所有的库都采用以下的配置：
- 代码和数据采用 far 寻址，即没有段内寻址。
- 无 .sdata 段。
- 无与 PC 指针相关的字符。
- 针对代码大小进行重点的优化。
- 非 FPU 的库都使用 ISA_A 指令集，FPU 库使用 ISA_B 指令集。
- 代码与硬件 MAC 和 EMAC 无关。
- 启动代码(CF_startup.c)初始化 SR、A7 和 A5 寄存器。

由于标准库对于系统内存池的支持（即 malloc 等函数的支持），所以需要在项目的 lcf 文件中为内存池开辟一个空间供维护。默认情况下需要定义 __heap_addr 和 __heap_size 两个宏来确定内存池的地址和大小。

2. 实时运行库(Runtime Library)

实时运行库可以提供一些基本的实时运行支持、基本的初始化、系统启动代码以及跳转到 main 函数的代码。当然用户也可以完全编写自己的初始化启动代码，而不需要实时运行库的支持。

默认的实时库位于{ColdWarrior Install directory}\ColdFire_Support\Runtime 目录下，版本不同的 CodeWarrior 可能会有不同的存储路径。同样，实时运行库也可以通过命名规则来确定它所使用的环境。实时运行库的名称规范如下：

Language Int_size CF FPU ABI Position Runtime.a

其中各部分的规则见表 3-3。

表 3-3　实时运行库文件名功能对照表

名字部分	值	含义
Language	C_	C 语言
	Cpp_	C++语言
Int_size	2i_	支持 2 字节整型
	4i_	支持 4 字节整型
CF_	CF_	ColdFire 处理器
FPU	FPU_	浮点运算处理器支持
ABI	(nothing)	支持紧凑 ABI 接口
	RegABI	支持寄存器 ABI 接口
	StdABI_	支持标准 ABI 接口
Position	PI_	位置独立的代码和数据
Runtime. a	Runtime. a	库名

例如：C_2i_CF_FPU_Runtime.a 表示 2 字节整型紧凑 ABI 接口并支持浮点运算单元的 C 语言库；而 Cpp_4i_CF_RegABI_PI_Runtime.a 表示 4 字节整型寄存器 ABI 接口且代码数据与地址独立的运行库。

如果要使用地址独立的运行库，如前所述，需要对实时运行库中的 ColdFire_startup.c 文件中的__block_copy_section（此函数对 PIC/PID 段进行重定位）和__fix_addr_references（此函数创建动态重定位表）函数按照用户的需求进行适当修改。

3. 对于库文件的优化

如果用户认为默认的库文件太大，可以手动进行配置，重新编译精简版本的库。通常，通过配置 ansi_prefix.CF.size.h 文件可以配置其是否支持某个功能。

3.2.5　烧写编程

CodeWarrior 集成开发环境集成了烧写工具，可以方便地通过指定的下载工具将目标代码下载到硬件目标的 ROM 上。对于调试时期使用的 RAM 版本目标，则不需要此步骤。注意，对于 V1 产品的 Flash 版本，同样也不需要单独使用烧写工具，当按调试键时，CodeWarrior 会自动下载程序到芯片 Flash 上。这里介绍的编程步骤只针对 V2 以上产品。

选择 Tools→Flash Programmer，弹出 Flash 下载窗口，如图 3-21 所示。

单击 Load Settings 来选择目标系统的烧写脚本（*.xml）文件。对于 Freescale 公司提供的参考硬件平台，Codewarrior 都提供了对应的烧写脚本文件，这些脚本文件将整个 Flash Programmer 的各项参数进行自动配置。如果不选择脚本文件，可选中 Use Custom Settings 来选择目标处理器、下载器、下载初始化脚本（*.cfg）文件及目标板的内存地址。

接下来选择 Erase/Blank Check 来擦除目标系统上原有的代码，如图 3-22 所示。

单击 Erase 开始擦除，擦除完毕之后会出现 Success 提示，之后进行空白检测，单击 Blank Check。空白检测成功之后选择 Program/Verify 进行程序下载，如图 3-23 所示。

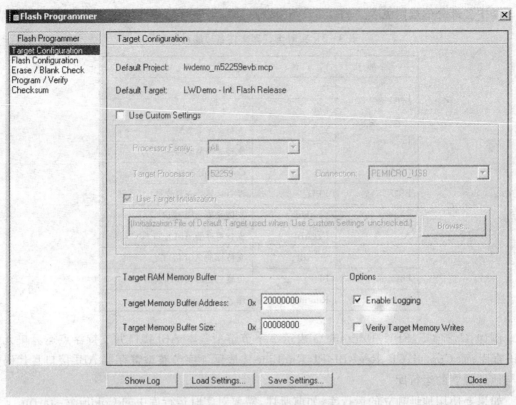

图 3-21　Flash 下载窗口

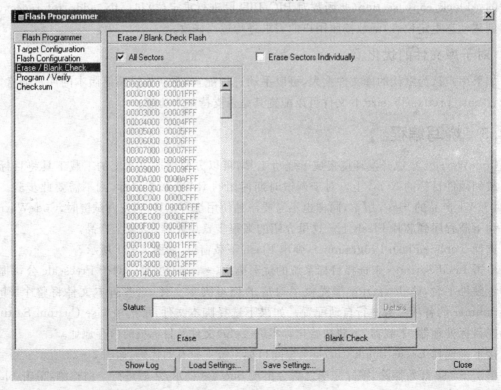

图 3-22　擦除窗口

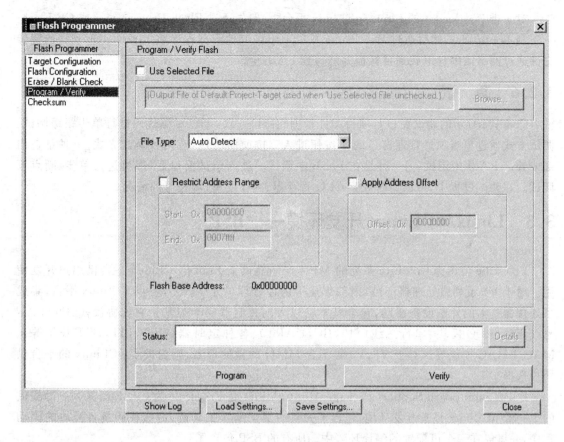

图 3-23 编程窗口

在程序下载窗口,默认情况下会下载当前打开的项目目标的输出文件。但是用户也可以选中 Use Selected File 来选择其他的下载文件,烧写器支持的下载文件包含 elf 文件、S19 文件及二进制文件。选择好文件之后单击 Program 即开始下载过程。下载完毕之后会提示 Success,之后可以单击 Verify 进行验证。

Flash Programmer 编程器的擦除和烧写过程简单来说分为 3 步:

① 编程器会使用选定的下载器通过运行选定的初始化脚本(*.cfg)文件来初始化目标系统,一般初始化时钟模块和 RAM/SDRAM 模块;

② 将目标系统的 Flash 驱动程序(*.elf)下载到指定的 RAM 地址中;

③ 运行 Flash 驱动程序擦除 Flash 或者烧写下载的项目目标程序。

对于用户自己的硬件系统,由于 MCU 系统仅对内部的 Flash 进行操作,所以可以使用 CodeWarrior 默认的 XML 脚本文件进行操作。对于 MPU 系统,如果用户使用了与参考设计不同的 Flash 芯片或者更改了地址配置,则需要编写自己的 XML 脚本文件、硬件初始化脚本文件及 Flash 驱动程序。CodeWarrior 安装目录下包含的 "AddFlashDevs.pdf" 和 "ANFlash-Prog.pdf" 详细介绍了如何添加支持用户 Flash 的步骤。

此外,Freescale 公司还提供了脱离 CodeWarrior 集成环境的独立烧写工具 CF Flasher,可以在没有安装 CodeWarrior 或没有 License 的 PC 机上使用。一般用于生产线上的程序下载,使用方法与 Flash Programmer 类似。

对于带 Bootloader 的 Linux/μCLinux 平台,一般先通过 Flash Programmer 或 CF Flasher 下载 Bootloader,然后通过 Bootloader 中的 tftp 或其他下载程序将 Linux/μCLinux 的镜像文件通过网络或串口下载到目标板并烧写到 Flash 上。

3.2.6 调 试

CodeWarrior 的调试窗口与项目文件管理的窗口一致,可以对源代码进行单步跟踪调试。调试方式通过单击项目管理窗口的 按钮进入。按前面所述,有两种调试方式:一种是在内部或外部 RAM 中调试;另一种是在 Flash 中调试。进入调试窗口后,即可进行单步、断点等调试。在调试过程中,可以实时观察 CPU 寄存器、内存变量、堆栈等的情况。

3.3 Linux/μCLinux 开发环境——BSP

Freescale 公司为 ColdFire 系列的 MPU 产品提供了 Linux/μCLinux 平台供用户开发使用。对于 V4 系列微处理器产品,内部集成了内存管理单元 MMU,提供了 Linux 平台,集成了处理器基本的外围设备驱动,包含基本的以太网控制器驱动与基于它的协议栈、FlexCAN 总线驱动、ADC 模块、串行总线(SPI、IIC、UART)、各种定时器(GPT、PIT、DTIMER 等)、MAC/EMAC 模块等。对于 V2、V3 等不含 MMU 的微处理器,则提供了 μCLinux 的平台供用户选择。

BSP(Linux Board Support Packages)for ColdFire 是 Freescale 为 ColdFire 系列产品提供的 Linux/μCLinux 整套开发环境,包含了完整的交叉编译工具链、内核代码及各模块的驱动程序,并集成在一个可配置的编译环境中。所有的 BSP 包含了:

- Linux 内核以及设备驱动,文件系统;
- 应用程序实例/服务;
- 库文件;
- GNU 工具(编译器、链接器等);
- 编译展开,镜像文件生成及下载工具。

目前已经发布的 BSP 有以下几个,用户可以直接在 Freescale 公司的官方网站上下载所需要的 BSP。此外,在每个参考硬件平台包装中的 DVD 光盘里也有对应发布的 BSP 镜像文件。

3.3.1 Linux/μCLinux for ColdFire 基本介绍

ColdFire 的目标平台上运行的系统主要包括 3 个部分:
① 启动程序 Bootloader;
② 内核 Kernel;
③ 文件系统 File System。

File System 中又包含了内核模块、共享库、应用程序和其他的系统文件,其结构如图 3-24 所示。

(1) Bootloader

用来初始化硬件、CPU 及外设,提供初始的人机交互界面(控制台方式),提供启动内核的机制并传递启动参数。ColdFire 常用的 Bootloader 有 Colilo、U-BOOT 和 dBUG。

（2）Kernel

内核继续初始化硬件模块，并提供设备驱动的接口，提供操作系统和协议。

（3）Kernel Modules

可动态加载的模块，主要是针对设备的驱动，为内核提供了操作外设的功能。通常以模块文件形式保存在文件系统中，用于动态加载到内存中。

（4）File System

ColdFire 文件系统支持 EXT2/3、JFFS2、CRAMFS、NFS 和 RAMFS。

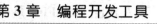

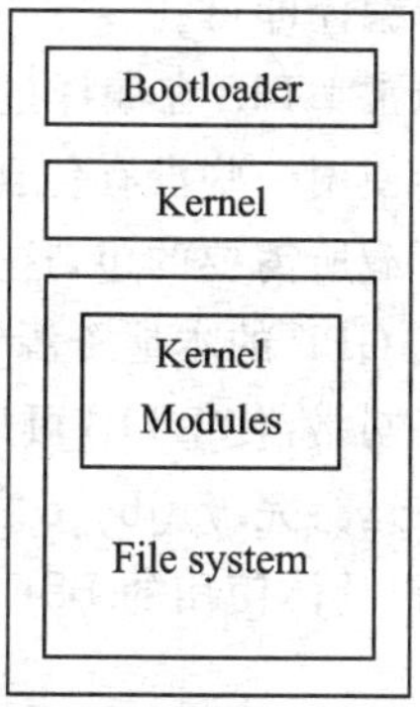

图 3-24　Linux 平台结构图

（5）GLIBC/μCLIBC

标准 C 共享库，位于文件系统中，提供用户层与内核的交互，可供多个应用任务调用，可重入。

（6）Application

应用程序包含用户程序与 BusyBox，提供基本的应用，位于文件系统中。通过共享库来访问内核功能。

一般来说，Freescale 公司提供的参考系统都采用板上的第 1 个串口作为 Bootloader 和 Linux 的控制台接口，用户只需要连接到主计算机的串口并使用超级终端或 Minicom 等串口收发程序即可获得硬件系统的控制台操作界面。此外参考系统都采用 U-BOOT 的 tftp 客户端（tftp client）从主机下载 Linux 镜像文件，因此主计算机通常还需要配置 tftp 服务器（tftp server）来提供内核与文件系统镜像文件。

3.3.2　LTIB 使用

在 BSP 包中，Freescale 公司为编译 ColdFire Linux 目标镜像提供了 GNU/Linux Target Image Builder (LTIB) 工具包。将下载的 BSP 镜像文件（ISO 文件）挂载到 PC 机的 Linux 环境下的指定目录；进入该目录运行./install，安装脚本会自动将交叉编译环境、LTIB、代码库等安装到指定的目录下；接下来就可以使用 LTIB 来进行编译了。

LTIB 工具包符合 GNU 的公开许可证发布。工具包编译目标镜像所需要的组件包含交叉编译器、内核源码、内核配置文件、顶层配置文件(main.lkc)及 BSP 配置文件(defconfig)。

在 Linux 环境中 BSP 的目录下运行./ltib 即可对 BSP 中的 Linux 进行编译，并生成目标镜像。如果需要配置内核以及各模块，则运行./ltib-c 或者./ltib-config 即可进行配置。

./ltib 会运行一系列的脚本进行以下的操作：

① 编译内核、Bootloader（可选）及各应用模块；

② 将编译好的模块放入 root 文件系统树中；

③ 准备好内核与 root 文件系统镜像文件。

通常情况下，LTIB 在编译的时候会将所包含的源代码解压出来进行编译，编译完毕之后删除所有的源代码。如果用户需要对源代码进行修改、加上补丁或者增加自己的文件，则需要禁止 LTIB 的删除动作。运行./ltib-c 在编译配置菜单中选中 Leave the sources after building 保留源代码,编译完后就可以看到源代码的目录了。用户之后可以对其进行必要的修改,再重新编译即可。

通常 LTIB 在编译过程中默认用到的包都已经集成到 BSP 中,但如果修改默认的配置,可能会使用一些没有包含在 BSP 中的通用共享包。LTIB 可以直接从 www.bitshrine.org 网站上下载所需要的包,这是网络上的共享开发包的资源池 GPP(Global Package Pool),可以说 BSP 是 GPP 的本地资源镜像。因此,在开发过程中,如果需要使用额外的资源包,则用户需要配置好网络,使 LTIB 可以直接访问 Internet 资源。

在运行完./ltib-c 之后,会出现类似如图 3-25 的配置界面(这里以 MCF547x 的 BSP 为例,用户具体使用的 BSP 可能会有差异)。

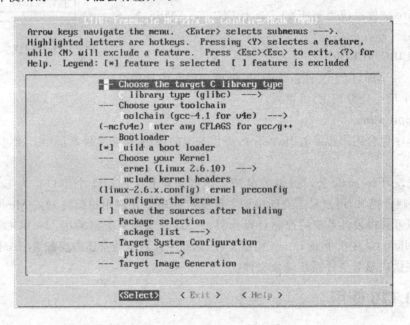

图 3-25 MCF547x BSP 主配置界面

用方向键进行选择和配置,菜单中可以选择 C 语言库的种类、交叉编译器、是否编译 Bootloader 及内核的版本。如果需要配置内核,选中 Configure the kernel,在保存此配置并退出之后,则会启动内核配置的菜单。Package list 列出了需要包含的包列表,如图 3-26 所示。

在 Target System Configuration 中,可以选择配置 Linux 的一些参数,例如网络参数等。Target Image Generation 中可以选择文件系统的格式,如图 3-27 所示。

配置完所有的参数之后,选择退出,并保存配置参数。编译脚本会继续按照配置参数进行编译,如果前面选择了配置内核,则接下来会出现内核配置的菜单。图 3-28 是内核配置的菜单。

这里可以选择支持的平台类型、处理器类型、Flash 地址、RAM 地址等,用户可以按照自己的需要进行修改。修改完毕后,选择 Exit 并保存。LTIB 接下来会收集修改的配置信息,通过修改源代码和补丁创建或更新所需的二进制 RPM,建立 root 文件系统树,生成内核和文件系统的镜像文件。

LTIB 还有一些其他的选项功能。

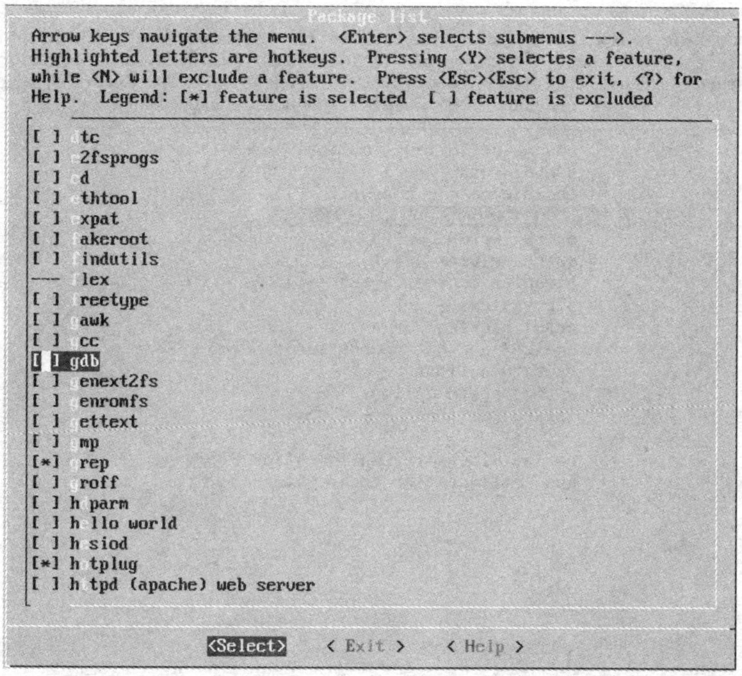

图 3-26　MCF547x BSP 功能包选择界面

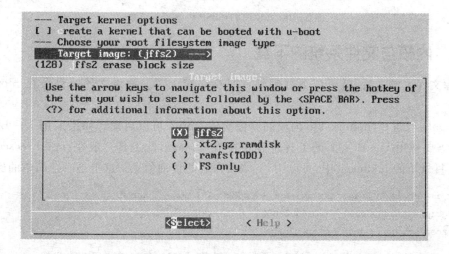

图 3-27　MCF547x BSP 包目标文件格式选择

① ./ltib-m config：只改变顶层的配置。
② ./ltib-m distclean：清空所有编译过的包,编译产生的中间文件。
③ ./ltib-f：强制重新编译所有的包,而无需重新配置。
④ ./ltib-m listpkgs：列出所有已有的包。
⑤ ./ltib-p：只对某个包进行处理。

关于 LTIB 的详细官方资料可以访问 www.bitshrine.org。

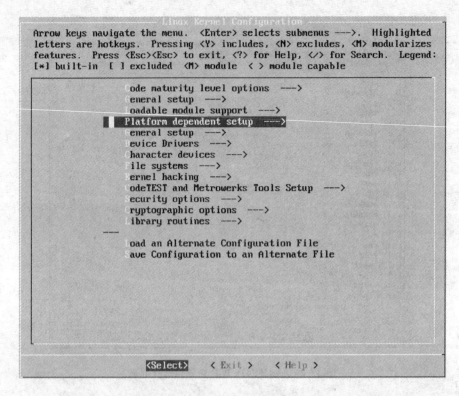

图 3-28　MCF547x BSP 内核配置菜单

3.3.3　内核与文件系统的下载

镜像文件生成之后，就可以下载到硬件目标系统上了。镜像文件的目录在 rootfs 目录下面。

① rootfs/boot/vmlinux.bin 内核的镜像文件，colilo 可以启动。如果采用 U-BOOT 启动，则还需要使用 U-BOOT 的工具将其转换成 uImage，此工具一般在/opt/Freescale/ltib/usr/bin/目录下的 mkimage 中，可以用-h 来获得它的帮助信息。这里是一个简单的例子：

/opt/freescale/ltib/usr/bin/mkimage -A m68k -O linux -T kernel \
-C gzip -a 0x40020000 -e 0x40020000 -n "Linux Kernel Image" \
-d rootfs/boot/vmlinux.bin.gz uImage

此例子将纯 Kernel 文件 vmlinux.bin.gz 转换成 U-BOOT 可以启动的 uImage 文件。0x40020000 为内核装载的地址，并且是内核的入口地址。

② rootfs.jffs2 是 JFFS 的 root 文件系统镜像。

首先硬件目标系统需要使用 CF Flasher 或者 CodeWarrior 下载 Bootloader；接着使用串口和以太网接口将目标板与 PC 主机连接，启动 Bootloader；最后在主机的串口控制台界面上可以看到 Bootloader 的启动界面和控制。

如果采用 U-BOOT 为 Bootloader，则运行下面程序：

=> tftp 0x20000 uImage　　　　　　　　　　;0x20000 为载入地址，可以是内存中空闲的任意地址
=> erase 0xFF820000 0xFF9FFFFF　　　　　　;擦除目标 Flash 中的内容

```
=>cp.b 0x20000 0xFF820000 $(filesize)       ;将下载的镜像文件烧写到目标 Flash 地址
=>tftp 0x20000 rootfs.jffs2                 ;下载 root 文件系统镜像
=>erase 0xFFA00000 0xFFF7FFFF               ;擦除目标 Flash 中的内容
=>cp.b 0x20000 0xFFA00000 $(filesize)       ;将下载的文件系统镜像烧写到目标 Flash
=>setenv bootargs 'root=/dev/mtdblock2 rw rootfstype=jffs2'   ;设置好内核启动参数
=>save                                      ;保存参数
=>bootm 0xFF820000                          ;启动内核
```

3.3.4 调 试

CodeWarrior Linux 版本提供了在 Linux 环境下应用程序的调试方法，需要在主机 Linux 环境下安装 CodeWarrior Linux 版本，并且要求目标系统的 Linux 镜像包含了调试客户端软件 AppTRK。CodeWarrior Linux 版本可以从 Freescale 公司官方网站上下载到，其安装比较简单，只需要执行一步安装命令即可自动完成安装。

目标板的 Linux 启动之后，在控制台输入命令"$ apptrk:1000 &"，即可启动调试客户端软件。

然后在主机上启动 CodeWarrior Linux，输入命令"$ ./cwide &"，则出现 CodeWarrior 界面，如图 3-29 所示。

图 3-29 CodeWarrior for Linux 界面

建立新项目或者打开已有的项目工程，选择 File→New→Linux Stationary Wizard，如图 3-30 所示。

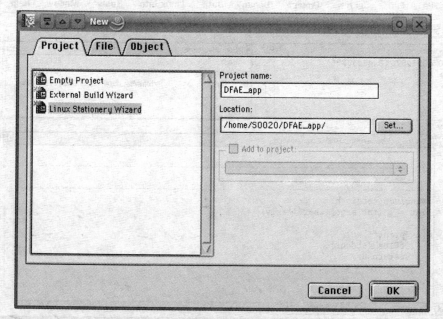

图 3-30 CodeWarrior for Linux 工程向导

选择好交叉编译器、代码语言和 CPU 类型。在选择连接协议的时候,需要选择 ColdFire CodeWarrior TRK TCP/IP,如图 3-31 所示。

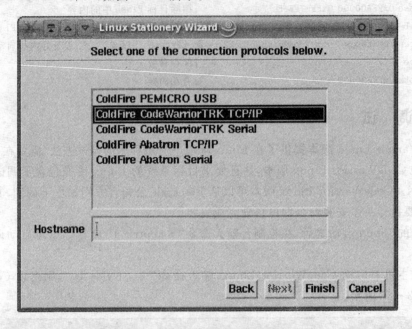

图 3-31 CodeWarrior for Linux 向导连接调试选项

配置好 Apptrk 的目标板地址和端口号 1000(在目标板上运行 apptrk 所输入的端口号)。

项目工程创建完成后编译并运行,CodeWarrior 会自动通过 Apptrk 协议下载程序并运行,CodeWarrior 可以使用中断、单步等操作对代码进行调试,如图 3-32 所示。

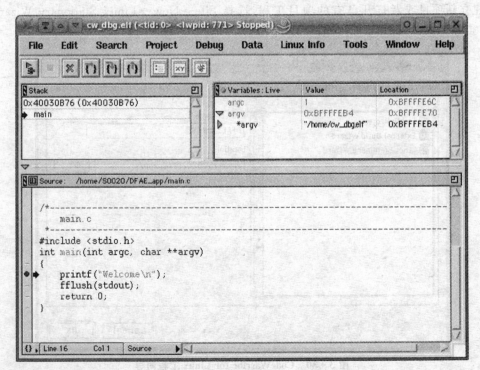

图 3-32 CodeWarrior for Linux 调试窗口

CodeWarrior 作为 ColdFire 系统开发的主要工具,已经支持了所有的 ColdFire 系列产品,使用方便且比较稳定。在本书编写的时候,Freescale 公司正在开发新一代的基于 Eclipes IDE 环境的 CodeWarrior。Eclipes 最早是由 IBM 开发的功能完整且成熟的开发环境,目前已经成为开发源代码的软件。正是由于 Eclipes 成熟、易用等特点,Freescale 公司决定将以后所有产品的开发工具都集成 Eclipes IDE,为用户提供更加完备的开发环境。

3.4　IAR for ColdFire 基本介绍

IAR System 成立于 1983 年,主要提供嵌入式开发工具和服务,涉及嵌入式系统设计、开发及测试的各个环节。目前,IAR 发布了支持 Freescale ColdFire 系列处理器的集成开发环境 IAR Embedded Workbench for ColdFire(简称 EWCF)。

EWCF 开发环境结构如图 3-33 所示。

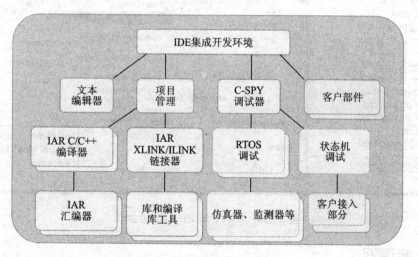

图 3-33　IAR IDE 环境 EWCF 介绍

该开发环境具有以下特点:
- 完整的集成开发环境,包括项目工程建立、编写、编译、链接、下载及调试。
- 支持 ColdFire V1,V2,V3 内核,且将要支持 Freescale 公司的 S08 与 V4 内核 ColdFire 产品。
- 高效优化的编译器,特别针对小型嵌入式系统的优化。
- 扩展了针对一些 RTOS(μC/OS,PowerPac,OSEK 实时接口)的调试插件。
- 支持 IAR 针对 ColdFire 开发的调试器 J-Link 以及 P&E 的 BDM 调试器。

3.4.1　IDE 环境介绍

图 3-34 是 EWCF 的 IDE 环境主窗口。图中有项目的分级结构目录,用户可以灵活地按照自己的需求安排项目代码结构;此外还可以同时打开多个目录进行横向开发。集成的开发环境可以进行代码的编辑,在编辑器内有预定的一些 C 代码模板,编辑的同时 IDE 的代码浏览器会自动分类出代码文件中的函数变量等信息。在源码编辑窗口内还可以增加断点供调试时使用。IAR 为 EWCF 提供了一些 ColdFire 的模板工程项目,用户可以直接在其基础上进

行修改来开发自己的项目。针对各款所支持的 ColdFire 产品，EWCF 也集成了相应的寄存器定义头文件。

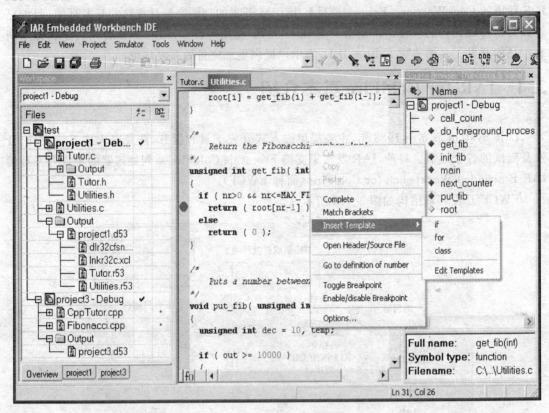

图 3-34　EWCF 的 IDE 环境主窗口

3.4.2　编译器

EWCF 集成的编译器支持标准 ISO/ANSI C、EC++（嵌入式 C++）和扩展 EC++，同时支持 ISA_A、ISA_A+、ISA_B 和 ISA_C 的 ColdFire 指令集。编译器可以灵活地配置代码寻址模式（near,far），支持 32 位、64 位的标准 IEEE 浮点格式，拥有多级的优化策略。

EWCF 集成了 MISRA C 检查器。MISRA（The Motor Industry Software Reliablity Association，汽车工业软件可靠性联会）制定的 MISRA C 代码标准包含 127 条 C 语言编码标准，保证代码的可读性、可靠安全性和易移植性。MISRA C 代码检查器可以自动检查代码是否符合 127 条规则中的 101 条标准，其他没有检查的规则需要手动进行检查。

图 3-35 中显示了 C 编译器的一些配置选项，可以灵活配置编译器的适用规则。

图 3-36 是编译器的优化选项窗口，可以对代码速度和代码长度进行有效的取舍配置，以达到最合适的需求。在每一级的优化选项中，还可以手动配置一些代码转换优化策略，其中包含了公共子表达式消除（Common subexpression elimination，指将代码中的重复冗余表达式用单一临时变量替代）、循环展开（Loop unrolling，可以将循环的次数降低以减小流水线被打断的次数而提高运行效率）、函数 inline 嵌入化（Function inlining，将简单的函数体直接嵌入到其调用者中，减小调用时的压栈退栈周期）、循环不变量代码外提（Code motion，指将循环中

不变的表达式提取到循环外运行)以及基于类型的指针别名分析(Type-based alias analysis,即分析指针是否指向同一个地址来决定是否优化)。

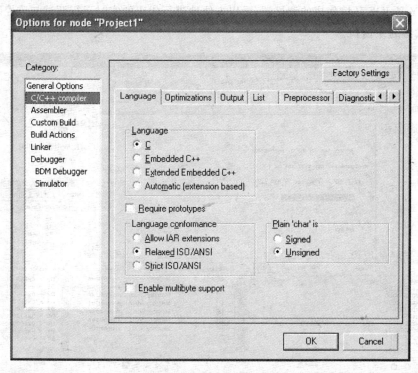

图 3-35 EWCF 编译选项

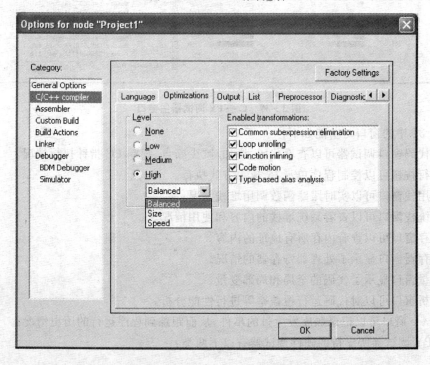

图 3-36 EWCF 编译器优化选项

3.4.3 调试器 C-SPY

C-SPY 是 IDE 环境集成的调试器,可以方便地进行代码的实时运行调试与监控。图 3-37 显示了调试器的主窗口。

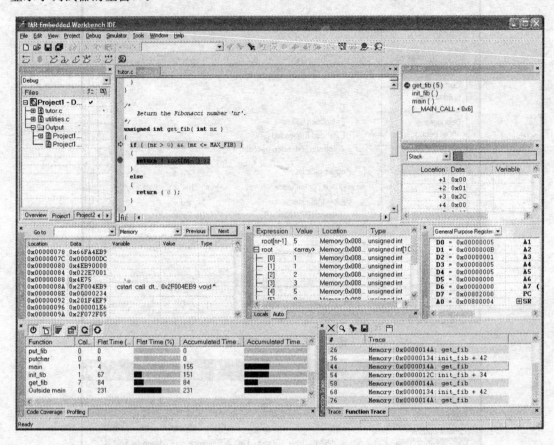

图 3-37 C-SPY 调试器主窗口

图 3-37 中的窗口与功能如下:

- 主代码窗口调试器可以查看代码、增加/减少断点、跟踪 PC 指针执行情况。
- 执行按钮可以控制程序单步、全速等方式执行。
- 调用栈窗口可以实时跟踪函数调用堆栈情况。
- 系统栈窗口可以查看系统堆栈的内容和使用情况。
- 内存窗口可以查看内存所有地址的内容。
- 寄存器窗口显示了处理器寄存器的情况。
- 变量窗口显示了代码的全局和局部变量。
- 分析窗口可以对代码运行覆盖率等进行性能分析。
- Trace 窗口可以记录顺序发生过的事件,从而跟踪到程序运行的历史情况。

C-SPY 调试器所支持的硬件调试器有以下两类:

- IAR J-Link for ColdFire。
- P&E BDM Multilink-Cyclone Max 及 Cyclone PRO。

除了 EWCF 集成开发环境，IAR 公司还提供了可以生成状态机代码的 visualSTATE、实时操作系统 PowerPac 等。关于 EWCF 的详细内容和其他信息可以访问 IAR 官方网站 www.iar.com。

第 4 章

内核异常与中断控制器

本章主要介绍 ColdFire 处理器的内核异常和中断的处理机制与使用流程。

4.1 内核异常与中断控制器的基本介绍

CPU 对于异常中断的处理主要用来服务于系统内核异常或外部设备的中断请求,用来处理非正常情况运行下的动作,此动作将打断正常的程序流程,保存现场信息,并跳转到异常处理服务程序中,结束服务后则跳回被打断的程序,恢复现场信息并继续运行原正常的程序流程。

ColdFire 处理器的外设中断异常主要通过集成的中断控制器来处理,每个中断控制器提供了 63 个中断源,其中并非所有都可以使用,部分将作为保留位。一些处理器集成了 1 个中断控制器,从而支持 63 个中断;而另外一些处理器,例如 MCF5225x、MCF5445x 中则集成了 2 个中断控制器,从而可以支持多达 126 个中断源。此外,内核还保留了 64 个错误异常的处理,这 64 个异常中断不属于外设范围,因此不由中断控制器管理,而直接在内核中进行管理,占据着中断向量表的前 64 个向量。

4.2 内核异常处理

4.2.1 异常中断处理的工作原理

中断控制器会持续把当前中断级别状态的 3 位(表示 1~7 的优先级)编码送入内核中,在每个时钟周期内核都会将此编码与内核状态寄存器 SR 的 I[2:0]位来比较(I 表示的是当前屏蔽的优先级编码)。当中断优先级大于屏蔽的优先级时,内核则自动停止当前指令的执行,启动异常处理流程。

1. 启动异常处理

在异常处理的流程中,内核将当前的 SR 寄存器保存到一个临时位置,通过置位 SR 寄存器的 S 位将内核置于管理模式下,清空 T 位关闭 Trace 跟踪模式,M 位被清 0 表示进入中断

第4章 内核异常与中断控制器

模式,内核同时将中断的优先级写入 SR 寄存器的 I 位中,从而屏蔽在处理中断过程中低于或等于当前中断优先级的中断。

2. 获取中断向量地址

对于内核的异常中断,内核自动通过异常类型计算出对应向量值。对于外部中断则从中断控制器中取得 8 位的中断向量,这个获取过程叫做中断确认(IACK)。中断向量值用来作为对中断向量表的索引,寻址中断向量服务的入口地址。对于向量表在 4.3.2 小节中有详细介绍。每个向量占用 4 个字节的空间,即 1 个长字,用来作为异常中断的入口地址存储空间,因此寻址向量的入口地址的公式是:

$$中断入口地址的存储位置 = VBR + Vector \times 4$$

3. 建立异常堆栈帧

获取中断向量的同时,处理器将现场状态保存到系统堆栈中,此过程称为建立异常堆栈帧。堆栈帧将存入由 SSP 指向的管理模式系统堆栈中。异常堆栈帧为 2 个长字,其中先压栈的是当前的程序指针 PC,其次是由格式位、错误状态位、向量值及状态寄存器 SR 所组成的长字。异常堆栈帧的格式如表 4-1 所列。

表 4-1 异常帧格式

位	31~28	27~26	25~18	17~16	15~0
描述	Format 格式	FS[3:2]错误状态	Vector 向量值	FS[1:0]错误状态	Status Register 状态寄存器

其中 Format 允许的值是 4、5、6 和 7,表示现场保存之前的系统堆栈指针 SSP 的值,在异常处理退出后堆栈指针将按照此格式值恢复原堆栈指向的栈顶。Format 的编码规格如表 4-2 所列。

表 4-2 格式位编码

中断前的堆栈指针 SSP 最低 2 位	保存现场压栈后的系统堆栈 SSP	Format 格式位的值
00	原 SSP-8	0100
01	原 SSP-9	0101
10	原 SSP-10	0110
11	原 SSP-11	0111

这样做的目的是为了让异常中断产生保存现场之后,系统的堆栈能够按照长字对齐。由于中断产生之前,系统堆栈可能指向的是奇地址,所以需要通过此格式位来进行调整。

错误状态位定义是给访问错误和地址错误的异常中断使用的,对于其他的异常和中断都为 0。向量值表示的是当前产生中断的向量。

对于异常堆栈帧中的 PC 值,根据异常的类型的不同而不同。该值可以是中断现场的下一个指令地址(作为中断返回后继续执行当前指令使用),或者是指向异常指令本身的地址。例如产生除 0 运算的异常中断后,异常堆栈帧中 PC 值则指向除 0 的指令地址。

4. 进入异常服务函数

保存完现场之后，CPU 将获取的异常中断服务入口地址写入 PC 指针，从而进入异常中断服务程序；在执行完异常服务的第 1 条指令后，结束整个异常处理过程，进行正常的程序运行，执行异常服务中的函数。而在整个异常处理过程中内核不响应其他任何新的中断，从而保证异常处理的过程不被干扰。之所以要在执行完第 1 条指令之后才结束异常处理，是为了留出 1 条指令让中断服务函数可以选择是否屏蔽其他的中断。如果需要屏蔽，可以在第 1 条指令将 SR 的寄存器 I 置成全 1。在许多操作系统中这一点对于进入 critical 的中断非常有用。在中断退出时，执行 RTE 来退出异常中断服务程序，该指令会自动将之前压入系统堆栈的异常堆栈帧退栈，恢复之前的现场。

如果采用 C 语言编写中断服务程序，则需要对程序进行中断申明，具体的申明格式如下：

```
__declspec(interrupt:0x2700)
void interrupt_handler(void)
{
    ...
}
```

__declspec(interrupt:mask)用于将函数定义成中断服务类型，其中的 mask 是可选项，默认值为 0x2700，因此可以省略为__declspec(interrupt)用来在函数入口的地方将 SR 寄存器赋成 mask 的值，0x2700 表示屏蔽所有可屏蔽中断。通过这个声明可以自动产生一系列的前导代码和后续代码。前导代码在进入此 C 函数之前执行，会将 mask 赋给 SR 寄存器，保存所有在此函数中被改变的寄存器的值；而后续代码在退出此函数之后运行，用来恢复所保存的寄存器并执行 RTE。因此 C 函数的第 1 条指令并非是异常中断的入口第 1 条指令。下面是一个简单的中断服务函数(在本书的一些例程中，默认将__interrupt__宏定义为__declspec(interrupt))：

```
__interrupt__
void timer_handler (void)
{
    MCF_PIT0_PMR |= MCF_PIT_PCSR_PIF;
}
```

但其生成的汇编代码则是：

```
_timer_handler:
/* timer_handler: */
strldsr     #0x2700
link        a6,#0
lea         -12(a7),a7
movem.l     d0-d1/a0,(a7)
/*
    23:     MCF_PIT0_PMR |= MCF_PIT_PCSR_PIF;
*/
lea         __IPSBAR+1376258,a0    /* __IPSBAR 是外设基地址寄存器的值，一般在链接文件中定义 */
```

第4章 内核异常与中断控制器

```
move.w    (a0),d1
moveq     #0,d0
move.w    d1,d0
ori.l     #0x4,d0
move.w    d0,(a0)
/*
   24:} */
movem.l   (a7),d0-d1/a0
unlk      a6
addq.l    #4,a7
rte
```

可以看出编译器添加了一系列的前导和后续代码。

4.2.2 中断向量表与异常介绍

ColdFire 采用中断向量表的方式来管理异常与中断。中断向量表是一系列中断向量入口地址所产生的集合表。向量表由 VBR(Vector Base Address Register)来指定表的地址，向量值作为表的索引。ColdFire 的中断向量共支持 256 个向量入口单元，但并非所有的都使用，其中的向量 0～63 是作为内核的异常处理向量保留下来，之后的 192 个向量映射到中断控制器提供中断源。因此理论上来说，ColdFire 处理器可以最多支持 3 个外设中断控制器。处理器复位后，中断向量表默认基地址位于 0 地址处，即 PC 指针默认的指向地址。表 4-3 是中断向量表的格式。

表 4-3 中断向量表

向量号	向量偏移地址	堆栈帧中的 PC 指针	向量的分配
0	0x0000	—	初始化堆栈指针 SP
1	0x0004	—	初始化程序指针 PC
2	0x0008	指向异常指令	访问错误
3	0x000C	指向异常指令	地址错误
4	0x0010	指向异常指令	非法指令
5	0x0014	指向异常指令	除 0 运算
6～7	0x0018～0x001C	—	保留
8	0x0020	指向异常指令	违反优先级异常
9	0x0024	下一指令地址	跟踪 Trace 中断
10	0x0028	指向异常指令	未定义 Line-A 指令码
11	0x002C	指向异常指令	未定义 Line-F 指令码
12	0x0030	下一指令地址	调试中断
13	0x0034	—	保留
14	0x0038	指向异常指令	格式错误
15～23	0x003C～0x005C	—	保留

续表 4-3

向量号	向量偏移地址	堆栈帧中的 PC 指针	向量的分配
24	0x0060	下一指令地址	伪中断
25~31	0x0064~0x007C	下一指令地址	自动向量中断
32~47	0x0080~0x00BC	下一指令地址	陷阱中断 0~15
48~60	0x00C0~0x00F0	—	保留
61	0x00F4	指向异常指令	不支持指令
62~63	0x00F8~0x00FC	—	保留
64~127	0x0100~0x01FC	下一指令地址	INTC0
128~191	0x0200~0x02FC	下一指令地址	INTC1
192~255	0x0300~0x3FC	下一指令地址	INTC2

可以看出,向量表的第 1 个向量(向量号 0)用来保存内核堆栈指针寄存器的初始值;第 2 个向量(向量号 1)用来初始化程序指针寄存器,即程序入口地址。内核在上电时将向量表的第 1 个长字内容载入 SP,然后将第 2 个向量值载入 PC 指针,这两个向量组合在一起类似异常堆栈帧的格式,因此上电时的动作相当于一个中断退出并进入正常程序执行的过程。

这里介绍一下 ColdFire 内核异常中断的含义,本来这段应在内核一章(第 2 章)介绍,但其与中断更加紧密,因此在此处进行解释。

VECT2 访问错误:

当内核访问内存区域时,如果访问了没有被分配内存的地址区域,或者对某块进行了写保护的区域进行写操作,会产生访问错误的异常。根据访问类型的不同,产生异常的情况有所不同。如果对未分配的空间进行取指令操作,则内核不会在取指时产生异常,而要等到该指令要被执行的时候才产生异常。这一点的用处是:在此错误指令被预取而还没执行的时间内,如有跳转指令发生则会避免该错误的产生,这种情形在程序存储区的末尾函数常常会发生。如果是访问操作数的情形,内核会立即产生访问异常。访问错误的异常会按照产生的错误更新异常堆栈帧的错误状态位供调试使用。

VECT3 地址错误:

当指令执行地址变成奇地址(地址的最低位 bit0 为 1)时,产生地址错误异常。使用 word 字长作为索引指针的地址模式,或者错误的比例因子寻址地址也会产生地址错误。

VECT4 非法指令:

在内核执行单元检测到非法的指令时产生此异常。在第 2 章的指令集中介绍了 ColdFire 的指令集分为从 Line-A 到 Line-F 的指令子集。对于早期 M68000 产品,Line-A 和 Line-F 的指令子集中有很多是保留用户自定义的指令,因此对于这两个指令集中的非法指令对应单独的异常 VECT10 和 VECT11。

VECT5 除 0 运算:

当有除 0 运算时,产生此异常。

VECT8 违反特权:

当内核处于用户模式下执行管理模式的指令时,会产生违反特权异常。SR 寄存器中的 S 位用来定义内核处于哪种模式,这个异常特别用于需要切换代码模式的操作系统中,防止用户

第4章 内核异常与中断控制器

代码违规操作管理级权限的资源。对于管理模式下的指令 HALT 则有一种特殊情况：当调试模块 CSR[UHE]被置位时，HALT 同样也可以在用户模式下运行，而不会产生违反特权异常。

VECT9 跟踪 Trace 异常：

ColdFire 处理器为调试方便提供了单条指令的跟踪 Trace 功能。设置 SR[T]位进入 Trace 模式，在此模式下，每执行完一条指令，会自动产生一个 Trace 异常。由于 ColdFire 的硬件不直接支持异常中断的嵌套（因为异常中断没有优先级之分），所以如果在产生其他异常并在异常处理过程中，需要由软件来检查 Trace 的状态。例如，在处理一个 TRAP 指令执行时：如果处于 Trace 模式，处理器启动一个 Trap 异常，然后进入 Trap 异常处理函数；如果系统要求处理 Trace 模式，则在 Trap 异常处理函数中，软件需要负责检查异常堆栈帧中 SR[T]的状态并进入 Trace 异常处理函数。

VECT10 未定义 Line – A 指令码：

对于 Line – A 指令子集保留了用户自定义的指令集，通过操作字的 15～12 位等于 0b1010 来表示，执行时如果出现了未定义的指令，则产生此异常。

VECT11 未定义 Line – F 指令码：

对于 Line – F 指令子集保留了用户自定义的指令集，通过操作字的 15～12 位等于 0b1111 来表示，执行时如果出现了未定义的指令，则产生此异常。

VECT12 调试中断：

供系统的调试模块在调试中使用的中断。对于此中断，处理器不产生 IACK 周期，此外这个中断也不影响 SR[M,I]位。一般由调试模块的 BKPT#信号输入的一个低有效信号触发此中断（CSR[BKD]置位使能该信号，下降沿触发）来产生硬件断点。由于只是调试时使用，用户程序可以不必关心它的异常处理函数，在 CodeWarrior 的项目配置的调试配置里可以选择由调试系统将对应的异常处理函数重载。详细的介绍可以参考第 3 章。

VECT14 格式错误：

前面介绍过在异常中断产生时会自动产生异常堆栈帧，其中的格式位用来在异常退出时退栈使用，此格式位只能是 4、5、6 和 7。当 RTE 指令执行退出异常时，如果该格式位不是这几个数字之一，则产生格式错误的异常中断。

VECT24 伪中断异常：

正常情况下中断请求得到 CPU 的响应后执行 IACK 周期来获得中断的向量号，但如果 IACK 周期访问不到向量号或者访问错误时（CPU 获得的是全 0 的向量号），CPU 会认为产生了一个伪中断并产生此异常。

当 CPU 响应一个中断时，如果正好执行屏蔽此中断的操作，则有可能产生这种错误异常。伪中断异常在 CPU 无法确认中断源的情况下产生。为了避免这种情况，首先向 SR[I]位写入更高的中断屏蔽级别以防止中断发生，然后再设置中断屏蔽位。在设置完中断屏蔽位之后，将 SR[I]位写回原来的值。

VECT32～47 陷阱中断异常：

陷阱中断相当于其他 CPU 的软中断，即完全由软件调用来发起。通常此类中断在操作系统的系统调用中使用。例如操作系统的调度函数定时调用此软中断，来检查任务队列中更高优先级的任务或做其他的系统任务检查。

VECT61 不支持指令异常：

如果正在执行一个有效的指令，但是所需访问的硬件设备没有准备好或者无硬件设备，则 CPU 产生一个不支持指令异常。

VECT64～255 中断异常：

中断异常由外设产生发起，而非 CPU 内核主动发起。当外围设备需要内核进行访问或者干预时，则向内核发起一个中断异常，而内核则在 IACK 周期时向外设获取对应的中断级别的向量号。内核通过 SR[I]位来管理中断的资源优先级。ColdFire 可能有很多的外围设备，所有外围设备的中断异常都是由中断控制器来统一管理的。

4.3 中断控制器的介绍

ColdFire 的中断控制器是用来管理所有的外围设备的中断异常。

4.3.1 中断优先级和中断级别

中断控制器可以支持多个外设的中断异常同时产生，为了管理这些中断源，中断控制器将中断管理划分为 7 级外设中断级别，其中第 7 级为最高优先级的中断不可被屏蔽，第 1 级为最低的中断级别。在内核中第 7 级中断为边沿触发中断，而其他 1～6 级的中断为电平触发中断，且可以被 SR[I]寄存器位屏蔽。SR[I]启动时的初始值是 0b111，因此屏蔽除第 7 级以外的其他中断级别。对于第 7 级中断，只有在当前的第 7 级中断被响应之后（软件清除中断状态位），才能响应其他的第 7 级中断。

这里要明确的是对于其他的 CPU 异常是不能嵌套的，也就是一个时间只能有一种异常被响应或处理。对于异常嵌套（即处理一种异常时产生另外一种异常错误），在 ColdFire 中称为 Fault-on-Fault，在这种情况下，内核会中断执行程序，此时只有通过系统复位才能恢复。可以从图 4-1 异常中断的结构来理解这一概念。

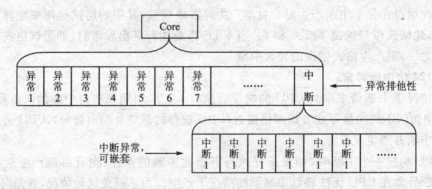

图 4-1 异常与中断结构

一般来说一个中断控制器可以支持多达 63 个中断源，因此对于 7 级中断级别来说，每一级还可以划分为 9 个中断优先级，这样实际上构成了 7×9=63 个中断等级来管理所有的中断源。对于有两个甚至多个中断控制器的 ColdFire 处理器来说，中断等级则成倍增加。这 9 个中断优先级分别是 0～7 以及一个固定优先级别，其中 7 是最高的优先级别，而 0 是最低的优先级，固定优先级位于中间级别。通常情况下，固定优先级是用于 CPU 外部中断使用的，即

Edge Port 模块的中断,且这些 Edge Port 也是占用中断控制器的前 1~7 中断源的。也就是说中断控制器的 1~7 个中断源是固定优先级别的,其他 8~63 个中断源的优先级别是可以软件配置的。优先级别是通过 ICR 寄存器来配置的,如表 4-4 所列。

表 4-4 中断优先级

ICR[2:0]	优先级别	中断源
111	7(最高)	8~63
110	6	8~63
101	5	8~63
100	4	8~63
—	固定	1~7
011	3	8~63
010	2	8~63
001	1	8~63
000	0(最低)	8~63

由于中断控制器需要对优先级等进行管理,所以产生异常时对于中断异常来说,中断控制器需要额外的 3 个动作。

(1) 中断识别

中断控制器不断地检测中断源的中断请求和中断屏蔽寄存器来确定是否有新的中断请求触发。

(2) 中断优先权

如果检测到有一个中断请求触发,则翻译成中断级别放入中断请求级别寄存器 IRLR 中,并输出到内核中作为异常请求,更新 SR[I] 寄存器。

(3) 中断向量值确认

内核启动处理异常过程后,进入中断确认 IACK 周期,通过中断控制器读取对应中断级别的向量。此时中断控制器检查此中断级别下最高中断优先级的中断请求,得到 8 位的中断向量值后输出给内核,从而完成整个 IACK 周期。

这里以 MCF52259 为例,给出它的中断向量表以及中断控制器所管理的中断源。MCF52259 共有 2 个中断控制器,管理了 119 个外围设备的中断源。表 4-5 是 MCF52259 中断向量的列表。

表 4-5 MCF52259 中断向量列表

中断向量	中断源号	中断源模块	中断描述
0~63	—	内核	内核异常,详细见表 4-3
下面的中断源属于中断控制器 0(INTC0)			
64	0		保留

续表 4-5

中断向量	中断源号	中断源模块	中断描述
65	1	Edge Port 外部中断模块	Edge Port1
66	2		Edge Port2
67	3		Edge Port3
68	4		Edge Port4
69	5		Edge Port5
70	6		Edge Port6
71	7		Edge Port7
72	8	软件看门狗	看门狗超时
73	9	DMA	通道 0 传输完成
74	10		通道 1 传输完成
75	11		通道 2 传输完成
76	12		通道 3 传输完成
77	13	串口 0	串口 0 中断
78	14	串口 1	串口 1 中断
79	15	串口 2	串口 2 中断
80	16		保留
81	17	I2C0	I2C0 模块中断
82	18	QSPI	QSPI 中断
83	19	DTIM0	DTIM0 中断
84	20	DTIM1	DTIM1 中断
85	21	DTIM2	DTIM2 中断
86	22	DTIM3	DTIM3 中断
87	23	以太网控制器	发送帧中断
88	24		发送缓冲区中断
89	25		发送 FIFO 欠载
90	26		冲突重试限制
91	27		接收帧中断
92	28		接收缓冲区中断
93	29		MII 中断
94	30		延迟冲突
95	31		Heartbeat 错误
96	32		GRA 停止
97	33		以太网总线错误
98	34		发送超长错误
99	35		接收超长错误
100~103	36~39		保留

第4章 内核异常与中断控制器

续表 4-5

中断向量	中断源号	中断源模块	中断描述
104	40	RNGA	随机数产生中断
105	41	通用定时器 GPT	定时器溢出
106	42		脉冲累积器输入
107	43		脉冲累积器溢出
108	44		定时通道 0
109	45		定时通道 1
110	46		定时通道 2
111	47		定时通道 3
112	48	PMM	低电压检测中断
113	49	数模转换器 ADC	ADC A 模块完成
114	50		ADC B 模块完成
115	51		ADC 中断
116	52	PWM	PWM 中断
117	53	USB	USB 模块中断
118	54		保留
119	55	PIT0	PIT0 中断
120	56	PIT1	PIT1 中断
121	57		保留
122	58	CFM	CFM 命令缓冲区空
123	59		CFM 命令完成
124	60		违反写保护
125	61		访问错误
126	62	I2C1	I2C1 中断
127	63	RTC	实时时钟中断
下面的中断源属于中断控制器 1(INTC1)			
128~135	0~7		保留
136	8	FlexCAN	消息缓冲区 0 中断
137	9		消息缓冲区 1 中断
138	10		消息缓冲区 2 中断
139	11		消息缓冲区 3 中断
140	12		消息缓冲区 4 中断
141	13		消息缓冲区 5 中断
142	14		消息缓冲区 6 中断
143	15		消息缓冲区 7 中断
144	16		消息缓冲区 8 中断

续表 4-5

中断向量	中断源号	中断源模块	中断描述
145	17	FlexCAN	消息缓冲区 9 中断
146	18	FlexCAN	消息缓冲区 10 中断
147	19	FlexCAN	消息缓冲区 11 中断
148	20	FlexCAN	消息缓冲区 12 中断
149	21	FlexCAN	消息缓冲区 13 中断
150	22	FlexCAN	消息缓冲区 14 中断
151	23	FlexCAN	消息缓冲区 15 中断
152	24	FlexCAN	错误中断
153	25	FlexCAN	总线停止中断
154～191	26～63		保留

每个模块都可以申请中断请求,且有各自的中断屏蔽控制和中断标志位,用来供中断服务函数确认或查询中断状态。有些模块有多个中断源共享一个中断向量,则需要在中断服务程序中查询这些中断标志位来确定具体的中断源。详细的资料可以从各模块的具体说明中获得。

4.3.2 寄存器基本介绍

中断控制器的寄存器用来配置各中断向量的级别、屏蔽各中断等。

(1) IPRH,IPRL

未处理中断寄存器,IPRH 和 IPRL 组成的 64 位寄存器对应了 63 个中断源(0 位保留)。该寄存器某位置 1 时,表示对应的中断源有中断产生,即对应的中断源被中断控制器的屏蔽寄存器屏蔽了。这是只读寄存器,可以供程序查询使用。

(2) IMRH,IMRL

中断屏蔽寄存器,IMRH 和 IMRL 组成的 64 位寄存器对应 63 个中断源的屏蔽位,第 0 位用来控制整个中断源,可以同时屏蔽所有的 63 个中断源。对应位置 1,表示该位对应的中断源被屏蔽。一般在软件中,通过对该寄存器的操作来开关对应的中断。

(3) INTFRCH,INTFRCL

强制中断寄存器,INTFRCH 和 INTFRCL 组成的 64 位寄存器对应 63 个中断源(0 位保留)。该寄存器用来软件强制触发对应中断源的中断,无需外围设备的中断触发条件。这一般是用做测试,但也在某些特殊的应用场合下使用。

(4) IRLR

中断级别寄存器。该寄存器只读,反应了当前产生中断的级别,第 1～7 位分别对应第 1～7 级别中断(0 位保留)。置 1 表示该级别有中断产生。该寄存器被用来向内核申请异常中断请求。在每个机器指令周期,该寄存器都会根据中断的实际情况更新。

(5) IACKLPR

中断响应级别和优先级寄存器。当内核执行 IACK 的中断响应周期时,向中断控制器索取中断的向量值。此时中断控制器会查找当前中断响应级别中最高的优先级中断,并计算出中断向量值送给内核,同时,该响应的中断级别和优先级被更新到 IACKLPR 中。此寄存器是只读的。

(6) ICRx($x=1\sim63$)

中断控制寄存器。每个中断源都对应一个中断控制寄存器,用来配置该中断源的中断级别和中断优先级。对于 Edge Port 模块的固定级别中断源,该寄存器是不可写的。

(7) SWIACK,LmIACK($m=1\sim7$),GLmIACK($m=1\sim7$)

中断响应寄存器。在内核的 IACK 周期中,中断控制器得出中断向量值后,把向量值放入对应的中断级别 m 的中断响应寄存器 LmIACK 中,即 LmIACK 保存了当前响应的中断向量值,然后内核通过读取该寄存器来获得向量值。

中断控制器可以支持软件中断响应(software IACK),这样使得在中断服务函数中可以软件来判断是否还有其他的未处理中断并进行处理,从而减小中断切换的时间。因此当进行软件 IACK 时,对应的向量值则会保存在 SWIACK 中。

对于有多个中断控制器的芯片来说,全局中断响应寄存器 GLmIACK 的内容与 LmIACK 一致,只不过它是所有中断控制器中当前中断级别最高优先级的向量值。

4.4 应用实例

4.4.1 中断控制器的初始化

通常一个系统启动之后 ColdFire 的中断控制器都是被禁止的,如果在系统中需要使用某些中断,则需要软件初始化并开启这些中断。

对于中断初始化的过程,主要需要初始化 SR 的寄存器、中断控制器的对应屏蔽位、所需使用的中断源的控制寄存器以及各模块内部的中断控制寄存器(如果有的话)。

下面是对各寄存器初始化的例子,这里以 MCF52259 芯片为例,其他的 ColdFire 产品基本类似。

(1) 初始化 SR 寄存器

old_ipl = asm_set_ipl(new_ipl);

这里使用的函数 asm_set_ipl()是 Freescale 公司为 ColdFire 提供的一个标准的配置函数,采用汇编代码提供。如果用户使用了 CodeWarrior 自动生成初始化代码的功能,则会在 mcf5xxx_lo.s 中看到这个函数,并可以在自己的函数中调用该函数。用户也可以完全按照本例中的配置方法编写自己的配置 SR 寄存器。

```
/*
 * 这个函数改变 IPL 的值为传入的参数值,同时返回旧的 IPL 的值
 * 返回的值 old_ipl 通过 D0 寄存器传递
 */
asm_set_ipl:
_asm_set_ipl:
    link    A6,#-8          /*将 A6 压栈,并保存在堆栈中预留 8 个字节*/
                            /*空间用来保存下面的两个长字寄存器*/
```

```
        movem.l D6-D7,(SP)          /*将 D6,D7 压栈*/

        move.w  SR,D7               /*将当前的 SR 的值保存到 D7 中*/

        move.l  D7,D0               /*将 SR 的值放入 D0,准备返回值*/
        andi.l  #0x0700,D0          /*将 SR 的值中其他的位屏蔽,只保留 I 位*/
        lsr.l   #8,D0               /*将 I 位右移到最低位*/

        move.l  8(A6),D6            /*通过堆栈获得传入参数 new_ipl*/
        andi.l  #0x07,D6            /*屏蔽其他无效位*/
        lsl.l   #8,D6               /*左移 8 位到 SR 的 I 位*/

        andi.l  #0x0000F8FF,D7      /*把 SR 中的 I 位清空*/
        or.l    D6,D7               /*将新的 IPL 放入 SR 值中*/
        move.w  D7,SR               /*将结果载入 SR 寄存器*/

        movem.l (SP),D6-D7          /*恢复原 D6 和 D7 寄存器*/
        lea     8(SP),SP            /*从堆栈退出 8 个字节的空间*/
        unlk    A6                  /*恢复原堆栈,并从堆栈中恢复 A6 寄存器*/
        rts                         /*函数返回*/
```

本函数的主要功能是设置 SR[I]寄存器屏蔽 new_ipl 级别的中断,并保存原来的屏蔽值为 old_ipl。系统复位后,SR[I]位为 7,屏蔽 0~6 的中断,因此需要通过这个函数对 SR[I]进行适当配置。

(2) 初始化中断屏蔽和控制寄存器

```
...
/*开启屏蔽寄存器总开关*/
MCF_INTC0_IMRL &= (~MCF_INTC_IMRL_MASKALL);
...
MCF_INTC0_IMRL |=
(MCF_INTC_IMRL_INT_MASK1| MCF_INTC_IMRL_INT_MASK13);
/*开启 Edge Port1 的屏蔽开关和串口 0 的屏蔽开关*/
...
/*设置串口中断的中断级别为 LEVEL,优先级为 PRIORITY*/
MCF_INTC0_ICR13 = (LEVEL<<3)|(PRIORITY);
```

由于 Edge Port 的中断等级是固定的,所以不需要配置。

(3) 初始化模块内部的中断控制寄存器

最后一步配置好各模块内部的中断相关的寄存器,就完成了中断初始化。一般的模块都有自己的中断使能寄存器、屏蔽寄存器以及中断状态寄存器。由于中断状态寄存器表示的是当前是否有中断条件触发,所以在初始化的时候还需要养成这样的习惯,将中断状态寄存器清除为非触发状态以避免系统启动时的误触发。

4.4.2 中断向量表的初始化

在 CodeWarrior 为 ColdFire 自动生成的代码中,一般用汇编代码来编写中断向量表,这

第4章 内核异常与中断控制器

样比较直观。当然用户也可以用 C 语言来写自己的中断向量表。这里以 MCF52259 的中断向量表为例。MCF52259 的中断向量表位于 mcf5225x_vector.s 文件中,采用汇编语句,CodeWarrior 默认的汇编语言与 C 语言相互调用的函数名称以"_"为标识,即在汇编语言中"_functionname"对应 C 语言中的"functionname()"函数。

```
VECTOR_TABLE:
_VECTOR_TABLE:
    INITSP:         .long   ___SP_INIT              /* SP 初始化值 */
    INITPC:         .long   _asm_startmeup          /* PC 指针初始化 */
    vector02:       .long   _asm_exception_handler  /* 访问异常向量 */
    vector03:       .long   _asm_exception_handler  /* 地址错误向量 */
    vector04:       .long   _asm_exception_handler  /* 非法指令异常向量 */
    vector05:       .long   _asm_exception_handler  /* 保留 */
    vector06:       .long   _asm_exception_handler  /* 保留 */
    vector07:       .long   _asm_exception_handler  /* 保留 */
    vector08:       .long   _asm_exception_handler  /* 违反权限异常向量 */
    vector09:       .long   _asm_exception_handler  /* 跟踪异常向量 */
    vector0A:       .long   _asm_exception_handler  /* 未定义 Line-A 指令码异常向量 */
    vector0B:       .long   _asm_exception_handler  /* 未定义 Line-F 指令码异常向量 */
    vector0C:       .long   _asm_exception_handler  /* 调试中断异常向量 */
    vector0D:       .long   _asm_exception_handler  /* 保留 */
    vector0E:       .long   _asm_exception_handler  /* 格式错误异常向量 */
    vector0F:       .long   _asm_exception_handler  /* 未初始化中断异常向量 */
    vector10:       .long   _asm_exception_handler  /* 保留 */
    vector11:       .long   _asm_exception_handler  /* 保留 */
    vector12:       .long   _asm_exception_handler  /* 保留 */
    vector13:       .long   _asm_exception_handler  /* 保留 */
    vector14:       .long   _asm_exception_handler  /* 保留 */
    vector15:       .long   _asm_exception_handler  /* 保留 */
    vector16:       .long   _asm_exception_handler  /* 保留 */
    vector17:       .long   _asm_exception_handler  /* 保留 */
    vector18:       .long   _asm_exception_handler  /* 伪中断 */
    vector19:       .long   _asm_exception_handler  /* 保留 */
    vector1A:       .long   _asm_exception_handler  /* 保留 */
    vector1B:       .long   _asm_exception_handler  /* 保留 */
    vector1C:       .long   _asm_exception_handler  /* 保留 */
    vector1D:       .long   _asm_exception_handler  /* 保留 */
    vector1E:       .long   _asm_exception_handler  /* 保留 */
    vector1F:       .long   _asm_exception_handler  /* 保留 */
    vector20:       .long   _asm_exception_handler  /* TRAP #0 */
    vector21:       .long   _asm_exception_handler  /* TRAP #1 */
    vector22:       .long   _asm_exception_handler  /* TRAP #2 */
    vector23:       .long   _asm_exception_handler  /* TRAP #3 */
    vector24:       .long   _asm_exception_handler  /* TRAP #4 */
    vector25:       .long   _asm_exception_handler  /* TRAP #5 */
```

```
vector26:    .long    _asm_exception_handler    /* TRAP #6 */
vector27:    .long    _asm_exception_handler    /* TRAP #7 */
vector28:    .long    _asm_exception_handler    /* TRAP #8 */
vector29:    .long    _asm_exception_handler    /* TRAP #9 */
vector2A:    .long    _asm_exception_handler    /* TRAP #10 */
vector2B:    .long    _asm_exception_handler    /* TRAP #11 */
vector2C:    .long    _asm_exception_handler    /* TRAP #12 */
vector2D:    .long    _asm_exception_handler    /* TRAP #13 */
vector2E:    .long    _asm_exception_handler    /* TRAP #14 */
vector2F:    .long    _asm_exception_handler    /* TRAP #15 */
vector30:    .long    _asm_exception_handler    /* 保留 */
vector31:    .long    _asm_exception_handler    /* 保留 */
vector32:    .long    _asm_exception_handler    /* 保留 */
vector33:    .long    _asm_exception_handler    /* 保留 */
vector34:    .long    _asm_exception_handler    /* 保留 */
vector35:    .long    _asm_exception_handler    /* 保留 */
vector36:    .long    _asm_exception_handler    /* 保留 */
vector37:    .long    _asm_exception_handler    /* 保留 */
vector38:    .long    _asm_exception_handler    /* 保留 */
vector39:    .long    _asm_exception_handler    /* 保留 */
vector3A:    .long    _asm_exception_handler    /* 保留 */
vector3B:    .long    _asm_exception_handler    /* 保留 */
vector3C:    .long    _asm_exception_handler    /* 保留 */
vector3D:    .long    _asm_exception_handler    /* 保留 */
vector3E:    .long    _asm_exception_handler    /* 保留 */
vector3F:    .long    _asm_exception_handler    /* 保留 */
vector40:    .long    _asm_exception_handler    /* 保留 */
vector41:    .long    _EPort1_handler           //Edge Port 1
vector42:    .long    _EPort2_handler           //Edge Port2
vector43:    .long    _EPort3_handler           //Edge Port3
vector44:    .long    _EPort4_handler           //Edge Port4
vector45:    .long    _EPort5_handler           //Edge Port5
vector46:    .long    _EPort6_handler           //Edge Port6
vector47:    .long    _EPort7_handler           //Edge Port7
vector48:    .long    _SCM_handler              //SCM
vector49:    .long    _DMA0_handler             //DMA 0
vector4A:    .long    _DMA1_handler             //DMA 1
vector4B:    .long    _DMA2_handler             //DMA 2
vector4C:    .long    _DMA3_handler             //DMA 3
vector4D:    .long    _UART0_handler            //UART0
...
```

中断源有119个，在这里不一一列出。

虽然中断向量表的位置可以由 VECTBASE 寄存器来任意配置，但一般需要在软件起始的地方放置一块初始的中断向量表，软件启动后再根据需要将其复制到指定的区域（例如为了

第 4 章 内核异常与中断控制器

加快中断的响应速度,常将中断向量表重新映射到内部 SRAM 的区域)。起始地点的放置通过项目工程的 Link 文件来配置。

首先定义一个 vectorflash 区域,如果有需要还可以定义一个 vectorram 区域供重定向使用。

```
MEMORY
{
    vectorflash(RX):   ORIGIN = 0x00000000, LENGTH = 0x00000418
    vectorram(RWX):    ORIGIN = 0x20000000, LENGTH = 0x00000418
    ...
}
```

在 SECTIONS 中将含有中断向量表的文件.text 段映射到 vectorflash 中。

```
SECTIONS
{
    .vectorflash :
    {
        mcf5225x_vectors.s (.text)
    } > vectorflash

    .vectorram :
    {
        __VECTOR_RAM = . ;
    } > vectorram
    ...
}
```

这样中断向量表在链接时就被放在了 Flash 的起始地址 0x00000000 处,此外还定义了 SRAM 中留出来的中断向量表的起始地址。在系统软件初始化时,可以使用下面的语句将中断向量表复制到 SRAM 中。

```
/* 复制向量表内容到 RAM 中 */
if (__VECTOR_RAM != VECTOR_TABLE)
{
    for (n = 0; n < 256; n++)
        __VECTOR_RAM[n] = VECTOR_TABLE[n];

    mcf5xxx_wr_vbr((uint32)__VECTOR_RAM);      /* 更新 VBR 寄存器 */
}
```

4.4.3 中断服务程序的例程

CodeFire 中断服务程序的编写比较方便,下面给出一个以 CodeWarrior 为范例的中断服务程序_asm_exception_handler,这个函数是 CodeWarrior 的默认中断服务函数。如果用 CodeWarrior 自动生成项目的话,会用该函数自动填充所有的中断向量表。如果用户需要修改其中某些函数为自己的中断函数,只需要在中断向量表中替换即可。

```
asm_exception_handler:
_asm_exception_handler:
    lea       -16(SP),SP                    /*在堆栈中预留16个字节的空间*/
    movem.l   D0-D1/A0-A1,(SP)              /*将D0,D1,A0,A1压栈*/
    lea       16(SP),A1                     /*把异常堆栈帧保存到A1*/
    move.l    A1,-(SP)                      /*把异常堆栈帧压栈,供下面函数的输入参数*/
    jsr       mcf5xxx_exception_handler     /*对异常堆栈帧的处理函数*/
    lea       4(SP),SP                      /*退栈4个字节,即异常堆栈帧退栈*/
    movem.l   (SP),D0-D1/A0-A1              /*退栈D0,D1,A0,A1*/
    lea       16(SP),SP                     /*退栈的栈顶偏移*/
    rte       /*异常函数返回*/
```

这里的 mcf5xxx_exception_handler 函数主要实现的是对异常堆栈帧中的各位进行判断处理,显示异常信息。

上面是汇编语言的中断服务函数。若采用 C 编写中断服务函数,使用关键字_interrupt_或者__declspec(interrupt)来定义,则 CodeWarrior 会自动生成现场保护的代码,即自动将寄存器压栈,省去了一部分的代码工作量。

这里给出一个定时器中断的例子。

```
__declspec(interrupt)
void timer0_isr()
{
    ++timer_ticks;

    if (++timerct >= INTS_PER_CTICK)
    {
        cticks++;
        timerct = 0;
    }

    /*清除CSR中断标志*/
    MCF_PIT_PCSR(0) |= MCF_PIT_PCSR_PIE;    /*清除中断标志位*/
}
```

这里可以看到在 C 语言的中断服务函数中,只需要对外围设备模块中的中断标志位清除即可,其他的代码都是为函数本身服务的。具体的中断标志位设置根据模块不同而不同,请参考相关模块章节。

第 5 章

Flex 总线和 Mini-Flex 总线

　　Flex 总线系统是 ColdFire 产品中用来接外部异步或同步设备的总线接口，主要在微处理器产品 MPU 中使用。对于大多数的 MCU，由于内部已经集成了 Flash、SRAM 及其他标准外设接口，同时减少了封装的引脚，所以很少将系统总线引出。但 Freescale 公司最新发布的 MCF52259 和即将推出的新一代 ColdFire V1 MCU 处理器，都为用户提供了系统总线模块，即 Mini 总线。Mini-Flex 总线属于 Flex 总线的一个子集，其内部就是 Flex 总线，之所以号称"迷你"，是因为它在外部引出的信号减小到约 30 根，并没有将所有的数据和地址线都引出来（最大只支持 16 位宽度数据总线），并且提供的片选信号也有限，以适应 MCU 产品对小封装引脚的需求。毕竟一套总线整个所占用的引脚太多，会导致芯片封装成本的增加和系统物料成本的提高。本书对 MCF54455 标准的 Flex 总线进行介绍，用户在理解和使用 Mini-Flex 总线时，可以按照标准的 Flex 总线来理解，除非有特别说明的地方。

5.1　Flex 总线基本介绍

　　对于微处理器产品，由于内部没有集成 Flash，所以需要通过 Flex 总线外接 Flash、SRAM、PROM、EPROM、EEPROM 或其他的功能外设。一般微处理器的 Flex 总线提供一个总线时钟信号，所有的 Flex 总线上的时序都与该信号相关联同步。该信号在挂载异步设备的时候并不与异步设备相连接，因为异步设备没有时钟引脚，需要系统设计人员根据设备的时序来配置 Flex 总线模块的寄存器，从而保证正常的读写时序匹配。一般该时钟信号与 ColdFire 中的总线交换机 CrossBar 总线同频率，为内核频率的 1/2、1/3 或 1/4，具体的数值需要参看对应的芯片手册。例如在 MCF54455 的 Flex 总线就是 1/4 的内核频率，当内核处于 266 MHz 主频时，总线的频率是 66 MHz。

　　标准的 Flex 总线可以工作在复用模式和非复用模式两种状态。在复用模式下，地址和数据总线在同样的引脚上进行分时复用，并通过地址锁存信号来区分，在系统应用时通常需要外接地址锁存器来配合。在非复用模式下，地址和数据分别占用不同的引脚，可以节省外部的锁存芯片。

　　标准 Flex 总线的特性：
- 最多提供 6 个独立的片选信号。

- 每个片选可以独立配置总线的宽度为 8 位、16 位或 32 位。
- 总线的读写传输可以是按字节(8 位)、字(16 位)、长字(32 位)以及按缓存线长度的传输。
- 支持突发传输模式。
- 可配置时序中的地址建立时间(address setup)、地址保存时间(address hold)以及插入等待时间,灵活地配置各种时序组合。

5.2 硬件信号

(1) FB_A[23∶0]——24 根地址线

(2) FB_D[31∶0]/FB_AD[31∶0]——32 根数据线或地址数据复用线

在非复用模式下,FB_A 提供 24 根地址线,输出 A0 到 A23 的地址信号,FB_D 提供 32 位宽度的数据总线。由于共有 24 根地址线,单一的片选宽度可以支持 16 MB 的空间,如果需要连接更大的空间,则要在复用模式下使用(因为复用模式下有全部的 32 根地址线)或者采用多个片选组合。

在复用模式下,FB_AD 上分时提供地址和数据信号,按照地址周期和数据周期分开,并由地址锁存信号 ALE 来标识。FB_A 不属于 Flex 总线的模块,用作其他用途(在 MCF54455 中用于 PCI 的地址数据总线,因此如果需要使用 PCI 总线的话,Flex 总线必须工作在复用模式下)。当数据宽度不是 32 位时,对于没有数据输出的线上,将在地址周期和数据周期都输出地址信号,如图 5-1 所示。

(3) FB_CS#[5∶0]——6 根片选信号线

6 根片选信号为低有效,与大多数市面上的设备兼容。在某些处理器中可能只提供部分的片选信号。

(4) FB_BE#/BWE#[3∶0]——字节使能

字节使能,低有效,用来标识在数据线上传输的数据有效性,连接设备的字节选通信号 (byte strobe)。由于 ColdFire 处理器采用大端(big endian)模式,所以字节 0 对应 FB_D[31∶24]位,字节 1 对应 FB_D[23∶16]位,依次类推,如图 5-1 所示。

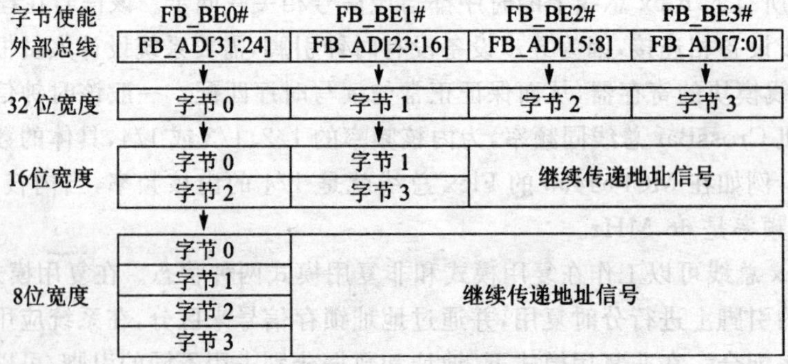

字节使能	FB_BE0#	FB_BE1#	FB_BE2#	FB_BE3#
外部总线	FB_AD[31:24]	FB_AD[23:16]	FB_AD[15:8]	FB_AD[7:0]
32 位宽度	字节 0	字节 1	字节 2	字节 3
16 位宽度	字节 0	字节 1	继续传递地址信号	
	字节 2	字节 3		
8 位宽度	字节 0	继续传递地址信号		
	字节 1			
	字节 2			
	字节 3			

图 5-1 复用模式下的不同数据宽度连接(统一模式)

在伪分裂(pseudo split mode)模式下,由于只有低 16 位数据用在 Flex 总线上,所以 FB_BE#[0]对应的是 D[15∶8]位,而 FB_BE#[1]对应 D[7∶0]位。关于统一模式和伪分裂模式的介绍可以参看本节后面的叙述与第5章内容。

(5) FB_OE#——输出使能

低有效,相当于通常设备的读使能信号。

(6) FB_R/W#——读写信号

高电平为读信号,低电平为写信号,可以直接连接设备的写使能信号。

(7) FB_ALE#——地址锁存使能

在地址数据复用模式下用来标识地址周期和数据周期,作为外部锁存器的锁存信号。

(8) FB_TSIZ[1:0]——传输长度信号

该信号用来表示总线上当前传输周期传输的字节数,可以表示1字节、2字节(字)、4字节(长字)和16字节传输。一般此信号不与设备相连,仅做调试使用。

(9) FB_TBST#——突发传输指示

用来表示当前正在进行突发模式传输。

(10) FB_TA#——传输确认

输入信号,由外部设备输入处理器表示确认当前的传输,通常很少使用该信号,因为现在的外部设备都没有该信号。Flex总线模块支持内部自动生成该信号自动确认传输,因此此信号可以不使用。

在一些MPU的处理器中,例如MCF532x、MCF5227x等,为了减少芯片封装的引脚,Flex总线与SDR/DDR SDRAM控制器是复用数据和地址线引脚的。MCF54455上是独立的16位DDR控制器,并没有与Flex总线共享引脚。在与SDR SDRAM总线复用的情况下,结构如图5-2所示。

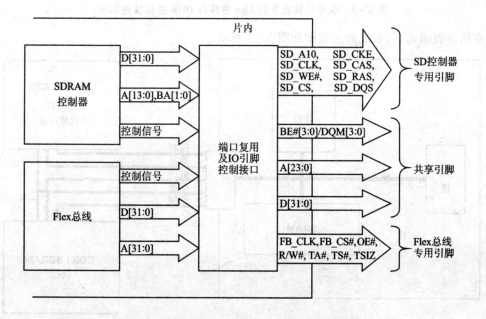

图5-2 Flex总线与SDRAM引脚复用结构图

在这种共享模式下,外部总线分时工作在同步模式和异步模式下。

对于连接DDR SDRAM的ColdFire芯片来说,由于内部总线是32位单沿采样,而DDR

是双沿采样,为了对应总线的吞吐量,所以只使用16位的数据宽度,但共享总线的Flex总线模块是使用另外的16位数据。这种方式叫做伪分裂模式(pseudo split mode,简称 split mode)。这样的好处在于既可以实现速率的匹配,节省芯片封装引脚数目,还可以保证DDR信号线上的负载不会过大而降低信号质量。图5-3是伪分裂模式下的引脚复用图。

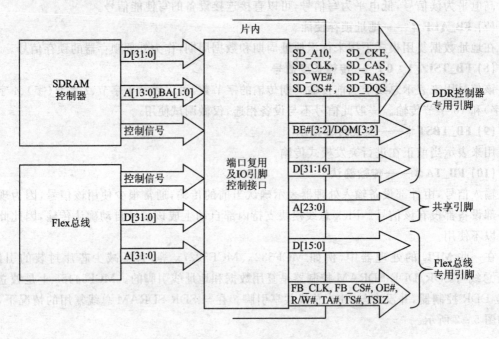

图 5-3 伪分裂模式下的 Flex 总线与 DDR 总线复用结构

在伪分裂模式下,系统的连接图如图5-4所示。

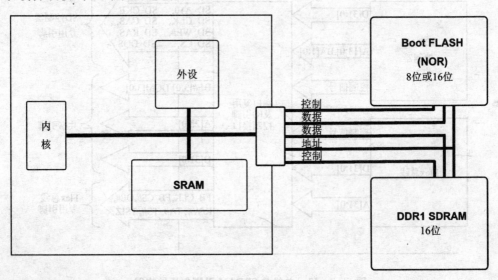

图 5-4 伪分裂模式的系统框图

5.3 寄存器介绍

Flex 总线模块主要有 3 个寄存器,下面进行介绍。

(1) CSAR:片选基地址寄存器

32 位的 CSAR 寄存器用来指定对应片选的基地址。它的低 16 位是不可配置的,恒定为 0,只有高 16 位可以配置,因此每个片选的基地址是 64 KB 为边界的。在 MCF54455 中,供 Flex 总线可分配的主要是两块地址空间,分别是 1 GB 空间(0x00000000~0x3FFFFFFF)和 512 MB 空间(0xC0000000~0xDFFFFFFF)。

(2) CSMR:片选屏蔽位寄存器

屏蔽位寄存器主要用来配置该片选所分配的空间、空间使能及写保护的位。高 16 位的屏蔽位指定片选的空间。当其中某位为 0 时,访问地址的对应位将用来做片选的解码;为 1 时,则对应位不进行片选解码动作。下面是个简单的例子:当 CSAR=0x00000000 时,基地址从 0 开始;如果 CSMR=0x00FFxxxx,则片选 0 的寻址范围是 0x00000000~0x00FFFFFF。例如在访问地址 0x00123456 时,最高的 8 位对应 CSMR 是 0,会进行解码,与基地址寄存器的对应位相等,都是 0x00,因此属于片选 0 的空间。而超过 0x00FFXXXX 的地址数据例如 0x01000000,由于需要解码的最高 8 位与 CSAR 对应位不等,所以访问该地址时,片选 0 不会有效。

可以看出,如果 CSMR 的高 16 位配置的数值在某位设为 1,而比其低的位有 0 存在,则会产生不连续的寻址空间。例如 CSMR 为 0x0008XXXX,或 0b0000000000001000…,这样片选 0 就产生了 2 个 64 KB 的地址,分别是 0x00000000~0x0000FFFF 和 0x00080000~0x0008FFFF。

此外 CSMR 还有 1 个写保护位和 1 个使能位,写保护位置 1 时,该片选的空间是只读的,如果对该空间进行写操作,会产生内核的异常中断。使能位用来使能该地址空间。系统复位后,使能位默认是无效的,需要程序将其置 1 开启该空间。但是对于 CS0,启动后默认是全局片选信号(Global chip-select),在非使能情况下也是可以访问 64 KB 空间的,这是为了在系统复位后就可以从片选 0 所连接的外部 Flash 执行程序,因此由片选 0 所接的外部存储器必须用来存储系统的启动程序。当然这是对于 MPU 系统的并行总线启动方式,某些微处理器,例如 MCF5445x 或 MCF5227x 还有串行启动方式,可以从串行的 Flash 启动系统,这不在本章讨论范围之内。

注意:所有的其他片选空间都必须在片选 0 使能之后才可以使能,也就是说只有片选 0 的使能位置 1,退出全局片选信号模式之后,其他的片选空间的使能位才能被置 1,否则该空间依旧是无效的且不可访问。这一点初学者在使用时要比较注意,很多开发者在使用其他片选空间时都容易忘记使能片选 0 空间,导致无法访问。

(3) CSCR:片选控制寄存器

控制寄存器主要用来配置对应片选的访问时序。SWSEN 和 SWS 用来使能在访问时序周期中的第 2 个等待状态和该状态所需的总线时钟个数。ASET 用来配置地址信号建立与片选有效之间的时钟间隔。RDAH 用来配置读操作时地址信号保持的时间。WRAH 配置写操作时地址信号的保持时间。WS 用来配置在片选使能后到开始数据传输之间所插入的等待周期。AA 用来使能内部自动传输确认,这样就不需要外部设备在 FB_TA♯信号上的响应,对于现在的设备一般该位都置 1,或者在外部将 FB_TA♯信号直接接地。PS 位配置该片选空间对应的数据宽度,可以是 8 位、16 位或者 32 位。BEM 使能 BEM 信号。BSTR 和 BSTW 用来使能片选空间的突发访问模式,在访问的数据宽度超过该空间的数据宽度时,如果使能该位,可以触发突发读写时序,加快存取速度。

5.4 工作模式

5.4.1 总线状态机和突发模式

Flex 总线基本的运行可以分为 4 个阶段/状态:S0、S1、S2 和 S3。所有的状态都与总线时钟的上升沿同步,一般是 1 个或多个时钟周期,如图 5-5 所示。其中,X 的值为 0~30,Y 的值为 1~31。

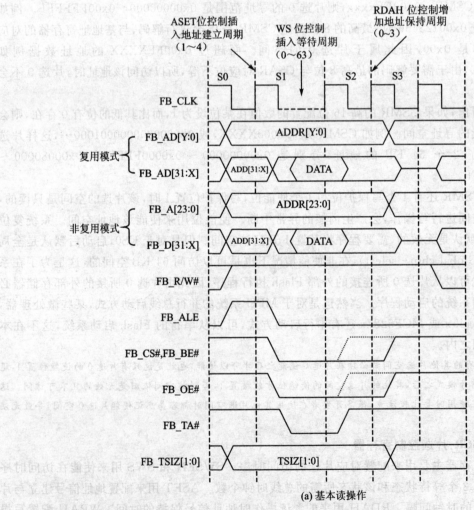

(a) 基本读操作

图 5-5 总线基本周期(读、写操作)

第5章 Flex总线和Mini-Flex总线

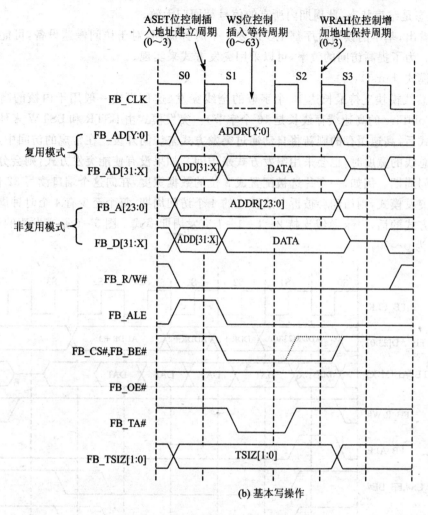

(b) 基本写操作

图5-5 总线基本周期(读、写操作)(续)

S0状态是读或写操作的初始化状态,默认有1个时钟周期,此周期的第1个上升沿,地址线上送出地址信息,同时地址锁存信号有效,R/W#信号有效。控制寄存器的ASET位可以控制在S0状态后增加0～3个周期的地址建立时间,用于外部慢速设备或者缓冲器的门延迟调整。

之后进入S1状态。S1状态中地址锁存信号回归无效,用于锁存器锁住地址信号,同时片选信号有效。对于写操作,数据信号开始送出,在非复用模式下,数据信号直接在数据线上输出;而复用模式下,地址数据线由地址状态变成数据信息,没有使用的地址信号继续输出地址信息。对于读操作,地址数据总线变成三态,等待被外设驱动。在S1状态中,根据外设的时序,由WS位控制可以插入不同的等待周期,以确保外设能够及时在S1状态送出数据或被写入。

S2状态中,内部的TA#被使能,确认操作结束。片选信号也在此状态内变成无效。在读操作中,CPU使用OE#和片选信号的上升沿来读入数据;在写操作中,外设同样使用片选信号的上升沿读进数据。在片选信号无效后,对于写操作来说,外设可能需要地址保持一定的时间,此时由WRAH来控制。而对于读操作,地址保持时间可以由RDAH来控制,一般此周期可以设为0。

S3 状态是结束状态,此周期内所有的信号都回归无效。

可以看出,基本的读写时序都至少需要 4 个时钟周期,对于访问慢速设备,可能需要的时间会更长。为了提高访问的效率,可以采用突发方式来实现。

突发模式(burst):

Flex 总线模块支持最长达 16 个字节的全线突发(这种模式一般用于内核的高速缓存访问,因为 ColdFire 的高速缓存线长是 16 个字节)。突发模式由 BSTR 和 BSTW 来使能。当使能突发模式后,高速缓存的刷新将自动通过突发方式来访问外设。在常规的访问中,当访问的长度超过总线的宽度时,也会采用突发方式来访问。如果没有使能突发方式,则会分拆成几个单独的访问周期。例如,一个片选被配置成 8 位的数据宽度,在向这个端口读写 32 位长字时,如果没有突发模式,则访问会被拆分成独立的 4 个访问周期,每个至少有 4 个时钟周期。如果采用突发方式的话,Flex 总线支持 2-1-1-1 突发周期模式。图 5-6 是突发读的时序图,其中 X 的值为 0~30。

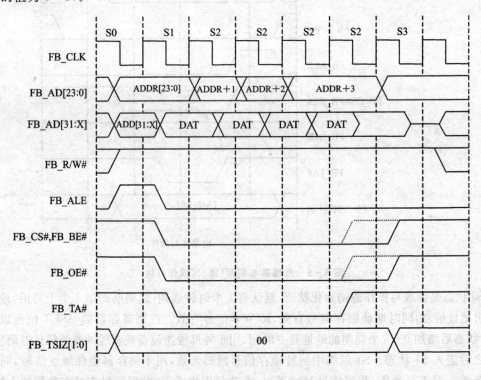

图 5-6 在 8 位端口上访问 32 位长字的突发读(无读等待)

在突发访问过程中,TSIZ 上的数是突发的总长度。突发写的时序与读类似,但会在 S1 和 S2 状态之间自动插入一个等待周期。详细的突发时序图可以参考芯片手册。

5.4.2 时序分析

这里给出 Flex 总线在不同配置下用逻辑分析仪看到的时序图,见图 5-7,可以更清楚地看到真实的时序关系。在这个实验中,采用从片选 1(8 位)读取 32 位长字数据,然后写入片选 2(16 位)的外设中。

这是基本的读模式,可以看见在非突发方式下,读取数据被拆为 4 个单独的访问周期。

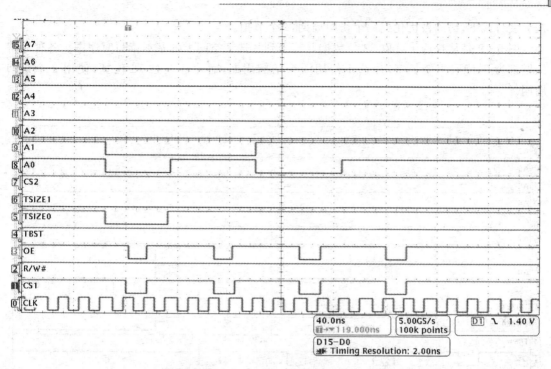

图 5-7　CS1 读取(WS=0,WRAH=0,RDAH=0,ASET=0,非突发)

图 5-8 是片选 1 采用突发方式读取 32 位数据的时序图。

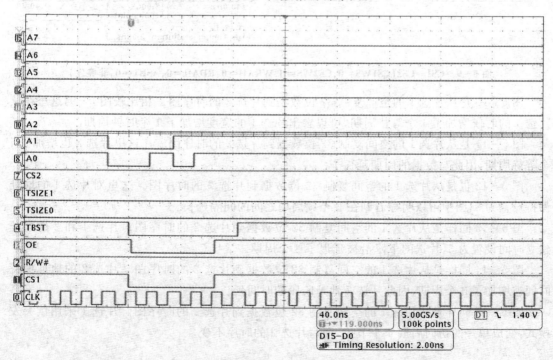

图 5-8　CS1 读取(WS=0,WRAH=0,RDAH=0,ASET=0,突发)

在突发方式下,访问被优化成一个访问周期,4个节拍。

图5-9是从片选1读取32位数据并写入到片选2空间上的基本读写时序图。各种等待周期都为0,读取1个长字,片选1使用4个访问周期,而片选2是16位宽,使用2个访问周期。

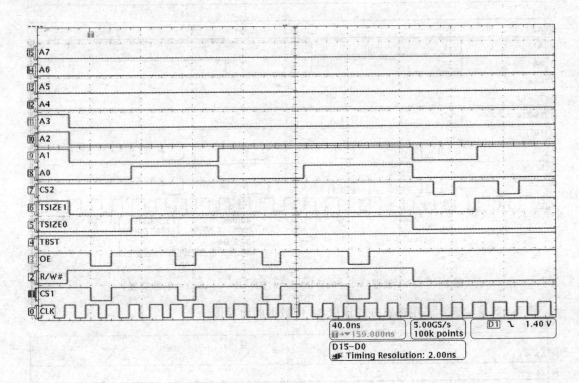

图5-9　CS1→CS2(CS1WS=0,CS2WS=0,WRAH=0,RDAH=0,ASET=0,非突发)

图5-10是从片选1的空间复制32位数据到片选2的时序图。相比较图5-9,这里在读片选1的时候增加了1个等待周期,可以看出片选1的宽度增加了1个时钟周期。

图5-11是从片选1的空间复制32位数据到片选2的时序图。在这里片选2也增加了1个等待周期,因此写数据的周期延长了。

图5-12也是从片选1的空间复制32位数据到片选2的时序图。这里对片选1的地址保持设置为3,图中可以明显看到在2个读周期之间的间隔延长。

图5-13同样是从片选1的空间复制32位数据到片选2的时序图。片选1和2的地址建立时间设置为3,片选的下降沿被延迟了3个周期。

图5-14同样是从片选1的空间复制32位数据到片选2的时序图。片选2的地址保持时间被增加了3个周期,因此片选2地址阶段的时间延长。

图5-15同样是从片选1的空间复制32位数据到片选2的时序图。片选1采用读突发模式,变成单一的访问周期4个节拍,而写片选2的时序不变。

第 5 章　Flex 总线和 Mini－Flex 总线

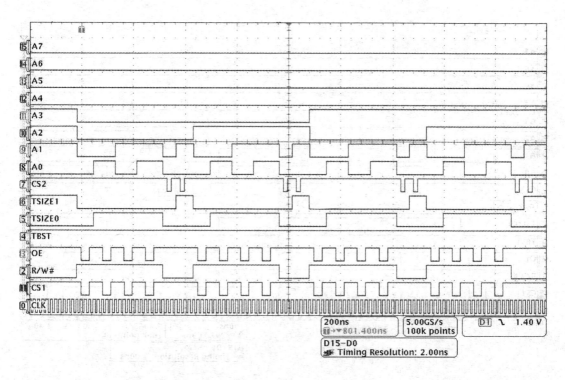

图 5-10　CS1→CS2（CS1WS=1,CS2WS=0,WRAH=0,RDAH=0,ASET=0,非突发）

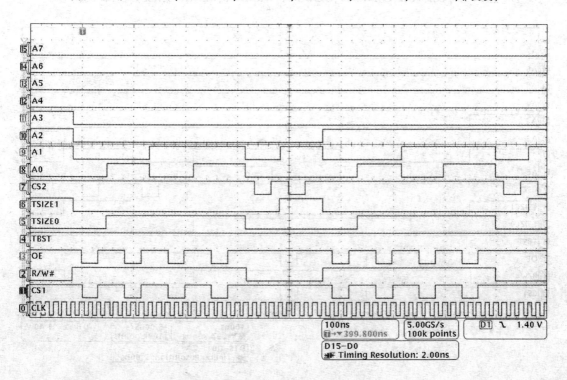

图 5-11　CS1→CS2（CS1WS=1,CS2WS=1,WRAH=0,RDAH=0,ASET=0,非突发）

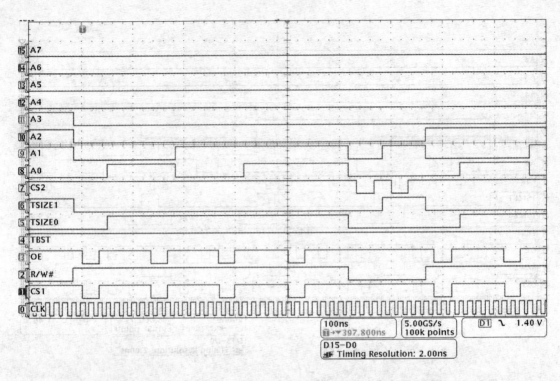

图 5-12　CS1→CS2(CS1WS=1,CS2WS=1,WRAH=0,RDAH=3,ASET=0,非突发)

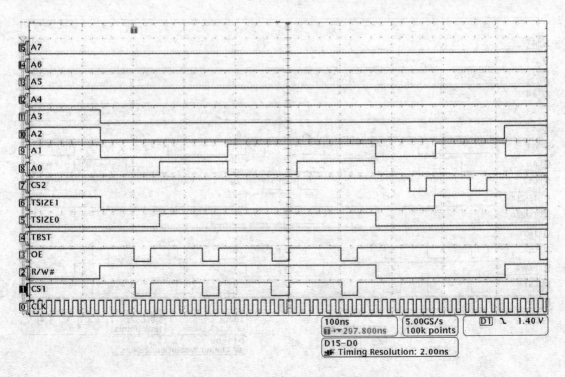

图 5-13　CS1→CS2(CS1WS=1,CS2WS=1,WRAH=0,RDAH=3,ASET=3,非突发)

第 5 章 Flex 总线和 Mini-Flex 总线

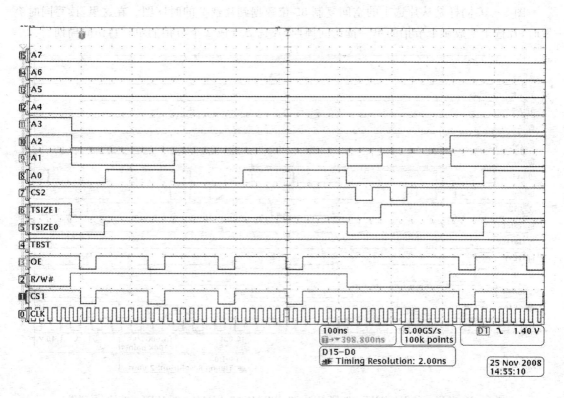

图 5-14 CS1→CS2（CS1WS=1,CS2WS=1,WRAH=3,RDAH=3,ASET=0,非突发）

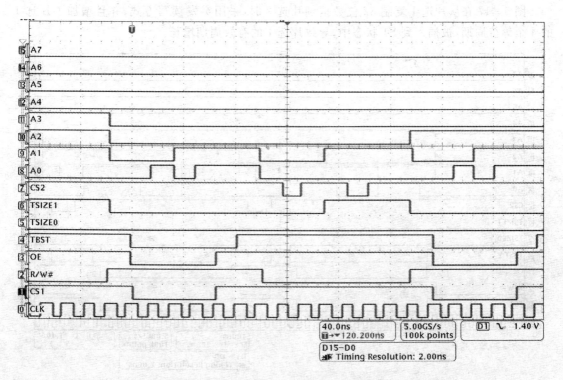

图 5-15 CS1→CS2（CS1WS=0,CS2WS=0,WRAH=0,RDAH=0,ASET=0,读突发）

图 5-16 同样是从片选 1 的空间复制 32 位数据到片选 2 的时序图。在这里,读写同时突发时,片选 1 变成 4 个节拍的单一读访问周期,片选 2 变成 2 个节拍的单一写访问周期。

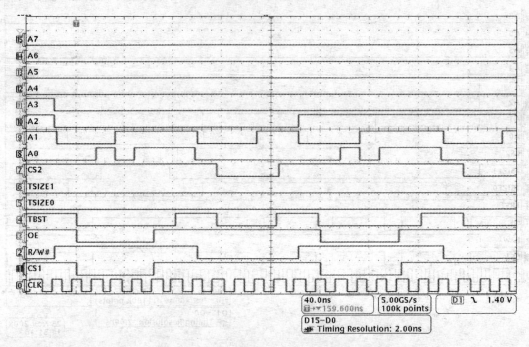

图 5-16　CS1→CS2(CS1WS=0,CS2WS=0,WRAH=0,RDAH=0,ASET=0,读/写突发)

图 5-17 在从片选 1 复制 32 位数据到片选 2 时,采用突发读写方式,并且增加了片选 1 的 4 个等待周期,被插入到 S1 状态中,导致片选 1 的有效周期增长。

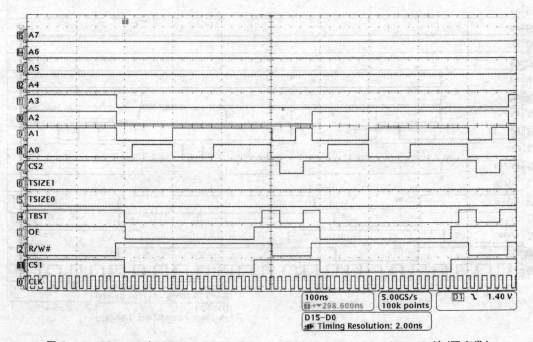

图 5-17　CS1→CS2(CS1WS=4,CS2WS=0,WRAH=0,RDAH=0,ASET=0,读/写突发)

第5章 Flex总线和Mini-Flex总线

以上所有时序图给出了不同片选配置与读写模式情况下的时序分析,读者在研究与外设连接的时序时可以参考。

5.4.3 数据对齐和非对齐

在访问数据时访问地址可能与访问的类型不对齐,例如对一个奇地址进行读写16位字的操作,ColdFire的Flex总线是支持这种非对齐访问方式的,但是由于非对齐的产生,会消耗额外的周期。

在32位的数据总线上,访问一个奇地址的32位数据时,会被分为3个访问周期,如表5-1所列。

表5-1 非对齐方式读写操作的32位数据总线分布

位	31~24	23~16	15~8	7~0	FB_A[2:0]
第1周期	—	字节0	—	—	001
第2周期	—	—	字节1	字节2	010
第3周期	字节3	—	—	—	100

由于从32位对齐的偶地址(FB_A[1:0]=0b00)偏移了1个字节的地址,所以读数据从0b01开始。图5-18是访问的时序图。

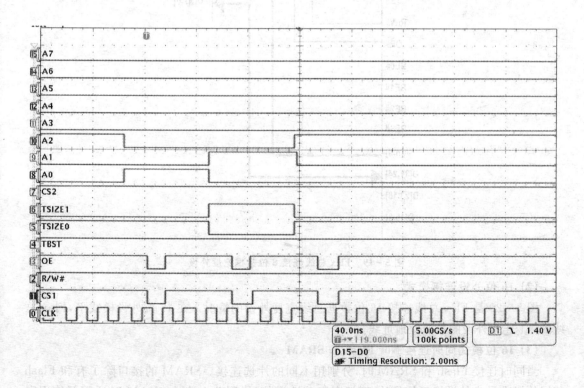

图5-18 在32位总线上从0b01地址读取32位数据

要注意的是指令是不允许非对齐访问的,如果发生这种情况,CPU 会产生地址错误的异常。

5.5 应用实例

5.5.1 连接通用总线设备

Flex 总线与不同总线宽度的设备连接方式略有不同,此外在伪分裂模式下也是不相同的,这里给出各种情况下连接的示意图。

(1) 8 位外设连接模式

图 5-19 是 Flex 总线连接 8 位宽度外设的情况。在 8 位模式下,地址线 A0 对应外设的最低位地址线 A0。

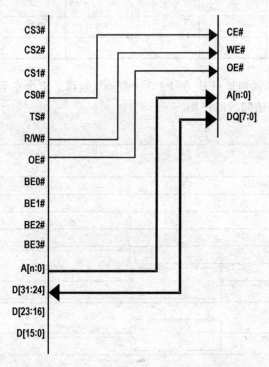

图 5-19 Flex 总线连接 8 位数据宽度外设

(2) 16 位外设连接模式

图 5-20 是 Flex 总线连接 16 位数据总线宽度外设的情况。在 16 位外设模式下,Flex 总线的 A1 连接外设的最低位地址线。

(3) 16 位模式同时连接 Nor Flash 和 SRAM

当同时连接 Flash 和 SRAM 时,分别用不同的片选连接。SRAM 的接口除了有和 Flash 相同的标准异步外设接口信号外,还拥有字节选通信号,因此在连接 SRAM 时还需要使用字节使能信号。图 5-21 是 Flex 总线 16 位模式同时连接 Flash 和 SRAM 的情况,其中深色部分表示 SRAM 的连接,无色部分为 Flash 连接。

第 5 章　Flex 总线和 Mini-Flex 总线

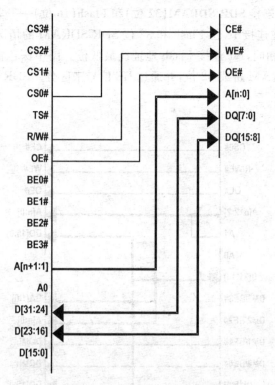

图 5-20　Flex 总线连接 16 位外设

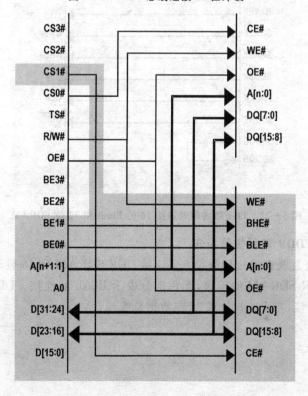

图 5-21　Flex 总线同时连接 16 位 Flash 和 SRAM

(4) Flex 总线同时连接 SDR SDRAM(32 位)和 Flash(16 位)——非 DDR

图 5-22 是 Flex 在连接 16 位 Flash 和 32 位 SDR SDRAM 的情况。在这种情况下,连接 Flash 的地址线和原来相同,A1 连接 Flash 地址线最低位。图中深色部分是 SDRAM 的连线信号,由两个 16 位 SDRAM 拼成 32 位,并通过 BE 信号来区分。SDR SDRAM 的地址线连接需要参考各芯片的手册。

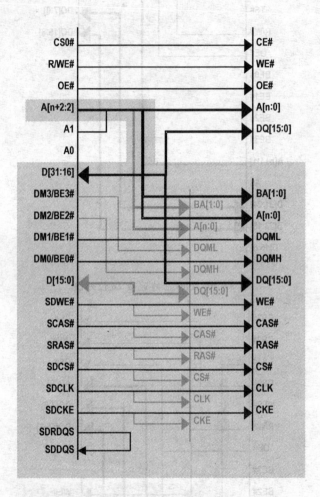

图 5-22 Flex 总线同时连接 16 位 Flash 和 32 位 SDRAM

(5) Flex 总线与 DDR 复用信号相连

图 5-23 是 Flex 总线在通过伪分裂方式连接 DDR SDRAM 和 16 位 Flash 时的情况。其中深色部分表示 DDR SDRAM 的连接,无色部分表示 Flash 的连接。DDR 只支持 16 位宽,采用了伪分裂模式连接,与 Flash 分享 32 位数据总线。

第5章 Flex 总线和 Mini-Flex 总线

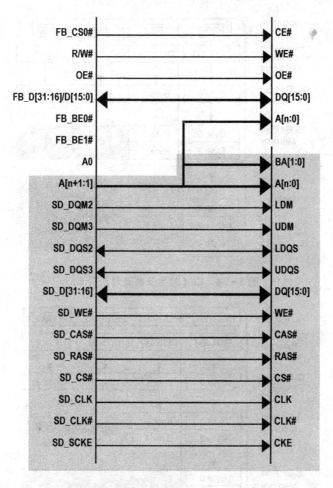

图 5-23 Flex 总线与 DDR 总线复用模式

5.5.2 Flex 总线与 EIM 的区别

最后讲一下 Flex 总线与 EIM 的区别。EIM 是早期 ColdFire 处理器的总线模块,支持的芯片主要有 MCF523x、MCF5270、MCF5271 和 MCF5274。而 Flex 总线则是 2005 年以后新一代的总线模块,目前支持的芯片有 MCF520x、MCF32x、MCF547x、MCF548x、MCF5227x、MCF5445x、MCF5301x、MCF5441x 等。相比之下,EIM 和 Flex 总线的区别在于:

- EIM 不支持复用模式,Flex 有复用和非复用模式;
- EIM 最多支持 8 个片选,Flex 最多支持 6 个片选;
- Flex 的时序配置更加灵活;
- EIM 有字节选通(byte strobe),而 Flex 是字节使能(byte enable)。字节选通号对应的是总线上的字节号,而字节使能对应的是寻址空间上的字节号,因此两者正好是相反对应关系。这点可以从图 5-24 和图 5-25 中看出。图 5-24 是 EIM 模块的 BS 与数据总线对应情况,图 5-25 是 Flex 总线的 BE 与数据总线对应情况。

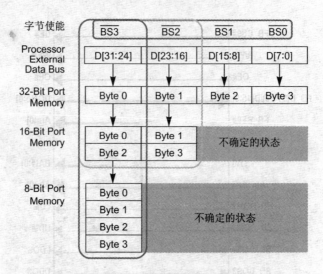

图 5-24　EIM 的字节选通对应关系

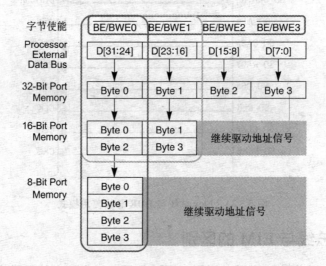

图 5-25　Flex 总线的字节使能对应关系

第 6 章
SDRAM 控制器

SDRAM(Synchronous Dynamic Random Access Memory),同步动态随机存取存储器。同步是指存储器工作需要同步时钟,内部命令的发送与数据的传输都以它为基准;动态是指存储阵列需要不断的刷新来保证数据不丢失;随机是指数据不需要线性依次访问,而是由指定地址进行访问。

SDRAM 发展到现在已经经历了 4 代,分别是:第 1 代 SDR SDRAM,第 2 代 DDR SDRAM,第 3 代 DDR2 SDRAM,第 4 代 DDR3 SDRAM。在本书编写的时候,DDR2 已经成为消费类市场的主流产品。

ColdFire 系列的微控制器和微处理器支持多种存储器技术,尤其对 SDRAM 存储技术支持性能非常良好,V2、V3 和 V4 系列都能完美支持 DDR/SDR 的接口,而在 V4 系列的 MCF5445x 系列中又增加了对 DDR2 存储技术的支持(详见表 6-1)。基于 V4m 版本的 ColdFire 使用 DDR2 来降低系统成本、最小化系统功耗及最大化性能,从而发挥了 DDR2 在如今嵌入式系统设计中的优势。结合了 DDR2 存储器技术的 MCF5445x 处理器能很好地适用于对价格、性能和总功耗有严格标准的产品。

在本章中将以 MCF54455 为例来介绍 ColdFire 系列的 DDR/SDR 硬件设计和相关软件例程的分析。需要注意的是由于 MCF54450 和 MCF54451 主频只有 240 MHz,SDRAM 的最大频率只支持到 120 MHz,所以实际上并不能满足 DDR2 规范的最低频率 125 MHz(JEDEC 规范中规定 DDR2 的最低频率为 125 MHz,因此一些厂商的 DDR2 芯片在低于 125 MHz 的情况下内部的时钟模块无法同步而不能正常工作)。只有 MCF54452 以上的芯片才可以支持 DDR2。在表 6-1 中列出了 ColdFire 系列对 SDR/DDR 接口的支持。

表 6-1 ColdFire 对 SDR/DDR 接口的支持

类 别	V2	V3	V4
SDR	MCF5214/5216,MCF5207/5208, MCF52274/52277,MCF523x, MCF534x,	MCF5307, MCF5327/5328/5329, MCF5372/5372L, MCF5373/5373L	MCF547x, MCF548x

续表 6-1

类别	V2	V3	V4
SDR	MCF525x,MCF5270/5271/5272, MCF5280/5281/5282		
DDR	MCF5207/5208, MCF5274/5274L, MCF5275/5275L	MCF5327/5328/5329, MCF5372/5372L, MCF5373/5373L	MCF547x, MCF548x, MCF5445x
DDR2	无	无	MCF5445x

6.1 SDRAM 外部功能引脚支持

在 ColdFire 家族中对于支持 SDR/DDR 系列的引脚与系统异步总线的安排连接有 3 种模式：统一架构（Unified Architecture）、伪分裂架构（Pseudo Split Architecture）和全分裂架构（Full Split Architecture）。这 3 种架构应用于不同的处理器和不同的 SDRAM 系统中。

6.1.1 统一架构

统一架构模式用在 ColdFire 系列产品在连接 SDR SDRAM 的时候，异步总线（包括 Flex 总线或 EIM）与 SDR SDRAM 控制器完全复用地址总线和数据总线的架构，具体如图 6-1 所示。

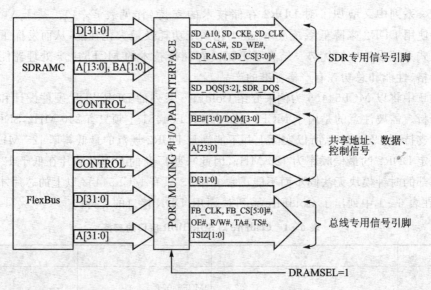

图 6-1 统一架构

统一架构模式下，可以支持全 32 位的 SDR SDRAM 连接。由于 SDR 的数据和地址总线上的速度并不是很高，对于总线上的信号完整性要求不是非常严格，所以可以直接复用。支持这种模式的 ColdFire 芯片主要是所有支持 SDR SDRAM 的系列（除 V4 芯片外）。图 6-2 是

第6章 SDRAM 控制器

统一架构模式下,总线上同时挂载 16 位 Flash 和 32 位 SDR SDRAM 的结构示意图。其中深色部分表示 SDR SDRAM 的连接,无色部分是 Flash 的连接。

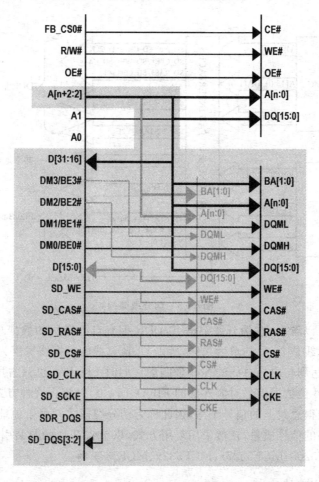

图 6-2 统一架构模式连接 Flash 和 SDR SDRAM

图 6-2 中地址线表示的是内部总线,对于 FlexBus 来说与外部的地址线相同,而对于 SDRAM 控制器的地址线来说则会有一个内部总线转换到行列地址和 bank 地址的过程,此图仅为示意。图中的例子是连接了由 2 个 16 位 SDR SDRAM 组合成的 32 位 SDRAM。如果只需要接 16 位 SDR SDRAM,就把低 16 位上的 SDRAM 去掉,在寄存器中配置成 16 位即可。在此 ColdFire 器件中的 SDRAM 控制器同时支持 SDR 和 DDR 器件,因此会有 SDR_DQS 和 SD_DQS 信号。在采用统一架构模式连接 SDR SDRAM 的时候,系统需要将 SDR_DQS 与 SD_DQS 进行一个回路连接,并且在 PCB 板上回路的长度与 SD_CLK 的长度要相同。详细介绍可以参考相应的芯片手册。

6.1.2 伪分裂架构

伪分裂架构主要是为了支持 DDR SDRAM 芯片的方式。一些 ColdFire 处理器用伪分裂架构也可以支持 SDR SDRAM,具体见飞思卡尔应用手册 AN2982。DDR 规范规定了数据线信号在时钟信号的上升和下降沿都要传输有效数据,因此 DDR 数据线的速率比 SDR 快 1 倍,对于数据线上信号完整性的要求更加严格。此外 DDR 规范采用了 2.5 V SSTL 规范,而不是传统的 3.3 V CMOS 规范。为了解决这些问题,ColdFire 芯片采用了伪分裂架构,如图 6-3 所示。

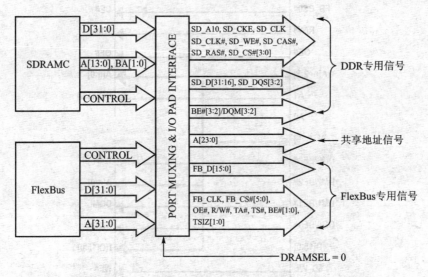

图 6-3 伪分裂架构

从图 6-3 中可以看出,在伪分裂架构下,DDR 拥有自己专用的数据总线。由于 DDR 是双沿采样,而内部总线是 32 位的单沿采样,所以 DDR 总线的数据线宽度为 16 位,占用数据信号的高 16 位,这样达到与内外总线的吞吐量匹配。同时 FlexBus 也只占用自己专用的 16 位数据线,内部的高 16 位数据信号对应外部的 FB_D[15:0] 引脚。这种方式下,数据总线被分裂归各模块私有,使得总线上的信号干净,因此称为伪分裂模式。由于地址总线上还是单沿采样,所以不需要严格的信号质量,依然采用复用方式,以节省芯片的封装引脚。支持这种方式的芯片主要有 MCF5208、MCF5227x、MCF532x、MCF537x 等。

6.1.3 全分裂架构

全分裂架构是 V4 芯片采用的方式,如图 6-4 所示。在这种方式中,SDRAM 控制器完全有自己的一套总线,与 FlexBus 不复用任何引脚,因此能够完全独立地进行引脚连接。支持该架构的包含 MCF547x/8x 和 MCF5445x。

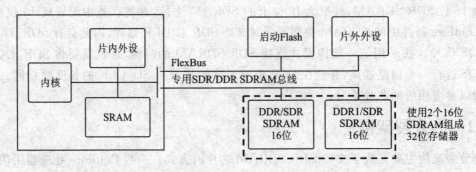

图 6-4 全分裂架构

6.1.4 SDRAM 控制器的信号

虽然有 3 种连接架构,但 SDRAM 控制器的信号都是类似的,这里以 MCF54455 为例进行 SDRAM 控制器的介绍。MCF54455 的 DDR2/DDR/SDRAM 的外部引脚按功能可分为数据线、地址线和控制信号 3 大类,在表 6-2、表 6-3 和表 6-4 中分别对其功能和特性做了详细描述。

表 6-2 SDRAM 接口数据线

信号线	类 型	说 明
SD_DATA[31:16]	I/O	16 位数据总线
SD_DQM[3:2]	O	数据总线屏蔽信号 SD_DQM3 对应 SD_DATA[31:24] SD_DQM2 对应 SD_DATA[23:16]
SD_DQS[3:2]	I/O	数据总线选通信号 SD_DQS3 对应 SD_D[31:24] SD_DQS2 对应 SD_D[23:16]

表 6-3 SDRAM 接口地址线

信号线	类 型	说 明
SD_A[13:11,9:0]	O	地址总线
SD_BA[1:0]	O	bank 地址线

表 6-4 SDRAM 接口控制信号

信号线	类 型	说 明
SD_CLK 和 /SD_CLK	O	差分时钟信号线
SD_CKE	O	时钟使能
SD_CS[1:0]	O	片选/命令输入(与 SD_RAS,SD_CAS 和 SD_WE 一起定义当前命令)
SD_RAS	O	行地址选通/命令输入(与 SD_CS,SD_CAS 和 SD_WE 一起定义当前命令)
SD_CAS	O	列地址选通/命令输入(与 SD_CS,SD_RAS 和 SD_WE 一起定义当前命令)
SD_WE	O	命令输入(与 SD_CS,SD_RAS 和 SD_CAS 一起定义当前命令)
SD_A10	O	在发出预充电命令时,存储器会对 A10 采样,如果 A10 无效,则只对一个 bank 进行充电,否则对所有 bank 充电
SD_VREF	I	DDR2 参考电压,用于差分信号的参考电压,应为存储器电压的一半。如 DDR 存储器的电压是 2.5 V,则参考电压需为 1.25 V

外部接口示意图见图 6-5。MCF5445x 上的 DDR2 总线不和其他总线复用,连接比较直观。MCF5445x 专用的引脚使性能最大化,同时简化了连接的复杂度。

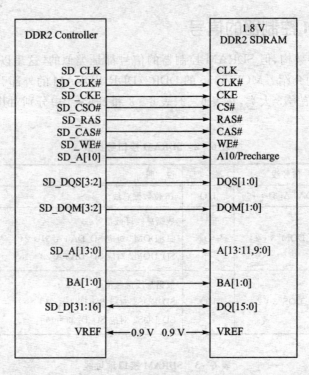

图 6-5 SDRAM 接口连接示意图

6.2 SDRAM 控制寄存器简介

ColdFire 家族的连贯性和一致性非常好，所有系列的 SDRAM 控制器也都是类似的，基本上可以无缝移植，这里以 MCF5445x 的 SDRAM 控制器进行寄存器的介绍。

6.2.1 SDRAM 模式/扩展模式寄存器

SDRAM 模式/扩展模式寄存器（SDMR）和以前控制器中使用的相比已有所改变，其低地址位具有装载模式寄存器/装载扩展模式寄存器（LMR/LEMR）功能。工作方式和以前的版本相同，但增加了使用该寄存器低 14 位传递 DDR2 指定的 LMR/LEMR 值的选项，详见 MCF54455 参考手册"SDRAM 模式/扩展模式寄存器（SDMR）"。SDRAM 控制寄存器（SDCR）包括 DDR2_MODE 位，但必须将其置位以使能 SDMR 寄存器中的 LMR/LEMR 功能。

6.2.2 SDRAM 控制寄存器

和以前控制器中使用的相比，SDRAM 控制器寄存器（SDRAM）只有较小的变化，仅增加了 DDR2 模式的使能。SDCR 控制多路地址技术、刷新次数和存储控制器的操作模式，详见 MCF54455 参考手册"SDRAM 控制寄存器（SDCR）"。下面给出了该寄存器功能用途的摘要。

- 锁定 SDMR 寄存器功能，禁止写周期。只有在配置和初始化过程以及需要存取 DDR 存储器中模式或扩展模式寄存器时使用该位。

第 6 章　SDRAM 控制器

- CKE 使能位允许存储器被置为自刷新和低功耗模式。典型应用在芯片初始化和 DDR 存储器电源管理。该使能位直接控制 MCF5445x 的 CKE 信号。
- DDR2 模式位允许选择 DDR 或 DDR2 存储器。在使用 DDR2 功能时，该位必须置位。
- DDR 模式位必须置位。复位时置为 0。
- 刷新使能位激发存储控制器的自动刷新功能。
- 多元地址功能将 ColdFire 设备中的线性地址转变成行、列和存储块的多元地址。
- 驱动规则选项。该功能强制 DQ(数据信号)和 DQS 信号在任何时候都处于工作状态(除了读周期中，DDR 存储器驱动总线)。如果该位置位，DQ 线保持总线周期结束时的最后一个状态。DQS 信号拉低。当读周期开始时，存储控制器将 DQ 和 DQS 置为三态，使存储器能驱动这些信号。该功能典型应用在最小化系统上，用来最小化不固定的信号以及移除终止信号；还可以用来调试 DDR 总线，由于提供了确定的没有变动的状态，所以在查找由于短路或其他状态可能导致的总线冲突的原因时比较有用。
- 刷新计数器配置当控制器自动刷新使能时的刷新间隔时间。
- 必须为 MCF5445x 系列设置存储器端口宽度。
- DQS 输出使能域用来禁用或使能单独的 DQS 信号。如果选择的 DDR 芯片只需一路 DQS 即可驱动，该域就比较重要了，但这不是典型的选择方案。典型的方案是每条字节传输线只用 1 路 DQS。如果只用 1 路，则须将 MCF5445x 的所有 DQS 线短接，因为在读周期中，MCF5445x 中的时钟恢复电路需要与每个字节线路的 DQS 信号上升沿来同步。
- 开始刷新命令产生一个立即刷新。这在初始化和电源管理程序中比较常用，在上述过程中存储器需要执行特定的事件，因此必须执行刷新命令。该功能只有在模式/扩展模式寄存器使能时才可用。
- 开始预充电时，所有命令强制软件初始化预充电。在发出软件预充电命令之前时钟使能(CKE)必须有效。
- 深度低功耗模式位为可移动 DDR 设备产生深度低功耗命令。在 DDR2 设备中不支持，因此清除该位。

6.2.3　SDRAM 配置寄存器 1/2

　　SDRAM 配置寄存器 1/2(SDCFG1/SDCFG2)存储了特定存储命令之间需要的延迟值。各个 DDR 存储器生产商对不同种类的延迟提供了数值，这些值需要转化成合适的值(一般为时钟周期数)，再加载到 SDCFG1/SDCFG2 寄存器中。不过在计算某些 SDCFG1 参数域的时钟周期数时，需视 SDRAM 种类而定。如果是 DDR 内存，则是外部信号 SD_CLK 的两倍；如果是 DDR2 内存，则为 SD_CLK。SDCFG2 时钟周期数的计算都以 SD_CLK 为基准。

6.3　SDR/DDR/DDR2 的功能比较

6.3.1　外部引脚功能比较

　　传统 SDRAM 接口引脚的时钟线采用单端(Single-Ended)时钟信号；而 DDR 内存接口

的时钟线为了降低干扰,采用了差分时钟信号;DDR2 内部时钟上则要远大于 DDR。在工作电压上:SDR 为 3.3V,DDR 为 2.5V,DDR2 为 1.8V。因此功耗与发热量也相应降低。在芯片封装上:DDR 内存通常采用 TSOP 芯片封装形式,而 DDR2 内存均采用 FBGA 封装形式。FBGA 封装提供了更好的电气性能与散热性,为 DDR2 内存的稳定工作与未来频率的发展提供了良好的保障。

6.3.2 性能差异分析

由于外部引脚上的差异,DDR 内存在时钟信号的上升沿和下降沿都可以进行数据传输,而传统的 SDRAM 只能在信号的上升沿进行数据传输,所以 DDR 内存在每个时钟周期都可以完成 2 倍于 SDRAM 的数据传输量。举例来说,在时钟频率都为 133 MHz 和 32 位数据总线宽度的情况下,DDR266 标准的 DDR SDRAM 能提供 1.06 GB/s 的内存带宽,而传统的 PC133 SDRAM 却只能提供 532 MB/s 的内存带宽。

DDR2 与 DDR 虽然本质上一致,都采用了在时钟的上升沿和下降沿同时进行数据传输的基本方式,但 DDR2 内存的内部时钟只有外部时钟的一半,因此对内部时钟一样的 DDR 和 DDR2 内存来说,DDR2 拥有 2 倍于 DDR 内存预读取能力(即 4 位数据读预取)。

6.4 应用案例

6.4.1 MCF5445x SDRAM 接口应用向导

MCF5445x 中使用的 V4m 内核具有 16 位的高速缓存线,用于内部总线上的 4 个 32 位事务(数据节拍)传输数据。DDR/DDR2/移动 DDR 控制器可将这 32 位事务转换到外部总线上的 16 位双倍数据速率事务,允许外部总线以内部总线相同的时钟运行。通过减少 I/O 口,MCF5445x 拥有较少的引脚数,仍保持完全的内部总线的性能。

MCF5445x 超越了 ColdFire 系列先前的 DDR 控制器,增加了新的寄存器域(在使用 DDR2 的方案中必须使用这些域,详见 6.2 节)。MCF5445x 存储器控制器支持最大 512 MB 的 DDR/DDR2/移动 DDR 存储器,使用 25 个地址位(包括行和列)、2 个存储块选择位、2 个片选和 1 个 16 位宽的总线。在表 6-5 中列出了具体的 DDR2 功能应用向导。

表 6-5 DDR2 功能应用向导

DDR2 功能/选项	MCF5445x 存储控制器	执行记录
1.8 V I/O 支持	支持	在 MSCR_SDRAM 寄存器中设置驱动力和模式
密度	每片 DDR2 中小于 1 Gb	两路片选可实现最大 256 MB 的 DDR2、512 MB 的 DDR 和移动 DDR
DDR2 存储块	支持 4 个存储块	DDR2 提供 8 个存储块的存储器版本。这里不支持
4n 预取	支持	支持突发长度为 8 的突发操作顺序,包括临界字优先
速度	最大 133 MHz	—

续表 6-5

DDR2 功能/选项	MCF5445x 存储控制器	执行记录
读操作延迟和附加延迟	支持	SDCFG1/2 寄存器中配置读操作延迟和附加延迟
写操作延迟	支持	SDCFG1/2 寄存器配置写操作延迟
终止(片内/主板)	主板	SSTL1.8 支持板载并行终止。在有限制的情况下,并行终止可能不需要
数据选通(差分/单端)	单端式	最大时钟频率 133 MHz 无需差分,可降低功耗
模块支持	144 脚 DDR2 16 位 SODIMM	16 位 DDR2 SODIMM 符合 JEDEC 认证,且可购买

6.4.2 硬件设计样例

M54455EVB 具有 256 MB 的 DDR2,使用 4 个 8 位 Micron 公司的 MT47H64M8(512 MB)设备,配置成每个存储控制器片选信号控制 2 个 16 MB×8×4 存储块。相关设计原理图请参看图 6-6。

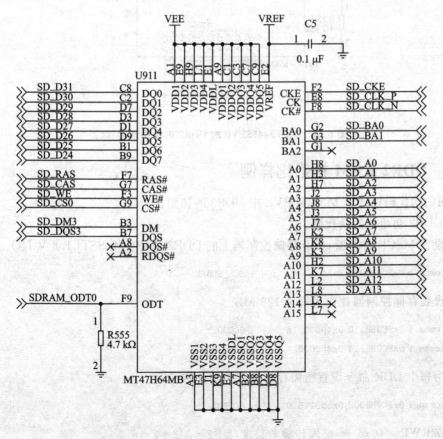

图 6-6 MCF54455EVB 的 DDR2 内存原理图

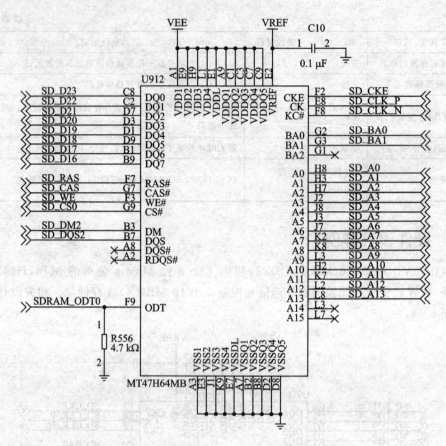

图 6-6 MCF54455EVB 的 DDR2 内存原理图(续)

6.4.3 DDR2 RAM 初始化样例

下面的伪代码描述了 M54455EVB 中 DDR2 的初始化。

例:DDR2 初始化的伪代码。

① 设置 MSCR 寄存器,所有存储控制器上的 DDR2 引脚使用 SSTL1.8 V I/O。

```
writemem.b 0xFC0A4074 0xAA          ; SCR_SDRAM
```

② 设置存储控制器片选为每个 128 MB。

```
writemem.l 0xFC0B8110 0x4000001A    ; SDCD0
writemem.l 0xFC0B8114 0x4000001A    ; SDCD1
```

③ 为每个 DDR 命令设置所需存储器需求操作的延迟。

```
writemem.l 0xFC0B8008 0x65311810    ; SDCFG1
```

SRD2RWP = 0x6 = 突发传输的长度/2+2=8/2+2=6
SWT2RWP = 0x5 =附加延迟 + t − 1 = 3 + 1 + (15 ns/7.5 ns)−1
RD_LAT = 0x3 = CAS 延迟的时钟周期=3
ACT3RW = 0x1 = (tRCD/tCLK)−1=(15 ns/7.5 ns)−1=1

第6章 SDRAM 控制器

PRE2ACT $= 0\mathrm{x}8 = (\mathrm{tRFC}/(\mathrm{tCLK}\times 2)) + (1\text{个运算取整}) = (105\ \mathrm{ns}/15\ \mathrm{ns}) + 1 = 8$

WT_LAT $= 0\mathrm{x}1 = $ 附加延迟 $= (\mathrm{tRCD(min)}/\mathrm{tCLK}) - 1 = (15\ \mathrm{ns}/7.5\ \mathrm{ns}) - 1 = 1$

```
writemem.l 0xFC0B800C 0x59670000      ;SDCFG2
```

BRD2RP $= 0\mathrm{x}5 = $ 突发传输的长度$/2 + $ 附加延迟 $= 8/2 + 1 = 5$

BWT2RWP $= 0\mathrm{x}9 = $ CAS 延迟 $+$ 附加延迟 $+$ 突发传输长度$/2 + \mathrm{tWR} + \mathrm{tCLK} - 1 =$
$3 + 1 + 4 + 2 - 1 = 9$

BRD2W $= 0\mathrm{x}6 = $ 突发传输长度$/2 + 2 = 6$

BL $= 0\mathrm{x}7 = $ 突发传输长度 $- 1 = 7$

④ 延迟(DDR2 存储器有延迟要求,一般为 200 ns)。在进入到下一步之前,延迟要包含在初始化过程中,以使 CKE 有效。

```
writemem.l 0xFC0B8004 0xEA0F2002      ;SDCR
```

设置模式使能(1)。

使能 CKE(1)。

DDR 模式使能(1)。

禁用自动刷新(0)。

DDR2 模式使能(1)。

多元地址配置(10):512 Mb 配置成 14×10×4 和 8 位宽。

在读和写操作之间驱动规则设置为三态。硬件板使用并行终止。

刷新次数设成 0xF。

存储器位宽设成 16 位。

DQS 输出禁用。

发出预充电命令。

在初始化过程中不使用深度低功耗模式。

```
writemem.l 0xFC0B8000 0x40010408      ;SDMR
```

为非移动 DDR 写扩展模式寄存器命令。

设置 CMD 位来发出加载扩展模式命令。

设置扩展模式:DLL 使能,完全功率输出驱动,内部并行终止禁用,快速响应 CAS(附加延迟)为 1,不支持 OCD,差分 DQS 禁用,RDQS 禁用,输出使能。

```
writemem.l 0xFC0B8000 0x00010333      ;SDMR
```

写模式寄存器命令。

设置 CMD 位来发出加载模式寄存器命令。

设置模式寄存器内容:突发长度为 8,顺序突发模式,CAS 响应时间为 3,普通模式,复位时 DLL 保持,写恢复设置为 2,低功耗模式设置为快速退出模式。

⑤ 在下一步发出所有预充电命令前,延迟 200 时钟周期。

发出所有 bank 的预充电命令,有效地发出另一个预充电命令:

```
writemem.l 0xFC0B8004 0xEA0F2002      ;SDCR
```

发出刷新命令：

writemem.l 0xFC0B8004 0xEA0F2004   ;SDCR

发出第 2 个刷新命令：

writemem.l 0xFC0B8004 0xEA0F2004   ;SDCR

更新模式寄存器，禁止 DLL 复位并使能 DLL 锁定功能：

writemem.l 0xFC0B8000 0x00010233   ;SDMR

清零模式使能位来禁止后续 SDMR 寄存写周期，使能自刷新功能，使能 DQS 信号，其他位保持原先值：

writemem.l 0xFC0B8004 0xEA0F2004   ;SDCR

⑥ DLL 复位取消后，延迟 200 总线时钟周期。

6.4.4 DDR2 硬件设计的布局参考

DDR2 和其他 DDR 方案之间最大的区别就是封装。DDR 存储器一般用 TSOP 和 BGA 封装，DDR2 只可用 FBGA 封装。这种封装的优点是它的信号质量好、体积小且高效，但手动调试比较困难，可通过过孔连接到线板底部的信号。M54455EVB 使用 4 个 x8 Micron 公司的 MT47H64M8 存储器，较小的体积以及地址、控制和数据信号的合理布置使得板的设计比较简单。M54455EVB 利用在板顶部和底部安装组件的优势，达到比较简洁和高效的配置。在图 6-7 中使用了 FBGA 封装布置的 x8 存储器。

在图 6-7 中可见，这样可以很轻松地避免 BGA 中信号线的复杂性。数据线分布在封装的顶部，控制线在中间，地址线在底部。封装中圆圈的布置允许在封装的中间走线，这给设计者提供了连接各个部分的简洁线路，同时也比较容易将地址和控制信号分割出来。Freescale 公司利用这种封装的优势以及在板的顶层与底层放置芯片的可行性，通过直接在板的顶与底层对贴 2 片 DDR2 存储器芯片，来取得理想菊花链走线，达到信号完整性和清晰的要求。

图 6-8 显示了实际 M54455EVB 的 DDR2 总线平面布置图，从左到右分别为：

- 板子中间的 MCF54455 处理器。
- 一些串行端接器。
- 3 个逻辑分析器接口。
- DDR2 存储器。
- VTT 电阻封装。

地址总线从 ColdFire 设备连到位于 2 个存储芯片单元中间的过孔，这给分布在存储芯片末端的地址总线提供了清晰的路线。图 6-9 显示了地址总线如何连接到这些过孔，在 2 组 DDR2 存储器间形成 T 型接口，同时也显示了从 2 个 DDR2 存储器的顶部和底部引出的数据线的样例。同样，中间的地址布线提供了到每个 DDR2 存储器相同长度线路的 T 型接口。左边的数据总线连接到 DDR 存储器的末端。数据总线的每个部分（每个字节线路）都连接到过孔上，这些过孔在这条字节线路上提供到 2 个存储器的 T 型接口。过孔在图 6-9 中可见，位于 BGA 的左右两部分之间较宽的通道上。

第6章 SDRAM 控制器

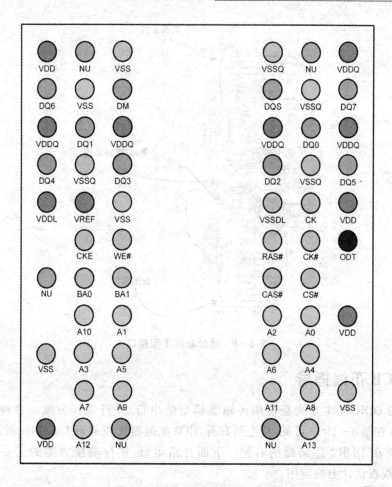

图 6-7 DDR2 存储器配置 x8 样例

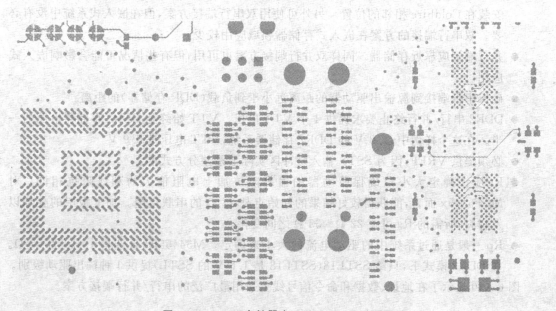

图 6-8 DDR2 存储器中 U1(MCF54455)顶层

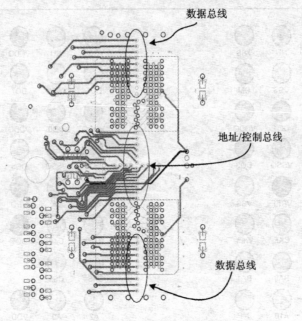

图 6-9 地址总线 T 型接口

6.4.5 PCB 布线指导

最普通的 DDR 布线方法是使用传输线模型的串行/并行端接方案。这种方案应用在 M54455EVB，在图 6-10 中可见，从左到右看，串联电阻器比较靠近 ColdFire 处理器，并行终止电阻器安装在 DDR2 存储器的右侧。下面介绍串行/并行端接方案的主要概念及其在 DDR/DDR2 线板设计上的应用。

- 串行端接器必须靠近源驱动器。该样例使用单一的串行端接，即只用一套串行端接，安装在 ColdFire 相邻的位置。另外可使用双串行端接方案，但在嵌入式系统中没有必要。双串行端接的方案在嵌入式存储器领域应用较少。
- 并行端接应靠近存储器。同样双并行端接方案也可用，但有些情况可能会影响嵌入式应用。
- 确保串行端接到源输出驱动器的距离远小于到负载（DDR 存储器）的距离。
- DDR2 串行/并行终止要求提供 1 个 VTT 电压。VTT 始终是 DDR2 存储器电压的一半。在这个样例中，1.8 V 的 DDR2 存储器系统，VTT 电压是 0.9 V。
- 必须提供 VREF，因为 SSTL 输入缓冲区实际上是差分方式的。
- Rs 应该确定大小以确保驱动器的输出阻抗加上电阻值大约和线阻抗相同。对 MCF5445x 而言，能获得较好结果的起始点是 22 Ω 的串联电阻。加上板层的叠加以及材料，所需的 Rs 可在 22 Ω～33 Ω 之间变化。
- Rp 一般是通过系统中的驱动电流的大小来确定。M54455EVB 选择了 Rp 为 51 Ω。在 DDR2 模式下，只给 SSTL18（SSTL18 是 1.8 V 的 SSTL）提供 1 种输出驱动级别。

图 6-10 显示了在地址、数据和命令信号线上采用最广泛的串行/并行端接方案。

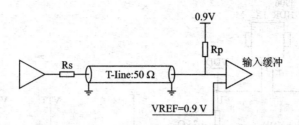

图 6-10　地址、数据和命令信号使用的 SSTL 串行/并行端接方案

DDR/DDR2 的时钟是差分信号，MCF5445x 提供了 1 个时钟输出信号以及 1 个与该时钟相位相反的信号脉冲。两路信号必须视为 1 个差分对信号放在一起走线，以取得相同的线路阻抗，并在设计规则中将差分阻抗设置为 100～120 Ω。

差分时钟信号可通过时钟的两相位之间的单个电阻来终止。在图 6-11 中给出了并行端接方案的例子，该样例提供了较好的时钟交叉且减少了组件的数目。需要考虑的重要元素之一是所有 DDR/DDR2 DIMM 包含了这个并行端接（在时钟两相位之间）。如果设计包括了板上的 DDR2 存储器，并且留有 DDR2 DIMM 模块的插槽，则推荐使用单独的时钟对接到板上的存储器和 DDR/DDR2 DIMM。

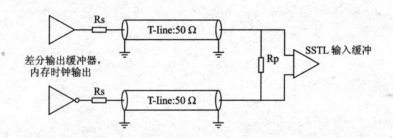

图 6-11　SSTL 时钟并行端接——备选方法

对于电源电压，DDR2 SDRAM 系统要求 3 个电源，分别为 VDDQ（对应图 6-12 中的 VEE 供电信号）、VTT 和 VREF，其中 VDDQ 为内存存储器的电压，VTT 为并联端接的上拉电压，VREF 在数值上与 VTT 相同，都为 VDDQ 的 1/2，这是因为 DDR2 存储器的 SSTL_2 接口具有推挽式的输出缓冲，而输入接收器是一个差分级，VREF 则为其提供一个参考偏压中点。为了保持信号的目标特性，VTT 和 VREF 必须跟踪 VDDQ，它们必须控制在 1/2 VDDQ 的范围内。当 VTT 和 VREF 的跟踪失效时，信号的目标特性将会恶化，从而引起定时漂移。在 MCF54455EVB 中，使用了 DDR2 端接稳压器 LP2997 来生成 VTT 和 VREF，详见图 6-12。

这种 DDR 电源方案性能比较可靠，信号质量较好，但是成本较高。对于系统成本比较严苛且系统运行的环境不是太复杂的情况下，可以将 DDR 电源方案简化为采用双电阻分压的方式。

总之，开发人员可以参考 MCF54455EVB 的 DDR 设计样例来设计自己的系统。

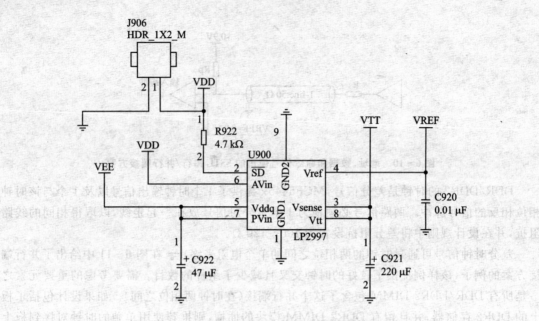

图 6-12 MCF54455EVB 的 DDR2 内存电源方案

第 7 章

USB 控制器

本章主要介绍了 ColdFire 处理器中集成的两类 USB 模块的内部结构及其使用说明,包括 MCU 产品集成的全速/低速 USB 模块和 MPU 集成的高速 USB 模块。

7.1 USB 基本概述

USB 规范从最早的 1995 年 USB 组织(www.usb.org)成立到 2008 年的 USB3.0 规范正式发布历经了 13 年,现在 USB 接口的应用由于其可热插拔、兼容性好、传输速率高等特点,已经遍及人们生活的方方面面,数码产品、家用电器、个人数字产品、工业应用等,几乎无处不在。表 7-1 是几个 USB 规范的比较。

表 7-1 USB 规范

规范	总线速率	实际性能	应用	特点
USB1.1 低速 USB2.0 低速	1.5 Mbps	10~100 kbps	键盘,鼠标,游戏杆	低速,低价格,端点少
USB1.1 全速 USB2.0 全速	12 Mbps	5~10 Mbps	打印机,音频设备,存储	中等速度,保证带宽
USB2.0 高速	480 Mbps	25~400 Mbps	视频,存储,图像	高速,带宽大幅提高
USB3.0 超高速	5 Gbps	约 4 Gbps	视频,存储,图像	超高速,巨大的带宽资源

USB 协议是主从通信协议,在 1 套 USB 总线上只有 1 个主设备(Host),从设备(Device)可以多达 127 个,并且最多可以通过 HUB 扩展到 7 级(包含主设备本身一层)。图 7-1 是 1 个基本的 USB 总线拓扑结构。

A 口是每个 USB 连接线上连接主机的端口,而 B 口则是连接设备端的接口,如图 7-2 所示。

A 口与 B 口的信号定义如图 7-3 所示。

可以看到对于 USB2.0 以下的协议,主要有 4 根信号线:5 V 电源、地线和 2 根差分的数据线。上面的物理信号是采用非归零码 NRZI 编码方式。为了在便携设备上使用并且支持

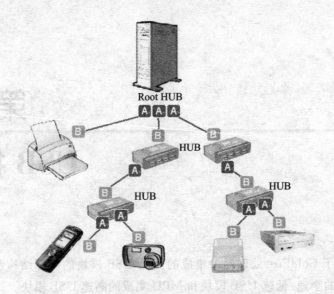

图 7-1　USB 总线基本拓扑结构范例

A口(接主机)　　　　　　　B口(接设备)

图 7-2　USB A/B 类型接口图

引脚	颜色	描述
1	红	VBUS(5 V)
2	白	D−
3	绿	D+
4	黑	地

图 7-3　USB 接口信号定义

OTG 模式,USB 协议还规定了 MINIA、MINIB 和 MINIAB 接口。miniUSB 接口在图 7-3 中 4 根信号线的基础上还增加了 1 根 ID 信号线,用来表示该端口启动时是按照主机身份启动还是从设备身份启动。图 7-4 是 USB 所有接口与 1394 接口的比较。

在硬件总线接口上,USB 协议规定 A 端需要有 2 个 15 kΩ 的下拉电阻,而在设备端需要有 1.5 kΩ 上拉电阻来表示总线速度选择(D+ 为全速,D− 为低速),如图 7-5 所示。

为了方便后面对代码和模块的使用分析,这里简单地给出 USB 协议的基本数据流模型,如图 7-6 所示。

第 7 章 USB 控制器

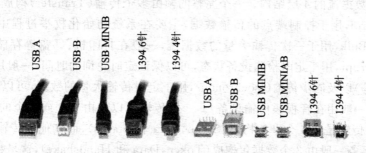

图 7-4 USB 各种接口及 1394 接口示意

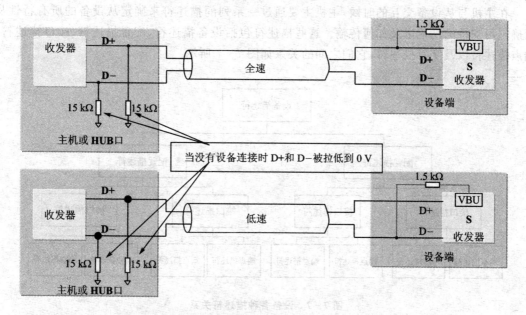

图 7-5 USB 总线物理规范上下拉电阻要求

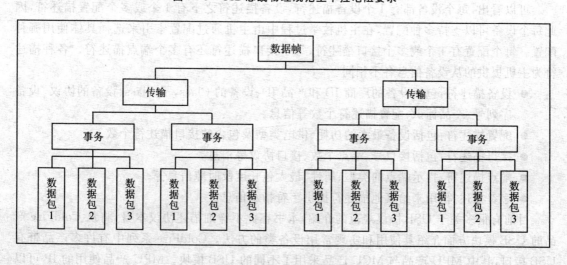

图 7-6 USB 数据流模型

这是 USB 数据流的 4 层结构。一个完整的帧由多个传输(Transfer)构成,传输的类型有控制传输(Control,用于控制端点的传输数据,主要在系统初始化枚举过程中在端点 0 上使用)、批量传输(Bulk,用于一次传输大量的数据流,一般在打印机、U 盘等存储介质中使用)、中断传输(Interrupt,用于定时检测设备状态,可以保证定时轮询的时间,一般用在 HID 设备,例如鼠标键盘等)以及同步传输(Isochronous,用于定时传输大量的数据,可以保证传输带宽,但无误码校验,一般用在音视频传输设备)。一个传输可以是由 1 个或多个的事务(Transaction)构成,控制传输是由 3 个事务构成(Setup,Data 和 Status),而其他的传输是由单一的数据事务构成。事务一般由 3 个数据包构成(Token,Data 和 Handshake),这是数据流结构的最小单位。

在主机与从设备交互的时候,主机主要通过一系列的描述符来确定从设备的所有特性从而确定可支持的功能以及如何传输。这些描述符包括设备描述符、配置描述符、接口描述符、端点描述符以及字符描述符,它们之间的关系如图 7-7 所示。

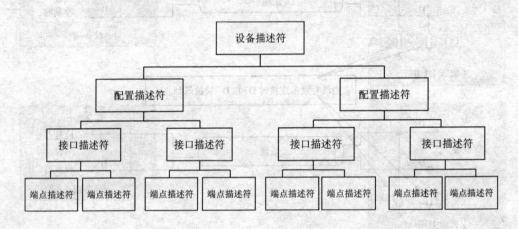

图 7-7 设备各种描述符关系

可以看出,每个设备都有 1 个设备描述符,设备描述符之下有 1 个或多个配置描述符,因此每个设备可以支持多种配置,在主机枚举过程中由主机通过配置索引来选择具体使用哪种配置。每个配置有 1 个或多个接口描述符,每个接口描述符还有多个端点描述符。各种描述符为主机提供的从设备信息各不相同。

- 设备描述符:包括设备的厂商 ID 和产品 ID、设备的 Class、子 Class、设备的协议、设备序列号、产品标识、配置描述符个数等信息。
- 配置描述符:包括设备最大的功耗、供电类型及包含的接口描述符个数。
- 接口描述符:包括接口号、端点个数、接口协议等信息。
- 端点描述符:指示端点的类型、属性、最大包长度及时隙信息等。
- 字符描述符:用来给其他描述符提供字符指示信息。

目前有很多关于 USB 协议规范的介绍,本书在此不详细描述协议本身,将从 ColdFire 产品的 USB 模块方面介绍其使用和实现常用设备类的方法。ColdFire 系列中有许多产品带有 USB 接口,其中 MPU 产品与 MCU 产品采用了不同的 USB 模块。MPU 产品使用的 IP 可以支持通过 ULPI 方式实现高速 USB(High Speed),且一般都内置全速/低速(Full/Low Speed)

的物理层 PHY 模块，可以直接支持全速 USB 接口。MCU 则只能支持全速/低速的接口。ColdFire 的产品如没有特殊说明，一般都同时支持主机/设备/OTG。在支持 OTG 协议的时候，需要采用外部的充电电荷泵来进行主机交互协议 HNP(Host Negotiation Protocol)和会话请求协议 SRP(Session Request Protocol)的实现，例如 MAX3353 等芯片。

7.2 MCU USB 模块介绍

MCU 系列产品例如 MCF521xx、MCF5221x、MCF5222x 及 MCF5225x。这些产品中集成的 USB 模块与 MPU 的 USB 模块不同，属于简单紧凑型模块，具有实现较小的代码和较高集成度的特点。

7.2.1 MCU USB 模块概述

MCU 系列的 USB 模块支持主机/设备/OTG 模式，其特点如下：
- 支持 USB1.1、USB2.0 兼容的全速/低速协议。
- 拥有 16 个双向端点(endpoint)。
- DMA 数据流接口。
- 低功耗模式。
- 支持 OTG 协议逻辑。

图 7-8 是 USB 模块的内部结构图。

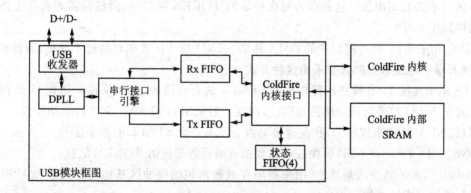

图 7-8 MCU USB 模块内部结构

图 7-8 中，接收数据时，USB 收发器(XCVR)作为 PHY 层与锁相环 DPLL 将物理层的 NRZI 信号转换成数字信息的串行码流，再由串行接口引擎(SIE，Serial Interface Engine)进行串-并转换送入接口 FIFO 中，然后由 ColdFire 内核接口将数据写入到系统片内 SRAM 中。由于内核接口在系统总线上是一个主设备，所以这个写入操作是不需要内核干预的。同样，在发送数据时，内核将数据放入 SRAM 中，并通知 USB 模块的内核接口模块，由接口模块读入数据并放入发送 FIFO 中，经过并-串转换之后通过收发器发送到总线上。

1. 缓冲区描述表(Buffer Descriptor Table)

USB 模块的接口和 ColdFire 内核通过 SRAM 进行信息交互的平台就是缓冲区描述表。

缓冲区是系统定义的供内核和 USB 模块共享数据的区域,位于 SRAM 中,由用户程序指定其基地址,针对缓冲区的管理是通过缓冲区描述表来进行的。缓冲区描述表也是位于 SRAM 中由用户指定的基地址大小为 512 字节的区域,与 16 个端点的各 4 个缓冲区一一对应(每个端点有 2 个方向:IN 和 OUT,每个方向都采用乒乓方式收发操作,因此每个端点对应 4 个缓冲区),一共有 16×2×2=64 个缓冲区的描述符,每个描述符占用 8 个字节或 2 个长字。表 7-2 是缓冲区描述符(BD)的结构。

表 7-2 缓冲区描述符(BD)的结构(基地址 ADDR[31:0])

位	31~26	25~16	5~8	7	6	5	4	3	2	1	0
描述	保留	BC	保留	OWN	DATA0/1	KEEP/TOK[3]	NINC/TOK[2]	DTS/TOK[1]	BDT_STALL/TOK[0]	0	0

BC 位有 10 位,用来表示缓冲区内有效数据的长度。

OWN 表示内核(OWN=0)或 USB 模块(OWN=1)对缓冲区拥有访问控制权。一般内核访问缓冲区结束后将此位置 1 以释放控制权给 USB 模块,USB 模块接收完数据后,也会将此位清 0(在 KEEP ≠1 时),释放缓冲区控制权给内核。

DATA0/1 用来表示当前收发的数据属于 DATA0 还是 DATA1 类型(USB 协议规定数据包类型)。

KEEP 用来让 USB 模块在结束完访问缓冲区后仍然保留访问权,而不释放给内核,即 OWN 位不置 1。通常在同步类型(ISO)传输的时候采用这种方式以保证 USB 模块及时地更新缓冲区而不必通知内核。这是因为每次传输的 TOKEN 都相同,内核只需要直接去访问缓冲区就可以了。

NINC 用来控制 USB 模块中的 DMA 读取 SRAM 缓冲区数据时地址不增加,通常在读取 FIFO 或者单一地址数据的时候采用这种方式。

DTS 用来使能 USB 模块进行数据 DATA0/1 的自动切换,这个位是早期在 USB 模块内部写入发送 FIFO 时进行自动切换使用的,现在一般采用 DATA0/1 来进行手动配置。

BDT_STALL 用来控制 USB 在这个端点上发出一个 STALL 的握手信号。

TOK_PID[3:0]在 USB 模块接收到数据后回写数据包的 TOKEN 信息。

ADDR[31:0]缓冲区基地址,用来指向存放数据包的缓冲区基地址。内核和 USB 模块的 DMA 通过该指针来访问数据体。

缓冲区描述表的基地址以 512 字节为边界,由 BDT 页寄存器 BDT Page Register[3:1] 来指定。图 7-9 是缓冲区描述符的结构示意图。

通过 BDT 的操作,我们就可以按照需要收发一个事务,事务以下层的结构都由硬件来自动完成。这里给出一个从设备的例子,当从设备在收到一个事务时(OUT 类型,主机→设备),USB 模块将通过 STAT 寄存器获得事务的端点号、方向号和奇偶号,从而确定具体的 BD 索引值,根据该索引值找到对应的描述符,从描述符中可以获得数据区的基地址,使用该基地址和数据长度信息可以获得 USB 接收到的数据。过程如图 7-10 所示。

在设备端发送数据事务时(IN 类型事务),首先检查 OWN 位为 0,内核拥有控制权,此时将要发送的数据区的首地址写入描述表中,置位 OWN 位把控制权给 USB,如图 7-11 所示。

第 7 章 USB 控制器

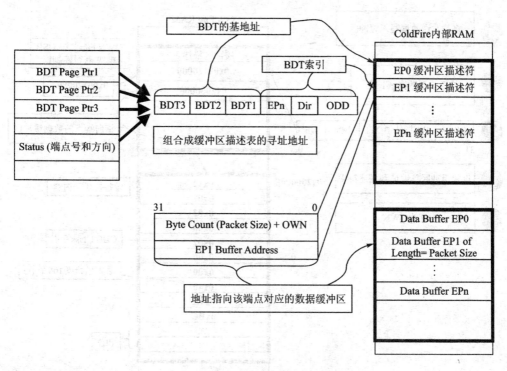

图 7-9 缓冲区描述符的结构示意图

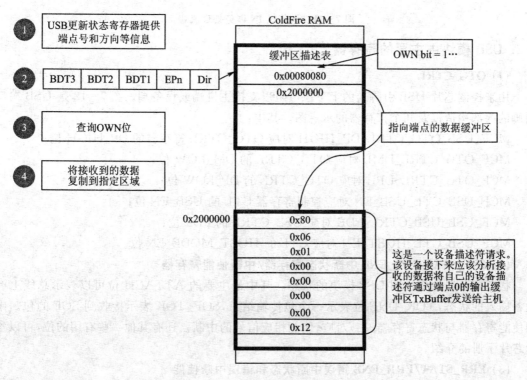

图 7-10 设备端 OUT 事务处理流程

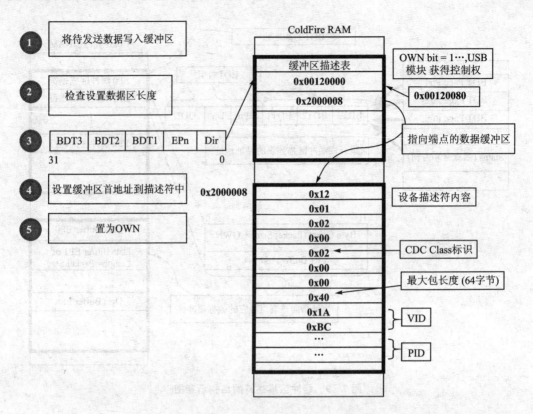

图 7-11 设备端 IN 事务处理流程

2. USB 模块中主要的寄存器

(1) OTG_CTRL

用来控制芯片 USB 引脚上的上下拉电阻以支持主机端或设备端。图 7-12 是 USB 端口引脚的内部构造以及几个寄存器的示意图。其中：

MCF_USB_OTG_CTRL_DP_HIGH 对应 OTG_CTRL 寄存器的 DP_HIGH 位；

MCF_OTG_CTRL_DML 对应 OTG_CTRL 的 DM_LOW 位；

MCF_OTG_CTRL_DPL 对应 OTG_CTRL 的 DP_LOW 位；

MCF_USB_CTL_USB_EN 对应控制寄存器 CTL 的 USB_EN 位；

MCF_USB_USB_CTRL_PDE 对应 USB_CTRL 的 PDE 位；

MCF_USB_CTL_HOST_EN 对应 CTL 的 HOST_MODE_EN 位。

(2) INT_STAT/INT_ENB 中断状态寄存器/中断使能寄存器

状态寄存器主要检测 USB 模块的状态。其中最主要的 ATTACH 位可以表示总线上有设备插入的状态，TOK_DNE 位表示一个包传输结束，SOF_TOK 表示接收到 SOF 的包。中断使能寄存器与状态寄存器一一对应，使能相应信号的中断。还有其他一些有用的位，可以参看芯片手册的介绍。

(3) ERR_STAT/ERR_ENB 错误中断状态和错误中断使能

用来检测总线或信号的错误状态并启动中断的寄存器。

第7章　USB 控制器

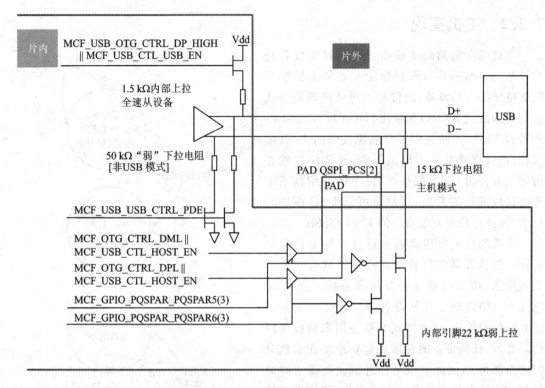

图 7-12　USB 端口引脚逻辑示意图

(4) STAT 状态寄存器

只读的状态寄存器，可以提供刚完成的（发送或接收）端点号、传输方向以及缓冲区的奇偶号。软件用这个信息来获得 BDT 的索引。

(5) CTL 控制寄存器

用来控制总线上的一些状态、USB 模块的使能和主机功能的使能。

(6) USB_CTRL

控制 USB 模块的时钟源、引脚的弱下拉电阻以及设置 USB 收发器的挂起状态。

(7) ADDR

在 USB 处于从设备时，用来配置此模块的地址。当处于主设备时，用来表示主设备将要访问的从设备地址。

(8) BDT_PAGE[3:1] BDT 基地址寄存器

如前面所述，这 3 个 8 位寄存器组合成 24 位的地址作为 BDT 基地址的高 24 位。

(9) TOKEN TOKEN 寄存器

在 USB 模块处于主机情况下，该寄存器指定 TOKEN 的 ID 号与端点号来发起一次事务。

(10) ENDPn 端点控制寄存器

16 个端点各自对应 1 个控制器用来控制端点上的传输，例如使能该端点接收功能和发送功能等。

7.2.2 主机实现

主机端在起始时主要职责就是对从设备进行枚举(enumerate),即初始化。如果主机端可以支持所接入的设备,则针对此设备的传输方式进行数据的读入(IN)和输出(OUT)。Freescale公司为 MCU 产品提供了开放源代码的 USB 协议栈,可以直接从官方网站下载,这些协议栈是由第三方公司 CMX 提供的,以下的介绍就基于此协议栈进行展开的,用户也可对 USB 模块进行学习,针对应用开发自己的 USB 协议栈。

主机端在上电启动起来后首要的工作就是对接入的从设备进行枚举。枚举的过程开始于设备检测,用来扫描是否有从设备插入到 USB 总线上。协议规定任何设备端都是必须支持端点 0 的控制传输,这个端点 0 就是用来做枚举用的。此外,任何设备的初始化设备地址在主机分配之前都是 0,因此主机端在有新设备插入时通过与 0 地址设备的端点 0 进行交互,了解设备的各种属性及各级描述表,从而加载不同的设备驱动,并分配新的设备地址。

图 7-13 示意了 CMX 协议栈的基本枚举过程。

在 CMX 协议栈中,由 host_scan_for_device()函数来进行扫描操作,它通过检测中断状态寄存器 INT_STAT 的 ATTACH 位来判断是否有设备插入;检测到有设备插入后,通过控制寄存器 CTL 的 JSTATE 位来判断插入的设备是全速设备还是低速设备;然后通过设置 CTL 的 RESET 位来复位 USB 总线,使设备恢复到初始状态,复位之后将第 1 次读取设备描述表来获取设备端点 0 所能支持的最大传输包的大小;接下来就是为该设备分配一个唯一的地址,并且启动一个事务传输来设置该地址,至此,扫描操作结束。

扫描结束后针对具体的 USB class 类型调用 xxx_search_ifc()进行进一步的枚举操作来获得包括完整的设备描述符、配置描述符及接口描述符的信息。从接口描述符中寻找所支持的 class 接口,并搜寻所需要的端点信息。最后设置设备的配置索引来启动设备。至此,整个枚举过程就完成了。

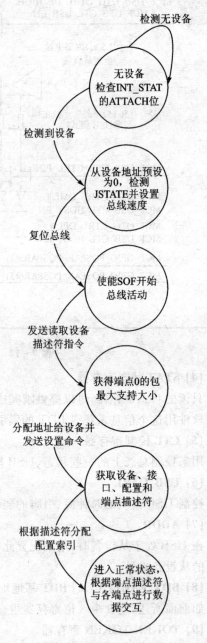

图 7-13 CMX 协议栈 USB 主机端枚举过程

其中有两个比较常用的函数在 usb_utils.c 中实现：

get_device_info()用来获得完整的设备描述表。

get_cfg_desc()用来获得完整的设备的配置描述符、接口描述符及端点描述符。这是因为在 USB 规范中，使用获得配置描述符命令可以将配置、接口以及端点的信息全部发送到主机。

7.2.3　设备类实现

ColdFire MCU 的 USB 模块除了做主机外还可以做从设备。在做从设备的时候，CTL 寄存器的 HOST_MODE_EN 要设为 0。CMX 协议栈中首先调用 usb_init( )函数来初始化整个 USB 模块。

```
hcc_u8 usb_init(hcc_u8 ip, hcc_u8 use_alt_clk)
{

MCF_USB_USB_CTRL = (hcc_u8)(use_alt_clk ? 0u : 1u);        /* 配置 USB 模块时钟 */

enter_default_state();                                      /* 设置默认状态,并初始化端点 0 */

MCF_INTC0_ICR53 = ip;                                       /* 设置中断级别 */
                                                            /* 使能 USB 中断 */
MCF_INTC0_IMRH &= ~MCF_INTC_IMRH_MASK53;
MCF_INTC0_IMRL &= ~MCF_INTC_IMRL_MASKALL;
MCF_USB_INT_ENB = MCF_USB_INT_ENB_SLEEP
            | MCF_USB_INT_ENB_TOK_DNE
            | MCF_USB_INT_ENB_ERROR
            | MCF_USB_INT_ENB_USB_RST
            | MCF_USB_INT_ENB_STALL;

/* 设置缓冲区描述表 BDT 的基地址 */
MCF_USB_BDT_PAGE_01 = (hcc_u8)(((hcc_u32)BDT_BASE) >> 8);
MCF_USB_BDT_PAGE_02 = (hcc_u8)(((hcc_u32)BDT_BASE) >> 16);
MCF_USB_BDT_PAGE_03 = (hcc_u8)(((hcc_u32)BDT_BASE) >> 24);

/* 使能上拉电阻 */
MCF_USB_OTG_CTRL = MCF_USB_OTG_CTRL_DP_HIGH | MCF_USB_OTG_CTRL_OTG_EN;
MCF_GPIO_PQSPAR |= MCF_GPIO_PQSPAR_PQSPAR5(3) | MCF_GPIO_PQSPAR_PQSPAR6(3);

MCF_USB_CTL = MCF_USB_CTL_USB_EN_SOF_EN;                    /* 使能 USB 模块 */
return(0);
}
```

在初始化结束之后，设备就进入等待被主机端枚举的状态。此时，只有端点 0 为有效端点，且初始的设备地址为 0。设备类的协议栈比主机的协议栈要稍微复杂一些，采用的是状态机的方式来维护，并且状态机是通过 USB 的中断来进行轮转的。总线每发起一个事务传输，都会产生中断，由此来进行状态的跳转。这个中断处理函数是位于 usb.c 文件中的函数 _usb_it_handler( )。

图 7-14 是设备端控制端点 0 的状态机。

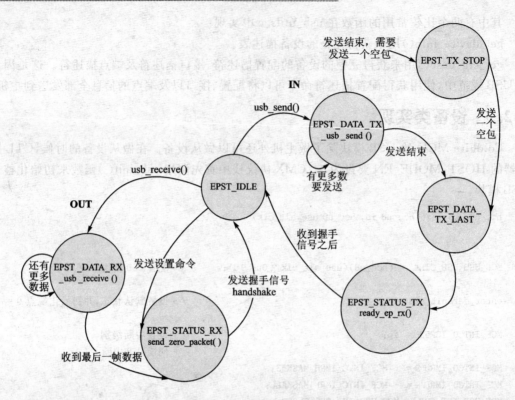

图 7-14 端点 0 的状态机

对于数据端点,由于没有控制端点的状态返回端,状态机则稍微简单一些,如图 7-15 所示。

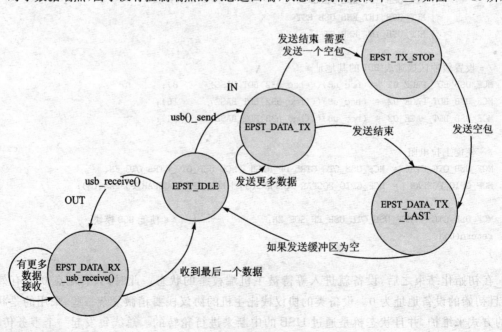

图 7-15 数据端点的状态机

7.2.4 人机接口设备类介绍

人机接口设备(HID)主要用于主机和使用者之间的交互,主机可以检测鼠标按键或移动,也可以通过游戏手柄来控制游戏操作。除了通常的键盘、鼠标和游戏手柄之外,HID设备类还包括了其他人机交互的设备,如开关、滑动条、遥控等。HID设备有时候也作为多接口设备的一部分,完成人机交互的功能,如 USB 音箱可以有一个接口采用同步传输来播放音乐,HID接口则可用来控制音量、均衡和低音等。HID 设备是可以被微软的 Windows 操作系统预设驱动的一个设备,普通的 HID 设备可以不需要安装额外的驱动即可支持与 Windows 的交互,同样在 Linux2.4 之后的内核也可以很好地支持该类的设备。HID 设备的规范可以在 http://www.usb.org/developers/hidpage 中找到。

主机和 HID 设备之间主要通过控制传输和中断传输进行通信,如图 7-16 所示。控制传输除了获取 HID 设备的描述符以外,还可以用于接收 HID 设备发来的报告(report);中断传输用于定时地发送和接收报告。

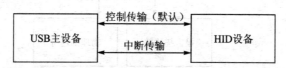

图 7-16 主机和 HID 设备采用的传输类型

报告作为 HID 设备特定的数据结构可以和主机进行相关的数据传输。报告的格式与所采用的具体设备相关且具有固定的长度,USB Usage Tables 标准规定了各种 HID 设备的数据格式和交互数据的含义。

HID 设备通过控制传输来完成 USB 枚举以及响应 HID 设备类请求。HID 设备除了具备 USB 规范固有的描述符和设备请求之外,还包括自己特有的描述符和设备请求。

1. 描述符

除了设备描述符、配置描述符、接口描述符及端点描述符外,HID 设备还具有自己特有的 HID 描述符、报告描述符及物理描述符。图 7-17 为主机从 HID 设备获取的描述符的结构图。一般 HID 设备只有一个配置描述符,其接口描述符的 bInterfaceClass 为 3。以下以一个键盘设备作为例子介绍其返回的设备描述符和配置描述符。

```
{
    /*设备描述符*/
    0x12,                    /*描述符大小*/
    0x01,                    /*描述符类型(设备)*/
    0x0200,                  /*USB 标准版本(2.0)*/
    0x00,                    /*类识别码*/
    0x00,                    /*子类识别码*/
    0x00,                    /*协议识别码*/
    0x08,                    /*控制端点 0 最大传输字节数*/
    0xc1ca,                  /*厂商识别码*/
    0x0001,                  /*产品识别码*/
    0x0000,                  /*设备发布码*/
```

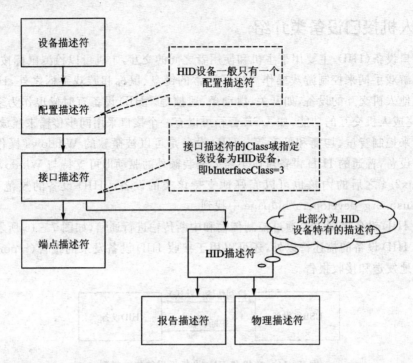

图 7-17 HID 设备结构图

```
0x01,                    /* 生产商字符索引 */
0x02,                    /* 产品字符索引 */
0x00,                    /* 设备序列号字符索引 */
0x01                     /* 配置数 */

/* 配置描述符 */
0x09,                    /* 描述符大小 */
0x02,                    /* 描述符类型(配置) */
0x0022,                  /* 包括配置描述符在内后续描述符的总长度 */
0x01,                    /* 接口数 */
0x00,                    /* 配置索引 */
0x03,                    /* 配置字符索引 */
0xA0,                    /* 特性(总线供电、远程唤醒) */
0x32,                    /* 最大电流(100 mA) */

/* 接口描述符 */
0x09,                    /* 描述符大小 */
0x04,                    /* 描述符类型(接口) */
0x00,                    /* 接口号 */
0x00,                    /* 可选设置号 */
0x01,                    /* 该接口包含的端点数 */
0x03,                    /* 接口类(HID) */
0x01,                    /* 接口子类(支持启动) */
0x01,                    /* 接口协议(键盘) */
0x00,                    /* 接口字符索引 */
```

```
/*HID 描述符*/
0x09,                      /*描述符大小*/
0x21,                      /*描述符类型(HID)*/
0x0110,                    /*HID 标准发布号(1.1)*/
0x00,                      /*国家代码*/
0x01,                      /*后续类描述符数量*/
0x22,                      /*描述符类型(报告)*/
0x0041,                    /*报告描述符大小*/

/*输入中断端点描述符*/
0x07,                      /*描述符大小*/
0x05,                      /*描述符类型(端点)*/
0x81,                      /*端点编号和方向(IN)*/
0x03,                      /*传输类型(中断)*/
0x0008,                    /*端点最大传输字节数*/
0x0A                       /*轮询间隔(10 ms)*/
}
```

2. 报告描述符和报告

报告描述符是 HID 所特有的描述符,规定了 HID 设备传输给主机的报告格式,也规定了设备可以接收的主机发送来的报告或命令。报告描述符在主机枚举设备的过程中获取,用于后续对接收报告的分析和发送报告的正确封装。PC 机的 HID 驱动一般包括解析器来分析报告描述符,从而知道后续如何处理接收到的报告和如何封装合适的报告发送给设备。在嵌入式应用中实现一个 HID 主机,为了减小代码量可以不实现解析器,而只对规定的设备报告识别,报告的数据格式也是在主机和设备间事先规定的。

报告描述符和 USB 其他描述符有所区别,其所含的数据域的内容和长度取决于设备需要返回的报告的类型。报告描述符由许多数据项(item)组成,每个数据项都包含一个字节的前缀域和后续的数据域。根据数据域包含数据字节的长度,数据项又分为短数据项和长数据项(数据域)。图 7-18 分别为短数据项和长数据项的结构图。

HID 规范中规定了数据项分为 3 个大类,即主数据项、全局数据项和局部数据项,其中主数据项包含了 HID 设备实际传输的报告的结构,而全局和局部数据项提供了一些附加的信息,如报告包含的数据域的个数以及每个数据域包含的比特数(例如按键的有无可以用一个比特表示)。

(1) 主数据项

输入数据项:通过控制端点或输入中断端点返回 HID 设备的控制数据,如鼠标的移动、键盘的按键等。

输出数据项:通过控制端点或输出中断端点输出控制 HID 设备的数据,如点亮 HID 设备的 LED 灯,即通常看到的在键盘上按下 CapsLock 键显示的状态灯。

Collection 和 End Collection 数据项:将所有其他的数据项封装起来组成的集合。

(2) 全局数据项

Usage Page 数据项:参考 HID Usage 表规范。

逻辑最小值数据项:报告输出或返回数据的最小值。

逻辑最大值数据项：报告输出或返回数据的最大值。
报告大小数据项：报告的每个数据域包含几个比特。
报告数量数据项：报告包含几个数据域。

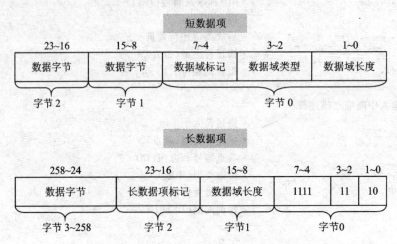

图 7-18　报告描述符的数据项结构

(3) 局部数据项

控制使用最小值：可选控制量的最小值。
控制使用最大值：可选控制量的最大值。

以下以键盘的报告描述符为例介绍 HID 设备通信的数据格式，也就是报告的格式。从示例中可以看出键盘设备返回 8 字节的输入报告，第 1 个字节返回功能键按下的情况，第 2 个字节作为填充，后面 6 个字节反映按下的键值，可同时检测到 6 个按键按下；另外接受 1 个字节的输出报告，其中 5 位用于控制键盘上指示灯（如 Capslock）。

```
{
    0x05, 0x01,         /* Usage Page(通用桌面系统)*/
    0x09, 0x06,         /* Usage(键盘)*/
    0xa1, 0x01,         /* Collection(应用)*/
    0x05, 0x07,         /* Usage Page(键盘)*/
    0x19, 0xe0,         /* Usage Minimum(键盘左 Ctrl 键)*/
    0x29, 0xe7,         /* Usage Maximum(键盘右 GUI 键)*/
    0x15, 0x00,         /* 逻辑最小值(0)*/
    0x25, 0x01,         /* 逻辑最大值(1)*/
    /*1 字节输入报告,返回 8 个功能键的状态  */
    0x75, 0x01,         /* 报告大小(1)*/
    0x95, 0x08,         /* 报告数量(8)*/
    0x81, 0x02,         /* 输入数据项(数据,变量,绝对值)*/  ⎫
    /* 输入报告的 1 字节填充  */                           ⎬ 1 字节输入报告
    0x95, 0x01,         /* 报告大小(1)*/                  
    0x75, 0x08,         /* 报告数量(8)*/
    0x81, 0x03,         /* 输入数据项(常数,变量,绝对值)*/  ⎭
    /*1 字节输出报告,5 位反映 NumLock 等按键的状态,3 位填充  */
```

```
    0x95,0x05,          /*报告数量(5)*/
    0x75,0x01,          /*报告大小(1)*/
    0x05,0x08,          /*Usage Page(LED 灯)*/
    0x19,0x01,          /*Usage Minimum(Num Lock)*/         1字节输出报告
    0x29,0x05,          /*Usage Maximum(Kana)*/
    0x91,0x02,          /*输出数据项(数据,变量,绝对值)*/
    0x95,0x01,          /*报告大小(1)*/
    0x75,0x03,          /*报告数量(3)*/
    0x91,0x03,          /*输出数据项(常数,变量,绝对值)*/
    /*6字节输入报告,记录按键的数值,同时可按下6个键*/
    0x95,0x06,          /*报告数量(6)*/
    0x75,0x08,          /*报告大小(8)*/
    0x15,0x00,          /*逻辑最小值(0)*/
    0x25,0x65,          /*逻辑最大值(101)*/                  6字节输入报告
    0x05,0x07,          /*Usage Page(键盘)*/
    0x19,0x00,          /*Usage Minimum*/
    0x29,0x65,          /*Usage Maximum(键盘应用)*/
    0x81,0x00,          /*INPUT(数据,数组,绝对值)*/
    0xc0                /*END_COLLECTION*/
}
```

3. 设备请求

HID 规定了 6 种特有的设备请求,如表 7-3 所列。

表 7-3 HID 设备请求

设备请求代码	设备请求	设备请求代码	设备请求
0x01	get_report	0x09	set_report
0x02	get_idle	0x0A	set_idle
0x03	get_protocol	0x0B	set_protocol

其中,set_report 和 get_report 用于在主机和设备类之间发送和接收报告;set_idle 和 get_idle 用于设置和读取休息时间,来决定在设备数据自上次轮询以后没有变化的情况下是否重新发送数据;set_protocol 和 get_protocol 用于设置和读取一个协议值,该协议值可用于支持在启动阶段还未加载 HID 驱动的情况。

4. 中断传输

HID 设备通过中断传输在主机和设备之间传送报告。HID 必须有 1 个用于发送输入报告的输入端点和 1 个可选的用于接收输出报告的输出端点。其中输入端点用于向主机反馈 HID 设备的信息(如键盘的某个键被按下),主机通过定时轮询的方式获取这个信息;而输出端点可用于操控 HID 设备(如点亮 LED)。这个定时的时隙在端点的描述符中确定。

5. CMX HID 设备的实现

在主机获得报告描述符后,设备就可以按照报告的格式,将所需发送的状态组成一帧数据

放入发送端点缓冲区供主机定时轮询获取。CMX HID 设备协议栈的基本结构如图 7-19 所示。

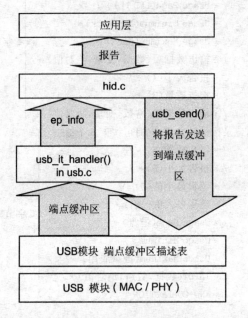

图 7-19　HID 协议栈结构图

在此协议栈中,设备端采用 hid_write_report(in_report,kbd_in_report)函数来不断更新报告内容,再由 hid_process()函数来把报告通过 usb_send()发送出去。IN 数据流的方向如图 7-20 所示。读者可以结合源代码进行学习。

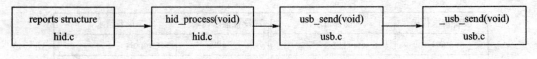

图 7-20　IN 数据流

同样,OUT 的数据流如图 7-21 所示。

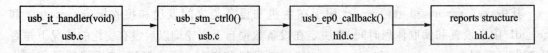

图 7-21　OUT 数据流

7.2.5　存储设备类实现

存储(Mass Storage)设备类主要用于主机和设备之间进行文件传输,典型的设备包括软盘、CD/DVD 和 U 盘等。在 Windows 中,Mass Storage 设备在"我的电脑"里作为一个盘符出现,使得用户可以方便地复制、移动和删除文件。

USB 关于 Mass Storage 的标准主要有以下几个:概述、批量传输协议、控制/批量/中断传输协议和 UFI(通用软盘接口)命令规范。另外,不同的设备还遵循一定的工业标准命令集,用于控制设备和读取设备的状态信息。如 ATAPI 设备采用 ATAPI 规范(www.t10.org),通用

SCSI 媒体采用 SCSI 主命令集等。本小节仅讨论支持批量传输协议和 SCSI 命令集的 Mass Storage 设备,目前大部分 U 盘和 USB 读卡器均采用这种协议。

1. 描述符

Mass Storage 仅包含标准的描述符,通过接口描述符的相应字段表示其遵循的协议和支持的命令集,如表 7-4 所列。一般 Mass Storage 设备包括两个批量传输的端点:一个作为输入;另一个作为输出。

表 7-4 Mass Storage 接口描述符字段

接口描述符字段	编码	含 义
bInterfaceClass	0x08	Mass Storage 设备
bInterfaceSubClass	0x06	支持 SCSI 命令集
bInterfaceProtocol	0x50	支持批量传输协议

(1) 设备请求

批量传输协议有 2 个特定的设备请求:一个是复位请求;另一个用于获取存储设备的最大逻辑单元(get_max_lun)。

(2) 命令传输流程

批量传输协议中,主机和设备之间数据传输按照固有的流程进行(如图 7-22),包括 3 个阶段:命令传输、数据传输和状态传输。命令传输阶段,主机发送 31 字节的命令数据包 CBW;数据传输阶段,主机或设备根据 CBW 中数据传输的方向发送请求的数据;状态传输阶段,设备发送 13 字节的状态信息包 CSW,告知主机数据传输是否成功。关于 CBW 和 CSW 的结构,请参照表 7-5 和表 7-6。

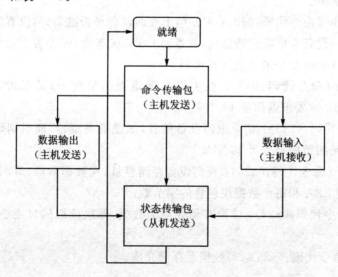

图 7-22 命令传输流程

表 7-5 CBW 结构

字节	7	6	5	4	3	2	1	0
0～3	CBW 签名(0x43425355)							
4～7	CBW 标签(复制到 CSW 标签)							
8～11	CBW 数据传输长度							
12	CBW 标志(0x80 或 0x0)							
13	保留				CBWLUN:有效的逻辑单元			
14	保留				CBW 命令块长度			
15～30	CBW 命令块							

表 7-6 CSW 结构

字节	7	6	5	4	3	2	1	0
0～3	CSW 签名(0x53425355)							
4～7	CSW 标签							
8～11	CSW 未传完的字节数							
12	CSW 状态:0x0,成功;0x1,失败							

(3) SCSI 命令集

Mass Storage 设备需要支持以下几个 SCSI 命令,关于命令的格式请参照 SPC-2(SCSI primary commands)或 RBC(reduced block commands)规范,这里所列出的命令代码处于命令传输包的第 16 个字节。

Test unit ready(命令代码:0x0):主要用于查询设备是否准备好,没有数据传输阶段;如果设备没有准备好,设备会更新出错信息,并返回 CSW 状态为 0x01 表示命令失败,接着主机可以通过 Request sense 命令来查询设备状态。

Request sense(命令代码:0x3):在主机发现错误的情况下,请求设备返回出错信息(sense data),Windows 要求返回前 18 个字节。

Inquiry(命令代码:0x12):请求返回设备信息,如设备类型、厂商识别码、产品识别码及支持的协议等,返回的数据至少为 36 字节。

Read capacity(命令代码:0x25):查询设备存储容量,在数据阶段,返回存储介质最后数据块的逻辑块地址 LBA 和每个数据块包含的字节数。

Read(10)(命令代码:0x28):读取存储介质的数据,每次读取的只能是一个个逻辑块的数据。

Write(10)(命令代码:0x2a):写数据至存储介质。

2. Mass Storage 应用实例:USB Bootloader

作为 Mass Storage 设备类的应用实例,以下介绍 Freescale 公司提供的 USB Bootloader 方案,该方案可通过 USB 快速更新固件。USB Bootloader 作为用户程序的一部分驻留在 Flash 中,在上电时用户可通过按键选择是否进入 Bootloader 模式。

第7章　USB 控制器

```
void _Entry(void)
{
    /*判断是否有按键产生*/
    if(MCF_GPIO_SETDD & MCF_GPIO_SETDD_SETDD5)
    {
        asm (JMP USER_ENTRY_ADDRESS);              /*跳转至用户程序*/
    }
    else
    {
        ...
        Bootloader_Main();                          /*进入 Bootloader 模式*/
    }
}
```

　　进入 Bootloader 模式后，首先通过 Init_USB()配置好端点 0 的 BDT 描述符并使能 USB 模块；然后由 PollUSB()查询当前是否有 USB 事件产生，如 Reset 事件、Token 传输完成等，在该函数中 USB 设备会响应主机的枚举请求；对 Bulk In 和 Bulk Out 端点的数据传输则分别由 USB_EP1_IN_Handler()和 USB_EP2_OUT_Handler()完成。

　　Mass Storage 设备完成主机的枚举过程后，正常的数据传输就按照图 7-22 所示的流程在 Bulk In 和 Bulk Out 端点上进行。Mass Storage 设备所支持的 SCSI 命令就包含在这样的数据包内，其中命令传输包由主机通过 Bulk Out 端点发送给从机；然后根据命令传输包要求的传输方向，主机通过 Bulk Out 端点发送数据给从机，或者由从机通过 Bulk In 端点发送数据给主机；最后从机会通过 Bulk In 端点返回本次数据传输的状态（成功或者失败）。

　　因此，在 USB_EP2_OUT_Handler()中会判断主机发送的命令数据包是否为 31 字节，如果是，则置位 vCBWBuf_flag，然后在 Bootloader_Main()中会执行 SCSI_Process()，该函数根据命令数据包的第 16 个字节判断是什么 SCSI 命令并做相应处理。如 Read capacity 命令通过 SCSIList25()处理，该命令由从机发送存储介质的容量给主机，因此这里通过 Bulk In 端点发送数据，并切换至发送 CSW 状态，在 USB_EP1_IN_Handler()中会根据这个状态调用 Send_CSW()发送 CSW 数据包。

```
void Bootloader_Main(void)
{
    Init_USB();           /*初始化端点 0 的 BDT 描述符,关闭 USB 中断,使能 USB 模块*/

    for(;;)
    {
        PollUSB();
        if(vCBWBuf_flag==1)
        {
            SCSI_Process();
            vCBWBuf_flag=0;
        }
        ...
    }
}
```

```c
}

/* 查询 USB 事件 */
void PollUSB(void) {
    
    byte stat;
    byte odd;
    
    if(INT_STAT_USB_RST)
    {
        ICP_Reset_Handler();                    /* 复位事件,配置设备地址 */
    }
    ...
    if(INT_STAT_TOK_DNE)                        /* Token 传输完成 */
    {
        stat = (byte)(STAT &0xF8);
        odd = STAT_ODD;
        
        /* OUT 或者 SETUP Token */
        if(stat == mEP0_OUT)
        {
            //SETUP Token
            if(EP0Rx[odd].BDT_Stat.RecPid.PID == mSETUP_TOKEN)
            {
                ICP_Setup_Handler();            /* 响应主机的枚举过程 */
                asm (nop);
            }
            /* OUT Token */
            else
                ICP_Out_Handler();
        }
        else if(stat == mEP0_IN)
        {
            /* IN Token */
            ICP_In_Handler();
        }
        else if (stat == mEP1_IN){
            USB_EP1_IN_Handler();               /* Bulk In 端点的处理函数 */
        }
        else if (stat == mEP2_OUT) {
            USB_EP2_OUT_Handler();              /* Bulk Out 端点的处理函数 */
        }
        
        /* 清除 Token 标志 */
        INT_STAT_TOK_DNE = 1;
```

第 7 章 USB 控制器

```
    }
}

/* Bulk Out 端点处理函数 */
void USB_EP2_OUT_Handler(void)
{
    ...
    if(EP2Rx[vEP2RxBuf].Cnt == 31)          /* CBW 必须是 31 字节 */
    {
        ICP_USB_State = cCBW;
        vCBWBuf_flag = 1;
        ...
    }
    ...
}


/* Bulk In 端点处理函数 */
void USB_EP1_IN_Handler(void)
{
    ...
    if( ICP_USB_State == cCSW )             /* 发送 CSW 给主机 */
    {
        Send_CSW();
    }
    ...
}

/* SCSI 命令处理函数 */
void SCSI_Process(void)
{
    //复制 CBW 标识,后面会再复制给 CSW 的标识
    vUSBCBWTag[0] = vCBW_Buf[kCBWTag0];
    vUSBCBWTag[1] = vCBW_Buf[kCBWTag1];
    vUSBCBWTag[2] = vCBW_Buf[kCBWTag2];
    vUSBCBWTag[3] = vCBW_Buf[kCBWTag3];

    vEP1Idx = 0;

    switch(vCBW_Buf[kCBWSCSICommand])
    {
        case 0x00:
            SCSIList00();                   /* Test unit ready */
            break;
        case 0x03:
            SCSIList03();                   /* Request sense */
```

```c
            break;
        case 0x12:
            SCSIList12();                   /* Inquiry */
            break;
        case 0x25:                          /* Read capacity */
            SCSIList25();
            break;
        case 0x28:                          /* Read(10) */
            SCSIList28();
            break;
        case 0x2A:                          /* Write(10) */
            SCSIList2A();
            break;
        default:
            SCSI_NotSupport();              /* 其他 SCSI 命令 */
            break;
    }
}

/* read capacity */
void SCSIList25(void)
{
    byte i;

    /* 复制存储介质容量至 USB 缓存 */
    for(i = 0;i<SCSICapacitySize;i++)
        vEP1Data[i] = SCSI_ReadCapacity[i];

    vCSWResult = kCSWPass;
    vEP1_Cnt = 8;
    EP1_Load();                             /* 通过 Bulk In 端点发送数据给主机 */
    ICP_USB_State = cCSW;                   /* 切换至发送 CSW 状态 */
}
```

7.3 MPU USB 模块介绍

7.3.1 MPU USB 模块概述

对于 ColdFire MPU 产品,其中集成的 USB 模块是兼容 EHCI 或 Host/Device/OTG 的 USB 控制器。例如 MCF532x/537x 集成了 2 个单独的 USB 模块:EHCI 的主机接口和高速的 Host/Device/OTG 接口,而 MCF5445x 则只集成了 1 个 USB Host/Device/OTG 接口。这些 Host/Device/OTG 接口都可以通过 ULPI 引脚外接 ULPI 的 PHY 芯片,从而支持高速 USB 接口。而 MCF525x 内部集成了高速 PHY 芯片,可直接支持高速 USB。

通常在通过 ULPI 支持高速接口时，内部的全速/低速收发器是无效的，完全使用外部的 ULPI PHY 芯片来实现主机、设备和 OTG 的物理层功能，如图 7-23 所示。

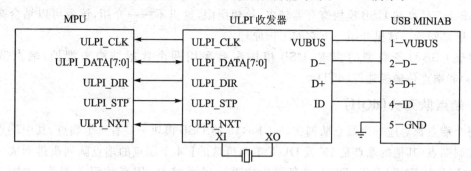

图 7-23 ULPI 连接原理图

此外，ULPI 一般不能提供大电流，如果要在主机功能时提供 500 mA 的大电流，则需要外部的供电芯片，例如 MIC2026 等，由 ULPI 的外部供电使能引脚来控制外部供电的通断。

如果只是采用全速/低速的内置收发器，其外部的连接原理和 MCU 的类似（见图 7-24），也可以使用 MAX3353 来作为 OTG 的充电电荷泵，并采用外部供电芯片 MIC2026 来供电（MAX3353 本身可以提供 10 mA 电流，若估计足够外接设备使用或外部设备为自供电，则无需额外的供电芯片）。

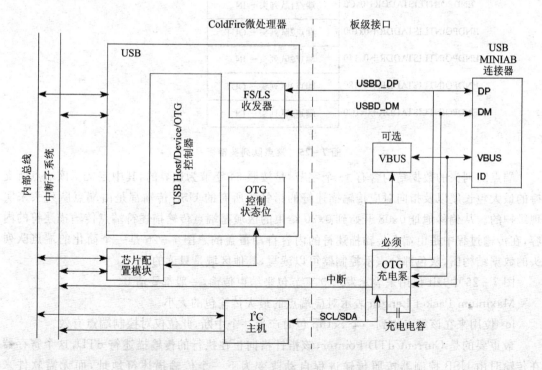

图 7-24 MPU USB 模块采用内置 PHY 的接口示意图

做全速/低速的设备类则更简单，只需要连接 D- 和 D+ 即可，VBUS 可以只做指示或者中断输入使用。如果希望采用 VBUS 给 MPU 供电，一定要保证 MPU 的全系统电流不超过规范规定的电流，否则还是采用自供电方式比较保险。

7.3.2 USB 设备类的工作原理

MPU 产品高端 USB 模块寄存器较多，篇幅所限，这里不一一介绍，读者可以结合高端芯片的手册来阅读。这里介绍一下它的工作原理。

对于 USB 设备类型的实现，USB 模块主要采用两个数据结构来维护：端点队列头（dQHs）和端点传输描述符（dTDs）。

(1) 端点队列头（dQH）

每个端点都对应一个端点队列头，MCF5445 的 USB 模块一共有 4 个端点，其中端点 0 是双向控制端点，其他的端点是 IN 或 OUT 单向可选的。4 个端点的端点队列头排列成一个链表并由 ENDPOINTLISTADDR 寄存器指向链表的首地址，用来访问队列头，如图 7-25 所示。

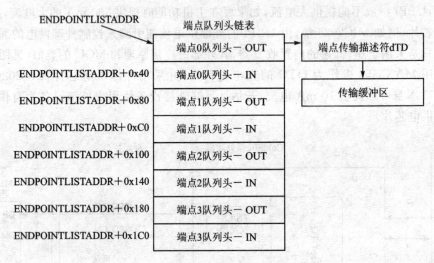

图 7-25 端点队列头链表

端点队列头的数据结构含有 48 个字节，是按照 64 字节为边界的，其中定义了该端点所支持的最大包长度以及指向对应传输描述符的指针。所有的 USB 传输都是由端点队列头来实现维护的。从偏移地址 0x08 开始到 0x20 结束的区域是端点传输描述符端点传输描述符的内容，在传输过程中是由端点传输描述符的内容自动覆盖的。图 7-26 是一个简化的端点队列头的数据结构图，灰色部分表示控制器可以读写，其他区域是只读的。

图 7-26 中，zlt 位用来表示发送 0 字节包来结束传输，一般都要清 0。

Maximum Packet Length 表示对应端点的最大传输包的大小。

ios 位用来在该端点收到一个 Setup 包时产生一个中断，此位仅对控制端点有效。

最重要的是 Current dTD Pointer，该指针指向正在执行的传输描述符 dTD，这个寄存器在传输时由 USB 控制器按照传输进程自动改变为下一个传输描述符地址，而无需软件来更新。

dTD Overlay Area 对应了端点传输描述符的内容。在传输过程中，USB 控制器会自动更改其中的传输状态，在传输结束后，也会将传输结果回写到此区域。

第 7 章　USB 控制器

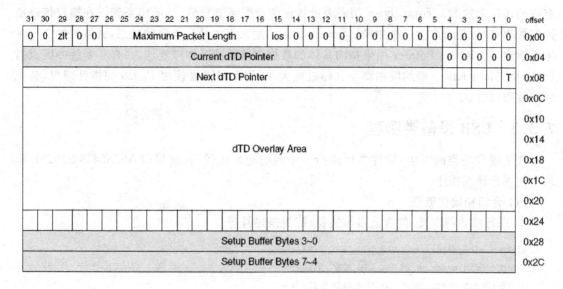

图 7 - 26　dQH 数据结构图

唯一要注意的是 Next dTD Pointer,这个指针在启动一个新的传输时,需要由软件来写入新的传输描述符链表首地址(T 位需要清 0 来表示有效的指针),从而 USB 控制器可以通过它来开始载入传输描述符。

Setup Buffer 是供 Setup 包使用的,USB 模块采用了单独的处理方式处理 Setup 包。当接收到 Setup 包时,USB 模块将 Setup 包的数据写入到这 8 个字节的缓冲区中。

(2) 端点传输描述符(dTD)

端点传输描述符用来定义一个传输,提供了传输所需要发送的数据大小或传输接收到的数据大小及数据的位置。它通过一个链表来维护,在描述符中的 Next dTD Point 指向了链表的下一个描述符元素,而端点队列头中的 Next dTD Point 则需要在初始化时指向该链表的第 1 个描述符元素。在第 1 个端点传输描述符被处理完后,USB 控制器会使用 Next dTD Point 来查找下一个描述符元素的地址并继续处理,在遍历完整个链表并遇到一个指向无效地址指针的时候才停止处理。端点传输描述符占用 28 个字节,但是需要按照 32 字节对齐。图 7 - 27 是简化的端点传输描述符数据结构。

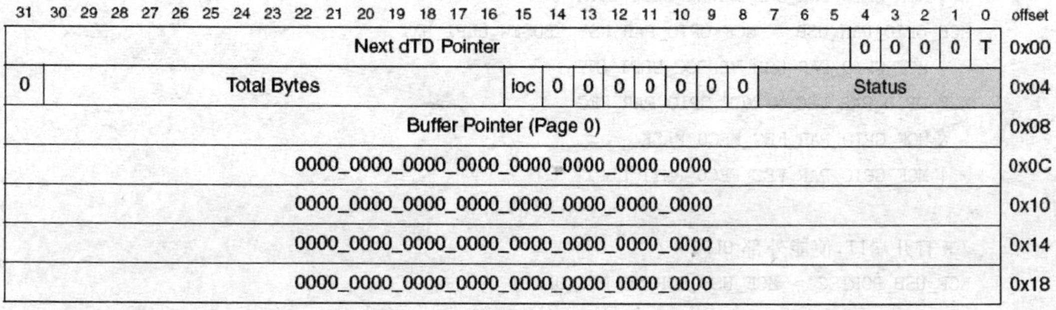

图 7 - 27　端点传输描述符数据结构

其中,Next dTD Pointer 用来指向下一个端点传输描述符的地址。T 用来表示此指针是有效的还是无效的。Total Bytes 用来表示传输的数据字节总数。ioc 用来表示在端点传输描述符处理完时,是否产生一个中断。Status 状态位用来表示最后传输的状态,具体的含义可参考手册定义。Buffer Pointer 用来指向具体的数据存储缓冲区物理地址,共有 5 个缓冲区页指针,每页支持 4 KB,一般的应用都不会超过此大小,因此只需要使用 Page0 的指针即可,其他的指针可以置 0。

7.3.3　USB 设备类例程

在实现设备类的时候,软件需要进行一系列的初始化代码,这里以 MCF5445 的 USB 模块为例进行详细描述。

(1) 介绍初始化流程

① 进行描述符定义,包含设备描述符、配置描述符等。

```
uint8 device_descriptor[MAX_USB_DESC_SIZE];
uint8 config_descriptor[MAX_USB_DESC_SIZE];
uint8 report_descriptor[MAX_USB_DESC_SIZE];
```

② 进行必要的设备初始化。

下面的 usb_device_init()函数用来进行基本的初始化功能。

```
uint32 usb_device_init(int xcvr)
{
  uint32 ep_list_addr;
  /*配置 USB 模块所需要使用的 60 MHz 时钟频率*/
  if (FSYS_MHZ % 60)
    MCF_CCM_MISCCR &= ~MCF_CCM_MISCCR_USBSRC;

  /*使能 PHY 收发器*/
  if (xcvr == USB_PHY_ULPI)
  {
    /*采用 ULPI 的 PHY 芯片*/
    MCF_GPIO_PAR_DMA = MCF_GPIO_PAR_DMA
      & MCF_GPIO_PAR_DMA_DACK1_MASK
      | MCF_GPIO_PAR_DMA_DACK1_ULPI_DIR;
    MCF_GPIO_PAR_USB = MCF_GPIO_PAR_USB_VBUSEN_ULPI_NXT
      | MCF_GPIO_PAR_USB_VBUSOC_ULPI_STP;
    MCF_GPIO_PAR_FEC = MCF_GPIO_PAR_FEC
      & MCF_GPIO_PAR_FEC_FEC0_MASK
      | MCF_GPIO_PAR_FEC_FEC0_RMII_ULPI;

    /*打开端口,使能外部 ULPI*/
    MCF_USB_PORTSC = MCF_USB_PORTSC_PTS_ULPI;
  }
  else /*(xcvr == USB_PHY_FSLS)*/
  {
    /*使用内部的全速/低速 PHY 收发器*/
```

第7章 USB 控制器

```
    MCF_USB_PORTSC |= MCF_USB_PORTSC_PTS_FS_LS;
    /* 系统默认使用内部的 D+ 上拉电阻 */
}

/* 选择模块为大端模式,设备模式 */
MCF_USB_USBMODE = MCF_USB_USBMODE_ES |
MCF_USB_USBMODE_CM_DEVICE;

/* 初始化配置 */
MCF_USB_USBCMD &= ~( MCF_USB_USBCMD_ITC(0xFF));         /* 设置立即中断模式 */
MCF_USB_USBMODE |= MCF_USB_USBMODE_SLOM;

/* 初始化端点 0 来处理枚举。此函数为端点 0 分配一定的队列空间,并赋给端点队列头指针寄存器
   EPLISTADDR */
ep_list_addr = usb_device_ep0_init();

/* 初始化队列头 的端点 0IN 和 OUT 类型,最大包长度 0x40,mult = 0 */
usb_ep_qh_init(ep_list_addr, EP_QH0_IN, 0, 0x40, 0, 1);
usb_ep_qh_init(ep_list_addr, EP_QH0_OUT, 0, 0x40, 0, 1);

MCF_USB_USBCMD |= MCF_USB_USBCMD_RS;                    /* 启动上拉电阻,开始工作 */

    /* 使能 B session 从而主机可以正确识别设备接入 */
    MCF_CCM_UOCSR = MCF_CCM_UOCSR_BVLD;
    return ep_list_addr;
}
```

③ 接下来就轮询检测 VBUS 是否有正确的 5 V 电压,来表明接入主机。

```
void poll_for_vbus (int xcvr)
{
    if (xcvr == USB_PHY_ULPI)
    {                           /* 对于 ULPI 外置 PHY 的情况 */
        while (! (MCF_USB_OTGSC & MCF_USB_OTGSC_BSV));
    }
    else                        /* (xcvr == USB_PHY_FSLS) */
    {
        /* 对于采用内置 PHY,由于硬件上没有对 VBUS 进行检测,因此不作动作 */
        /* 设计者可以按照自己的硬件来做响应的检测 */
    }
}
```

以上就是 USB 模块的初始化部分,完成之后就等待接入主机并被主机枚举。

(2) 设备枚举流程

这是 HID 设备响应主机枚举过程的一个例程,输入参数是设备描述符、配置描述符及报告描述符。

```c
int xxx_device_enum(uint8 * device_descriptor, uint8 * config_descriptor, uint8 *
                    report_descriptor )
{
  uint32 done;
  uint32 * setup1, * setup2;
  uint32 device_addr, config_len;
  /* 等待主机发出的复位信号 */
  while (! ( MCF_USB_USBSTS & MCF_USB_USBSTS_URI));

  /* 对 USB 模块进行复位,主要是清空各种状态位、收发缓冲区等 */
  usb_bus_reset();

  /* 通过寄存器 MCF_USB_PORTSC 的 PSPD 位检测 USB 的连接速度 */
  get_port_speed();
  done = 0;

  /* 为 Setup 包分配 8 字节的空间 */
  setup1 = (uint32 *)malloc(4);
  setup2 = (uint32 *)malloc(4);

  /* 枚举的第一步就是主机请求设备描述符的前 8 个字节 */
  /* 等待主机发送过来的 Setup 包请求,并将包中的数据放入 setup1 和 setup2 中 */
  get_setup_packet(ep_list_addr, setup1, setup2);

  /* 验证接收到的 Setup 包是设备描述符请求 GET DESCRIPTOR */
  if ( *(uint32 *)setup1 != 0x80060001)
  {
    printf("\nERR!!! Expected GET DESCRIPTOR command not received! \n");
    return 0;
  }
  /* 发送描述符的前 8 个字节作为响应 */
  usb_device_send_control_packet(ep_list_addr, 0, device_descriptor, 0x8);

  /* 接下来继续接收主机发来的各种描述符请求和设置命令,直到最后的命令完毕,对于 HID 设备来
     说,获取 HID 的报告描述符是最后的命令,因此,在发送报告描述符主机完成后,将 done 变量设置
     为 1 退出循环 */
  while (! done)
  {
    /* 等待并获得主机发的 setup 包数据 */
    get_setup_packet(ep_list_addr, setup1, setup2);

    switch ( *(uint32 *)setup1)
    {
      case GET_DEV_DESCRIPTOR:                          /* 主机请求设备描述符 */
        /* 发送描述符 */
```

```c
        usb_device_send_control_packet(ep_list_addr, 0, device_descriptor, 0x12);
        break;

    case GET_CONFIG_DESCRIPTOR:                    /* 主机请求配置描述符 */
        /* 判断主机请求的描述符长度 */
        config_len = ((*(uint32 *)setup2 & 0xFF00)>>8);
            if (config_len > 0x22)                 /* 如果请求长度超过了实际描述符长度 */
                config_len = 0x22;
        /* 发送描述符 */
        usb_device_send_control_packet(ep_list_addr, 0, config_descriptor, config_len);
        break;

    case SET_CONFIGURATION:                        /* 主机设置配置号 */
            usb_device_send_zero_len_packet(ep_list_addr, 0);    /* 返回 0 长度包确认 */
        /* 由于本例只有一个配置,无需做任何动作 */
        break;

    case SET_IDLE:                                 /* 设置 IDLE 状态 */
        usb_device_send_zero_len_packet(ep_list_addr, 0);
        break;

    case GET_REPORT_DESCRIPTOR:                    /* 主机请求报告描述符 */
            usb_device_send_control_packet(ep_list_addr, 0, report_descriptor, 0x34);
        /* HID 的报告是枚举过程的最后一步,因此在此退出枚举 */
        done = 1;
        break;

    default:
        if (((*(uint32 *)setup1 & 0xFFFF0000) == 0x00050000)
        {
            /* 如果是设置地址命令 */
            device_addr = ((*(uint32 *)setup1 & 0xFF00)<<17);
            usb_device_send_zero_len_packet(ep_list_addr, 0);    /* 发送 0 长度包确认 */

            /* 设置新的设备地址 */
            MCF_USB_DEVICEADDR = device_addr;
            break;
        }
        else
            printf("ERR!!! Unsupported command.\n\n");
        break;
    }                                              /* 结束 switch */
}                                                  /* 结束 while */
return 1;
}
```

(3) 上面用到的 3 个重要的函数
① 复位函数 usb_bus_reset()。

```
void usb_bus_reset(void)
{
    int port = USB_OTG;
    uint32 temp;

    /*清除 Setuptoken 的状态位*/
    temp = MCF_USB_EPSETUPSR;
    MCF_USB_EPSETUPSR = temp;

    /*清除完成状态位*/
    temp = MCF_USB_EPCOMPLETE;
    MCF_USB_EPCOMPLETE = temp;

    /*确保收发缓冲区被处理完成*/
    while (MCF_USB_EPPRIME);

    /*清空所有端点的收发缓冲区*/
    MCF_USB_EPFLUSH = 0xFFFFFFFF;

    /*等待主机结束复位信号*/
    while (MCF_USB_PORTSC & 0x100);//MCF_USB_PORTSC_PR);

    /*清空复位状态位*/
    MCF_USB_USBSTS |= MCF_USB_USBSTS_URI | MCF_USB_USBSTS_UI;
}
```

② get_setup_packet()函数用来等待并接收主机发送的 Setup 包。

```
void get_setup_packet(uint32 ep_list_addr, uint32 * setup03, uint32 * setup47)
{
    int port = USB_OTG;

    /*等待端点 0 接收 Setup 包*/
    while(! (MCF_USB_EPSETUPSR & MCF_USB_EPSETUPSR_EPSETUPSTAT(1)));
    /*清空状态*/
    MCF_USB_EPSETUPSR |= MCF_USB_EPSETUPSR_EPSETUPSTAT(1);
    /*设置 setup tripwire 位,这是 USB 模块状态机读取 Setup 数据 8 个字节必须的步骤*/
    MCF_USB_USBCMD |= MCF_USB_USBCMD_SUTW;

    /*读取实际的 Setup 数据。由于数据接收按小端格式,需要进行大小端转换*/
    *(uint32 *)setup03 = swap32(*(uint32 *)(ep_list_addr + 0x28));
    *(uint32 *)setup47 = swap32(*(uint32 *)(ep_list_addr + 0x2C));

    /*等待 SUTW bit 被置位*/
```

```
    while(!(MCF_USB_USBCMD & MCF_USB_USBCMD_SUTW));
    /*清空 SUTW 位*/
    MCF_USB_USBCMD &= ~MCF_USB_USBCMD_SUTW;

    /*确保端点 0 的 Setup 接收状态清空*/
    while(MCF_USB_EPSETUPSR & MCF_USB_EPSETUPSR_EPSETUPSTAT(1));
}
```

③ usb_device_send_control_packet()函数用来响应主机的 Setup 事务,实现一个 IN 类型的数据发送。

输入参数 eplistaddr 是端点队列头的链表首地址,指向端点 0 的队列头;epnum 是发送所要使用的端点号;buf 指向所要发送的数据缓冲区;size 为发送数据大小。在初始化完端点传输描述符之后,有 2 步最重要的步骤需要做:第 1 步就是将端点队列头的 Next dTD Pointer 指向对应的初始化完的端点传输描述符;第 2 步将收发缓冲区分配给端点使用,具体就是为 IN 类型传输端点配置 EPPRIME 中 PETB 的对应位,为 OUT 类型传输端点配置 EPPRIME 中 PERB 的对应位。

```
void usb_device_send_control_packet(uint32 eplistaddr, uint32 epnum, uint8 * buf, uint32 size)
{
    USB_DTD * usb_dtd1, * usb_dtd2;          /*定义端点传输描述符*/
    uint8 * recv_buf[MAX_USB_DESC_SIZE];     /*接收缓冲区*/

    /*初始化 dTD 用以发送设备描述符,配置好发送描述符中的各字段*/
    usb_dtd1 = usb_dtd_init(size, 0, 0, (uint32 *) buf);

    /*将该端点 IN 的队列头指向此传输描述符*/
    ((USB_EP_QH *)(eplistaddr + EP_QH_IN(epnum)))->next_dtd = (uint32)usb_dtd1;

    /*将发送缓冲区分配给此控制端点*/
    MCF_USB_EPPRIME |= MCF_USB_EPPRIME_PETB(1<<epnum);

    /*为接收主机的 0 字节事务准备端点传输描述符*/
    usb_dtd2 = usb_dtd_init(0x40, 1, 0, (uint32 *) recv_buf);

    /*将该端点的 OUT 类型队列头指向该端点传输描述符*/
    ((USB_EP_QH *)(eplistaddr + EP_QH_OUT(epnum)))->next_dtd = (uint32)usb_dtd2;

    /*将接收缓冲区分配给该端点*/
    MCF_USB_EPPRIME |= MCF_USB_EPPRIME_PERB(1<<epnum);

    /*等待接收到 主机发送的 OUT 包来结束*/
    while(!(MCF_USB_USBSTS & MCF_USB_USBSTS_UI ));

    /*清除中断标志*/
    MCF_USB_USBSTS |= MCF_USB_USBSTS_UI;
```

```
/*释放分配的缓冲区*/
free((void *)usb_dtd1->malloc_ptr);
free((void *)usb_dtd2->malloc_ptr);
}
```

以上就是在控制端点发送一个完整数据事务的过程,其中包含了USB模块是如何进行配置来完成数据收发的流程。读者可以详细阅读并基于此编写自己的应用程序。

7.3.4 USB主机类原理

高端的USB模块可以支持主机类型,并且符合Intel的增强型主机控制接口规范EHCI的标准,定义了一套符合EHCI规范的寄存器和数据结构来控制USB数据传输。EHCI是为个人计算机而设计的规范,可以支持最复杂的外设环境和各种各样的外设类型。本书只以简单的例程介绍USB EHCI模块的使用方法,并不包含完整的EHCI协议栈的实现介绍。

EHCI规范定义USB主机控制器主要采用两种不同类型的系统来维护USB传输:一种是周期传输管理,主要实现中断类型(Interrupt)和同步类型(Isochronous)的USB传输;另外一种是异步传输管理主要实现控制类型(Control)和海量类型(Bulk)的USB传输。这两种传输管理(除了同步类型传输之外)都是采用队列头(QHs, quequ heads)和队列元素传输描述符(qTDs, queue element transfer descriptors)。通常,对于主机访问的每一个设备端点都会对应一个队列头。队列头决定了USB设备的地址和端点号,包含了指向一个队列元素传输描述符的指针以及与描述符重合的区域,这与设备类中的队列头和端点传输描述符的概念类似,可以参考理解。由于篇幅所限,暂不介绍同步传输的EHCI规范,读者有兴趣可以参考EHCI规范相关章节来应用开发。

(1) 队列头(QH)

图7-28是简化EHCI规范的队列头的数据结构图。

其中Queue Head Horizontal Link Pointer是用来指向下一个将要处理的数据对象队列头的地址,这是设备类中的队列头所没有的,它其实是用来将各个端点的队列头链接成一个处理链表来依次处理。第1~4位必须写0b0001,表示类型为QH。T位表示此指针是否有效,置位表示无效指针。对于链表的末尾,需要将T位置位。

Maximum Packet Length定义了对应端点传输的最大包长度。H表示该队列头是队列头链表的头。EPS是该对应传输的速度(高速、全速和低速)。EndPt是对应的端点号。

Device Address是该传输的设备的地址。

第3个长字的第8~31位可以固定为0x4000000,μFrame S-mask是为中断类型来定义的,在Control和Bulk传输情况下应该置0。它定义一个mask数据,此mask的8个比特位对应了1 ms中的8个微帧,当某位置1时,对应的微帧会轮询到,进行该队列头的传输;如果某位为0,则为轮空。由于对于全速和低速设备来说,帧速率就是1 ms,因此此mask位总是设成1。而对于高速设备来说,帧速率是125 μs,因此可以实现更高的轮询中断速率。例如mask等于0xFF时,中断则每一微帧都会轮询(125 μs);而mask为0x11(0b00010001)时,中断会每4个微帧轮询一次(500 μs)。

Current qTD Pointer指向正在处理的队列元素传输描述符地址,由USB控制器自动

更新。

Next qTD Pointer 是唯一需要软件初始化的区域，用来指向将要执行的队列元素传输描述符，在启动的时候，软件需要将传输队列元素传输描述符链表的首个描述符地址写入该区域。

qTD Overlay Area 有 8 个长字，是从当前正在执行的队列元素传输描述符复制过来的实际内容。在传输过程中，USB 控制器会自动更新里面的状态信息，在传输结束的时候，控制器也会将结果回写到此区域。软件不需要对此区域进行任何初始化和写操作。

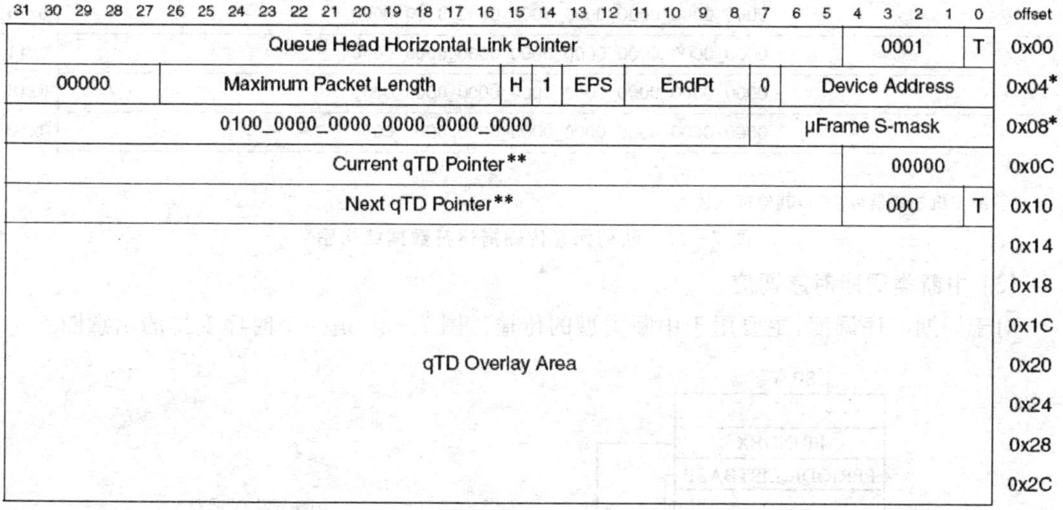

31 30 29 28 27 26 25 24 23 22 21 20 19 18 17 16 15 14 13 12 11 10 9 8 7 6 5 4 3 2 1 0	offset
Queue Head Horizontal Link Pointer	0001	T	0x00
00000	Maximum Packet Length	H	1	EPS	EndPt	0	Device Address	0x04*
0100_0000_0000_0000_0000_0000	µFrame S-mask	0x08*
Current qTD Pointer**	00000	0x0C
Next qTD Pointer**	000	T	0x10
	0x14
	0x18
	0x1C
qTD Overlay Area	0x20
	0x24
	0x28
	0x2C

* 偏移 0x04～0x08 的数据中含有端点状态的静态信息；
** 主机控制器可读写的，其他都是只读的。

图 7-28　队列头数据结构

(2) 队列元素传输描述符(qTD)

队列元素传输描述符主要是定义控制类型、海量类型及中断类型的实际数据传输规则。qTD 按照链表方式组合在一起，每个队列元素传输描述符中都有指向下一个描述符地址的指针元素。在 USB 控制器处理完一个队列元素传输描述符传输之后，它会自动通过 next qTD Pointer 指针找到下一个传输并执行。队列元素传输描述符是按照 32 字节对齐的。图 7-29 是它的数据结构图。

Next qTD Pointer 如前面所介绍的，指向下一个队列元素传输描述符的地址。偏移为 0x08 的区域是 qTD Token 区域，其中 dt 表示数据类型的 toggle，在 IN 和 OUT 的数据包传输时需要对比置位，从而保证传输时数据包依顺序跳变数据类型，而对于 Setup 包来说则需要清 0。Total Bytes to Transfer 定义这个传输描述符所需要传输的所有数据字节个数，在传输过程中，如果数据成功传输会自动减少，减至 0 表示所有数据传输完毕。当 USB 控制器执行此描述符时发现该数据为 0，则会自动发送一个 0 字节的数据包。ioc 表示队列元素传输描述符处理完成时产生一个中断。Cerr 是错误计数器，用来检测执行该队列元素传输描述符时产生的错误重传次数，主机控制器每发生错误重传的时候会减少此数据，直到为 0。如果计数到 0，控制器将此 qTD 设为无效，并产生错误中断。PID 用来定义此传输的 PID 类型（00 表示 OUT 类型，01 表示 IN 类型，10 表示 SETUP 类型）。Status 区域包含了这个队列元素传输描述符最后一次处理的状态结果。Buffer Pointer 用来指向具体的数据缓冲区，单个缓冲区的大小最大为 4 KB。

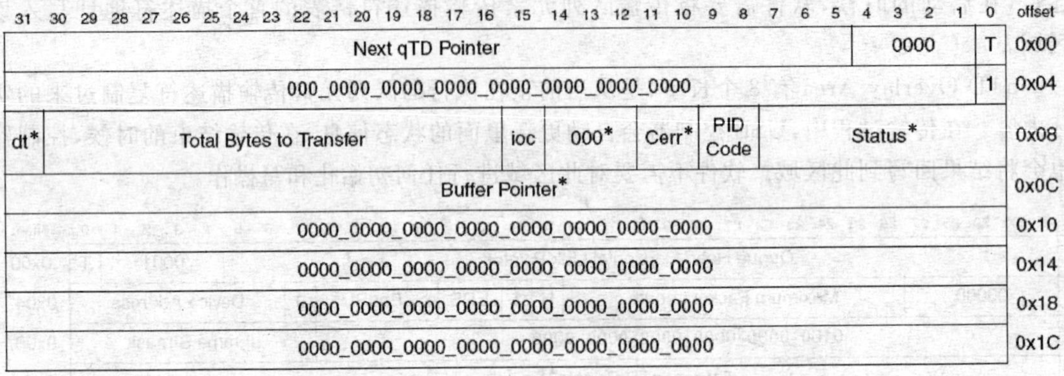

31 30 29 28 27 26 25 24 23 22 21 20 19 18 17 16 15 14 13 12 11 10 9 8 7 6 5 4 3 2 1 0
offset
Next qTD Pointer
0000
T
0x00
000_0000_0000_0000_0000_0000_0000_0000
1
0x04
dt*
Total Bytes to Transfer
ioc
000*
Cerr*
PID Code
Status*
0x08
Buffer Pointer*
0x0C
0000_0000_0000_0000_0000_0000_0000_0000
0x10
0000_0000_0000_0000_0000_0000_0000_0000
0x14
0000_0000_0000_0000_0000_0000_0000_0000
0x18
0000_0000_0000_0000_0000_0000_0000_0000
0x1C

* 传输时主机控制器可读写，其他都只读。

图 7-29　队列元素传输描述符数据结构图

(3) 中断类周期时序调度

对于周期时序调度，主要用于中断类型的传输。图 7-30 是一个时序安排的示意图。

USB寄存器
FRINDEX
PERIODICLISTBASE
周期帧链表
元素地址
周期帧链表
中断
队列头
队列元素
传输描述符
1024,512或 256
个元素

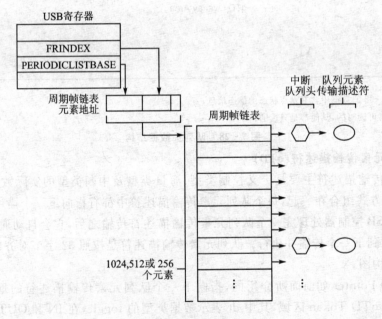

图 7-30　周期时序示意图

USB 模块的 PERIODICLISTBASE 寄存器和 FRINDEX 寄存器组合成指向周期帧链表首地址的指针，这个周期帧链表(periodic frame list)的指针在每传输一帧(1 ms)时会自动增加。周期帧链表是按 4 KB 页对齐的数组。它的元素叫做帧链表链接指针(Frame List Link Pointers)，EHCI 规范规定了周期帧链表的元素可以有 1024、512 或 256 个。此外 ColdFire 的 USB 模块还支持 128、64、32、16 和 8 个元素个数，这是在寄存器 USBCMD[FS]位定义的。

一个帧链表链接指针用来告诉 USB 控制器对当前这一帧(当前这 1 ms)如何处理同步类型的传输，它指向了周期链表的头，即队列头组成的链表的首个队列头地址。它的格式如

第7章 USB 控制器

图 7-31 所示。

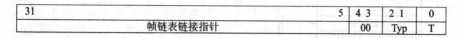

图 7-31　帧链表链接指针格式

Typ 域表示该指针的类型，对于中断传输类型来说，这个帧链表链接指针指向的是队列头 QH，因此该域为 0b01。T 位置 0 表示该指针是有效的，置 1 时 USB 控制器会忽略该指针。

USB 模块的周期时序需要通过 USBCMD[PSE]来使能，USBSTS[PS]位表示了当前的周期时序的状态。如果 PS 位清 0，表示 USB 模块不会处理周期时序的链表，因而不会进行中断类型传输；而 PS 位置 1 时，表示 USB 模块在每个微帧(125 μs)的起始时会处理周期时序链表，保证中断轮询的带宽，并且优先级要高于其他的异步传输。控制器使用指针遍历周期帧链表来访问当前帧链表链接指针。如果 T 位为 0，则控制器访问它指向的队列头及接下来的传输描述符。USB 控制器在每个微帧(125 μs)的起始时访问，而链表的指针每一帧(1 ms)只增加一次，因此对于每个周期帧链表的元素，控制器每一帧会访问 8 次，QH[μFrame S-mask]位会决定该传输是否对每个微帧进行传输。如果控制器检查到一个队列头在当前的微帧是有效的，控制器会处理该队列头的整个链表中的所有传输描述符；完成这个队列头的所有传输描述符之后，控制器继续查找该队列头是否有链接到下一个有效的队列头上，如果有则移到下一个队列头上处理它的传输描述符，直到所有的队列头都遍历；在完成所有的周期传输之后，控制器才切换到异步传输模式来处理异步的传输。

当主机接入了一个新的中断类型的端点之后，需要为它新建一个队列头并链接到周期时序链表中，从而主机可以按照指定的速率对该端点进行轮询。每个周期帧链表的元素都对应 1 ms，因此对于每个没有指向任何队列头的周期帧链表元素，它的作用就是产生 1 ms 的延迟，在这 1 ms 帧中，没有任何中断类型的传输发生。例如，对于要实现 8 ms 轮询周期的全速/低速传输中断，每 8 个元素中有 1 个指向该队列头。图 7-32 给出的例子就是对于 4 ms 轮询的中断周期，这个周期帧链表每 4 元素有 1 个指向同一个该中断传输的队列头。

对于高速 HS 传输，它的轮询周期可能小于 1 ms，这时需要配置 QH[μFrame S-mask]的值。这个 mask 值按照置位的间隔来表示轮询的间隔，如果一个队列头的 μFrame S-mask 设置为 0b01010101，那么这个队列头对应的链表就会每隔 1 个微帧来轮询一次，即 250 μs 的轮询周期。

(4) 异步时序调度

对于控制和海量传输，采用异步时序安排。图 7-33 是异步时序的示意图。

异步链表(asynchronous list)是一个简单的环行队列，其元素为各队列头对应各端点传输。寄存器 ASYNCLISTADDR 指向该环行队列中首个未处理队列头。USB 控制器在处理完第 1 个队列头之后会自动更新 ASYNCLISTADDR 并指向下一个队列头，这样实现一个轮询调度的处理流程。

异步时序调度通过 USBCMD[ASE]来使能。USBSTS[AS]位用来表示异步调度的状态。如果 AS 位清 0，表示控制器不进行异步时序的调度；反之，则会按照 ASYNCLISTADDR 指向的异步链表来处理异步时序调度。当 USB 控制器开始处理异步链表时，通过 ASYNCLISTADDR 读取到第 1 个队列头，并处理它所指向的传输描述符链表，完成之后，USB 控制

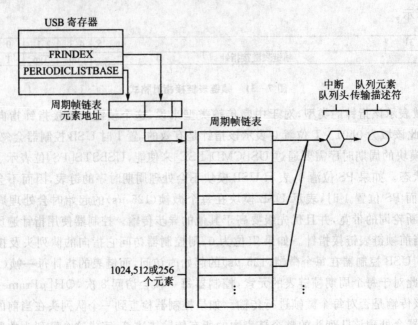

图 7-32 4 ms 中断轮询的周期帧链表

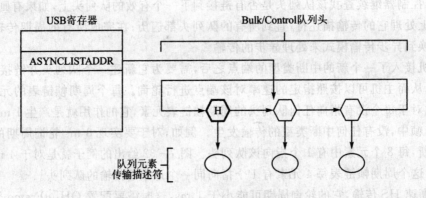

图 7-33 异步时序示意图

器返回处理完的队列头的 Queue Head Horizontal Link Pointer 指针并赋给 ASYNCLIS-TADDR,这样 USB 控制器下一次读取 ASYNCLISTADDR 时则会处理下一个队列头了。USB 控制器在以下 3 种情况下停止处理异步调度:

① 一个微帧结束。
② USB 控制器检测到一个空的链表。
③ 异步调度被禁止(USBCMD[ASE]清 0)。

7.3.5 USB 主机类例程

这里给出一个采用 MPU USB 模块控制器实现的 HID 主机驱动程序作为主机类的实例。

(1) 首先是初始化部分

usb_host_init( )函数主要是做主机端初始化的。

第 7 章 USB 控制器

```c
usb_host_init(int xcvr)
{
    /* 初始化 USB 模块的 60 MHz 时钟频率 */
    /* 如果 PLL 不是 60 MHz 的倍数,则采用外部时钟 */
    if (FSYS_MHZ % 60)
        MCF_CCM_MISCCR &= ~MCF_CCM_MISCCR_USBSRC;

    /* 启动 HOST 控制器 */
    MCF_USB_USBMODE = MCF_USB_USBMODE_ES | MCF_USB_USBMODE_CM_HOST;
    MCF_USB_USBCMD = MCF_USB_USBCMD_ASP(3) | MCF_USB_USBCMD_ITC(0);

    /* 主机模式 */
    MCF_USB_USBCMD |= MCF_USB_USBCMD_RS;

    if (xcvr == USB_PHY_ULPI)
    {
        /* 如果采用 ULPI 的外置 PHY,使能 ULPI 信号 */
        MCF_GPIO_PAR_DMA = MCF_GPIO_PAR_DMA
            & MCF_GPIO_PAR_DMA_DACK1_MASK
            | MCF_GPIO_PAR_DMA_DACK1_ULPI_DIR;
        MCF_GPIO_PAR_USB = 0
            | MCF_GPIO_PAR_USB_VBUSEN_ULPI_NXT
            | MCF_GPIO_PAR_USB_VBUSOC_ULPI_STP;
        MCF_GPIO_PAR_FEC = MCF_GPIO_PAR_FEC
            & MCF_GPIO_PAR_FEC_FEC0_MASK
            | MCF_GPIO_PAR_FEC_FEC0_RMII_ULPI;

        /* 打开端口,使能外部 ULPI */
        MCF_USB_PORTSC = MCF_USB_PORTSC_PTS_ULPI | MCF_USB_PORTSC_PP;
    }
    else /* 内置全速/低速 PHY */
    {
        /* 使能 VBUS_EN 和 VBUS_OC 信号 */
        MCF_GPIO_PAR_USB = MCF_GPIO_PAR_USB_VBUSEN_VBUSEN| MCF_GPIO_PAR_USB_VBUSOC_VBUSOC;

        /* 设置 USB_VBUS_OC 为低有效 */
        MCF_CCM_MISCCR |= MCF_CCM_MISCCR_USBOC;

        /* 打开端口,使能内部 */
        MCF_USB_PORTSC = MCF_USB_PORTSC_PTS_FS_LS | MCF_USB_PORTSC_PP;
    }
}
```

主程序的初始化流程如下所示:

……

```
/*定义 QH 和 qTD*/
USB_QH * usb_qh_ep0, * usb_qh_ep1;
USB_QTD * int_qtd;
uint8 buf0[MAX_USB_BUFFER_SIZE];
uint32 int_transfer_size, int_packet_size, bytes_received;

/*分配好各描述符*/
device_descriptor = malloc(18);
config_descriptor = malloc(1024);
report_descriptor = malloc(1024);
interface_descriptor = &config_descriptor[9];
hid_descriptor = &config_descriptor[18];
ep_descriptor = &config_descriptor[27];

/*初始化 USB 主机,调用前面的初始化函数*/
usb_host_init(USB_XCVR);
/*在此等待设备端插入*/
while(!( MCF_USB_PORTSC & 1));      /* MCF_USB_PORTSC_CCS */;
...
```

到这里就完成了初始化和初步设备检测过程。

(2) 枚举设备过程

接下来就是对插入的设备进行枚举过程。

```
...
send_usb_reset(USB_MODULE);          /*运行到这里表示有设备插入,发送复位信号并延迟*/
{
        int k;
        for (k = 0; k < 100000; k++);
}                                    /*延迟一定的时间以保证设备复位完成*/

/*通过 MCF_USB_PORTSC 寄存器读取总线的速度*/
usb_port_speed = get_port_speed(USB_MODULE);

/*为端点 0 建立一个队列头 QH。这是个异步调度的队列*/
if (usb_port_speed == MCF_USB_PORTSC_PSPD_FULL)
    usb_qh_ep0 = usb_qh_init(0x40, 1, EPS_FULL, 0, 0, 0);
else
    usb_qh_ep0 = usb_qh_init(0x40, 1, EPS_LOW, 0, 0, 0);

MCF_USB_ASYNCLISTADDR = (uint32) usb_qh_ep0;    /*设置异步调度队列头的首地址*/

/*使能异步调度*/
MCF_USB_USBCMD |= MCF_USB_USBCMD_ASE;

/*启动枚举函数,对该设备进行枚举,此例中函数仅支持 HID 类型枚举*/
```

```c
if (hid_enum(usb_qh_ep0, device_descriptor, config_descriptor, report_descriptor))
    printf("\nUSB mouse enumerated!! \n");
else
    printf("\nERR!!! During USB mouse enumeration.\n");
...
```

下面是枚举函数的例程。

```c
int  hid_enum(USB_QH * usb_qh_ep0, uint8 * device_descriptor, uint8 * config_descriptor, uint8 * report_descriptor )
{
    /* 读取设备描述符的前 8 个字节 */
    get_dev_desc(usb_qh_ep0, device_descriptor, 0);

    /* 读取之后再复位总线，并等待复位完成 */
    MCF_USB_PORTSC |= MCF_USB_PORTSC_PR;          /* 设置端口复位 */
    while (MCF_USB_PORTSC & 0x100    //MCF_USB_PORTSC_PR);
    printf("Second USB bus reset complete.\n");

    /* 发送设置设备地址命令 */
    set_device_address(usb_qh_ep0, DEVICE_ADDRESS);

    /* 读取整个设备描述符 */
    get_dev_desc(usb_qh_ep0, device_descriptor, DEVICE_ADDRESS);

    /* 读取配置描述符 */
    get_config_desc(usb_qh_ep0, config_descriptor, 9);

    /* 读取配置描述符、接口描述符和端点描述符 */
    get_config_desc(usb_qh_ep0, config_descriptor, 255);

    /* 检测接口描述符确认是 HID 类设备，并是鼠标 */
    if( (interface_descriptor[5] != 0x3) | (interface_descriptor[7] != 0x2))
    {
        printf("ERR!! Attached device is not a USB mouse.\n");
        return 0;
    }

    /* 设置配置号 */
    set_configuration(usb_qh_ep0, CONFIG_VALUE, DEVICE_ADDRESS);
    /* 读取报告描述符 */
    get_report_desc(usb_qh_ep0, report_descriptor, DEVICE_ADDRESS);
    return 1;
}
```

这样整个枚举过程就完成了。

(3) 上面用到的几个函数

这几个函数是使用 USB 模块的底层驱动。

get_dev_desc()函数是用来获得设备描述符，usb_qh_ep0 是端点 0 对应的队列头，device_descriptor 用来保存获得的描述符，device_address 是设备地址。

```c
void get_dev_desc(USB_QH * usb_qh_ep0, uint8 * device_descriptor, uint32 device_address)
{
    USB_QTD * usb_qtd1, * usb_qtd2, * usb_qtd3;
    uint32 i, temp;
    uint32 buf0[MAX_USB_BUFFER_SIZE];

    /* 获得设备描述符的命令 */
    buf0[0] = 0x80060001;
    buf0[1] = 0x00001200;

    /* 初始化 3 个 qTD 描述符 */
    usb_qtd1 = usb_qtd_init(0x8, 0, SETUP_PID, buf0);
    usb_qtd2 = usb_qtd_init(0x40, 0, IN_PID, (uint32 *) device_descriptor);
    usb_qtd3 = usb_qtd_init(0x0, 1, OUT_PID, 0);
    /* 链接 3 个 qTD */
    usb_qtd1->next_qtd = (uint32)usb_qtd2;
    usb_qtd2->next_qtd = (uint32)usb_qtd3;

    /* 将 QH 指向该 qTD 链表 */
    usb_qh_ep0->next_qtd = (uint32)usb_qtd1;
    /* 设置异步调度首地址寄存器为此 QH */
    MCF_USB_ASYNCLISTADDR = (uint32) usb_qh_ep0;

    /* 等待传输结束 */
    while (! ((MCF_USB_USBSTS&MCF_USB_USBSTS_UI) |
        (MCF_USB_USBSTS&MCF_USB_USBSTS_UEI)));

    /* 检查是否有错误发生 */
    if( MCF_USB_USBSTS & MCF_USB_USBSTS_UEI)
    {
        ...
        /* 处理错误 */
    }
    /* 清除 USB 中断状态 */
    MCF_USB_USBSTS |= (MCF_USB_USBSTS_UI | MCF_USB_USBSTS_UEI);

    /* 从描述符中读取该设备最大包长度并更新 QH 中的最大包长度 */
    usb_qh_ep0->ep_char = ((usb_qh_ep0->ep_char & ~USB_QH_EP_CHAR_MAX_PACKET(0xFFF))
        | USB_QH_EP_CHAR_MAX_PACKET(device_descriptor[0x7]));
```

```
        /*释放 qtd 占用的内存*/
        free((void *)usb_qtd1->malloc_ptr);
        free((void *)usb_qtd2->malloc_ptr);
        free((void *)usb_qtd3->malloc_ptr);
}
```

对于其他的几个描述符读取函数 get_config_desc()和 get_report_desc(),其流程和结构都与 get_dev_desc()类似,这里不再累述。

set_device_address()函数是用来由主机给设备分配一个新地址并配置的命令,这里介绍它主要是作为一个主机配置设备的例子,set_config 的函数也是类似的流程和结构,因此读者可以参考这个函数自行编写。

```
void set_device_address(USB_QH * usb_qh_ep0, uint32 device_address)
{
    USB_QTD * usb_qtd1, * usb_qtd2;
    uint32 temp;
    uint32 buf0[MAX_USB_BUFFER_SIZE];

    /*设置地址命令*/
    buf0[0] = 0x00050000 | ((0x7F & device_address) <<8);
    buf0[1] = 0x00000000;

    /*设置地址命令的传输有两个事务*/
    usb_qtd1 = usb_qtd_init(0x8, 0, SETUP_PID, buf0);
    usb_qtd2 = usb_qtd_init(0x0, 1, IN_PID, 0);

    usb_qtd1->next_qtd = (uint32)usb_qtd2;

    /*将端点 0 的 QH 指向 qTDs 链表的头*/
    usb_qh_ep0->next_qtd = (uint32)usb_qtd1;

    /*等待传输结束*/
    while (! ((MCF_USB_USBSTS&MCF_USB_USBSTS_UI) |
        (MCF_USB_USBSTS&MCF_USB_USBSTS_UEI)));

    /*检查错误*/
    if( MCF_USB_USBSTS & MCF_USB_USBSTS_UEI)
    {
        …/*错误处理*/
    }
    /*清空 USB 中断状态*/
    MCF_USB_USBSTS | = (MCF_USB_USBSTS_UI | MCF_USB_USBSTS_UEI);

    /*修改端点 0 QH 结构中的设备地址*/
    usb_qh_ep0->ep_char | = USB_QH_EP_CHAR_DEV_ADDR(device_address);
```

```c
    /* 释放 qTD 的空间 */
    free((void *)usb_qtd1->malloc_ptr);
free((void *)usb_qtd2->malloc_ptr);
}
```

(4) 同步调度的实例

这里介绍一下同步调度的流程,它主要用于中断类型的传输。

...
```c
/* 首先初始化周期帧链表,为其分配一个 8 KB 对齐的空间,并初始化其中指针元素 */
periodic_base = periodic_schedule_init(USB_MODULE, FRAME_LIST_SIZE);

/* 为端点 1 新建一个队列头 QH */
usb_qh_ep1 = usb_qh_init(0x8,0, EPS_LOW,1,DEVICE_ADDRESS,1);

/* 将 QH 初始指针设为无效,因为初始化函数将它设为指向自己 */
usb_qh_ep1->qh_link_ptr |= USB_QH_LINK_PTR_T;

/* 本例在每个帧链表遍历一次的时候轮询一次 HID 设备。轮询的速率可以通过调整帧链表的大小,或
   者使用帧链表更多的元素指向该 QH 来实现 */
/* 帧链表的第一个元素指向此 QH */
*(uint32 *)(periodic_base) = (uint32)usb_qh_ep1 + 0x002;

/* 根据端点描述符初始化接收数据包的大小。本例中每个循环接收到 20 个包 */
int_packet_size = ep_descriptor[04];
int_transfer_size = 20 * int_packet_size;
/* 新建 qTD 来接收设备端的 20 个包的数据 */
int_qtd = usb_qtd_init(int_transfer_size, 1, IN_PID, (uint32 *) buf0);

/* 此循环持续接收 HID 设备的数据。由于需要时间重新初始化 qTD,所以可能会丢掉一些数据包。更
   完备的方案是建立多个 qTD 并循环使用它们来接收数据 */
while(1)
{
    usb_qh_ep1->next_qtd = (uint32) int_qtd;        /* 将 QH 指向有效的 qTD */
    bytes_received = 0;                              /* 初始化接收到的字节 */

    while (bytes_received < int_transfer_size)
    {
        /* 等待传输结束 */
        while (! ((MCF_USB_USBSTS&MCF_USB_USBSTS_UI) |(MCF_USB_USBSTS&MCF_USB_USBSTS_UEI)));
        /* 检查错误 */
        if( MCF_USB_USBSTS & MCF_USB_USBSTS_UEI)
        {
            ...     /* 处理错误 */
        }
        /* 清除 USB 中断状态 */
```

```
        MCF_USB_USBSTS |= (MCF_USB_USBSTS_UI | MCF_USB_USBSTS_UEI);
        bytes_received += int_packet_size;              /*更新接收字节计数*/

        /*设置 QH 的 active 位确保可以正确接收更多的数据*/
        if (bytes_received != int_transfer_size)
            *(uint32 *)((uint32)usb_qh_ep1 + 0x18) |= 0x00000080;
    }
    /*重新初始化 qTD 为接收下 20 个包*/
    int_qtd->qtd_token |= USB_QTD_TOKEN_TRANS_SIZE(int_transfer_size) |
        USB_QTD_TOKEN_STAT_ACTIVE;
    int_qtd->qtd_buf0 = (uint32) buf0;
}
...
```

第 8 章
快速以太网控制器

本章主要介绍 ColdFire 处理器通用的快速以太网控制器的内部工作机制和编程使用方法。

8.1 快速以太网控制器概述

ColdFire 系列的微处理器很多都带快速以太网控制器(FEC),它支持 10/100 Mbps 以太网/IEEE802.3 网络,并支持全双工/半双工模式,且有专用 DMA。表 8 - 1 是相关的带以太网的 ColdFire 产品线。

表 8 - 1 ColdFire 系列带以太网接口产品

系列	芯片
V4	MCF547x/8x,MCF5445x
V3	MCF5301x, MCF537x, MCF532x
V2	MCF5208, MCF5223x, MCF5225x, MCF527x, MCF523x, MCF528x

部分 ColdFire 的微处理器还自带物理层收发模块,以满足对产品成本敏感的客户,如 MCF5223x 系列;其他大部分则需要外接一个物理层收发硬件模块,与外部网络连接,如 MCF5225x 系列。本章将以 MCF52259 为例来介绍以太网控制器模块。图 8 - 1 是通用的 ColdFire 以太网接口示意图,图 8 - 2 是带内嵌物理层的 ColdFire 以太网接口示意图。

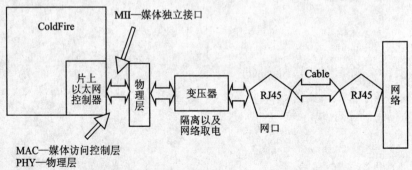

图 8 - 1 通用 ColdFire 以太网接口示意图

第 8 章 快速以太网控制器

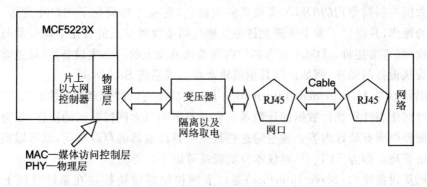

图 8-2 MCF5223x 以太网接口示意图

ColdFire 的以太网控制器模块与外部物理层之间的接口支持 3 种 MAC-PHY 模式,分别是 10 Mbps MII、100 Mbps MII 和 10 Mbps 7-Wire 物理接口模式。此外 MPU 级别的处理器例如 MCF5445,还支持精简引脚的 10/100 Mbps RMII。

以太网控制器模块是由一些硬件功能模块和微码模块组合而成,图 8-3 为该模块框图。

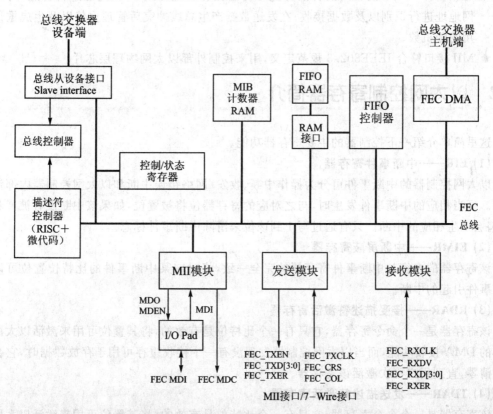

图 8-3 以太网控制器模块框图

- RAM 模块是以太网控制器数据传输的交通要道,总共有 512 个字节,它逻辑上被划分为发送 FIFO 和接收 FIFO 两部分,但物理上仍然为一连续的存储空间,所以需要在 FRSR 寄存器中定义 2 个 FIFO 的边界。发送数据时,数据流是由发送 FIFO→发送模块;而接收时,数据流是由接收模块→接收 FIFO。

- 以太网控制器专用的 DMA 模块是一大特色，它极大地简化了用户在发送/接收数据时的操作，并提供了多个渠道允许独立地访问接收和发送的数据空间以及与其相关的接收/发送描述符。DMA 作为芯片内部系统总线上的一个主设备，可以主动发起访问总线从设备的动作，例如访问其他模块寄存器或系统 SRAM 等。
- MIB 模块是 Management Information Block 的缩写，即"管理信息模块"。它用于维护各种网络事件和统计数据的计数器。它并不影响以太网控制器的操作，仅为网络管理数据提供所有统计内容。通过对这些数据项目计数器的存取访问，就可以实现基本的网络管理。作为 TCP/IP 协议本身实现是可以不需要的。
- 总线从设备接口（Slave Interface）是以太网控制器模块挂接在系统总线上的从端接口，用来供外部的主设备访问以太网控制器使用，例如内核、DMA 等模块访问以太网控制器模块的寄存器等。
- 控制/状态寄存器提供了以太网控制器全局控制的一些中断处理寄存器。
- 描述符控制器（RISC＋微代码）是一个以太网控制器模块内嵌的微处理器，主要工作有：负责对 FEC 模块内的各部分进行初始化和管理；对 DMA 通道进行管理；对以太网地址进行识别以及数据接收；在发送数据产生总线冲突后管理重传以及生成重传所用的随机数。
- MII 接口符合 IEEE802.3 规范定义，用来控制外部以太网物理层芯片。

8.2 以太网控制寄存器简介

这里简单介绍一下控制器的主要寄存器功能。

（1）EIR——中断事件寄存器

以太网控制器的中断事件可分为操作中断、收发/网络错误中断和以太网控制器内部错误中断。每当相应的中断事件发生时，与之对应的寄存器位将被置位，如果该中断没有被屏蔽的话，将会产生相应的中断。只有通过写 1 到该位来清除中断事件标志。

（2）EIMR——中断屏蔽寄存器

该寄存器的内容与中断事件寄存器的完全一致，将对应某中断事件的比特位置位可以屏蔽该事件引起的中断。

（3）RDAR——接受描述符激活寄存器

该寄存器是一个命令寄存器，它只有一个比特位是有效的，将其置位可用来激活以太网控制器的 DMA 接收功能，而当以太网控制器发现没有一个接收缓存可用于存放数据时，它会将该位清零，直到用户再次激活该寄存器。

（4）TDAR——发送描述符激活寄存器

该寄存器是一个命令寄存器，它只有一个比特位是有效的，将其置位可用来激活以太网控制器的 DMA 发送功能，而当以太网控制器发现没有一个发送缓存可用于发送数据时，它会将该位清零，直到用户再次激活该寄存器。

（5）ECR——以太网控制寄存器

该寄存器主要有两个功能位：一个用于复位以太网控制器模块，该功能相当于硬件复位；另一个用于使能以太网模式，只用将该位置位，才能收发数据。

第 8 章　快速以太网控制器

(6) MMFR——MII 管理帧寄存器

该寄存器用于通过 MII 接口读写外接物理层收发芯片的内部寄存器。该寄存器的低 16 位为发送/接收的数据,高 16 位只用于设置访问地址和读写操作符等控制位。

(7) MSCR——MII 速度控制寄存器

用于配置 MII 接口时钟频率,一般不操过 2.5 MHz。

(8) MIBC——MIB 控制状态寄存器

该寄存器提供两个功能位:一个是 MIB 状态位,反映 MIB 的计数器是否已更新;另一个是 MIB 使能位,如果应用代码不需要查询 MIB 的内容可以通过将该位置位将其禁用。

(9) RCR——接收控制寄存器

该寄存器用于控制以太网控制器接收模块的操作模式,并且只能在 ECR[ETHER_EN] 清零的时候进行设置。

(10) TCR——发送控制寄存器

该寄存器用于配置以太网控制器发送模块的操作模式,并且只能在 ECR[ETHER_EN] 清零的时候进行设置。

(11) PALR/PAUR 物理层地址低位/高位寄存器

这两个寄存器用来存放 48 位 MAC 地址,其中 PAUR 的低 16 位用来存放一个常数 0x8808,该数值为暂停帧的类型域值,用来发送暂停帧。

(12) OPD——操作符/暂停持续时间

该寄存器的高 16 位是常数 0x0001,该数值为暂停帧的操作符域值,用来发送暂停帧;而低 16 位存放暂停帧的暂停持续时间,也用于发送暂停帧,但它的值需要用户自己设定。

(13) IALR/IAUR——描述符独立地址低位/高位寄存器

这两个寄存器组合成 64 位独立地址 HASH 表,该寄存器不受复位的影响,用户必须将其初始化。如不用,可以直接赋值为 0。

(14) GALR/GAUR——描述符组播地址低位/高位寄存器

这两个寄存器组合成 64 位组播地址 HASH 表,该寄存器不受复位的影响,用户必须将其初始化。

(15) TFWR——发送 FIFO 阈值寄存器

该寄存器用于控制在开始发送一帧数据之前发送 FIFO 中所需的字节数,最小为 64 字节,最大为 192 字节。当发送 FIFO 中的数据超过该阈值时,收发器才开始将数据发送出去。

(16) FRBR——接收 FIFO 边界寄存器

该寄存器为只读寄存器,保存了接收 FIFO 的结束边界地址。

(17) FRSR——接收 FIFO 起始地址寄存器

该寄存器保存了接收 FIFO 的起始边界地址,与 FRBR 一起界定了接收 FIFO 的空间。通过这两个寄存器,接收 FIFO 的地址空间为 FRSR 和 FRBR 之间的空间,发送 FIFO 地址空间为 FIFO 的起始地址到 FRSR 前 4 个字节的空间。

(18) ERDSR——接收描述符链起始寄存器

该寄存器保存一个 32 位指针,指向循环接收缓冲描述符队列,此队列位于模块外部的存储空间。该指针必须 32 位对齐,如果可能的话,128 位对齐,即能被 16 偶整除。

(19) ETDSR——发送描述符链起始寄存器

该寄存器保存一个32位指针,指向循环发送缓冲描述符队列,此队列位于模块外部的存储空间。该指针必须32位对齐,如果可能的话,128位对齐,即能被16偶整除。

(20) EMRBR——接收缓冲容量寄存器

该寄存器设置所有接收缓冲的最大容量,此值将接收到的CRC也记入长度中,这点在设置时请注意。为了允许一个缓冲就能接收一个最大长度帧,该值必须大于等于RCR[MAX_FL],而且必须能被16偶整除。

8.3 以太网控制器外部功能引脚

8.3.1 功能引脚简介

FEC模块的引脚可与外部物理层芯片无缝连接,根据所支持的物理接口,可将引脚划分为两类:MII接口引脚和7-Wire接口引脚。表8-2为FEC模块的外部引脚表。

表8-2 FEC外部引脚表

引 脚	MII接口	7-Wire接口
FEC_COL	√	√
FEC_CRS	√	—
FEC_MDC	√	—
FEC_MDIO	√	—
FEC_RXCLK	√	√
FEC_RXDV	√	—
FEC_RXD0	√	√
FEC_RXD[3:1]	√	—
FEC_RXER	√	—
FEC_TXCLK	√	√
FEC_TXD0	√	√
FEC_TXD[3:1]	√	—
FEC_TXEN	√	√
FEC_TXER	√	—

注:"√"表示引脚信号有效;"—"表示引脚信号无效。

8.3.2 MII接口原理图

MII即媒体独立接口,包括用于发送器和接收器的两条独立通道。每条通道都有自己的数据、时钟和控制信号。MII数据接口共需要16个信号,包括FEC_TXER、FEC_TXD<3:0>、FEC_TXEN、FEC_TXCLK、FEC_COL、FEC_RXD<3:0>、FEC_RXER、FEC_RXCLK、FEC_CRS、FEC_RXDV等。图8-4为以太网控制器FEC模块与PHY芯片的接口连接示意图。

第 8 章　快速以太网控制器

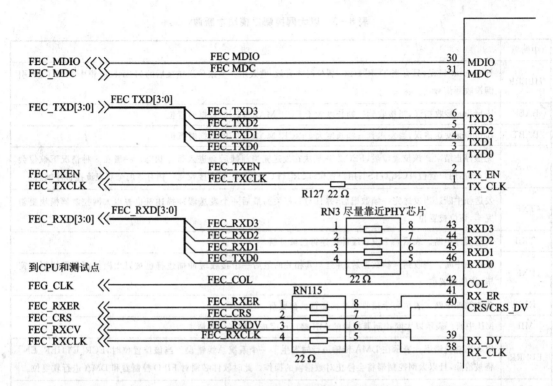

图 8-4　以太网控制器 FEC 模块连接原理图

MII 的管理接口是个双信号接口，一个是时钟信号 FEC_MDC，另一个是数据信号 FEC_MDIO。通过管理接口，上层能监视和控制物理层，其管理是使用 SMI(Serial Management Interface)总线读写物理层的寄存器来完成的。MII 模块的初始化工作仅是初始化它的管理接口的速率，如前所述，MII 管理接口的速率不能超过 2.5 MHz，才能兼容 IEEE802.3 MII 的规范。例如：

```
/* 配置 MII 时钟，按照系统时钟 SYS_CLK_MHz 来配置
 * MII 接口速率 <= 2.5 MHz
 * 要求 MII 时钟为 2.5 MHz
 * MII_SPEED = System_Clock_Bus_Speed / (2.5 MHz * 2)
 */
MCF_FEC_MSCR = MCF_FEC_MSCR_MII_SPEED((uint32)(SYS_CLK_MHZ/5));
```

8.4　以太网控制器的中断控制

8.4.1　中断源简介

以太网控制器模块的中断事件由 EIR 寄存器中的相应比特位表示，按类型可分为以太网控制器操作中断、收发/网络错误中断和以太网控制器内部错误中断，表 8-3 列出了所有的以太网控制器模块中断源。

表 8-3 以太网控制器模块中断源

中断源	说 明
HBERR	Heartbeat 错误,只有当 TCR[HBC]置位时才有效,它表示在紧跟传送结束后的 Heartbeat 窗中 FEC_COL 引脚没收到信号
BABR	Babbling 接收错误,当接收到一帧长度大于 RCR[MAX_FL]的数据时置位
BABT	Babbling 发送错误,当发送到一帧长度大于 RCR[MAX_FL]的数据时置位
GRA	完整停止结束。该位置位后,FEC 发送模块在发送完当前帧后会进入暂停状态。一般在 3 种情况下该位会被置位:用户置位 TCR[GTS];用户置位 TCR[TFC_PAUSE];当接收完一帧有效的全双工流控暂停帧后
TXF	发送帧中断。当发送完一帧数据后,并且与其相关的最后一个发送缓冲描述符也被以太网控制器模块更新完毕,该位被置位
TXB	发送缓冲中断。表示一个发送缓冲描述符已被更新
RXF	接收帧中断。当收到一帧数据后,并且与其相关的最后一个接收缓冲描述符也被以太网控制器模块更新完毕,该位被置位
RXB	接收缓冲中断。表示一个接收缓冲描述符已被更新
MII	MII 中断。表示以太网控制器模块的 MII 接口已完成了数据传输请求
EBERR	以太网总线错误。表示在 DMA 传输进行时发生了一个系统总线错误。当该位置位时,ECR[ETHER_EN]将被清除,且以太网控制器将会停止对数据帧的操作。此时软件必须对 FIFO 控制器和 DMA 进行软复位
LC	后期冲突中断。一般只在半双工模式下发生,表示当发送帧字节数大于 64 时,线路中发生冲突
RL	冲突重试限制。该中断只在半双工模式发生,表示每当要发送帧时线路上发生冲突,且该情况连续出现 16 次以上
UN	传送 FIFO 下溢。表示在发送完一帧数据之前传送 FIFO 变空

8.4.2 中断初始化样例

一般初始化以太网控制器后需要对它的中断也进行初始化,以确定中断的优先级和级别。以太网控制器模块的中断源中,有部分中断源可以不必使能,因为该中断事件已在 MIB 计数器中记录下来,且信息比中断事件寄存器中的丰富。以下是中断事件与 MIB 计数器的对应关系:

- HBERR — IEEE_T_SQE
- BABR — RMON_R_OVERSIZE (good CRC),RMON_R_JAB (bad CRC)
- BABT — RMON_T_OVERSIZE (good CRC),RMON_T_JAB (bad CRC)
- LATE_COL — IEEE_T_LCOL
- COL_RETRY_LIM — IEEE_T_EXCOL
- XFIFO_UN — IEEE_T_MACERR

下面是以太网模块中断部分的初始化例程。

```
/*设置以太网控制器中断伺服程序为 fec_irq_handler */
    mcf5xxx_set_handler(vector,(ADDRESS)fec_irq_handler);
/*在 ColdFire 内核级中断控制器中使能以太网控制器各个中断,并在 ICR 中对每个中断设定唯一的
```

第8章 快速以太网控制器

```
                          中断优先级*/
    fec_vbase - = 64;             /*FEC 中断在中断映射表中的偏移值*/
    /*FEC 接收帧中断*/
    MCF_INTC0_ICR(fec_vbase + 4)  = MCF_INTC_ICR_IL(INTC_LVL_FEC);
    /*FEC 接收缓冲中断*/
    MCF_INTC0_ICR(fec_vbase + 5)  = MCF_INTC_ICR_IL(INTC_LVL_FEC);
    /*FEC 发送帧中断*/
    MCF_INTC0_ICR(fec_vbase + 0)  = MCF_INTC_ICR_IL(INTC_LVL_FEC);
    /*FEC 发送缓冲中断*/
    MCF_INTC0_ICR(fec_vbase + 1)  = MCF_INTC_ICR_IL(INTC_LVL_FEC);
    /*FEC FIFO 空转中断*/
    MCF_INTC0_ICR(fec_vbase + 2)  = MCF_INTC_ICR_IL(INTC_LVL_FEC + 1);
    /*FEC 冲突重试限制中断*/
    MCF_INTC0_ICR(fec_vbase + 3)  = MCF_INTC_ICR_IL(INTC_LVL_FEC + 1);
    /*FEC MII 中断*/
    //MCF_INTC0_ICR(fec_vbase + 6) = MCF_INTC_ICR_IL(INTC_LVL_FEC(ch));
    /*FEC 后期冲突中断*/
    MCF_INTC0_ICR(fec_vbase + 7)  = MCF_INTC_ICR_IL(INTC_LVL_FEC + 1);
    /*FEC 心跳错误中断*/
    MCF_INTC0_ICR(fec_vbase + 8)  = MCF_INTC_ICR_IL(INTC_LVL_FEC + 1);
    /*FEC 完整停止结束中断*/
    MCF_INTC0_ICR(fec_vbase + 9)  = MCF_INTC_ICR_IL(INTC_LVL_FEC + 1);
    /*FEC 总线错误中断*/
    MCF_INTC0_ICR(fec_vbase + 10) = MCF_INTC_ICR_IL(INTC_LVL_FEC + 1);
    /*FEC Babbling 发送中断*/
    MCF_INTC0_ICR(fec_vbase + 11) = MCF_INTC_ICR_IL(INTC_LVL_FEC + 1);
    /*FEC Babbling 接收中断*/
    MCF_INTC0_ICR(fec_vbase + 12) = MCF_INTC_ICR_IL(INTC_LVL_FEC + 1);
/*在内核级中断屏蔽寄存器中使能相关中断*/
MCF_INTC0_IMRH & = ~(MCF_INTC_IMRH_INT_MASK32 | MCF_INTC_IMRH_INT_MASK33 |
        MCF_INTC_IMRH_INT_MASK34 | MCF_INTC_IMRH_INT_MASK35 );
    MCF_INTC0_IMRL & = ~(MCF_INTC_IMRL_INT_MASK23 | MCF_INTC_IMRL_INT_MASK24 |
        MCF_INTC_IMRL_INT_MASK25 | MCF_INTC_IMRL_INT_MASK26 |
        MCF_INTC_IMRL_INT_MASK27 | MCF_INTC_IMRL_INT_MASK28 |
        MCF_INTC_IMRL_INT_MASK29 | MCF_INTC_IMRL_INT_MASK30 |
        MCF_INTC_IMRL_INT_MASK31 | MCF_INTC_IMRL_MASKALL);
    /*清除所有可能存在的以太网控制器中断事件标志位*/
    MCF_FEC_EIR = MCF_FEC_EIR_CLEAR_ALL;

    /*取消对所有以太网控制器中断的屏蔽*/
    MCF_FEC_EIMR = MCF_FEC_EIMR_UNMASK_ALL;
```

8.5 以太网控制器应用简介

8.5.1 缓冲区描述符

以太网控制器的 DMA 引擎作为系统总线上的主设备,可以主动发起读写内部存储器和外部存储器的动作。而 DMA 将外部的存储器数据定义为缓冲区(Buffer),并且采用缓冲区描述表来理解缓冲区。这个缓冲区描述符和缓冲区描述表的概念与 USB 模块中的类似,都是位于系统内存 SRAM 或者外部存储器上的一块区域。缓冲区描述表采用环型链表的方式来维护。寄存器 ETDSR 用来配置发送缓冲区描述表的首地址,ERDSR 用来配置接收缓冲区描述表的首地址。图 8-5 是缓冲区描述表的示意图。

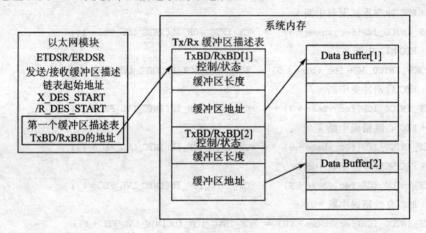

图 8-5 以太网控制器缓冲区描述表

发送缓冲区描述符 TxBD 大小为 2 个长字,即 8 个字节。图 8-6 给出了发送缓冲区描述符的格式定义。

	31~16	15	14	13	12	11	10	9	8~0
偏移+0	缓冲区长度	R	TO1	W	TO2	L	TC	ABC	—
偏移+4	缓冲区首地址								

图 8-6 发送缓冲区描述符格式

ABC:置 1 时表示在发送的最后,发送一个错误的 CRC 校验序列。

TC:指示在发送数据帧末尾自动添加 CRC 校验序列。

L:用来表示此缓冲区为数据帧的末尾。

TO1/TO2:保留给软件,用来标识当前的缓冲区是由 CPU 控制还是以太网控制器的 DMA 控制。

W:表示描述符链表的结尾,如果置 1 表示当前的描述符已经是链表的结尾,下一个描述符应该从表头重新开始。

R:标识该缓冲区是否已经准备好,只有当 CPU 把数据都写入缓冲区并配置好相应的位后,才能将此位置 1,告诉以太网控制器可以发送此缓冲区。

接收缓冲区的格式与发送缓冲区的类似,也是占用2个长字。图8-7给出了接收缓冲区描述符的格式定义。

图8-7 接收缓冲区描述符格式

TR:表示当前接收的数据帧是否被截短了,例如在接收到超长帧或者异常帧情况下,会产生这个错误,此时应该把此缓冲区的数据丢弃。

OV:表示在接收时,接收FIFO产生过载的情况。

CR:接收数据帧产生CRC校验错误时置1。

NO:表示接收的数据帧长度不是按8字节对齐的。

LG:接收帧长度超出最大定义接收的长度RCR[MAX_FL]。

MC:当接收帧的目的地址是多点传送,且非广播地址时置位。

BC:当接收帧的目的地址是广播地址时置位。

M:在以太网控制器混杂模式下接收的并非传输给本机的数据帧时置位,用户软件依此来判断对此数据进行如何处理。

L:用来表示此缓冲区为数据帧的末尾。

RO1/2:保留给软件用来标识当前的缓冲区是由CPU控制还是以太网控制器的DMA控制。

W:表示描述符链表的结尾,如果置1表示当前的描述符已经是链表的结尾,下一个描述符应该从ERDSR指向的表头重新开始。

E:置1表示缓冲区为空,此时以太网控制器的DMA才可以往缓冲区内写入数据。

在代码中,可以直接使用下面的这个结构来维护接收和发送描述符。

```
typedef struct BufferDescriptor
{
    volatile unshort    bd_cstatus;      /*控制和状态*/
    volatile unshort    bd_length;       /*传输长度*/
    volatile u_char *   bd_addr;         /*缓冲区地址*/
} BD;
```

8.5.2 初始化启动流程

对以太网控制器模块的初始化主要是对几个关键硬件寄存器和缓冲区描述符的初始化。当系统硬件复位后,以太网控制器中断相关的寄存器都被复位,并且ECR[ETHER_EN]被复位,此时以太网控制器内部的DMA模块、微代码模块和FIFO控制逻辑也处于复位状态。在使能ETHER_EN位之前,需要初始化一些寄存器。图8-8是一个初始化的流程图,并且对应了Freescale公司为ColdFire系列产品提供的免费的以太网协议栈NicheStack中的部分函数。这部分协议可以在Freescale公司官方网站下载。

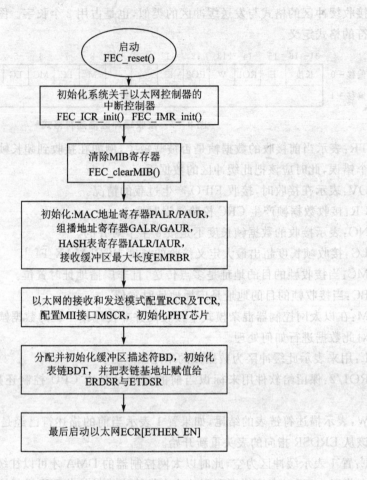

图 8-8 以太网控制器初始化流程图

8.5.3 发送数据流程

在需要对一帧数据进行发送时,处理器将数据准备好并放入缓冲区后,更新描述表,然后通过 TDAR 寄存器启动发送流程。图 8-9 是以太网控制器发送数据流程图。

CPU 软件在需要发送数据的时候,首先将需要发送的数据帧放入缓冲区中,然后将数据缓冲区的首地址放入描述符中。例如,对于一个 TCP/IP 协议包的数据来说,将从 MAC 地址开始到数据结束全都作为物理层的数据区而放入缓冲区中。如果一个包放不下,可以分成多个包来存放,这样就要通过缓冲区链来维护。此外用户可以选择最后的 4 字节的帧校验位,由软件自己来计算并附在最后;或由 FEC 在发送末尾自动附上,这是由发送缓冲区描述符的 TC 位来控制。在完成缓冲区描述符的更新后,软件通过 TDAR 寄存器来启动发送流程。

以太网控制器在被启动之后,将会按照缓冲区描述符链的顺序依次处理各个缓冲区,将数据搬移到内部的发送 FIFO 中去,一旦 FIFO 中的数据达到 TFWR 设定的阈值,以太网控制器则启动发送。以太网控制器先检测网络载波侦听,如果网络处于空闲状态,则开始发送。它会自动发送前导符和帧头,接着将数据发送出去。在数据从 FIFO 发送到网络时,DMA 继续从外部的缓冲区取数,直到缓冲区描述符控制寄存器的 ready 位是 0 为止。在发送完 FIFO 的所有数据后,如果最后的缓冲区描述符(L=1)的控制寄存器 TC 位置 1,则以太网控制器会自动发送 4 字节的 FCS 帧校验位。之后通常软件会采用中断的方式来处理发送完成的信号,也可采用轮询方式来处理。

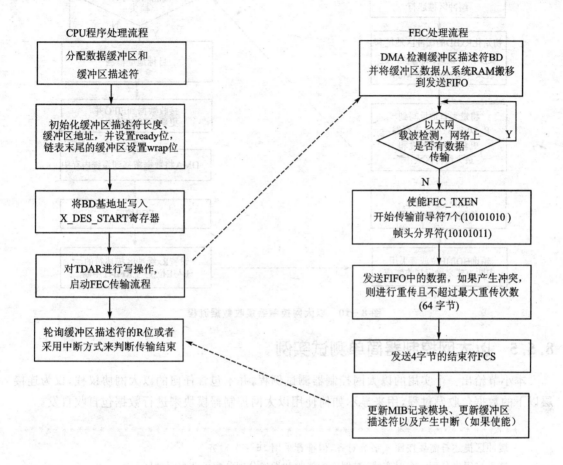

图 8-9 以太网控制器发送数据流程图

8.5.4 接收数据流程

图 8-10 是接收网络数据时的工作流程图,首先也是由软件来准备好空的接收缓冲区和缓冲区描述表,设置好接收一帧的最大长度,通过 RDAR 使能以太网控制器的接收。

以太网控制器在检测到前导符和帧头之后,会对后面的数据进行 MAC 地址检测,如果不匹配且不是组播和广播,而以太网控制器也不是处于混杂模式下,则会停止接收,否则会将数据接收到 FIFO 中。同时 DMA 启动依照链表顺序向空闲的缓冲区内依次写入数据,直到一帧结束,或者 DMA 检测到一个缓冲区描述符的 empty 位是 0,则停止传输。

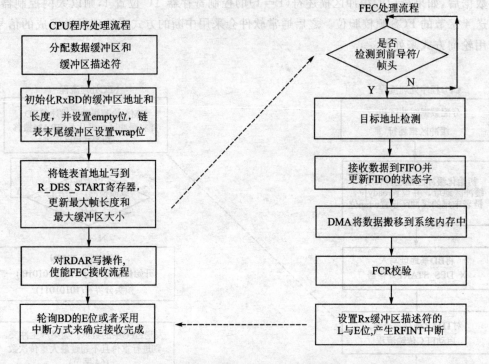

图 8-10 以太网控制器接收数据流程

8.5.5 以太网控制器简单测试实例

本小节给出一个实用的以太网控制器测试例程,并不包含任何的以太网协议栈,仅为连接层以下的数据包收发过程,用来显示如何使用以太网控制器模块来进行数据包自收自发。

```
/*******************************************************************/
/*缓冲区描述符需要按照4字节对齐,但推荐采用16字节对齐
    这里采用多分配一个对齐线,本例中为接收和发送分别分配了3个缓冲区
*/
uint8 unaligned_txbd[(sizeof(NBUF) * 3) + 15];
uint8 unaligned_rxbd[(sizeof(NBUF) * 3) + 15];

#define Rx      1
#define Tx      0

/*缓冲区字节数(必须被16偶整除)*/
#define RX_BUFFER_SIZE 576
#define TX_BUFFER_SIZE 576

/*收发缓冲区及描述符个数*/
#define NUM_RXBDS 3
#define NUM_TXBDS 3
```

第8章 快速以太网控制器

```c
FECBD  * TxNBUF;
FECBD  * RxNBUF;

/* 接收数据缓冲区——必须16字节对齐。这里多分配一个对齐线 */
uint8 unaligned_rxbuffer[(RX_BUFFER_SIZE * NUM_RXBDS) + 16];

uint8 * TxBuffer;
uint8 * RxBuffer;

/* 待发送测试数据包 */
const int packet[ ] =
{
/* 数据包头是目的和源MAC地址 */
    0x00CFCFCF,0xCF0100CF,0xCFCFCF01,0x3a00eeff,
    ...
};

int eth_test( )
{
    int i, success;
    MCF_FEC_ECR = MCF_FEC_ECR_RESET;              /* 复位FEC */
    MCF_FEC_EIMR = MCF_FEC_EIMR_ALL_MASKS;        /* 屏蔽所有中断 */

    /* 初始化缓冲区和描述符 */
    TxNBUF = (FECBD *)((uint32)(unaligned_txbd + 15) & 0xFFFFFFF0);
    RxNBUF = (FECBD *)((uint32)(unaligned_rxbd + 15) & 0xFFFFFFF0);
    RxBuffer = (uint8 *)((uint32)(unaligned_rxbuffer + 15) & 0xFFFFFFF0);

    /* 初始化接收描述符链表 */
    for (i = 0; i < 3; i++)
    {
        RxNBUF[i].status = RX_BD_E;
        RxNBUF[i].length = 0;
        RxNBUF[i].data = &RxBuffer[i * RX_BUFFER_SIZE];
    }
    RxNBUF[2].status |= RX_BD_W;                  /* 链表末尾设置为回绕方式 */

    /* 初始化发送缓冲区描述符链表,这里将数据包同时放入3个缓冲区描述符,实现重复发送3个
        独立的数据帧 */
    for (i = 0; i < 3; i++)
    {
        TxNBUF[i].status = TX_BD_L | TX_BD_TC;
        TxNBUF[i].length = sizeof(packet);
        TxNBUF[i].data = (uint8 *)packet;
    }
```

```
    TxNBUF[2].status |= TX_BD_W;                    /*链表末尾设置为回绕方式*/

    /*设置MAC地址,与待发数据的头6个字节相等,实现自发自收*/
    MCF_FEC_PALR = 0x00CFCFCF;
    MCF_FEC_PAUR = 0xCF010000;
    MCF_FEC_IALR = 0x00000000;
    MCF_FEC_IAUR = 0x00000000;
    MCF_FEC_GALR = 0x00000000;
    MCF_FEC_GAUR = 0x00000000;

    MCF_FEC_EMRBR = (uint16)RX_BUFFER_SIZE;         /*设置接收缓冲区大小*/
    MCF_FEC_ERDSR = (uint32)RxNBUF;                 /*指向接收链表头*/
    MCF_FEC_ETDSR = (uint32)TxNBUF;                 /*指向发送链表头*/

    MCF_FEC_RCR = 0
        | MCF_FEC_RCR_MAX_FL(1518)
        | MCF_FEC_RCR_MII_MODE;
    MCF_FEC_TCR = 0
        | MCF_FEC_TCR_FDEN;

    MCF_FEC_ECR |= MCF_FEC_ECR_ETHER_EN;            /*使能FEC*/

    /*初始化MII通道*/
    MCF_FEC_MSCR = MCF_FEC_MSCR_MII_SPEED((uint32)(SYS_CLK_MHZ/5));

    MCF_FEC_RDAR(n) = MCF_FEC_RDAR_R_DES_ACTIVE;    /*启动接收*/

    /*设置物理层为普通100 MHz全双工模式*/
    eth_phy_manual(MII_100BASE_TX, MII_FDX, FALSE);

    /*设置数据包描述符为准备发送*/
    TxNBUF[0].status |= TX_BD_R;
    TxNBUF[1].status |= TX_BD_R;
    TxNBUF[2].status |= TX_BD_R;

    MCF_FEC_TDAR = MCF_FEC_TDAR_X_DES_ACTIVE;       /*启动发送*/
    /*这里可以等待发送结束*/
    ...
}
```

8.6 应用案例——ColdFire_TCP/IP_Lite

8.6.1 简 介

对于网络协议栈来说,如果要完成比较完整的TCP/IP协议,通常需要采用多任务的操作

第8章 快速以太网控制器

系统来完成,或者采用轮询方式来收发协议,例如 U‐BOOT 软件中的网络协议。ColdFire_TCP/IP_Lite 是 Freescale 公司免费提供的一个 TCP/IP 以太网软件开发套件,它由 Interniche 公司提供,能支持大多数常用的网络协议,并包括很多应用的样例,它还提供了对 RTOS 的支持。所有基于 TCP/IP 的应用都可以在这个套件的基础上进行开发。由于只是 Lite 版本,所以支持的协议有限,主要包含如下的协议:

- 地址解析协议 ARP;
- 网际协议 IP;
- 网际控制报文协议 ICMP;
- 用户数据报协议 UDP;
- 传输控制协议 TCP;
- 动态主机配置协议客户端 DHCP Client;
- 引导启动协议 BOOTP;
- 简单文件传输协议 TFTP。

基于上面的 TCP/IP 协议,Freescale 公司还提供了 webserver 和片上文件系统。此外 Interniche 还提供了其他的协议,需要向 Interniche 公司单独购买。

- 串行线路网际协议 SLIP;
- 点对点协议 PPP;
- 简单邮件传输协议 SMTP;
- 简单网络管理协议 SNMP;
- 动态主机配置协议服务端 DHCP Server;
- 远程登录协议服务端 Telnet Server;
- 域名服务器 DNS Server;
- 文件传输协议客户端 FTP client;
- 文件传输协议服务端 FTP server;
- 安全套接层协议 SSL。

图 8‐11 是整个协议栈的基本结构图。

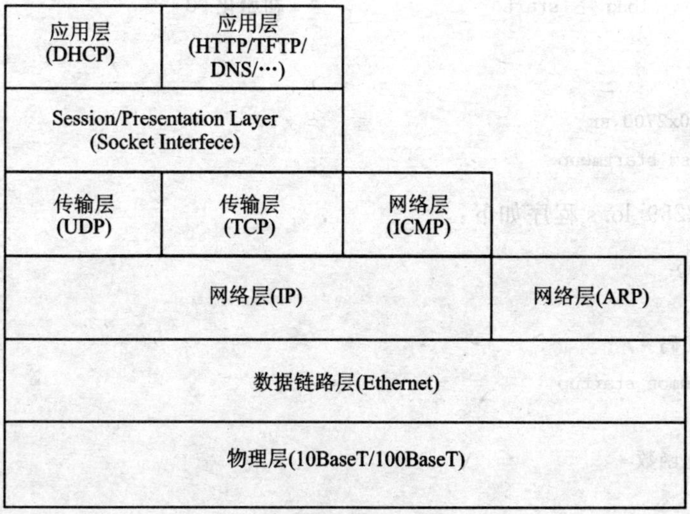

图 8‐11 ColdFire_Lite 软件架构

对于 TCP/IP 协议软件架构和协议栈各主要文件之间的对应关系如图 8-12 所示。

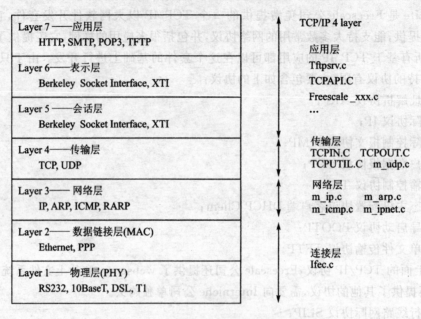

图 8-12 协议栈文件与协议对应关系

8.6.2 协议栈启动过程

协议栈工程的入口地址为 start 标号的地址,位于 MCF52259_VECTORS.S 文件(如为其他 CPU 平台,则文件名对应的 CPU 标号修改即可)。

In file mcf52259_vectors.s 程序如下：

```
/* 异常中断向量表 */
VECTOR_TABLE:
_VECTOR_TABLE:
INITSP:        .long     ___SP_INIT        /* 初始化 SP */
INITPC:        .long     start             /* 初始化 PC */
...
start:
move.w    #0x2700,sr
jmp       _asm_startmeup
```

In file mcf52259_lo.s 程序如下：

```
_asm_startmeup:
...
/* 通用启动代码 */
    jsr    common_startup


/* 系统初始化函数 */
```

第8章 快速以太网控制器

```
    jsr     mcf52259_init
    ...
/* 特定 CPU 的启动代码 */
    jsr     cpu_startup

/* 跳入主程序 */
    jsr     main
```

由 start 跳转到_asm_startmeup 处，进行必要的系统初始化和芯片初始化之后，跳入 main 函数入口进入主程序执行。

In main.c 程序如下：

```
int main (void)
{
    ...
    port_prep = prep_evb;                          /* 准备 FEC 底层驱动接口 */
    if( ! POWERUP_CONFIG_DHCP_ENABLED )            /* 不采用 DHCP 获取 ip */
    {
        netstatic[0].n_ipaddr = (0xC0A80062);      /* 指定 ip 地址 0xC0A80162 = 192.168.0.98 */
        netstatic[0].n_defgw  = (0xC0A80001);      /* 网关 0xC0A80101 = 192.168.0.1 */
        netstatic[0].snmask   = (0xffffff00);      /* 子网掩码/0xFFFFFF00 = 255.255.255.0 */
    }
    ...
    netmain();                                     /* 开始运行网络主任务 */
    ...
}
```

In netmain.c 程序如下：

```
int netmain(void)
{
    int   i;
    int   e;

    iniche_net_ready = FALSE;

    e = prep_modules();                            /* 各应用层协议初始化 */

    /* 建立各任务的线程 */
    for( i = 0; i < num_net_tasks; i++ )
    {
        e = TK_NEWTASK(&nettasks[i]);              /* 遍历 nettask 数组中的所有预定义任务 */
        if (e != 0)
        {
            dprintf("task create error\n");
```

```c
        panic("netmain");
        return -1;                          /*编译警告*/
    }
}

    e = create_apptasks();                  /*建立用户应用任务和控制台任务*/
    if (e != 0)
    {
        dprintf("task create error\n");
        panic("netmain");
        return -1;  /* compiler warnings */
    }
    uart_yield = 1;

# ifndef NO_INET_STACK
# ifdef MAIN_TASK_IS_NET
    tk_netmain(TK_NETMAINPARM);             /*开始网络主任务运行,操作系统入口*/
    panic("net task return");               /*tk_netmain应该永远不会返回*/
    return -1;
# else
    return 0;
# endif
# endif                                     /* NO_INET_STACK */
}
```

In tk_netmain.c 程序如下：

/*函数：tk_netmain()
 这是操作系统和网络任务的主线程，所有其他任务的父任务。在启动之后，它会自动的设置为网络接收状态用来实时接收网络上的数据包。这个任务一直处于休眠状态，直到以太网的驱动（中断服务程序）将接收到的数据包放入接收队列中，才开始处理该数据包
*/

```c
# ifndef NO_INET_STACK
TK_ENTRY(tk_netmain)
{
    netmain_init();                         /*初始化所有网络模块,包括硬件和底层驱动*/
    iniche_net_ready = TRUE;                /*告诉其他线程网络准备好*/

    for (;;)
    {
        TK_NETRX_BLOCK();
        netmain_wakes ++;                   /*唤醒计数*/
```

```
        if (rcvdq.q_len)                    /* 看是否有新的接收数据包 */
            pktdemux();                     /* 处理该数据包 */
    }
    USE_ARG(parm);                          /* 永远不会到此 */
    TK_RETURN_UNREACHABLE();
}
#endif                                      /* NO_INET_STACK */
```

8.6.3 NicheTask 实时操作系统

在前面的协议栈启动分析中已经可以看到，NicheTask 是 ColdFire_Lite 协议栈内部自带的实时系统，它是一个精简的非抢占式操作系统，前面提到的 tk_netmain 就是整个任务链的首任务。下面是 NicheTask 的一些特点：

- 每个任务都有自己独立的栈。
- 任务的状态只有两种：睡眠和运行。
- 没有任务优先级的定义，一个任务必须放弃对 CPU 的占有，才能运行下一个任务。
- 第一个主任务必须是网络任务 tk_netmain。

图 8-13 是 NicheTask 的任务调度流程图。

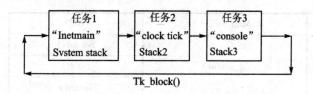

图 8-13　NicheTask 任务调度流程图

NicheTask 的主要函数如下所列：

```
task *   tk_init(stack_t * base, int st_size);           /* 初始化实时系统 */
task *   tk_new(task *, int (*)(int), int, char *, int); /* 新建一个任务 */
void     tk_block(void);                                 /* 暂停当前任务，并切换到下一个任务 */
void     tk_exit(void);                                  /* 退出并删除当前任务 */
void     tk_kill(task * tk_to_die);                      /* 将当前任务置于被删除状态 */
void     tk_wake(task * tk);                             /* 唤醒一个任务处于待运行状态 */
void     tk_sleep(long ticks);                           /* 当前任务睡眠 */
void     tk_ev_block(void * event);                      /* 暂停当前任务直到 event 产生 */
void     tk_ev_wake(void * event);                       /* 唤醒等待 event 的任务 */
```

可以看出，NicheTask 是一个很简单的实时操作系统，拥有了足够的基本任务函数进行各种操作系统级别的调度，足以建立一个以太网协议栈项目工程。关于更详细的 NicheTask 介绍，可以参考 www.freertos.com 上的相关资料。

8.6.4 Mini Socket TCP API 简介

基于 NicheTask 系统，ColdFire_TCP/IP_Lite 提供了一套 Mini Socket TCP API，用以简化 TCP/IP 的应用层操作。这套 API 函数的设计参考了 BSD Socket API 的风格，使得以往基于 BSD Socket API 开发的应用代码可以很轻易地移植到新的平台上。当然两者之间还是有区别的，主要的区别是在服务器端：用户打开一个监听 Socket 只需一个 API 即可实现，即 m_listen()，而不是像 BSD 那样，要通过 bind()-listen()-accept() 这样的流程来实现；还有就是 BSD 中的 accept() 由一个回调函数机制来代替。在表 8-4 和表 8-5 中分别列出了两者之间在客户端和服务器端的区别。

表 8-4　Mini Socket 与 BSD Socket API 的区别（客户端）

Mini Socket	BSD
M_socket()	Socket()
M_connect	Connect()
M_recv() m_send	Recv() send()
M_close()	close()

表 8-5　Mini Socket 与 BSD Socket API 的区别（服务器端）

Mini Socket	BSD
	Socket()
M_listen()	Bind()
	listen()
通过回调函数实现	accept()
M_recv() m_send	Recv() send()
M_close()	close()

使用上述的 API 函数可快捷地实现一些 TCP/IP 应用，加快开发的流程，减少研发成本。下面是套接字的应用例程。

建立监听套接字：

```
http_sin.sin_addr.s_addr     = (INADDR_ANY);      /*初始化套接字的结构*/
http_sin.sin_port            = (PORT_NUMBER);
http_server_socket           = m_listen(&emg_http_sin, freescale_http_cmdcb, &e);
```

接受连接请求：

```
switch(code)
{
    /*打开 socket*/
    case M_OPENOK:
        msring_add(&emg_http_msring, so);
        break;
```

}

接收 TCP 数据：

length = m_recv(freescale_http_sessions[session].socket, (char *)buffer, RECV_BUFFER_SIZE);

发送 TCP 数据：

bytes_sent = m_send(freescale_http_sessions[session].socket, data, length);

关闭套节字：

j = m_close(so);

建立客户端的例子如下。
创建套接字：

M_SOCK Socket = m_socket();

建立连接：

int m_connect(M_SOCK socket, struct sockaddr_in * sin, M_CALLBACK(name));
/* m_connect( ) 会一直等待直到连接建立才返回，操作系统中调用此函数的任务将被阻塞
如果配置为非阻塞式，则会在成功建立连接时通过回调函数来确认建立标志 */

接收 TCP 数据：

length = m_recv(freescale_http_sessions[session].socket, (char *)buffer, RECV_BUFFER_SIZE);

发送 TCP 数据：

bytes_sent = m_send(freescale_http_sessions[session].socket, data, length);

关闭 Socket：

j = m_close(so);

使用上述样例可在两个主机之间建立 Socket 连接，并交换数据。

8.6.5 协议的流程分析样例

　　为了加深读者对该协议栈内核的了解，这里对一个主机网络交互的包收发过程进行详细地讲解，读者可以对照代码进行学习。对于一个主机上运行 http 的服务器，客户端如何与其进行数据包的交互，相关过程如图 8-14 所示，其中左边的流程为主机的状态流程，右边的流程为客户端的流程。

　　关于以太网协议栈的详细介绍，外部的资源非常丰富，这里就不一一详细介绍了。用户可以非常方便地将自己的协议栈移植到 ColdFire 系列产品的以太网控制器上去。

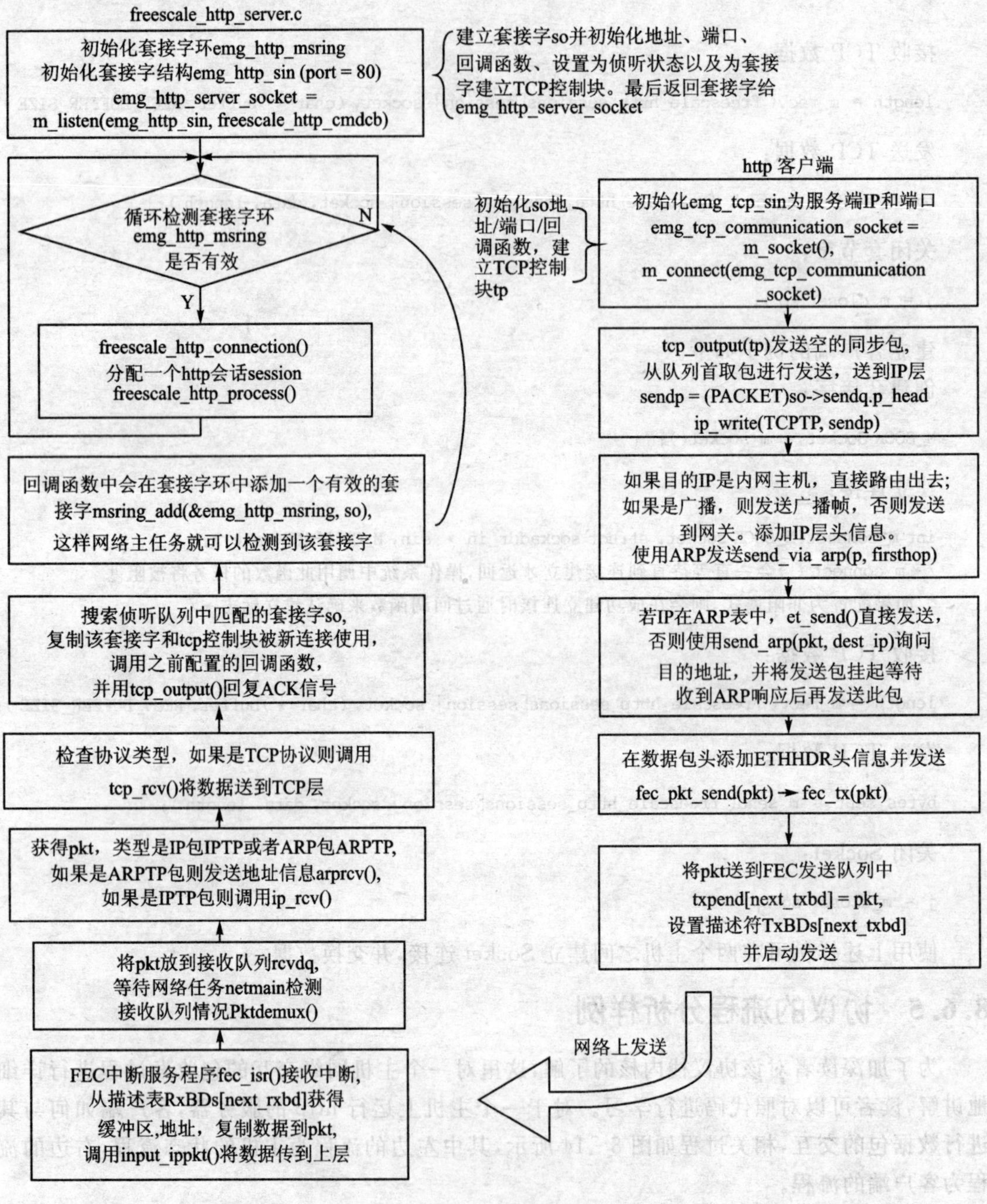

深入浅出 ColdFire 系列 32 位嵌入式微处理器

```
freescale_http_server.c
┌─────────────────────────────┐
│ 初始化套接字环emg_http_msring  │
│ 初始化套接字结构emg_http_sin (port = 80) │ ─── 建立套接字so并初始化地址、端口、
│ emg_http_server_socket =    │     回调函数、设置为侦听状态以及为套接
│ m_listen(emg_http_sin, freescale_http_cmdcb) │  字建立TCP控制块。最后返回套接字给
└─────────────────────────────┘     emg_http_server_socket
            │
            ▼
      ╱╲ 循环检测套接字环
     ╱  ╲ emg_http_msring ─── N ───┐
     ╲  ╱ 是否有效                   │
      ╲╱                            │
       │Y                           │       http 客户端
       ▼                            │    ┌─────────────────────────────┐
┌─────────────────────────────┐     │    │ 初始化emg_tcp_sin为服务端IP和端口 │
│ freescale_http_connection() │     │    │ emg_tcp_communication_socket = │
│ 分配一个http会话session       │     │    │    m_socket(),                │
│ freescale_http_process()    │     │    │ m_connect(emg_tcp_communication│
└─────────────────────────────┘     │    │    _socket)                   │
            ▲                       │    └─────────────────────────────┘
            │                       │            │
┌─────────────────────────────┐     │            ▼
│ 回调函数中会在套接字环中添加一个有效的套 │     │    ┌─────────────────────────────┐
│ 接字msring_add(&emg_http_msring, so), │ ────┤    │ tcp_output(tp)发送空的同步包,  │
│ 这样网络主任务就可以检测到该套接字      │     │    │ 从队列首取包进行发送, 送到IP层  │
└─────────────────────────────┘     │    │ sendp = (PACKET)so->sendq.p_head│
            ▲                       │    │ ip_write(TCPTP, sendp)       │
            │                       │    └─────────────────────────────┘
┌─────────────────────────────┐     │            │
│ 搜索侦听队列中匹配的套接字so,   │     │            ▼
│ 复制该套接字和tcp控制块被新连接使用,│     │    ┌─────────────────────────────┐
│ 调用之前配置的回调函数,         │     │    │ 如果目的IP是内网主机, 直接路由出去; │
│ 并用tcp_output()回复ACK信号    │     │    │ 如果是广播, 则发送广播帧, 否则发送 │
└─────────────────────────────┘     │    │ 到网关。添加IP层头信息。         │
            ▲                       │    │ 使用ARP发送send_via_arp(p, firsthop)│
            │                       │    └─────────────────────────────┘
┌─────────────────────────────┐     │            │
│ 检查协议类型, 如果是TCP协议则调用 │     │            ▼
│ tcp_rcv()将数据送到TCP层       │     │    ┌─────────────────────────────┐
└─────────────────────────────┘     │    │ 若IP在ARP表中, et_send()直接发送, │
            ▲                       │    │ 否则使用send_arp(pkt, dest_ip)询问│
            │                       │    │ 目的地址, 并将发送包挂起等待      │
┌─────────────────────────────┐     │    │ 收到ARP响应后再发送此包         │
│ 获得pkt, 类型是IP包IPTP或者ARP包ARPTP,│    └─────────────────────────────┘
│ 如果是ARPTP包则发送地址信息arprcv(),│              │
│ 如果是IPTP包则调用ip_rcv()     │               ▼
└─────────────────────────────┘          ┌─────────────────────────────┐
            ▲                            │ 在数据包头添加ETHHDR头信息并发送│
            │                            │ fec_pkt_send(pkt) → fec_tx(pkt)│
┌─────────────────────────────┐          └─────────────────────────────┘
│ 将pkt放到接收队列rcvdq,       │                   │
│ 等待网络任务netmain检测        │                   ▼
│ 接收队列情况Pktdemux()        │          ┌─────────────────────────────┐
└─────────────────────────────┘          │ 将pkt送到FEC发送队列中         │
            ▲                            │ txpend[next_txbd] = pkt,     │
            │                            │ 设置描述符TxBDs[next_txbd]    │
┌─────────────────────────────┐          │ 并启动发送                   │
│ FEC中断服务程序fec_isr()接收中断,│          └─────────────────────────────┘
│ 从描述表RxBDs[next_rxbd]获得  │                   │
│ 缓冲区, 地址, 复制数据到pkt,   │ ◄──── 网络上发送 ──┘
│ 调用input_ippkt()将数据传到上层│
└─────────────────────────────┘
```

图 8-14 基于协议栈的 http 服务器工作流程图

第 9 章
串行外设接口模块

串行外设接口(SPI)是一种全双工、4 线制的同步串行接口,可连接 ADC、串行 Flash 和音频编解码器等外设。通信由主设备发起,总线上可连接多个从设备,主设备通过不同的片选信号选择和各从设备通信。SPI 主设备和从设备内部都包含了一个移位寄存器,当需要进行数据通信的时候,主设备驱动串行时钟信号使主从设备移位寄存器的内容交换。根据 SPI 时钟信号的极性 CPOL 和相位 CPHA,将 SPI 分为 4 种不同的模式(如图 9-1 所示)。

模式 0:CPOL=0,CPHA=0。时钟有效电平为高电平,数据在时钟前沿采样,后沿变化。

模式 1:CPOL=0,CPHA=1。时钟有效电平为高电平,数据在时钟前沿变化,后沿采样。

模式 2:CPOL=1,CPHA=0。时钟有效电平为低电平,数据在时钟前沿采样,后沿变化。

模式 3:CPOL=1,CPHA=1。时钟有效电平为低电平,数据在时钟前沿变化,后沿采样。

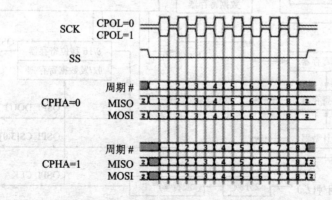

图 9-1 SPI 不同模式下的时序图

ColdFire 系列芯片主要集成了两类 SPI 的接口模块:QSPI 和 DSPI。QSPI 的 Q 表示队列的意思,即模块内部含有队列。DSPI 的 D 表示 DMA 的意思,即模块可以拥有 DMA 的专用通道,可以采用 DMA 方式进行数据传输。

9.1 队列串行外设模块

9.1.1 QSPI 概述

队列串行外设模块（QPSI）如图 9-2 所示，它包含的队列控制模块用于队列数据传输，从而减少了 CPU 在数据传输过程中的干预。内部的 80 字节 QSPI 缓冲可通过专用的地址和数据寄存器间接访问。另外 QSPI 还包括了以下一些特性：

- 支持 8～16 位多种数据传输宽度。
- 4 个片选信号可通过外部译码器扩展为最多访问 15 个外设。
- 80 MHz 总线时钟的情况下，串行时钟最低为 156.9 kbps，最高可达 20 Mbps。
- 数据传输开始和结束可编程延迟。
- 可编程 QSPI 时钟相位和极性。
- 支持环绕模式用于连续数据传输。

QSPI 模块只能工作在主模式下，因此为了 QSPI 模块能够正常工作，模式寄存器的 MSTR 位必须置位。

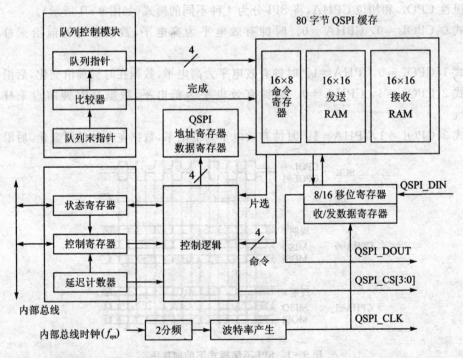

图 9-2 QSPI 模块框图

外部信号包括：

QSPI_CS[3∶0]：4 个外设片选信号，可同时有多个片选信号有效。

QSPI_DOUT：串行数据输出信号。

QSPI_DIN：串行数据输入信号。

QSPI_CLK：由主设备驱动的串行时钟信号。

9.1.2 QSPI 寄存器介绍

(1) QMR——模式寄存器

① QSPI 模块只能工作在主模式下，因此 MSTR 必须置位。

② BITS 用于选择数据传输的宽度，如果命令缓存 QCR 的 BITSE＝0，则默认数据宽度为 8 位，否则数据宽度根据 BITS 位可调，范围是 8～16 位。

③ CPOL 和 CPHA 用于选择串行时钟 QSPI_CLK 的信号极性和相位。主从设备通信时，必须保证 CPOL 和 CPHA 的设置一致，否则会导致通信失败。

④ BAUD 用于产生所需要的串行时钟频率 $f_{QSP\_CLK}=f_{sys}/(2\times QMR[BAUD])$。如果 BAUD＝0，则 QSPI 模块停止工作，QSPI 时钟频率最大为系统时钟频率的 1/4。

(2) QDLYR——延迟寄存器

① SPE 用于启动 QSPI 数据传输，SPE 置位后 QSPI 通过执行命令缓存中的相关命令开始数据传输。如果没有通过设置 QIR[ABRTL]选择传输终止锁定，用户可清零该位来终止数据传输。一般建议通过置位 QWR 的 HALT 位来终止数据传输的方式。

② QSPI 支持两种可编程延迟：片选有效到有效时钟前沿的延迟和数据传输之间的延迟。数据传输间的延迟主要用于给 A/D 转换器预留足够的时间完成前次数据的转换，同时也预留了 MCU 完成装载 QSPI 数据队列的时间。这两个延迟时间分别通过 QDLYR 的 QCD 和 DTL 位设置，而且它们还和命令缓冲中的 DSCK 和 DT 位有关。当 DSCK 和 DT 位清零时，获得的是标准延迟；而当 DSCK 和 DT 位置位时，所获得的是和系统时钟 f_{sys} 相关的延迟。在 QCR[DSCK]＝1 时，片选有效到时钟前沿的延迟为 $QDLYR[QCD]/f_{sys}$；在 QCR[DSCK]＝0 或 QDLYR[QCD]＝0 时，片选有效到时钟前沿的延迟为 $1/(2\times f_{sys})$；在 QCR[DT]＝1 时，数据传输之间的延迟是 $32\times QDLYR[DTL]/f_{sys}$；在 QCR[DT]＝0 时，数据传输之间的延迟是 $17/f_{sys}$。

QSPI 参数设置和时序图的关系如图 9-3 所示。

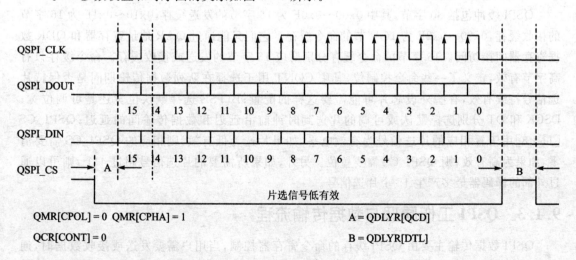

图 9-3 QSPI 时序图

(3) QWR——环绕寄存器

① HALT 可用于终止 QSPI 模块的数据传输，HALT 置位后 QSPI 模块在当前命令完成后终止执行后续的命令。

② WREN 使能环绕模式。如果置位则当 QSPI 模块的命令指针指向 ENDQP 后，命令指针返回到地址 0 或者由 NEWQP 指向的命令继续执行；WRTO 用于选择环绕模式下是返回地址 0 还是 NEWQP 指向的命令。

③ CSIV 选择片选信号 QSPI_CS 的无效状态。如果 CSIV 置位则无效状态为 1，即片选为低有效，否则片选为高有效。

④ NEWQP 和 ENDQP 分别指向命令队列的起始项和结束项，而 CPTQP 则指向刚完成数据传输的命令项。

(4) QIR——中断寄存器

① WCEFB 代表写冲突错误使能。QSPI 命令缓冲可以同时由 QSPI 控制逻辑和 CPU 访问，因此有可能会发生冲突。CPU 通过 QDR 写当前执行命令所在的缓存项会产生写冲突的情况，WCEFB 置位可以使能产生的访问错误，WCEF 表示写冲突错误标志位，可以通过置位 WCEFE 来使能相应的写冲突错误中断。

② ABRTB 代表终止错误使能。在 QSPI 数据传输过程中，清零 SPE 位将产生终止错误，ABRT 代表相应的标志位，可以通过置位 ABRTE 来使能相应的终止错误中断。一般建议使用 QWR 的 HALT 位来终止数据传输，也可以通过 ABRTL 锁住数据传输终止方式。当 ABRTL 置位时，不能通过清零 SPE 来终止数据传输。

③ SPIF 代表数据传输完成标志，可以通过置位 SPIFE 产生相应的数据传输完成中断，SPIF 在以下 3 种情况下置位：

- 由 ENDQP 指向的命令字所指定的数据传输完成；
- 在 HALT 置位的情况下，由当前命令字所指定的数据传输完成；
- 在环绕模式下，每次由 ENDQP 指向的命令字所指定的数据传输完成。

QSPI 缓冲包括 80 字节，其中 0x00～0x0F 为 16 字节的发送缓存，0x10～0x1F 为 16 字节的接收缓存，0x20～0x2F 为 16 字节的命令缓存。它们只能通过 QAR 地址寄存器和 QDR 数据寄存器间接访问。16 字节的命令缓存分别对应 16 字节的发送或接收缓存。命令缓存只有高字节有效，定义了一些命令控制位，其中 CONT 用于选择在队列数据传输期间是否保持片选信号持续有效，有些外设芯片可能需要这样的配置；BITSE 选择默认位宽还是可调位宽；DSCK 和 DT 分别选择默认或可调的片选到时钟前沿延迟和数据传输间的延迟；QSPI_CS[11：8]用于置相应的片选信号为有效电平，如果片选为低有效，则相应的 QSPI_CS 需要清零，如果为高有效，则 QSPI_CS 需要置位。另外，如果所需要的片选信号超过 4 个，则可以通过外部的译码器最多产生 15 个片选信号。

9.1.3 QSPI 工作原理与数据传输流程

QSPI 数据传输主要由 QSPI 缓存的命令寄存器控制，当用户需要发送或接收数据时，通过编程命令寄存器设置传输选项（片选有效、延迟和位宽），将需要发送的数据写入发送缓存，QSPI 数据队列的起始由 QWR 的 NEWQP 和 ENDQP 指定，而 CPTQP 则表示刚完成数据传输的命令项，最后置位 SPE 启动 SPI 数据传输。

SPI 数据传输启动后,QSPI 模块开始执行 NEWQP 指向的命令字,将相应的发送缓存数据从 QSPI_DOUT 引脚串行输出到外接的 SPI 设备,输出有效的片选信号 QSPI_CS 和同步时钟信号 QSPI_CLK,同时从 QSPI_DIN 引脚串行输入外部 SPI 设备的数据存入接收缓存。然后 QSPI 模块更新 CPTQP 反映当前完成的命令项,并将指针指向下一个命令项继续执行数据传输,另外 QSPI 模块还会比较 CPTQP 和 ENDQP 的值,如果两者相等则置位 SPIF 表示数据传输完成。如果使用了环绕模式的话,则在 ENDQP 指向的命令完成后,命令执行会从命令字 0x0 或 NEWQP 指向的位置继续下去,具体采用哪种环绕方式取决于 WRTO 的值。

QPSI 模块只能工作在主模式下,为了保证数据传输成功,需要编写 CPHA 和 CPOL 保证主设备和从设备具有相同的时钟极性和相位,另外也可以设置 CONT 使得在数据传输期间保持片选信号一直有效。

图 9-4 是一个典型的 QSPI 数据传输流程。

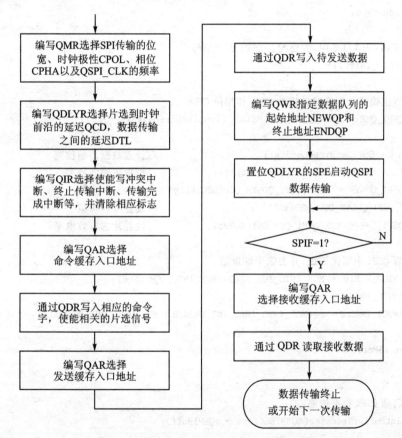

图 9-4 QSPI 数据传输流程

以下举一个简单的 QSPI 自发自收的例子,可以通过短接 QSPI_DOUT 和 QSPI_DIN 进行测试,以下代码以 MCF52259 作为参考平台。

```
//QSPI 缓冲定义
typedef struct tQSPIBuffers
{
    uint8 u8Size;                                    //QSPI 缓冲大小
```

```c
        uint16   * pu16TxData;                    //发送缓存地址
        uint16   * pu16RxData;                    //接收缓存地址
        uint8    * pu8Cmd;                        //命令缓存地址
        uint8    u8Stat;                          //当前 QSPI 模块状态
}tQSPIBuffers;

static uint8 u8QSPIStat = QSPI_IDLE;              //QSPI 模块当前状态
tQSPIBuffers * sQSPIInterruptBuf;                 //中断模式的 SPI 缓存结构
void ( * QSPI_SPIF_ISR)(void);                    //SPI 中断服务程序指针
//初始化 QSPI 模块
int8 QSPIInit(uint16 u16Baudrate, uint8 u8ClkAttrib,
              uint8 u8Bits, uint8 u8ClkDly, uint8 u8DlyAft, uint8 u8Pol)
{
    int8 i8Ret = 0;

    //由于和 GPIO 口复用,需要配置 QSPI 相关信号
    QSPI_GPIO_INIT();

    //设置主模式并配置时钟极性 CPOL 和相位 CPHA
    MCF_QSPI_QMR = (MCF_QSPI_QMR_MSTR | ((u8ClkAttrib&0x3)<<8));

    i8Ret |= QSPISetBits(u8Bits);                 //设置数据传输位宽
    i8Ret |= QSPISetBaudrate(u16Baudrate);        //设置传输波特率
    MCF_QSPI_QDLYR = (MCF_QSPI_QDLYR_QCD(u8ClkDly)
    | MCF_QSPI_QDLYR_DTL(u8DlyAft));              //设置延迟参数
    MCF_QSPI_QWR = MCF_QSPI_QWR_CSIV&u8Pol;       //设置片选有效电平

    //配置 QSPI 中断优先级,并去除中断屏蔽
    MCF_INTC0_ICR18 = MCF_INTC_ICR_IL(3)|MCF_INTC_ICR_IP(6);
    MCF_INTC0_IMRH &= ~(0);
    MCF_INTC0_IMRL &= ~(MCF_INTC_IMRL_INT_MASK18 | MCF_INTC_IMRL_MASKALL);

    return i8Ret;
}

//该程序启动 QSPI 数据传输
int8 QSPIIntBufferTransfer(tQSPIBuffers * sQSPIBuff)
{
    uint8 j;

    if (u8QSPIStat != QSPI_IDLE)
        return -1;

    //使能数据传输完成中断
    MCF_QSPI_QIR |= (MCF_QSPI_QIR_SPIF | MCF_QSPI_QIR_SPIFE);
```

```c
        //本例不支持环绕模式
        if (sQSPIBuff->u8Size > 16){
            //如果环境模式必须被使能
             return -1;
        }
        else{
            QSPI_SPIF_ISR = QSPI_SPIF_Test_ISR;
            sQSPIInterruptBuf = sQSPIBuff;
            for (j=0; j < sQSPIBuff->u8Size; j++){
                    //将命令缓存和发送缓存数据写入 QSPI 缓存
                    sQSPIBuff->u8Stat = QSPI_BUFFSTAT_BUSY;
                    MCF_QSPI_QAR = QSPI_COMMAND_ADDRESS + j;
                    MCF_QSPI_QDR = MCF_QSPI_QDR_DATA(sQSPIBuff->pu8Cmd[j]);
                    MCF_QSPI_QAR = QSPI_TRANSMIT_ADDRESS + j;
                    MCF_QSPI_QDR = sQSPIBuff->pu16TxData[j];
}
MCF_QSPI_QWR = (MCF_QSPI_QWR&MCF_QSPI_QWR_CSIV)
  | MCF_QSPI_QWR_ENDQP((sQSPIBuff->u8Size)-1)
  | MCF_QSPI_QWR_NEWQP(0);                              //配置队列起始和终止地址
MCF_QSPI_QDLYR |= MCF_QSPI_QDLYR_SPE;                   //启动 QSPI 数据传输
return 0;
        }
}


//通过中断方式自发自收 16 字节队列数据
int8 qspi_spif(void)
{
    tQSPIBuffers *MyBuf;
    int8 i8Return = 0;
    uint32 u32Countdown = 0;
    uint8 j;

    //初始化 QSPI 模块:波特率 1 kbps,时钟极性和相位,数据位宽 16 位
    //配置延迟参数和片选有效电平
    QSPIInit(1000, 2, 16, 1, 20, 1);

    printf("\t* * * * * * * * * * * * * * * * * * * * * * * *\t\n");
    printf("QSPI SPI Finished Interrupt Example\n");
    printf("Connect QSPI_DIN to QSPI_DOUT and press a key\n");
    WAIT_4_USER_INPUT();

    //初始化 MyBuf,分配 16 字节发送、接收和命令缓存
    MyBuf = QSPI_InitFullBuffer(16);
    //填充命令缓存和发送缓存数据
    for (j=0; j < 16; j++)
```

```c
    {
        MyBuf->pu16TxData[j] = j;
        MyBuf->pu8Cmd[j] = ( MCF_QSPI_QDR_CONT         //片选保持一直有效
                           | MCF_QSPI_QDR_BITSE        //可编程位宽
                           | MCF_QSPI_QDR_DT           //可编程数据传输间延迟
                           | MCF_QSPI_QDR_DSCK         //可编程片选到时钟延迟
                           | MCF_QSPI_QDR_CS(0x0)) >> 8;  //CS0 低电平有效
    }

    //中断方式发送数据
    if (QSPIIntBufferTransfer(MyBuf) != 0x00)
    {
        QSPI_FreeFullBuffer(MyBuf);
        printf("Error\n");
        return -1;
    }
    //等待数据发送完成
    while (! QSPIF_IntRdy())
    {
        if (u32Countdown++ == 0x100000)
        {
            QSPI_FreeFullBuffer(MyBuf);
            printf("Error\n");
            return -1;
        }
    }

    printf("Interrupt Received \n");
    //检查数据是否有效
    for (j = 0; j < 16; j++){
        if (MyBuf->pu16TxData[j] != MyBuf->pu16RxData[j])
        {
            QSPI_FreeFullBuffer(MyBuf);
            printf("Error\n");
            return -1;
        }
    }
    printf("Integrity of Data OK \n");

    QSPI_FreeFullBuffer(MyBuf);

    return 0;
}

//中断服务主程序
```

```
void QSPI_SPIF_Test_ISR (void)
{
    uint8 i;

    MCF_QSPI_QAR = QSPI_RECEIVE_ADDRESS;
    for (i = 0; i < sQSPIInterruptBuf->u8Size; i ++ ){
        sQSPIInterruptBuf->pu16RxData[i] = MCF_QSPI_QDR;
    }

    sQSPIInterruptBuf->u8Stat = QSPI_BUFFSTAT_RXRDY;
}

//这是 QSPI 中断的服务程序入口
__interrupt__ void QSPI_ISR()
{
    if (MCF_QSPI_QIR & (MCF_QSPI_QIR_SPIF))
    {
MCF_QSPI_QIR |= MCF_QSPI_QIR_SPIF;
QSPI_SPIF_ISR();
    }
}
```

9.1.4 QSPI 使用实例

ZigBee 技术是一种应用于 2.4 GHz 频段的短距离范围、低传输数据速率下的各种电子设备之间的无线通信技术。Freescale 公司的 Zigbee 模块 MC1319x/MC1320x 作为传输协议的物理层设备，与 MCU 连接采用了 SPI 接口。以下代码仍以 MCF52259 为例，介绍 MCU 与 Zigbee 模块连接时 QSPI 模块的使用。本例实现的是 Freescale 公司免费提供的简单数据传输协议 SMAC。读者需要结合 MC13192 的手册来阅读本段代码。

```
UINT8 gau8SPI1TxBuffer[SPI1_TX_BUFF_SIZE];      //发送数据 buffer
UINT8 gau8SPI1RxBuffer[SPI1_RX_BUFF_SIZE];      //接收数据 buffer
UINT8 * gpu8SPI1TxPtr;                          //发送数据 buffer 指针
UINT8 * gpu8SPI1RxPtr;                          //接收数据 buffer 指针
UINT8 gu8SPI1TxCounter;                         //发送计数器
UINT8 gu8SPI1RxCounter;                         //接收计数器
UINT8 gu8SPI1Status;                            //SPI 状态

//QSPI 模块初始化
void vfnSPI1Init(void)
{
    //全局指针初始化
    gpu8SPI1TxPtr = &gau8SPI1TxBuffer[SPI1_TX_BUFF_SIZE];
    gpu8SPI1RxPtr = &gau8SPI1RxBuffer[SPI1_RX_BUFF_SIZE];
```

```c
//配置 SPI 端口
MCF_GPIO_PQSPAR = MCF_GPIO_PQSPAR_PQSPAR0(1)
                | MCF_GPIO_PQSPAR_PQSPAR1(1)
                | MCF_GPIO_PQSPAR_PQSPAR2(1)
                | MCF_GPIO_PQSPAR_PQSPAR3(0);

//SPI 片选初始化,置为非有效状态
//本例端口配置中并没有对模块片选进行配置,因为通过 SPI 口与 Zigbee 模块的通信协议比较
//特殊,要求片选在发送命令并读取 Zigbee 寄存器的整个过程中一直保持有效,所以直接采用
//GPIO 来拉低片选,当然开发人员也可以按照自己的习惯采用命令寄存器的方式来配置
SPI1_SS_PIN(1);                             //片选引脚用 GPIO 方式
SPI1_SS_DDR(1);                             //GPIO 输出模式

MCF_QSPI_QMR = MCF_QSPI_QMR_MSTR            //设置为主模式
             | MCF_QSPI_QMR_BITS(8)         //8 位
             | MCF_QSPI_QMR_BAUD(10);       //SPICLK = 4 MHz

MCF_QSPI_QDLYR = MCF_QSPI_QDLYR_QCD(4)      //设置延迟参数
               | MCF_QSPI_QDLYR_DTL(4);

MCF_QSPI_QIR |= MCF_QSPI_QIR_SPIF;          //清除中断标志
MCF_QSPI_QIR |= MCF_QSPI_QIR_SPIFE;         //中断使能

MCF_QSPI_QWR = MCF_QSPI_QWR_CSIV;           //设置片选无效电平

//设置 IMRL,QSPI 中断使能
MCF_INTC0_IMRL &= ~(MCF_INTC_IMRL_INT_MASK18 |
                    MCF_INTC_IMRL_MASKALL);

//设置中断优先级
MCF_INTC0_ICR18 = MCF_INTC_ICR_IP(5) + MCF_INTC_ICR_IL(5);
}

//写 Zigbee 模块寄存器
void vfnSPI1WriteString(UINT8 * pu8TxBuffPtr, UINT8 u8TxCounter)
{
    SPI1_SS_PIN(0);                                     //片选使能,直接设置 IO 口
    gu8SPI1Status |= (1<<SPI_TX_IN_PROGRESS);           //设置为传输状态
    gu8SPI1TxCounter = (UINT8)(u8TxCounter - 1);        //开始为单字节传输,中断中
    gpu8SPI1TxPtr = pu8TxBuffPtr;                       //处理剩余数据传输

    //指向 QSPI 命令队列地址
    MCF_QSPI_QAR = QSPI_COMMAND_ADDRESS;
    SPI1_DATA_REG = 0;                                  //8 位,SPI1_DATA_REG 是数据寄存器的宏,下同
```

```c
//指向QSPI发送数据队列地址
MCF_QSPI_QAR = QSPI_TRANSMIT_ADDRESS;
SPI1_DATA_REG = * gpu8SPI1TxPtr ++ ;

//开始传输
MCF_QSPI_QDLYR | = MCF_QSPI_QDLYR_SPE;
//这里需要注意的是:本例中未使用队列传输模式,而是一个一个字节进行传输
//读者可自行改成队列传输模式:
//1.填充命令队列;
//2.填充数据队列,
//3.开始传输;
//4.若传输数据长度超过QSPI最大队列长度,则等待队列数据发送完后重复步骤1~3
}

//读取Zigbee模块寄存器
void vfnSPI1ReadString(UINT8 *pu8RxBuffPtr, UINT8 u8StartAddr, UINT8 u8RxCounter)
{
    SPI1_SS_PIN(0);                                      //片选使能,直接设置IO口
    gu8SPI1Status | = (1<<SPI_RX_IN_PROGRESS);           //设置为接收状态
    gpu8SPI1RxPtr = pu8RxBuffPtr;
    gu8SPI1RxCounter = u8RxCounter;

    //指向QSPI命令队列地址
    MCF_QSPI_QAR = QSPI_COMMAND_ADDRESS;
    SPI1_DATA_REG = 0;                                   //8位

    //指向QSPI发送数据队列地址
    MCF_QSPI_QAR = QSPI_TRANSMIT_ADDRESS;
    SPI1_DATA_REG = u8StartAddr;     //这里还是发送数据:向Zigbee模块传送要读取的寄存器地址

    //开始发送数据,真正的接收数据在中断服务程序中完成
    MCF_QSPI_QDLYR | = MCF_QSPI_QDLYR_SPE;
}

//QSPI中断服务程序
__declspec(interrupt:0)
void SPI_ISR(void)
{
    MCF_QSPI_QIR | = MCF_QSPI_QIR_SPIF;                  //清除中断标志位

    if (gu8SPI1Status &(1<<SPI_RX_IN_PROGRESS))          //正处于接收数据状态
    {
        //指向QSPI命令队列地址
        MCF_QSPI_QAR = QSPI_COMMAND_ADDRESS;
        SPI1_DATA_REG = 0;                               //8位
```

```c
        //指向 QSPI 接收数据队列地址
        MCF_QSPI_QAR = QSPI_RECEIVE_ADDRESS;
        * gpu8SPI1RxPtr ++ = (UINT8)(SPI1_DATA_REG);        //读取数据
        if (gu8SPI1RxCounter)
        { //还未接收完数据
          gu8SPI1RxCounter -- ;

          /*继续接收数据*/
          MCF_QSPI_QDLYR | = MCF_QSPI_QDLYR_SPE;
        }else
        {
          SPI1_SS_PIN(1);                                   //读取数据完毕,置片选为无效态
          gu8SPI1Status & = ~(1<<SPI_RX_IN_PROGRESS);
        }
    }

    if (gu8SPI1Status &(1<<SPI_TX_IN_PROGRESS))             //处于发送状态,是发送中断
    {
      if (gu8SPI1TxCounter)
      {//还没有发送完,继续发送
        gu8SPI1TxCounter -- ;

        //指向 QSPI 命令队列
        MCF_QSPI_QAR = QSPI_COMMAND_ADDRESS;
        SPI1_DATA_REG = 0;                                  //8 位

        //指向 QSPI 发送数据队列
        MCF_QSPI_QAR = QSPI_TRANSMIT_ADDRESS;
        SPI1_DATA_REG = * gpu8SPI1TxPtr ++ ;

        //开始传输
        MCF_QSPI_QDLYR | = MCF_QSPI_QDLYR_SPE;
        return;
      }
      SPI1_SS_PIN(1);                                       //数据发送完毕,置片选为无效态
      gu8SPI1Status & = ~(1<<SPI_TX_IN_PROGRESS);
    }
}
```

9.2　DMA 串行外设接口模块

DMA 串行外设接口模块(DSPI)是具有 DMA 触发功能的 SPI 模块,其功能基本上和 QSPI 模块兼容,但支持主模式和从模式,最多可支持 16 个发送和接收队列。系统 RAM 区的发送和接收队列与 DSPI 内部 FIFO 单元的数据交换可通过中断或 DMA 方式传输,从而降低

了 CPU 的负荷。

9.2.1 DSPI 概述

图 9-5 是 MCF5445x 的 DSPI 模块框图，其外部信号如下：

① DSPI_PCS0/$\overline{SS}$：在主模式下，该信号作为选通外部从设备的片选信号；在从模式下，DSPI/$\overline{SS}$ 连接外部主设备发出的从设备片选信号，此时 MCF5445x 作为从设备。

② DSPI_PCS[1：3]：在主模式下，该信号作为选通外部从设备的片选信号；在从模式下不使用。

③ DSPI_PCS5/$\overline{PCSS}$：在主模式下，如果 DSPI_MCR[PCSSE]＝0，则该信号作为选通外部从设备的片选信号；如果 DSPI_MCR[PCSSE]＝1，$\overline{DSPI\_PCSS}$ 作为外部译码逻辑的选通信号，可用于去除 PCS 信号的毛刺。

④ DSPI_SIN：串行输入信号。

⑤ DSPI_SOUT：串行输出信号。

⑥ DSPI_SCK：串行时钟信号，在主模式下为输出信号，在从模式下为输入信号。

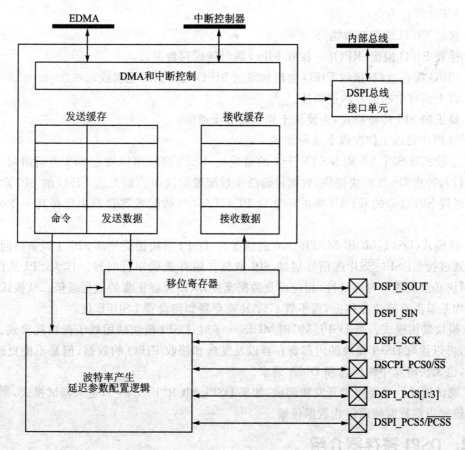

图 9-5　MCF5445x 的 DSPI 模块框图

DSPI 模块具有以下一些特性：

① 支持主模式和从模式。

② 内部包含 16 个队列的发送和接收 FIFO 缓存,可访问发送和接收 FIFO 的内容便于调试,可禁用 FIFO 队列以降低更新 SPI 队列带来的延迟。

③ 8 个时钟和传输参数寄存器,可调节每一帧数据传输相关的参数,如:时钟极性和相位,传输延迟(PCS 到 SCK 的延迟、SCK 到 PCS 的延迟以及数据帧间的延迟),帧长度可调(4～16 位),片选信号保持连续有效。

④ DSPI 模块最多可以有 8 个片选信号 PCS[0：7]。对于不同的带 DSPI 模块的 ColdFire 芯片,区别主要在片上所带的片选信号数目不同。MCF5445x 上有 5 个片选信号,可译码为支持最多 32 个片选。

⑤ 两个 DMA 触发信号:发送 FIFO 缓存未满(TFFF)和接收 FIFO 缓存有数据(RFDF)。

⑥ 8 个中断信号:
- 队列传输完成(EOQF)。
- 发送 FIFO 缓存未满(TFFF)。
- 当前帧发送完成(TCF)。
- 发送 FIFO 缓存无数据(TFUF)(仅在从模式下有效,当从设备被要求发送数据时发送 FIFO 缓存为空)。
- 接收 FIFO 缓存有数据(RFDF)。
- 接收 FIFO 溢出(RFOF)(接收 FIFO 满时接收到数据)。
- FIFO 缓存过载(接收 FIFO 溢出和发送 FIFO 无数据的逻辑或)。
- 以上所有中断信号的逻辑或。

⑦ 修正的 SPI 传输格式,主要用于和低速外设通信。

DSPI 模块可以工作在以下 4 种模式下:

① 主模式(DSPI_MCR[MSTR]=1 的情况)。DSPI 模块可以发起 SPI 通信访问外部设备。串行时钟由 DSPI 模块提供,数据传输的参数配置取决于当前发送 FIFO 的 SPI 命令,用户可以通过 SPI 命令的 CTAS 项在 8 个 DSPI_CTAR 参数配置寄存器中选择其一作为参数设定。

② 从模式(DSPI_MCR[MSTR]=0 的情况)。DSPI 模块接受外部 SPI 主设备访问,外部主设备通过拉低 $\overline{\text{DSPI\_SS}}$ 片选信号启动 SPI 数据传输并提供串行时钟。作为 SPI 从设备的 DSPI 模块必须配置好时钟极性、相位以及数据宽度,从而保证正常的数据通信。从模式下,数据移位均是最高有效位先移出,而不管 CTAR 寄存器如何设置 LSBFE 位。

③ 模块禁用模式。当 DSPI_MCR[MDIS]=1 时,DSPI 模块禁用处于低功耗模式。在此模式下,可以读取 DSPI 模块的内部寄存器以及发送和接收 FIFO 的数据,但是不能更改其中的数据,也无法清除中断标志和 DMA 请求。

④ 调试模式。主要用于开发和调试,如果 DSPI_MCR[FRZ]=1,进入调试模式,则 DSPI 模块传输完当前数据帧后停止数据传输。

9.2.2 DSPI 寄存器介绍

(1) DSPI_MCR——DSPI 配置寄存器

① MSTR 用于配置 DSPI 工作在主模式(MSTR=1)还是从模式(MSTR=0),该位只能在 HALT=1 的情况下更改。

② CONT_SCKE 用于配置是否产生连续的 SCK 信号,即在没有数据传输的时候也产生 SCK 信号。

③ FRZ 用于在 Debug 模式下停止数据帧的传输,当 FRZ=1 时,当前数据帧完成后 DSPI 暂停数据传输工作。

④ MTFE 用于选择修正的 SPI 传输格式(MTFE=1)或普通的 SPI 传输格式(MTFE=0),修正格式主要用于访问低速的外设。

⑤ PCSSE 选择 DSPI_PCS5/$\overline{PCSS}$ 的功能。当 PCSSE=1 时,该信号作为低有效的片选选通信号 $\overline{PCSS}$;PCSSE=0 时,作为外设片选信号 PCS5。

⑥ ROOE 选择在接收 FIFO 溢出的情况下,接收到新的数据是否覆盖先前的数据。当 ROOE=1 时,新接收到的数据将覆盖移位寄存器的内容;ROOE=0,则将丢弃新接收的数据。

⑦ PCSISn 选择各个片选的无效电平。PCSISn=1,则片选为低有效;PCSISn=0,则为高有效。在从模式下,必须将 DSPI_PCS0/$\overline{SS}$ 配置为低有效。

⑧ MDIS 用于在低功耗模式下关闭 DSPI 模块的时钟信号,正常工作的情况下 MDIS 应等于 0。

⑨ DISTX 和 DISRX 可分别禁用发送和接收 FIFO 缓存,当不使用 FIFO 时,DSPI 工作在双缓冲的模式下。

⑩ CLR_TX 和 CLR_RX 分别清除发送和接收 FIFO 缓存的内容。

⑪ SMPL_PT 选择修正 SPI 传输格式下 SIN 信号的采样点。

⑫ HALT 用于启动(HALT=0)或停止(HALT=1)DSPI 数据传输。

(2) DSPI_TCR——DSPI 传输计数寄存器

表示目前完成的 SPI 传输个数,可以方便队列管理。该寄存器的高 16 位用于计数管理,当计数超过 65 535 时,计数器重新从 0 开始计数。

(3) DSPI_CTARn——DSPI 时钟和传输参数配置寄存器(共 8 个)

配置 DSPI 模块工作的波特率、位宽、延迟参数、时钟极性和相位以及串行传输的位序(MSB 先传还是 LSB 先传)。在主模式下,通过 DSPI_PUSHR 寄存器的 CTAS 可以为每一帧数据选择不同的传输参数;在从模式下,通过 DSPI_CTAR0 配置 DSPI 模块的传输参数,且应该和主设备参数匹配。

① FMSZ 选择每一帧数据的位宽,可选 4~16 位。

② CPOL 和 CPHA 的设置和 QSPI 模块的情况一样。

③ LSBFE 选择串行数据传输的位序。LSBFE=1 时 LSB 先传;LSBFE=0 时 MSB 先传。

④ PCSSCK 和 CSSCK 配置 PCS 到 SCK 的延迟参数。

⑤ PASC 和 ASC 配置 SCK 最后一个边沿到 PCS 失效的延迟参数。

⑥ PDT 和 DT 配置数据帧之间的延迟参数,即本次 PCS 失效到下次 PCS 有效之间的延迟。

⑦ PBR 和 BR 配置 DSPI 模块的波特率,DBR 可用于产生两倍的波特率(DBR=1)。

(4) DSPI_SR——DSPI 状态寄存器

① TCF 代表当前数据帧传输完毕标志。

② TXRXS 反映 DSPI 模块的工作状态。TXRXS=1 表示 DSPI 模块处于运行态,即正在

发送或接收数据；TXRXS=0，则 DSPI 模块处于停止态。

③ EOQF 表示队列结尾标志，即当前传输的帧其命令字的 EOQ 位等于 1，该标志表示队列数据传输完成。

④ TFUF 表示在从模式下发送 FIFO 为空，此时如果主设备请求从设备发送数据，将置位 TFUF。

⑤ TFFF 表示发送 FIFO 缓存未满标志，TFFF=1 表示发送 FIFO 未满，此时可通过中断或 DMA 方式填充待发送数据。

⑥ RFOF 表示接收 FIFO 缓存溢出标志，当接收 FIFO 和移位寄存器均为满的情况下，接收到新的数据会置位 RFOF。

⑦ RFDF 表示接收 FIFO 缓存有数据标志，RFDF=1 表示接收 FIFO 有数据，此时可通过中断或 DMA 方式读取 DSPI_POPR 寄存器获取接收到的数据。

⑧ TXCTR 表示发送 FIFO 缓存中有效数据的个数，每次写 DSPI_PUSHR 寄存器后 TXCTR 加 1，每次执行一个 SPI 命令将发送 FIFO 中的数据移入移位寄存器，TXCTR 减 1。

⑨ TXNXTPTR 指向发送 FIFO 中下一个待发送的数据。

⑩ RXCTR 表示接收 FIFO 中有效数据的个数，每次 DSPI 模块接收到一帧新的数据 RXCTR 加 1，读取 DSPI_POPR 寄存器后 RXCTR 减 1。

⑪ POPNXTPTR 指向接收 FIFO 缓冲中下一次读取 DSPI_POPR 返回的数据项。

(5) DSPI_RSER——DSPI 中断和 DMA 使能和选择寄存器（见表 9-1）

表 9-1 DSPI 中断和 DMA 触发条件

	触发中断	触发 DMA
TCF_RE=1	数据帧传输完毕	—
EOQF_RE=1	队列传输完成	—
TFUF_RE=1	发送 FIFO 无数据	—
RFOF_RE=1	接收 FIFO 溢出	—
TFFF_RE=1(TFFF_DIRS=0)	发送 FIFO 未满	—
TFFF_RE=1(TFFF_DIRS=1)	—	发送 FIFO 未满
RFDF_RE=1(RFDF_DIRS=0)	接收 FIFO 有数据	—
RFDF_RE=1(RFDF_DIRS=1)	—	接收 FIFO 有数据

(6) DSPI_PUSHR——给 DSPI 发送 FIFO 填充数据的入口

高 16 位为命令字，低 16 位为需要传输的数据。

命令字包括以下 4 个域：

① CONT 用于选择数据传输之间是否保持片选一直有效。

② CTAS 选择时钟和传输参数的配置，可选范围为 DSPI_CTAR0~DSPI_CTAR7。

③ EOQ 用于通知 DSPI 模块本次 SPI 传输是队列中的最后一个数据项，当该次传输结束后 EOQF 置位。

④ CTCNT 可用于清零 DSPI 传输计数寄存器 DSPI_TCR。

(7) DSPI_POPR——从接收 FIFO 读取数据的入口

低 16 位为接收到的数据，如果 RFDF 或 RXCTR 显示接收 FIFO 有数据，可通过该寄存器读取数据。

(8) DSPI_TXFR0~15 和 DSPI_RXFR0~15

分别表示当前发送和接收 FIFO 的内容,便于开发调试。

9.2.3 DSPI 工作原理

DSPI 模块支持各 16 个队列的发送和接收 FIFO,并能由 FIFO 的当前状态以及数据传输是否完成触发 6 个中断和 2 个 DMA 传输,因而降低了 CPU 的开销。DSPI 模块还包括了 8 个传输参数配置寄存器 DSPI_CTAR,用户可通过 DSPI_PUSHR 的 CTAS 域为每一帧选择不同的传输参数,提高了数据传输的灵活性。

DSPI 模块工作在两种工作状态下:运行态和停止态。模块的初始状态为停止态,此时不论模块是主设备还是从设备,都停止串行数据传输。一般寄存器修改和主从模式的切换最好在停止态下进行(即 DSPI_MCR[HALT]=1)。通过读取 DSPI_SR 的 TXRXS 位可以知道模块当前处于的工作状态,具体的状态切换和条件请参考图 9-6 和表 9-2。

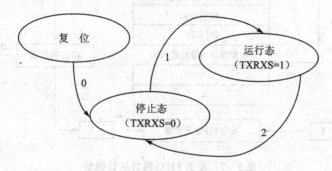

图 9-6 DSPI 状态切换图

表 9-2 DSPI 模块的状态切换和运行、停止条件

状态切换	当前状态	下一状态	描述
0	复位	停止态	上电复位后的默认切换
1	停止态	运行态	必须满足以下所有条件才能切换到运行态:EOQF=0;不使用调试模式或 FRZ=0;HALT=0
2	运行态	停止态	满足以下任一条件则当前帧传输完成切换到停止态:EOQF=1;使用调试模式且 FRZ=1;HALT=1

(1) FIFO 控制

DSPI 模块集成了 16 个队列的发送 FIFO 和接收 FIFO,队列中每一项包含了命令字和待发送或接收到的数据。用户可以通过选择分别禁用发送和接收 FIFO,在 FIFO 禁用的情况下,发送 FIFO 可以看作由移位寄存器以及 PUSHR 组成的双缓冲的队列,接收 FIFO 则由移位寄存器和 POPR 组成。用户可以通过 MCU 或 eDMA 控制器写 PUSHR 寄存器向发送 FIFO 添加新的数据项或者读 POPR 寄存器读取接收 FIFO 中的数据。

用户通过读取 DSPI_SR 的相关域了解当前发送和接收 FIFO 的状态,其中 TXCTR 和 RXCTR 分别代表当前 FIFO 中有效的数据个数,TXNXTPTR 和 POPNXTPTR 分别指向发送和接收 FIFO 最先进入的数据项,也就是下一个待发送或接收的数据。图 9-7 和图 9-8 分别为发送和接收 FIFO 指针和计数器的示意图。根据待发送或接收指针以及 FIFO 计数器提供的信息,用户可以计算出 FIFO 中最先和最后进入的数据项的地址。

发送 FIFO:
最先进入数据项地址 = 发送 FIFO 基地址 + 4×TXNXTPTR
最后进入数据项地址 = 发送 FIFO 基地址 + 4×[(TXCTR+TXNXTPTR−1)%16]
接收 FIFO:
最先进入数据项地址 = 接收 FIFO 基地址 + 4×POPNXTPTR
最后进入数据项地址 = 接收 FIFO 基地址 + 4×[(RXCTR+POPNXTPTR−1)%16]

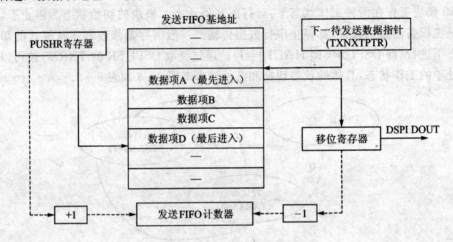

图 9-7　发送 FIFO 指针和计数器

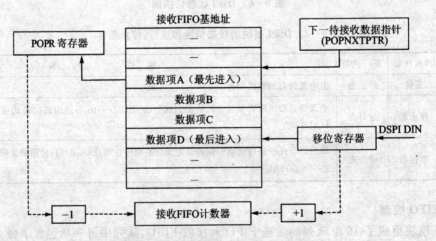

图 9-8　接收 FIFO 指针和计数器

(2) 波特率和传输延迟设置

波特率由预分频比、分频比和 DBR 决定,见图 9-9 和表 9-3。

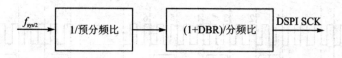

图 9-9 DSPI 波特率设置

表 9-3 波特率计算示例

项目	$f_{sys/2}$	PBR	预分频比	BR	分频比	DBR	波特率
值	100 MHz	00	2	000	2	0	25 Mbps

片选有效至 SCK 延迟 $t_{CSC}=\dfrac{1}{f_{sys}}\times PCSSCK\times CSSCK$。

最后一个 SCK 的边沿至片选失效的延迟 $t_{ASC}=\dfrac{1}{f_{sys}}\times PASC\times ASC$。

帧间延迟(即片选有效到片选无效的时间)$t_{DT}=\dfrac{1}{f_{sys}}\times PDT\times DT$。

图 9-10 显示了 DSPI 参数设置和时序波形图的关系,包括时钟极性 CPOL 和相位 CPHA、传输延迟以及传输位序 LSBFE。

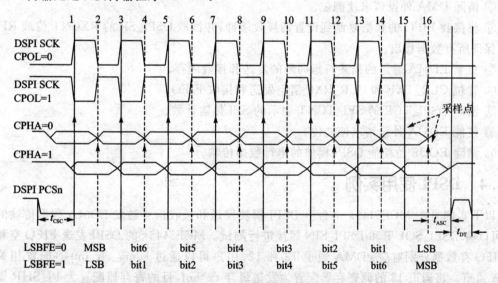

图 9-10 DSPI 时序波形图(FMSZ=8)

(3) 修正的 SPI 传输格式

随着 SPI 波特率的增加,DSPI SCK 的周期将变得很小,以致器件引脚和 PCB 板线路带来的延迟变得显著。因此,在某些场合下,需要采用修正的 SPI 传输格式,将数据采样点后移几个总线时钟。用户可以置位 DSPI MCR 的 MTFE 来使能修正的 SPI 传输格式,并通过 SMPL_PT 选择实际的采样点,可选后移 0、1 或 2 个系统时钟,如图 9-11 所示。

(4) 如何更新队列

DSPI 队列并不是 DSPI 模块的一部分,但是 DSPI 提供了一些机制来支持队列的管理。以下介绍如何在数据传输中由 EDMA 模块来更新数据队列。

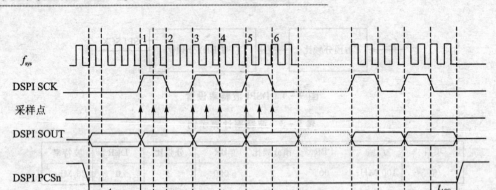

图 9-11 DSPI 修正格式 ($f_{sck} = f_{sys/4}$)

① DSPI 模块的队列中最后一个命令的 EOQ 置位,表示这是队列中的最后一项。
② 当队列的最后一个命令执行完毕,DSPI_SR 的 EOQF 置位,表示队列传输完成。
③ EOQF 置位后,将终止串行数据的发送和接收,此时 TXRXS=1 表示 DSPI 模块处于停止状态。
④ EDMA 模块填充数据至发送 FIFO 直到满或者第⑤步发生。
⑤ 清除 DMA 外设请求使能位。
⑥ 将接收 FIFO 的数据复制到设置的接收缓冲,并读取 DSPI_SR 的 RXCNT 位或 RFDF 位以保证所有数据移出。
⑦ 更新 EDMA 通道的描述符指向新的发送和接收缓存。
⑧ 置位 CLR_TXF 和 CLR_RXF 清空发送和接收 FIFO。
⑨ 清除 DSPI_TCR 的 SPI_TCNT 表示的 SPI 传输计数。
⑩ 使能 EDMA 外设请求使能位。
⑪ 清除 EOQF 位使能 DSPI 模块的串行数据传输。

9.2.4 DSPI 使用实例

以下实例是在 MCF5445x 平台上 DSPI 模块发送和接收信号触发 EDMA 数据传输的情况,可以将 DSPI_SOUT 和 DSPI_SIN 短接进行测试。MCF5445x 的 DSPI 发送 FIFO 空和接收 FIFO 有数据分别对应 eDMA 通道 13 和 12,用户可以通过 edma_ch_init() 配置相关的 DMA 通道。将通道 13 的源寄存器配置为发送缓存 tx_buf,目的寄存器配置为 PUSHR 寄存器;通道 12 的源寄存器配置为 POPR 寄存器,目的寄存器配置为接收缓冲 rx_buf。

当队列数据传输完成后,EOQF 标志置位并且 TXRXS 清零表示 DSPI 模块进入停止状态,此时可以通过接收 DMA 读取接收到的数据,并初始化下一个队列数据和配置发送 DMA 通道的传输描述符。最后通过向 EOQF 位写 1 清除该标志,之后 TXRXS 重新变为 1,DSPI 模块进入发送和接收状态,此时可以使能 DMA 外部触发继续数据传输。

```
uint32 tx_buf[15];
uint16 test_data1[15] = {0x8001,0x8002,0x8003,0x8004,0x8005,0x8006,0x8007,0x8008,0x8009,
                         0x800a,0x800b,0x800c,0x800d,0x800e,0x800f};
uint16 test_data2[10] = {0x7001,0x7002,0x7003,0x7004,0x7005,0x7006,0x7007,0x7008,0x7009,
                         0x700a};
```

第 9 章　串行外设接口模块

```c
uint32 rx_buf[50];

void dspi_init(void)
{
    //DSPI GPIO 口配置
    MCF_GPIO_PAR_DSPI = 0 | MCF_GPIO_PAR_DSPI_SIN_SIN
                         | MCF_GPIO_PAR_DSPI_SOUT_SOUT
                         | MCF_GPIO_PAR_DSPI_SCK_SCK;
    MCF_GPIO_PAR_DSPI |= MCF_GPIO_PAR_DSPI_PCS0_PCS0;

    //配置 SPI 帧长度、时钟极性和相位、波特率以及延迟时间
    MCF_DSPI_DCTAR0 = 0
        | MCF_DSPI_DCTAR_FMSZ(FRAME_SIZE - 1)    //帧长度
        | MCF_DSPI_DCTAR_CPOL_LOW
        | MCF_DSPI_DCTAR_CPHA_LATCH_RISING
        | MCF_DSPI_DCTAR_PCSSCK(0)               //PCS 有效至 SCK 的延迟

        | MCF_DSPI_DCTAR_CSSCK(1)
        | MCF_DSPI_DCTAR_PASC(1)                 //SCK 至 PCS 失效的延迟

        | MCF_DSPI_DCTAR_ASC(1)
        | MCF_DSPI_DCTAR_PDT(1)                  //帧间延迟
        | MCF_DSPI_DCTAR_DT(1)
        | MCF_DSPI_DCTAR_PBR(0)                  //DSPI_SCK 分频比
        | MCF_DSPI_DCTAR_BR(8);

    MCF_DSPI_DMCR = 0
        | MCF_DSPI_DMCR_MSTR                     //工作在主模式
        | MCF_DSPI_DMCR_PCSIS7                   //低电平有效
        | MCF_DSPI_DMCR_PCSIS6                   //低电平有效
        | MCF_DSPI_DMCR_PCSIS5                   //低电平有效
        | MCF_DSPI_DMCR_PCSIS4                   //低电平有效
        | MCF_DSPI_DMCR_PCSIS3                   //低电平有效
        | MCF_DSPI_DMCR_PCSIS2                   //低电平有效
        | MCF_DSPI_DMCR_PCSIS1                   //低电平有效
        | MCF_DSPI_DMCR_PCSIS0                   //低电平有效
        | MCF_DSPI_DMCR_CLRTXF                   //清空 Tx FIFO
        | MCF_DSPI_DMCR_CLRRXF;                  //清空 Rx FIFO

    //使能发送 FIFO 空和接收 FIFO 有数据触发 DMA 请求
    MCF_DSPI_DRSER = 0 | MCF_DSPI_DRSER_TFFFE | MCF_DSPI_DRSER_TFFFS
                       | MCF_DSPI_DRSER_RFDFE | MCF_DSPI_DRSER_RFDFS;
}

//将待发送数据添加合适的配置信息,用于写入 PUSHR 寄存器
```

```c
void prep_tx_data(uint32 * tx_buf, uint16 * data, uint16 cnt)
{
  uint16 i = 0;

  for(i = 0; i < cnt; i++)
  {
    tx_buf[i] = MCF_DSPI_DTFDR_PCS0 | MCF_DSPI_DTFDR_CTAS(0)| data[i];
  }

  //最后一个队列数据需要置位 EOQ,以便产生队列传输完成标志
  tx_buf[cnt-1] |= MCF_DSPI_DTFDR_EOQ;
}

void edma_ch_init(uint8 cnt, uint32 * rx_buf, uint32 * tx_buf)
{
//eDMA 通道 12 用于 DSPI 接收
  MCF_EDMA_TCD12_SADDR = (uint32)&MCF_DSPI_POPR;

  MCF_EDMA_TCD12_ATTR = ( 0 | MCF_EDMA_TCD_ATTR_SSIZE_32BIT| MCF_EDMA_TCD_ATTR_DSIZE_32BIT );

  MCF_EDMA_TCD12_SOFF = 0x0;

  MCF_EDMA_TCD12_NBYTES = cnt * 4;

  MCF_EDMA_TCD12_SLAST = 0x0;

  MCF_EDMA_TCD12_DADDR = (uint32)rx_buf;

  MCF_EDMA_TCD12_CITER = ( 0 | MCF_EDMA_TCD_CITER_CITER(1) );

  MCF_EDMA_TCD12_DOFF = 0x04;

  MCF_EDMA_TCD12_DLAST_SGA = 0;

  MCF_EDMA_TCD12_BITER = ( 0 | MCF_EDMA_TCD_BITER_BITER(1) );

  MCF_EDMA_TCD12_CSR = ( 0 | MCF_EDMA_TCD_CSR_D_REQ );
//eDMA 通道 13 用于 DSPI 发送
  MCF_EDMA_TCD13_SADDR = (uint32)tx_buf ;

  MCF_EDMA_TCD13_ATTR = ( 0 | MCF_EDMA_TCD_ATTR_SSIZE_32BIT| MCF_EDMA_TCD_ATTR_DSIZE_32BIT );

  MCF_EDMA_TCD13_SOFF = 0x4;

  MCF_EDMA_TCD13_NBYTES = cnt * 4;

  MCF_EDMA_TCD13_SLAST = 0;

  MCF_EDMA_TCD13_DADDR = (uint32)&MCF_DSPI_PUSHR;

  MCF_EDMA_TCD13_CITER = ( 0 | MCF_EDMA_TCD_CITER_CITER(1) );

  MCF_EDMA_TCD13_DOFF = 0x0;

  MCF_EDMA_TCD13_DLAST_SGA = 0x0;

  MCF_EDMA_TCD13_BITER = ( 0 | MCF_EDMA_TCD_BITER_BITER(1) );
```

```
    MCF_EDMA_TCD13_CSR = ( 0 | MCF_EDMA_TCD_CSR_D_REQ );
}


void dspi_xfer_start(void)
{
    //使能 eDMA 通道 13 的请求
    MCF_EDMA_SERQ = 13;

    //等待 DMA 搬移发送数据完成
    while( (! (MCF_EDMA_TCD13_CSR & MCF_EDMA_TCD_CSR_DONE)) &(! (MCF_EDMA_ES)) );

    //等待 DSPI 队列传输完成
    while((MCF_DSPI_DSR&MCF_DSPI_DSR_EOQF) ! = MCF_DSPI_DSR_EOQF)
    {
        printf("MCF_DSPI_DSR is 0x%x\n", MCF_DSPI_DSR);
    }

    //等待 EOQF 标志置位后,DSPI 模块进入停止状态
    while((MCF_DSPI_DSR&MCF_DSPI_DSR_TXRXS) == MCF_DSPI_DSR_TXRXS)
    {
        printf("MCF_DSPI_DSR is 0x%x\n", MCF_DSPI_DSR);
    }
    //使能 eDMA 通道 12 的请求
    MCF_EDMA_SERQ = 12;

    //等待 DMA 搬移接收数据完成
    while( (! (MCF_EDMA_TCD12_CSR & MCF_EDMA_TCD_CSR_DONE)) &(! (MCF_EDMA_ES)) );
}


//测试主程序
void dspi_edma_test(void)
{
    dspi_init();
    prep_tx_data(tx_buf, test_data1, 15);
    edma_ch_init(15, rx_buf, tx_buf);
    dspi_xfer_start();
    //清空 DSPI FIFO
    MCF_DSPI_DMCR |= (MCF_DSPI_DMCR_CLRTXF | MCF_DSPI_DMCR_CLRRXF);

    //清除 EOQF 标志,从而 DSPI 模块重新进入发送和接收状态
    MCF_DSPI_DSR |= MCF_DSPI_DSR_EOQF;

    prep_tx_data(tx_buf, test_data2, 10);
    edma_ch_init(10, rx_buf + 15, tx_buf);
    dspi_xfer_start();
```

```
...
//后续可以添加自己的程序
}
```

9.3 EZPORT 模块

EZPORT 模块提供了一个串行 Flash 接口用于对 ColdFire 片内 Flash 存储器擦除和编程，目前主要集成在 ColdFire 的 MCU 产品上，如 MCF5222x、MCF5223x 和 MCF5225x。该接口兼容大部分厂商的串行 Flash 芯片，如 ST Microeletronics、Macronix、Spansion 等。EZPORT 支持这些厂商所规定的命令集，因此现有的串行 Flash 芯片编程代码几乎无需修改即可用于擦除 ColdFire 片上 Flash。对于 ColdFire 的 MCU 产品，除了可以通过调试器 BDM 对 Flash 擦除编程之外，也可以使用 EZPORT 来编程内部 Flash，并且在 Flash 编程完毕后还可以复位芯片开始执行新的程序。

9.3.1 EZPORT 概述

EZPORT 模块使能的情况下，EZPORT 可以访问片内 Flash，CPU 内核和外设均不能访问片内 Flash，以此保证不会产生冲突。图 9-12 是 EZPORT 的模块框图。

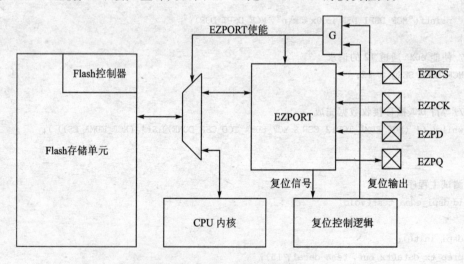

图 9-12 EZPORT 模块框图

EZPORT 模块包括以下外部信号。

(1) EZPCK——EZPORT 数据传输的串行时钟

串行输入数据 EZPD 和片选信号 $\overline{EZPCS}$ 在 EZPCK 的上升沿采样，串行输出数据 EZPQ 在 EZPCK 的下降沿驱动。对于大部分串行 Flash 命令，EZPORT 的时钟频率可工作在系统时钟频率的 1/2；对于读数据命令，EZPORT 的时钟频率最高能达到系统时钟频率的 1/8。

(2) $\overline{EZPCS}$——EZPORT 片选信号

标识串行数据传输的开始和结束。MCU 复位信号失效后，如果 $\overline{EZPCS}$ 信号有效，则 EZPORT 退出复位状态后使能。EZPORT 使能后，$\overline{EZPCS}$ 有效将启动一次串行数据传输直到

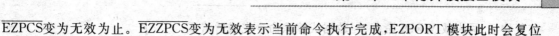

$\overline{\text{EZPCS}}$变为无效为止。$\overline{\text{EZZPCS}}$变为无效表示当前命令执行完成,EZPORT 模块此时会复位内部的状态机以便可以接收下一个命令。

(3) EZPD——EZPORT 串行数据输入

EZPORT 模块在 EZPCK 的上升沿采样串行数据输入,所有命令、地址和数据均以最高有效位(MSB)先移入的位序移入 EZPORT 内部的寄存器。

(4) EZPQ——EZPORT 串行数据输出

EZPORT 模块在 EZPCK 的下降沿驱动串行输出数据,在$\overline{\text{EZPCS}}$无效的情况下该信号处于高阻态,数据移入的位序也是最高有效位先移入。

EZPORT 兼容 SPI 接口,且工作在模式 0(CPOL=0,CPHA=0)或模式 3(CPOL=1,CPHA=1)下,传输位序为 MSB 先传。

注意:ColdFire MCU 有两种工作模式:单芯片模式和 EZPORT 模式。用户可以通过$\overline{\text{RCON}}/\overline{\text{EZPCS}}$在芯片推出复位时的状态决定。如果$\overline{\text{RCON}}/\overline{\text{EZPCS}}$引脚在推出复位状态时为低电平,则芯片进入 EZPORT 模式,可以通过外部的 SPI 主设备对 ColdFire 芯片进行 Flash 擦除和编程。

9.3.2 EZPORT 命令集

EZPORT 能够接收外部主设备发来的串行 Flash 命令集,并执行这些命令对片内 Flash 进行操作。表 9-4 是 EZPORT 所支持的命令集,兼容 ST Microeletronics 的串行 Flash 芯片包含的命令集。

表 9-4 EZPORT 命令集

命 令	描 述	编 码	地址字节数	附加字节数	数据字节数
WREN	写使能	0x06	0	0	0
WRDI	写失效	0x04	0	0	0
RDSR	读状态寄存器	0x05	0	0	1
WRCR	写配置寄存器	0x01	0	0	1
READ	读数据	0x03	3	0	1+
FAST_READ	快速读数据	0x0b	3	1	1+
PP	页编程	0x02	3	0	4~256
SE	扇区擦除	0xd8	3	0	0
BE	块擦除	0xc7	0	0	0
RESET	复位芯片	0xb9	0	0	0

这里所有的命令格式如下,其中带【】的为可选项:

命令　　【地址】　　【附加字节】　　【写数据或读数据】

比如对于 READ 命令,它的格式如下,其中数据字节数一列的"1+"代表返回的数据可以是任意多的字节数,但至少为 1 个字节:

命令字(0x03)　　3 字节起始地址　　返回数据

(1) 写使能 WREN

该命令置位状态寄存器的写使能位,且不能在写操作进行中使用。诸见写配置寄存器 WRCR、页编程 PP、扇区擦除 SE 和块擦除 BE 命令必须在写使能置位后才能执行。写使能位在复位后、写失效 WRDI 命令、写数据或擦除命令完成后清零。

(2) 写失效 WRDI

该命令清零状态寄存器的写使能位,不能在写操作进行中使用。

(3) 读状态寄存器 RDSR(见表 9-5)

表 9-5 EZPORT 状态寄存器

位	7	6	5	4	3	2	1	0
描述	FS	WEF	CRL	—	—	—	WEN	WIP

① FS 表示片内 Flash 是否处于加密状态,FS=1 为加密态,FS=0 为非加密态。在加密状态下,EZPORT 模块不接受读命令、快速读命令、页编程和扇区擦除命令,只能通过块擦除命令将整个 Flash 擦除才能推出加密状态。

② WEF 为写错误标志,WEF=1 表示先前执行的命令有错误,WEF=0 表示命令执行无误。如果 Flash 擦除或编程的是受保护的扇区或者在执行块擦除命令后 Flash 存储器有错误,则置位 WEF。通过读 RDSR 寄存器可以清除该位。

③ CRL 为配置寄存器装载标志,CRL=1 表示配置寄存器已经完成配置。在 EZPORT 能接受擦除和编程命令之前,必须初始化配置寄存器,以此初始化 Flash 控制器从系统时钟分频获得 150~200 kHz 的工作频率。

④ WEN 为写使能位,只有在 WEN=1 时 EZPORT 才能接受写配置命令 WRCR、页编程 PP、扇区擦除 SE 和块擦除 BE 命令。用户可以通过写使能命令置位 WEN,或使用写失效命令清除 WEN。

⑤ WIP 表示写操作是否进行中,外部 SPI 主设备发出写配置命令 WRCR、页编程 PP、扇区擦除 SE 和块擦除 BE 命令后。WIP 置位表示写进行中,此时 EZPORT 仅接受读状态寄存器 RDSR 命令。

(4) 写配置寄存器 WRCR(见表 9-6)

表 9-6 EZPORT 配置寄存器

位	7	6	5	4	3	2	1	0
描述	—	PRDIV8	DIV[5:0]					

该命令用于更新 Flash 控制器的时钟配置寄存器,将 MCU 的系统时钟分频至 150~200 kHz 供 Flash 模块使用。在擦除或编程命令之前,必须先执行该命令。写配置寄存器只能写一次。

① PRDIV8 表示是否将系统时钟预先除以 8。PRDIV8=1 则先将系统时钟频率除以 8 后再分频;PRDIV8=0 则系统时钟直接输入后续的分频器。

② DIV[5:0]表示使用的分频比,必须设置该值使得供给 Flash 的时钟为 150~200 kHz。ColdFire 的片内 Flash 模块输入时钟频率 FCLK 为系统时钟频率的 1/2,但必须将这个时钟频率降至 150~200 kHz,以保证 Flash 控制器能够正常工作。以下是设置配置寄存器的步骤:

① 如果系统时钟 f_{sys} 大于 25.6 MHz,则配置 PRDIV8=1,否则 PRDIV8=0。

② 通过如下公式计算 DIV 的值,并取所得结果的整数部分。

$$DIV = \frac{f_{sys}}{2 \times 200 \times (1+(PRDIV8 \times 7))}$$

通过以上计算,最终的 Flash 模块时钟 FCLK 计算如下:

$$FCLK = \frac{f_{sys}}{2 \times (DIV+1) \times (1+(PRDIV8 \times 7))}$$

因此,如果 $f_{sys}=66$ MHz,则向配置寄存器写 0x54(即 PRDIV8=1,DIV=20),最终获得的 FCLK 为 196.43 kHz。

(5) 读数据 READ(参照图 9-13 的时序图)

该命令返回从指定地址开始内部 Flash 的内容,每次读一个字节,Flash 地址内部自增,当遇到 Flash 存储器最高地址时,地址重新回到 Flash 起始地址。因此,通过该命令可以把整个 Flash 的内容都读取出来。该命令执行必须在 EZPCK 小于系统时钟频率 1/8 的情况下才能完成。在 Flash 处于加密状态下,该命令无效。

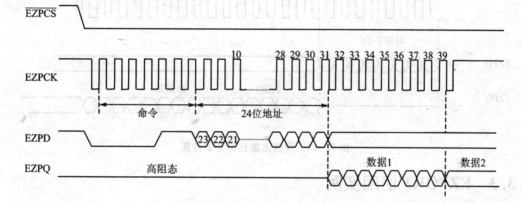

图 9-13 读数据命令时序图

(6) 快速读数据 FAST_READ(参照图 9-14 的时序图)

该命令和 READ 命令基本相同,但命令格式还包含一个附加字节,且工作频率最高可达系统时钟频率的 1/2。

(7) 页编程 PP

该命令用于编程事先已经擦除的 Flash 存储区域,编程区域的起始地址必须 4 字节对齐,且一次最多只能编程 256 字节,当输入数据超过 256 字节时,地址将重新回到起始地址。如果编程一块受保护的区域将置位写错误标志。

(8) 扇区擦除 SE

该命令用于擦除 2 KB 的扇区,命令字节后续的 3 字节为待擦除扇区的起始地址。如果擦除受保护的区域将置位写错误标志。

(9) 块擦除 BE

该命令用于擦除整块 Flash 的内容,而不管 Flash 是否受保护或加密。如果擦除整块 Flash 失败,则置位写错误标志。该命令后面跟 RESET 命令可以去除芯片的加密。

(10) 复位芯片 RESET

该命令强制芯片复位,如果在复位信号结束时 $\overline{EZPCS}$ 信号有效,则使能 EZPORT。该命令用于在更新 Flash 程序后复位芯片。

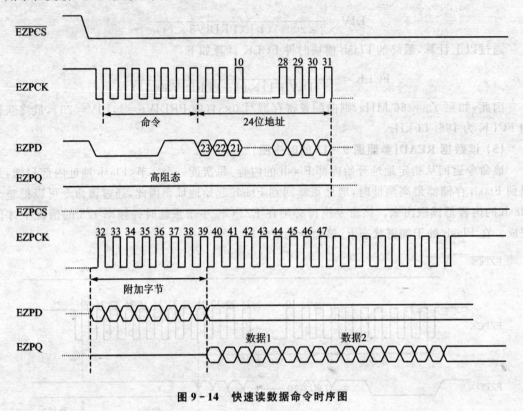

图 9-14 快速读数据命令时序图

9.3.3 EZPORT 使用实例

以下例子通过 MCF52223 的 QSPI 连接 MCF52259 的 EZPORT 口，对 MCF52259 进行擦除和编程，如图 9-15 所示。这里需要注意的是，进入 EZPORT 模式后 MCF52259 内部 Flash 程序不运行，PLL 不工作，系统时钟频率由外部晶体决定，在 MCF52259 EVB 上使用的是 48 MHz 的晶体。

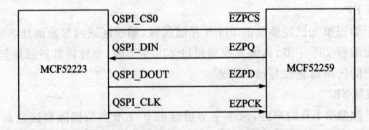

图 9-15 MCF52223 和 MCF52259 的连接图

```
void init_spi(unsigned char bitcnt)
{
    //没有延迟,停止 QSPI
    MCF_QSPI_QDLYR = 0;
```

```c
    //MCF52233工作在主模式：CPOL=1, CPHA=1
    MCF_QSPI_QMR = (0 |MCF_QSPI_QMR_MSTR|MCF_QSPI_QMR_CPOL|
                    MCF_QSPI_QMR_CPHA|MCF_QSPI_QMR_BITS(bitcnt)|MCF_QSPI_QMR_BAUD(20)
                   );

    //QS口的引脚分配：QS6为GPIO输入；QS5为GPIO输入；QS4为QSPI_CS1；QS3为QSPI_CS0；QS2
    //为QSPI_CLK；QS1为QSPI_DIN；QS0为QSPI_DOUT
    MCF_GPIO_PQSPAR = MCF_GPIO_PQSPAR_PQSPAR4(0x1) |
                      MCF_GPIO_PQSPAR_PQSPAR3(0x1) |MCF_GPIO_PQSPAR_PQSPAR2(0x1) |
                      MCF_GPIO_PQSPAR_PQSPAR1(0x1) |MCF_GPIO_PQSPAR_PQSPAR0(0x1);
}

//写QSPI RAM
void write_to_qspi_ram( uint8 address, uint16 data )
{
    MCF_QSPI_QAR = address;
    MCF_QSPI_QDR = data;
}

//读QSPI RAM
uint16 read_from_qspi_ram( uint8 address )
{
    MCF_QSPI_QAR = address;
    return( MCF_QSPI_QDR );
}

//通过QSPI传输bytes个字节，csiv为片选有效信号
void start_spi_trans(uint8 bytes, uint8 csiv)
{
    MCF_QSPI_QIR = MCF_QSPI_QIR_SPIF;            //清除传输完成标志

    if( csiv == 1 )
        MCF_QSPI_QWR = MCF_QSPI_QWR_ENDQP(bytes-1)|MCF_QSPI_QWR_CSIV;
    else
        MCF_QSPI_QWR = MCF_QSPI_QWR_ENDQP(bytes-1);

    MCF_QSPI_QDLYR = MCF_QSPI_QDLYR_SPE;         //启动QSPI传输
    //等待QSPI传输完成
    while( ! (MCF_QSPI_QIR & MCF_QSPI_QIR_SPIF ))
    {
    };
}

//读状态寄存器
unsigned char EzPort_RDSR()
```

```c
{
    volatile unsigned char reg;
    write_to_qspi_ram(QSPI_COMMAND_RAM,MCF_QSPI_QDR_CONT);
    MCF_QSPI_QDR = MCF_QSPI_QDR_CONT;
    write_to_qspi_ram(QSPI_TX_RAM,RDSR);
    //传输的两个字节:第一个字节为 RDSR 命令,第二个字节是移入状态寄存器的数据
    start_spi_trans(2,1);
    MCF_QSPI_QAR = QSPI_RX_RAM;
    reg = MCF_QSPI_QDR;                    //接收 RAM 的第一个字节无效
    reg = MCF_QSPI_QDR;                    //接收 RAM 的第二个字节才是状态寄存器的数据
    return reg;
}

//写配置寄存器
void EzPort_WRCR()
{
    write_to_qspi_ram(QSPI_COMMAND_RAM,MCF_QSPI_QDR_CONT);
    MCF_QSPI_QDR = MCF_QSPI_QDR_CONT;
    write_to_qspi_ram(QSPI_TX_RAM,(WRCR));
    //MCF52259 的系统时钟为 48 MHz,PRDIV8 = 1,DIV[5:0] = 16,FCLK = 187.5 kHz
    MCF_QSPI_QDR = 0x50;
    start_spi_trans(2,1);
}

//写使能命令
void EzPort_WREN()
{
    write_to_qspi_ram(QSPI_COMMAND_RAM,MCF_QSPI_QDR_CONT);
    write_to_qspi_ram(QSPI_TX_RAM,WREN);
    start_spi_trans(1,1);
}

//写失效命令
void EzPort_WRDI()
{
    write_to_qspi_ram(QSPI_TX_RAM,WRDI);
    start_spi_trans(1,1);
}

//扇区擦除命令
void EzPort_SE(unsigned long address)
{
    volatile unsigned char reg;
```

```c
//写扇区擦除命令和 3 字节起始地址至发送 RAM
write_to_qspi_ram(QSPI_TX_RAM,SE);
MCF_QSPI_QDR = ((address&0x00ff0000)>>16);
MCF_QSPI_QDR = ((address&0x0000ff00)>>8);
MCF_QSPI_QDR = ((address&0x000000ff)>>0);

//启动 QSPI 数据传输
start_spi_trans(4,1);

//等待写操作完成
do
{
    reg = EzPort_RDSR();
}while(reg&STATUS_WIP);
}

//块擦除命令
void EzPort_BE()
{
    volatile unsigned char reg;
    write_to_qspi_ram(QSPI_COMMAND_RAM,MCF_QSPI_QDR_CONT);
    write_to_qspi_ram(QSPI_TX_RAM,BE);
    start_spi_trans(1,1);
    //等待写操作完成
    do
    {
        reg = EzPort_RDSR();
    }while(reg&STATUS_WIP);
}

//
//快速读数据
//参数:address——起始地址,length——读取字节数,outbuf——读取数据缓存
//
void EzPort_FASTRD(unsigned long address,unsigned int length,unsigned char * outbuf)
{
    unsigned int i;
    unsigned char dummy = 0x0;

    if(length > 12)
        length = 12;

    //写快速读命令、3 字节起始地址和 1 个附加字节至发送 RAM
    write_to_qspi_ram(QSPI_TX_RAM,FST_RD);
    MCF_QSPI_QDR = ((address&0x00ff0000)>>16);
```

```c
    MCF_QSPI_QDR = ((address&0x0000ff00)>>8);
    MCF_QSPI_QDR = ((address&0x000000ff)>>0);
    MCF_QSPI_QDR = dummy;
    
    //启动 QSPI 数据传输
    start_spi_trans(5+length,1);
    MCF_QSPI_QAR = QSPI_RX_RAM+5;        //接收 RAM 的第 6 个字节开始是读取的有效数据
    for(i=0;i<length-1;i++)
    {
        outbuf[i] = MCF_QSPI_QDR;
        printf("D%d = 0x%x\t",i,outbuf[i]);
    }
}
//
//读数据
//参数：address——起始地址,length——读取字节数,outbuf——读取数据缓存
//
void EzPort_READ(unsigned long address,unsigned int length,unsigned char * outbuf)
{
    unsigned int i;
    if(length > 12)
        length = 12;
    
    //写读命令和 3 字节起始地址至发送 RAM
    write_to_qspi_ram(QSPI_TX_RAM,READ);
    MCF_QSPI_QDR = ((address&0x00ff0000)>>16);
    MCF_QSPI_QDR = ((address&0x0000ff00)>>8);
    MCF_QSPI_QDR = ((address&0x000000ff)>>0);
    
    start_spi_trans(4+length,1);
    MCF_QSPI_QAR = QSPI_RX_RAM+4;        //接收 RAM 的第 5 个字节开始是读取的有效数据
    
    for(i=0;i<length;i++)
    {
        outbuf[i] = MCF_QSPI_QDR;
        printf("D%d = 0x%x\t",i,outbuf[i]);
    }
}
//
//页编程命令——本函数未采用环绕模式,不支持编写 256 字节
//参数：address——编程起始地址,length——编程字节数,buf——待编程的数据
//
void EzPort_PP(unsigned long address,unsigned int length, unsigned char * buf)
{
    unsigned int i;
    volatile unsigned char reg;
```

第9章 串行外设接口模块

```c
    if(length > 12)
        length = 12;
    reg = EzPort_RDSR();      //读状态寄存器
    if(!(reg&STATUS_WEN))
    {
        printf("Write disable...\n\r");
        return;
    }
    printf("Write value at 0x%x\n\r",address);
    for( i = QSPI_COMMAND_RAM; i<QSPI_RAM_END; i++ )
        write_to_qspi_ram( i, SPI_COM_CONT );

    //写页编程命令和3字节地址至发送RAM
    write_to_qspi_ram(QSPI_TX_RAM,PP);
    MCF_QSPI_QDR = ((address&0x00ff0000)>>16);
    MCF_QSPI_QDR = ((address&0x0000ff00)>>8);
    MCF_QSPI_QDR = ((address&0x000000ff)>>0);

    //写待编程数据至发送RAM
    for(i = 0;i<length;i++)
    {
        MCF_QSPI_QDR = buf[i];
        asm
        {
            nop
        };
    }

    //启动QSPI数据传输
    start_spi_trans(4 + length,1);

    //等待写操作完成
    do
    {
        reg = EzPort_RDSR();
    }while(reg&STATUS_WIP);
}

int main(void)
{
    unsigned char i;
    unsigned int sector;
    unsigned char Err_Flag = 0;
    unsigned char databuf[12] =
    {
        1,2,3,4,5,6,7,8,9,0xa,0xb,0xc
    };
```

```c
unsigned char outbuf[12];

//配置 QSPI 为 8 位传输
init_spi(8);
//初始化命令缓存
for( i = QSPI_COMMAND_RAM; i<QSPI_RAM_END; i++ )
    write_to_qspi_ram( i, SPI_COM_CONT );


EzPort_RDSR();        //读状态寄存器
EzPort_WREN();        //写使能
EzPort_WRCR();        //写配置寄存器
EzPort_BE();          //块擦除

for(sector = 23;sector<256;sector++)
{
    EzPort_RDSR();                              //读状态寄存器
    EzPort_WREN();                              //写使能
    EzPort_RDSR();                              //读状态寄存器
    EzPort_READ(sector * 0x800,12,outbuf);      //读数据
    EzPort_SE(sector * 0x800 + 1);              //扇区擦除

    EzPort_READ(sector * 0x800,12,outbuf);      //读数据
    EzPort_WREN();                              //写使能
    EzPort_RDSR();                              //读状态寄存器
    EzPort_PP(sector * 0x800,12,databuf);       //编程数据
    EzPort_READ(sector * 0x800,12,outbuf);      //读数据

    //验证数据是否正确
    for(i = 0;i<11;i++)
    {
        if(outbuf[i]! = databuf[i])
        {
            printf("buf write %d error",i);
            Err_Flag = 1;
            break;
        }

    }
    EzPort_FASTRD(sector * 0x800,12,outbuf);//快速读数据
    if(Err_Flag == 1)
        break;
}
```

第 10 章

I2C 模块介绍与应用

　　I2C 总线协议于 80 年代早期由 NXP 半导体开发,最初是为了方便地连接电视机里各种外设芯片。目前,I2C 总线在消费电子、视频设备等许多领域被广泛应用,可用于连接诸如 A/D 转换器、温度传感器、实时时钟和 LCD 控制器等外设。

　　另外,I2C 也是其他一些工业领域串行通信协议的基础,它作为 VESA DDC 标准协议用于计算机显示器的信息配置和控制,而在计算机主板和智能充电设备中管理电源系统的 SMBus 协议也以 I2C 协议为基础。

　　I2C 总线是一个多主机总线,也就是说连接在总线上的多个设备均可以开启一个数据传输。每个成功开启数据传输的设备被称为主机,而总线上的其他设备被称为从机。由于多主机可以同时访问总线且主机和从机之间的速度可能不匹配,所以 I2C 协议也规定了总线仲裁以及时钟延伸的握手协议来解决这些问题。

　　ColdFire 包括片上 I2C 模块,在最大总线负载的情况下数据传输率可达到 100 kbps,且在总线负载降低的情况下数据率最高可达到总线时钟频率的 1/20。

10.1 I2C 协议简介

　　I2C 协议采用串行数据线 SDA 和串行时钟线 SCL 进行通信,挂载在总线上的所有 I2C 设备都具有漏极开路的输出,通过在 SDA 和 SCL 线上外接上拉电阻(2~10 kΩ)实现线与功能。一般来说,如果总线上的负载越大,需要使用的上拉电阻阻值越小。

　　一个标准的 I2C 通信包括 4 个部分:开始信号、从设备地址传输、数据传输和停止信号,如图 10-1 所示。当总线处于空闲状态(SDA 和 SCL 均为高电平)时,总线上的设备可以通过产生开始信号(SCL 处于高电平的情况下,SDA 由高电平到低电平的跳变)来成为主设备。设备产生开始信号之后,继续发送 7 位从设备地址和 1 位读写位(1:读,0:写),随后主设备释放总线,等待从设备的应答。如果从设备发现自己的地址和主设备发送的地址匹配,则该从设备在第 9 个 SCL 拉低 SDA,表示对主设备的应答。接着,主设备和从设备之间可以继续传输任意多的数据,每次传输一个字节,并在第 9 个 SCL 由接收方(如果是主发从收,则接收方为从设备;如果是主收从发,则接收方为主设备)拉低 SDA 应答。在发送最后一个字节后,接收方不产生应答位,从而通知主设备产生停止信号(SCL 处于高电平的情况下,SDA 由低电平到高电平的跳变)来终止总线周期。

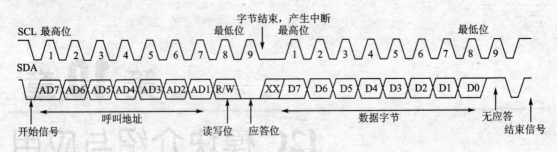

图 10-1　标准 I2C 通信波形

主设备也可以通过发送重复开始信号来访问总线上另一个从设备或者切换访问从设备的模式(如从写模式切换到读模式),如图 10-2 所示。

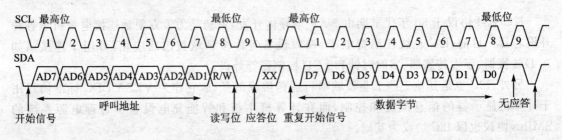

图 10-2　重复开始信号

图 10-3 给出几个主从设备数据传输的数据格式。

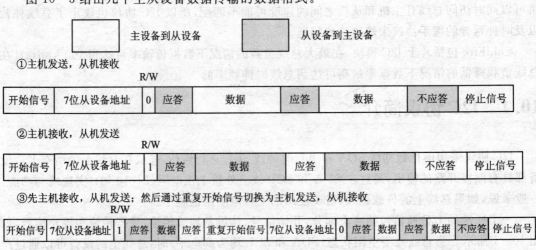

图 10-3　I2C 总线传输数据格式

由于 I2C 协议是一个多主机通信协议,允许多个主机同时发出总线请求,且总线采取线与的方式连接各个设备。在图 10-4 中,I2C 总线上有两个主设备发出 SCL 时钟信号,当 I2C_SCL1 拉为低电平后,总线时钟 I2C_SCL 立即变为低电平,尽管此时 I2C_SCL2 仍为高电平;当 I2C_SCL1 变为高电平后,总线时钟 I2C_SCL 没有立即变为高电平,而是需要等待其他的 I2C 主设备释放总线,将时钟 I2C_SCL 拉高。因此,总线时钟 SCL 的低电平宽度取决于总线设备最长的低电平宽度,而其高电平宽度取决于总线设备最短的高电平宽度。

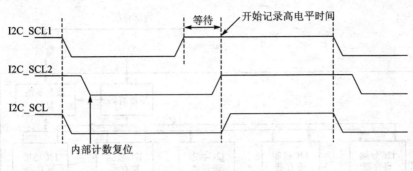

图 10-4　I2C 时钟同步

当多个设备同时请求总线时，I2C 通过判断 SDA 的电平进行总线仲裁，在其他主机设备输出低电平的情况下，输出高电平的主机设备将失去总线的仲裁，如图 10-5 所示。

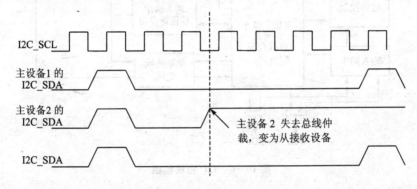

图 10-5　I2C 总线仲裁

10.2　I2C 模块框图和寄存器介绍

I2C 模块如图 10-6 所示，包括：开始、停止信号及仲裁控制；时钟控制和输入同步；输入/输出移位寄存器；控制、状态、数据、地址和分频寄存器的编程接口。

I2C 模块可配置工作在主模式或从模式，也可配置为发送模式或接收模式。芯片复位后，I2C 模块初始状态为从机接收模式，每当总线仲裁丢失后，I2C 模块立刻切换为从机接收模式。

(1) 分频寄存器 I2FDR

设置分频系统总线时钟的分频比 IC 以获得 I2C 的串行时钟 $f_{SCL} = f_{busclk}/\text{I2FDR[IC]}$。

(2) 地址寄存器 I2ADR

该寄存器包含了 I2C 模块作为从机的地址，而不是主机在地址发送阶段发送的地址。

(3) 数据寄存器 I2DR

该寄存器包含了待发送或接收的字节数据，在主发送模式下，写该寄存器将开始 I2C 数据传输（MSB 首先发送）；在主接收模式下，读该寄存器获得下一字节的接收数据。需要注意的是，在选择主模式的情况下（I2CR[MSTA]=1），第一个传输的字节是寻址 I2C 从设备的地址字节，此时 I2DR 应该包含 7 位从设备地址（D7～D1），D0 为读/写位，必须由软件编程产生。

(4) 控制寄存器 I2CR

用于控制 I2C 工作模式，使能 I2C 模块和产生中断。

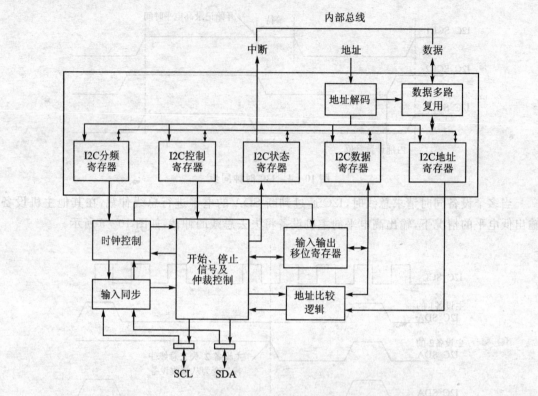

图 10-6 I2C 模块框图

① 模块使能位 I2EN。I2EN=0 时可访问寄存器,但此时模块不工作。

② 中断使能位 IIEN。IIEN=0 时选择查询模式;IIEN=1 时,如果 I2SR[IIF]=1 则产生 I2C 中断。

③ 主从模式选择位 MSTA。置位 MSTA 将产生开始信号且 I2C 模块工作在主模式,清除 MSTA 将产生停止信号且 I2C 模块工作在从模式。如果 I2C 模块总线仲裁丢失,MSTA 将自动清除,不会产生停止信号。

④ 发送和接收选择位 MTX,用于选择主模式或从模式下数据传输的方向。如果模块作为从设备,则软件需要根据 I2SR 的 SRW 位来设置 MTX,即根据外部主设备需要的数据传输方向设置模块为发送或接收。

⑤ 发送应答位 TXAK,用于 I2C 模块作为接收方的情况。I2C 模块工作在主接收或从接收模式下,如果 TXAK=0,模块收到一个字节数据后,将在第 9 个 SCL 拉低 SDA 表示应答。

⑥ 重复开始信号位 RSTA。

(5) 状态寄存器 I2SR

反映 I2C 通信的状态和传输方向。

① 数据传输完成标志位 ICF,在字节传输完成并获得应答信号的第 9 个 SCL 置位。

② 从设备访问标志 IAAS。当 I2C 模块作为从设备时,如果接收到的地址和模块地址寄存器的地址匹配,则 IAAS=1;接着 CPU 应该读取 SRW 位确定主设备请求的数据传输方向。

③ 总线忙标志位 IBB。当检测到开始信号后,IBB 置位;检测到结束信号后,IBB 清零。

④ 总线仲裁丢失位 IAL。总线仲裁丢失主要发生在以下几种情况下,此时 IAL=1。

第 10 章　I2C 模块介绍与应用

- 当采样到 I2C_SDA 为低电平时,主设备在地址或数据发送阶段驱动高电平。
- 当采样到 I2C_SDA 为低电平时,主设备在数据接收阶段的应答位驱动高电平。
- 当总线忙时请求产生开始信号。
- 在从模式下产生重复开始信号。
- 主设备没有请求结束信号却检测到了结束信号。

⑤ 从机发送或接收选择位 SRW。I2C 模块作为从机时,接收到主机的地址和读写位后,模块需要更新 SRW 来对应需要的读写方向。

⑥ 中断标志位 IIF。IIF=1 表示 I2C 中断请求,如果 I2CR[IIEN]=1 将触发 I2C 中断,I2C 中断产生情况有以下 3 种:

- 一个字节传输完成,此时 ICF=1。
- 模块工作在从机接收模式下,在地址阶段接收到的地址和 I2ADR 的内容匹配,此时 IAAS=1。
- 总线仲裁丢失,此时 IAL=1。

⑦ 接收应答位 RXAK。RXAK=0 表示在一个字节传输完成后,采样到外部接收设备的应答信号,即 SDA 为低电平。

10.3　I2C 模块初始化流程

这里介绍的是 I2C 模块的初始化流程:

第 1 步:设置 I2C 分频寄存器 I2FDR 获得合适的串行时钟 SCL,一般在 100 kbps 以下。

第 2 步:更新 I2C 地址寄存器 I2ADR,设置 I2C 模块作为从设备时的地址。

第 3 步:写控制寄存器 I2CR 的 IEN 位,使能 I2C 模块。

第 4 步:更新控制寄存器 I2CR,选择主模式或从模式、发送或接收模式以及是否使能中断。如果是主模式,则可以在总线空闲(查询 IBB)时,置位 MSTA 来产生开始信号,并发送第一个地址字节和读写位;如果是从机模式,等待中断到来或者查询 IIF 标志。

第 5 步:通过中断或者查询方式进行后续处理。一般数据传输完成会置位 ICF,但是应该查询 IIF 的状态,因为 IIF 置位的情况包括以下 3 种,而 ICF 仅代表字节传输完成。

① 字节传输完成。
② 在从机模式情况下,接收到的地址字节和 I2C 模块地址寄存器的值匹配。
③ 仲裁丢失。

以下是 I2C 的初始化代码,这里以 MCF52259 平台为例,将 I2C 模块配置为工作在 50 kbps,并采用中断驱动的方式。

```
/* I2C 波特率设置 */
uint8 i2c_set_bps(uint32 bps)
{
    uint8 x;
    uint8 best_ndx = (uint8) - 1u;
    uint16 e = (uint16) - 1u;
    uint32 d = FBUS/bps;              /* FBUS 为系统总线时钟 */
    /* 搜索 i2c_prescaler_val 查找表获取合适的分频比 */
```

```c
    for(x = 0; x<sizeof(i2c_prescaler_val)/sizeof(i2c_prescaler_val[0]); x++)
    {
        uint16 e1;
        if (d>i2c_prescaler_val[x])
        {
            continue;
        }

        e1 = (unsigned short)(i2c_prescaler_val[x] - d);
        if (e1<e)
        {
            e = e1;
            best_ndx = x;
        }
    }

    if (best_ndx == (uint8)-1u)
    {
        return(1);
    }

    /* 设置 I2C 模块分频比,获取 SCL 时钟,一般在 100 kbps 以下 */
    MCF_I2C_I2FDR = best_ndx;
    return(0);
}

void iic_init(uint8 addr)
{
    uint8 temp;

    /* 配置 I2C 相关的 GPIO 口 */
    MCF_GPIO_PAR_FECI2C |= 0
        | MCF_GPIO_PAR_FECI2C_SCL_SCL
        | MCF_GPIO_PAR_FECI2C_SDA_SDA;

    i2c_set_bps(50000ul);           /* 设置波特率为 50 kbps */

    /* 使能 I2C 模块,使能中断 */
    MCF_I2C_I2CR = MCF_I2C_I2CR_IEN | MCF_I2C_I2CR_IIEN |0;

    /* 清除 INTC0 的 IIC 中断屏蔽位 */
    MCF_INTC0_IMRL &= ~MCF_INTC_IMRL_INT_MASK30;

    /* 设置 I2C 中断级别和优先级 */
    MCF_INTC0_ICR30 = MCF_INTC_ICR_IL(4);
```

```
/*在中断向量表中添加 I2C 中断处理程序*/
mcf5xxx_set_handler(64 + 30,(ADDRESS)i2c_handler);

/*设置 I2C 模块工作在从模式下的地址*/
MCF_I2C_I2AR = MCF_I2C_I2AR_ADR(addr);

/*如果总线忙,则产生停止信号*/
if( MCF_I2C_I2SR & MCF_I2C_I2SR_IBB)
{
    /*产生停止信号,I2C 模块切换至从接收模式*/
    MCF_I2C_I2CR = 0;
    /*使能 I2C 模块,并产生开始信号*/
    MCF_I2C_I2CR = MCF_I2C_I2CR_IEN |MCF_I2C_I2CR_MSTA;
    temp = MCF_I2C_I2DR;              /*空读 I2DR*/
    MCF_I2C_I2SR = 0;                 /*清除 I2C 状态寄存器*/

    /*产生停止信号,I2C 模块切换至从接收模式*/
    MCF_I2C_I2CR = 0;

    /*使能 I2C 模块,使能中断*/
    MCF_I2C_I2CR = MCF_I2C_I2CR_IEN |MCF_I2C_I2CR_IIEN |0;
}
}
```

10.4　I2C 模块中断处理流程

　　I2C 模块中断处理分为两个部分:主模式和从模式。图 10-7 是主模式的中断处理流程,图 10-8 是从模式的中断处理流程。

　　以下是对应 I2C 主模式和从模式中断处理的参考代码,读者可以参照图 10-6 和图 10-7 的处理流程。如果需要采用查询方式,读者可以参照此代码自行修改。这里的中断处理程序可以同时处理 I2C 处于主模式或从模式以及发送或接收模式的情况,并且设定了在主模式下 I2C 模块的工作状态有 3 种:I2C_TXRX(先发送后接收,通过重复开始 RSTA 切换)、I2C_TX (主发送模式)和 I2C_RX(主接收模式)。

```
__interrupt__
void i2c_handler(void)
{
    uint8 dummy_read;

    /*清除 I2C 中断标志*/
    MCF_I2C_I2SR & = ~MCF_I2C_I2SR_IIF;

    /*检查是主模式还是从模式*/
    if (MCF_I2C_I2CR & MCF_I2C_I2CR_MSTA)
```

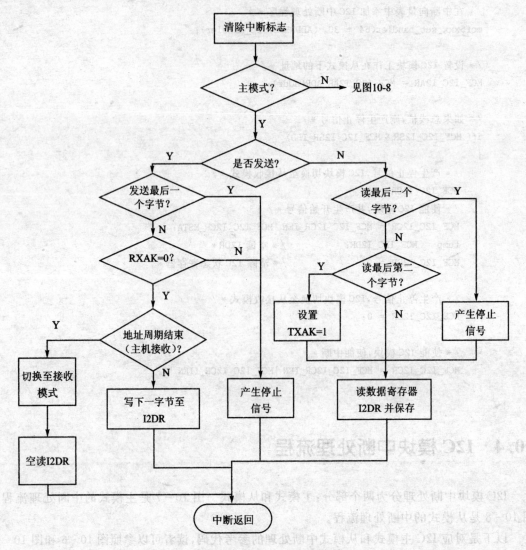

图 10-7 I2C 模块主模式中断处理流程

```
{
    /*主模式,检查设备是发送还是接收*/
    if (MCF_I2C_I2CR & MCF_I2C_I2CR_MTX)
    {
        /*主发送模式,检查传输的是否是最后一个字节*/
        if ((i2c_tx_buffer.length == 0) && (master_mode != I2C_RX))
        {
            /*如果是最后一个字节,产生停止信号切换至从模式*/
            /*如果是 TXRX mode,则结束发送阶段,准备产生重复开始信号 */
            if (master_mode == I2C_TXRX)
                master_tx_done = TRUE;
            /*产生停止信号*/
            else
                MCF_I2C_I2CR &= ~MCF_I2C_I2CR_MSTA;
```

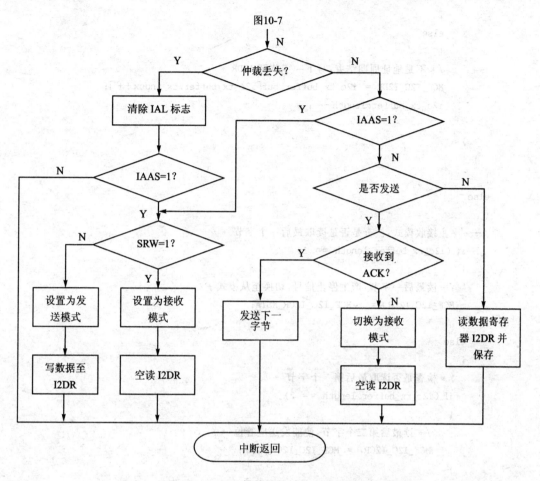

图 10-8 I2C 模块从模式中断处理流程

```
}
else
{
    /* 还有其他字节发送,检查是否收到 ACK */
    if (MCF_I2C_I2SR & MCF_I2C_I2SR_RXAK)
    {
        /* ACK 未收到,产生停止信号 */
        MCF_I2C_I2CR &= ~MCF_I2C_I2CR_MSTA;
    }
    else
    {
        /* 收到 ACK,检查是否是地址周期结束(主机接收) */
        if (master_mode == I2C_RX)
        {
            /* 切换至主接收模式 */
            MCF_I2C_I2CR &= ~MCF_I2C_I2CR_MTX;
            /* 空读 I2DR */
            dummy_read = MCF_I2C_I2DR;
```

```
            }
            else
            {
                /* 不是地址周期结束,写下一字节至 I2DR */
                MCF_I2C_I2DR = i2c_tx_buffer.buf[i2c_tx_buffer.tx_index++];
                i2c_tx_buffer.length--;
            }
        }
    }
    else
    {
        /* 主接收模式,检查是否是读取最后一个字节 */
        if (i2c_rx_buffer.length == 1)
        {
            /* 读最后一字节,产生停止信号,切换至从模式 */
            MCF_I2C_I2CR &= ~MCF_I2C_I2CR_MSTA;
        }
        else
        {
            /* 检查是否读取最后第二个字节 */
            if (i2c_rx_buffer.length == 2)
            {
                /* 读最后第二个字节,使能发送应答位 */
                MCF_I2C_I2CR |= MCF_I2C_I2CR_TXAK;
            }
        }

        /* 将接收字节存入接收缓存 */
        i2c_rx_buffer.buf[i2c_rx_buffer.rx_index++] = MCF_I2C_I2DR;
        i2c_rx_buffer.length--;
    }
}
else
{
    /* 从模式,检查是否是仲裁丢失 */
    if (MCF_I2C_I2SR & MCF_I2C_I2SR_IAL)
    {
        /* 清除 IAL 位 */
        MCF_I2C_I2SR &= ~MCF_I2C_I2SR_IAL;

        /* 检查是否被寻址为从设备 */
        if (MCF_I2C_I2SR & MCF_I2C_I2SR_IAAS)
        {
            /* 寻址为从设备,检查发送还是接收 */
```

```
            if (MCF_I2C_I2SR & MCF_I2C_I2SR_SRW)
            {
                i2c_tx_buffer.tx_index = 0;

                /* 从发送模式,切换至发送模式 */
                MCF_I2C_I2CR |= MCF_I2C_I2CR_MTX;

                /* 写数据至 I2DR */
                MCF_I2C_I2DR = i2c_tx_buffer.buf[i2c_tx_buffer.tx_index++];
            }
            else
            {
                i2c_rx_buffer.rx_index = 0;

                /* 从接收模式,切换至接收模式 */
                MCF_I2C_I2CR &= ~MCF_I2C_I2CR_MTX;

                /* 空读 I2DR */
                dummy_read = MCF_I2C_I2DR;
            }
        }
    }
    else
    {
        /* 不是仲裁丢失,检查数据字节是否为寻址地址 */
        if (MCF_I2C_I2SR & MCF_I2C_I2SR_IAAS)
        {
            /* 数据字节为地址字节,检查 SRW 位 */
            if (MCF_I2C_I2SR & MCF_I2C_I2SR_SRW)
            {
                i2c_tx_buffer.tx_index = 0;

                /* 从发送模式,切换至发送模式 */
                MCF_I2C_I2CR |= MCF_I2C_I2CR_MTX;

                /* 写数据至 I2DR */
                MCF_I2C_I2DR = i2c_tx_buffer.buf[i2c_tx_buffer.tx_index++];
            }
            else
            {
                i2c_rx_buffer.rx_index = 0;

                i2c_rx_buffer.length = 0;

                /* 从接收模式,切换至接收模式 */
```

```c
            MCF_I2C_I2CR &= ~MCF_I2C_I2CR_MTX;

            /* 空读 I2DR */
            dummy_read = MCF_I2C_I2DR;
        }
    }
    else
    {
        /* 收到的数据字节不是地址字节,检查发送还是接收 */
        if (MCF_I2C_I2CR & MCF_I2C_I2CR_MTX)
        {
            /* 从发送模式,是否收到 ACK? */
            if (MCF_I2C_I2SR & MCF_I2C_I2SR_RXAK)
            {
                /* 切换至接收模式 */
                MCF_I2C_I2CR &= ~MCF_I2C_I2CR_MTX;
                /* 空读 I2DR */
                dummy_read = MCF_I2C_I2DR;
            }
            else
            {
                /* 收到 ACK,写数据至 I2DR */
                MCF_I2C_I2DR = i2c_tx_buffer.buf[i2c_tx_buffer.tx_index++];
                i2c_tx_buffer.length--;
            }
        }
        else
        {
            /* 从接收模式,读数据至 I2DR */
            i2c_rx_buffer.buf[i2c_rx_buffer.rx_index++] = MCF_I2C_I2DR;
            i2c_rx_buffer.length++;
            i2c_rx_buffer.data_present = TRUE;
        }
    }
}
```

通过以下函数,可以使 I2C 模块工作在主模式下。如果 I2C 模块工作在从模式,则不需要调用此函数,只须调用 iic_init() 初始化 I2C 模块即可,其余的工作都由中断处理程序完成,当有外部主设备寻址 I2C 模块时会触发中断处理程序。

```c
void i2c_master (uint8 mode, uint8 slave_address)
{
    master_mode = mode;
    master_tx_done = FALSE;
```

第10章 I2C模块介绍与应用

```c
/* 复位 TX 和 RX 缓存的地址索引 */
i2c_tx_buffer.tx_index = 0;
i2c_rx_buffer.rx_index = 0;

/* 先发送后接收,采用重复开始信号 RSTA 进行切换 */
if (mode == I2C_TXRX)
{
    /* 确保总线是空闲的 */
    while (MCF_I2C_I2SR & MCF_I2C_I2SR_IBB);

    /* 模块工作在主发送模式,产生开始信号 */
    MCF_I2C_I2CR |= (MCF_I2C_I2CR_MSTA | MCF_I2C_I2CR_MTX);

    /* 写从设备地址至 I2DR */
    MCF_I2C_I2DR = ( 0 | (slave_address << 1) | I2C_TX);

    /* 等待总线忙标志 IBB 置位 */
    while (! (MCF_I2C_I2SR & MCF_I2C_I2SR_IBB));

    /* 等待发送完成,然后才能开始接受数据 */
    while (! master_tx_done);

    /* 切换至 I2C_RX */
    master_mode = I2C_RX;

    /* 产生重复开始信号 */
    MCF_I2C_I2CR |= (0 | MCF_I2C_I2CR_RSTA);

    /* 写从设备地址至 I2DR */
    MCF_I2C_I2DR = (0 | (slave_address << 1) | I2C_RX);

    /* 等待总线忙标志 IBB 置位 */
    while (MCF_I2C_I2SR & MCF_I2C_I2SR_IBB);

    /* 恢复模块至空闲状态 */
    MCF_I2C_I2CR = 0xC0;

    return;
}
/* 纯粹发送或接收 */
else if ( (mode == I2C_TX) | (mode == I2C_RX) )
{
    /* 确保总线空闲 */
    while (MCF_I2C_I2SR & MCF_I2C_I2SR_IBB);
```

```c
/*模块工作在主发送模式,产生开始信号(注意地址阶段永远都是发送模式)*/
MCF_I2C_I2CR |= (0 | MCF_I2C_I2CR_MSTA | MCF_I2C_I2CR_MTX);

/*写从设备地址和读写位至I2DR*/
MCF_I2C_I2DR = ( 0 | (slave_address << 1) | mode);

/*等待总线忙标志 IBB 置位*/
while (! (MCF_I2C_I2SR & MCF_I2C_I2SR_IBB));

/*等待总线变为空闲*/
while (MCF_I2C_I2SR & MCF_I2C_I2SR_IBB);

/*恢复模块至空闲状态*/
MCF_I2C_I2CR = 0xC0;

return;
}
```

以下的两个函数用于将 I2C 模块配置为主设备,并向从设备地址 slave_addr 发送或接收 size 字节的数据。

```c
void iic_write(uint8 slave_addr, uint8 * data, uint8 size)
{
    uint8 cnt;

    /*复位发送缓存的地址索引*/
    i2c_tx_buffer.tx_index = 0;
    i2c_tx_buffer.rx_index = 0;
    i2c_tx_buffer.data_present = TRUE;

    /*设置待发送字节数*/
    i2c_tx_buffer.length = size;

    /*复制待发送数据至发送缓存*/
    for(cnt = 0; cnt < size; cnt ++, data)
        i2c_tx_buffer.buf[cnt] = *data;

    /*I2C 模块配置为 I2C_TX 模式,外部从设备地址为 slave_address*/
    i2c_master(I2C_TX, slave_addr);
}

void iic_read(uint8 slave_addr, uint8 * data, uint8 size)
{
    uint8 cnt;
```

```
    /*复位发送缓存的地址索引*/
    i2c_rx_buffer.tx_index = 0;
    i2c_rx_buffer.rx_index = 0;
    i2c_rx_buffer.data_present = FALSE;

    /*设置待接收字节数*/
    i2c_rx_buffer.length = size;

    /*I2C模块配置为I2C_TX模式,外部从设备地址为slave_address*/
    i2c_master(I2C_RX, slave_addr);

    /*从接收缓存复制接收数据*/
    for(cnt = 0; cnt < size; cnt++, data++)
        *data = i2c_rx_buffer.buf[cnt];
}
```

10.5 I2C 模块应用实例——基于 NicheTask 的 LCD 驱动

本实例所使用的 LCD 驱动运行在 InterNiche 的 NicheTask 操作系统上,关于 NicheTask 的介绍请读者参照第 8 章快速以太网控制器的相关部分。本实例考虑到在多任务系统中,可能有多个任务需要刷新 LCD 屏,因此设计了如图 10-9 所示的 LCD 数据刷新流程。用户可以在系统 RAM 中开辟一块 LCD 缓存用于存放 LCD 刷新数据,当其他任务更新了 LCD 缓存后,通过刷新标志通知 LCD_srv_task 将 LCD 数据通过底层的 QSPI 或者 I2C 驱动写到 LCD 模块的缓存中。

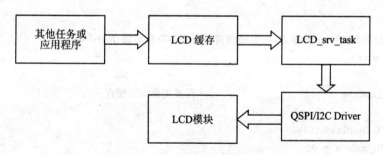

图 10-9 LCD 显示数据刷新流程

(1) 创建 LCD_srv_task

```
/*定义任务结构*/
struct inet_taskinfo LCD_srv_task =
{
    &to_LCDsrv,                    /*指向静态的任务对象*/
    "LCD  server",                 /*任务名*/
    tk_LCDsrv,                     /*任务的入口函数*/
    0,                             /*任务优先级*/
    0x800                          /*任务堆栈容量*/
```

```c
};

/* 在 create_apptasks()中创建 LCD_srv_task 任务 */
...
    e = TK_NEWTASK(&LCD_srv_task);      /* 创建任务 */
    if (e != 0) //check if success
    {
        dprintf("LCD create error\n");
        panic("create_apptasks");
        return -1;                      /* 编译警告 */
    }
...
```

(2) LCD_srv_task 主程序

```c
TK_ENTRY(tk_LCDsrv)
{
    LCD_init();                         /* 初始化 I2C 模块 */
    for(;;)
    {
        LCD_check();                    /* 检查 LCD_Update 标志,是否需要更新 LCD 数据 */
        TK_SLEEP(4);                    /* 4RTOS click = 20 ms */
        if (net_system_exit)
            break;
    }
    TK_RETURN_OK();
}

/* 该函数检查 LCD_Update 标志,决定是否需要更新 LCD 显示缓存 */
void LCD_check()
{
    if(LCD_update == 1)                 /* 需要更新 LCD 缓存 */
    {
        LCD_DisplayBuf();
        LCD_update = 0;
    }
}

/* LCD_DisplayBuf()根据 LcdRowWriteEnable 觉得是否刷新 LCD 行数据 */
void LCD_DisplayBuf()
{
    unsigned char i;
    for (i = 0; i < ROW; i ++)
    {
        if (LcdRowWriteEnable[i])       /* 允许此行刷新 */
        {
```

/* 刷新 LCD 行数据 */
i2c_display_line(I2C_LCD_ADDRESS, LcdBuffer[i], i);
        }
    }
}

/* LCD 行数据刷新函数,这里所调用的 i2c_send_command 和 i2c_send_data 分别通过 I^2C 向 LCD 模块发送命令和数据 */
```
void i2c_display_line(UINT8 address,UINT8 * disp_buf,UINT8 line)
{
    UINT8 i,buf[6];
    buf[0] = 0;
    buf[1] = line + 1;              /* 由于采用的 GLK12232 - 25 - SM,LCD 模块行起始为 1 */
    i2c_send_command(SET_INSPO_COLROW, address, 2, buf);
    i = strlen((char * )disp_buf);
    i2c_send_data(address,i,disp_buf);
    return;
}
```

第 11 章

FlexCAN 控制器

控制器区域网络(CAN)是一种异步的多主(multi-master)串行通信协议,可用来连接汽车和工业应用中的各种电子控制模块,为汽车电子设备提供稳定、可靠的低成本网络连接。最初,CAN 是为需要高级数据集成能力以及要求数据速率达 1 Mbps 以上的汽车应用而设计的。未来,CAN 的应用范围还会继续增加,任何一个需要稳定、可靠的低成本网络的系统或设备都有可能成为 CAN 节点。

ColdFire 系列的 32 位 MCU 采用 FlexCAN 硬件模块与 CAN 总线进行通信。FlexCAN 模块支持 CAN2.0B 协议,数据传输率最高可达 1 Mbps,具有 16 个消息缓冲器,可独立配置每个邮箱,并内嵌了 256 字节的 RAM 空间。当接收到消息后,相应的硬件过滤器会把消息装入到这 16 个"邮箱"中的一个(接收缓冲器)。在图 11-1 中给出了 FlexCAN 的模块框图。

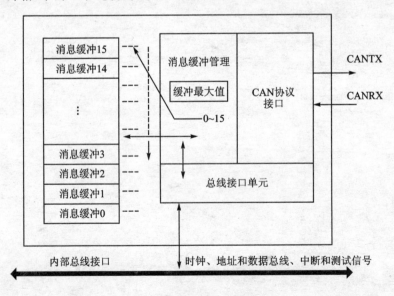

图 11-1 FlexCAN 模块框图

第 11 章 FlexCAN 控制器

11.1 FlexCAN 控制器寄存器简介

11.1.1 FlexCAN 模式寄存器

FlexCAN 模式寄存器(CANMCR)用于配置 FlexCAN 的工作模式。

- 模块禁用位。置位该位会禁用 FlexCAN 模块,同时也禁用驱动该模块的时钟信号。该位不受软复位 CANMCR[SOFTRST]的影响。
- 停止模式位使能位。该位置位会使 FlexCAN 在外部引脚 BKPT 声明时或 CANMCR[HALT]置位时进入停止模式。清除该位会退出停止模式。停止模式主要用于 FlexCAN 的测试。在停止模式下,可以对一些只读寄存器进行写操作,如 ERRCNT 寄存器。
- FlexCAN 暂停位。该位置位会使 FlexCAN 进入停止模式,但如果停止模式使能位没有置位,则该位不起作用。该位在硬复位后自动置位,因此在初始化 FlexCAN 模块后应将其清除。
- 停止模式响应位。该位为只读状态位,当它置位时表示 FlexCAN 已进入停止模式。
- NotReady 位。该位为只读状态位,当它置位时表示 FlexCAN 在停止模式或禁用模式下。
- 软复位位。该位置位时,FlexCAN 复位其内部的状态机和控制寄存器,但是也有一部分寄存器不受其影响:CANMCR[MDIS];和 CAN 相关的寄存器,如 CANCTRL、RXGMASK、RX14MASK 和 RX15MASK;消息缓冲区。该位同时还能作为软复位的状态位,在软复位过程中,该位一直保持置位,直到复位结束才自动清零。
- 管理模式使能位。该位置位时,FlexCAN 的寄存器只能在管理员模式下访问。
- 低功耗模式响应位。该位置位时表示 FlexCAN 模块进入了禁用模式,即低功耗模式。
- 最大消息缓冲数。定义消息缓冲的最大数 N,该位只能在停止模式下进行修改,值为 $N-1$。

11.1.2 FlexCAN 控制寄存器

FlexCAN 控制寄存器(CANCTRL)主要用于定义与 CAN 总线特性相关的一些参数。

- 预分频参数。定义 FlexCAN 模块的驱动时钟源(clock_src)与串行时钟(S_clock)之间的比例。串行时钟(S_clock)的时钟周期定义了 CAN 协议中所需的时间份额(Time Quantum)。在复位时,该比例为 1,即串行时钟等于驱动时钟。两者之间的关系可见式 11-1。

$$f_{S\_clock} = \frac{f_{SYS/EXTAL}}{PRESDIV + 1} \qquad (11-1)$$

- 位时序参数。包括再同步补偿宽度、相位缓冲段 1、相位缓冲段 2 和传播延迟段。单位为时间份额。
- 总线关闭和错误中断屏蔽位。
- 时钟源选择。可在外部 EXTAL 引脚输入时钟信号和内部总线时钟信号之间选择。

- 回环模式使能。该模式主要用于测试。
- 采样模式选择位。可选择在接收一个位周期内采样3次或只采样1次。
- 总线关闭恢复模式选择。可选择使能总线关闭后自动恢复的功能,或者禁用此功能。
- 计时器同步模式。该模式使能时,每当消息缓冲0接收到数据时,都会复位计数器。该特性可用于使用某个预定义的同步消息来同步处于一个网络中的多个节点。
- 缓冲发送次序选择。可选择ID最小的缓冲先发送或者缓冲序列号最小的先发送。
- 监听模式(listen-only)使能。

11.1.3 自由计时器

该计时器当在CAN总线上检测到任何帧的ID域开始时进行捕获,并在成功接收/发送数据后将该值写入时间戳寄存器。

11.1.4 接收屏蔽寄存器

该寄存器组包括3个寄存器:一个寄存器是通用的,对应消息缓冲0~13;还有两个是专用的,对应消息缓冲14和15。该寄存器主要是对接收数据帧的ID域进行匹配。

11.1.5 错误计数器

该寄存器主要用于统计发送和接收出错的次数,分为两个域,都是8位的,分别对应接收错误和发送错误。

11.1.6 错误和状态寄存器

该寄存器保存了CAN总线的一个错误和状态位,还包括总线关闭和错误中断的事件位。

11.1.7 消息缓冲中断屏蔽寄存器

该寄存器定义了对应16个消息缓冲的中断源,一共使用了16位,位0对应消息缓冲0,位1对应消息缓冲1,依此类推。当某位置位时,对应的消息缓冲在成功接收/发送数据时就不会产生中断。

11.1.8 消息缓冲中断标志寄存器

该寄存器定义了对应16个消息缓冲的中断标志。与消息缓冲中断屏蔽寄存器类似,相应比特对应相应的消息缓冲中断。当某位置位时,表示对应的消息缓冲已成功接收/发送了数据。

11.1.9 消息缓冲

消息缓冲内存从FlexCAN寄存器基地址偏移0x80处开始,共256字节,组成16个消息缓冲以供FlexCAN模块使用,其内存架构如图11-2所示。

由图11-2可知,一个消息缓冲由4个32位长字组成,第1个长字包含了FlexCAN模块的操作信息,其中操作码的具体内容可见表11-1和表11-2。

第 11 章　FlexCAN 控制器

31 30 29 28	27 26 25 24	23	22	21 20	19 18 17 16	15 14 13 12 11 10 9 8	7 6 5 4 3 2 1 0
	操作码	SRR	IDE	RTR	长度	时间戳	
	标准标识符[28:18]					扩展标识符[17:0]	
数据字节0			数据字节1			数据字节2	数据字节3
数据字节4			数据字节5			数据字节6	数据字节7

图 11-2　消息缓冲结构示意图

- SRR 为替代远程请求，只能使用在扩展帧格式。当发送时，该位必须置位以保证其为隐性位；接收时，如果该位是显性位，则表示仲裁失败。
- IDE 为标志符扩展位，用于区别标准帧格式和扩展帧格式。如果 IDE 位为 0，表示数据帧为标准格式；IDE 位为 1，表示数据帧为扩展帧格式。
- RTR 为远程发送请求，RTR 位在数据帧里必须为显性，而在远程帧里必须为隐性。它是区别数据帧和远程帧的标志。如果 FlexCAN 发送时该位为 1（即隐性）而接收为 0（即显性），表示仲裁失败；如果发送时该位为 0（即显性）而接收为 1（即隐性），表示发生了比特错误；如果发送和接收时该位不变，表示一次成功的位传输。
- 长度为数据域的长度，最大为 8 字节。
- 时间戳保存自由计时器的值，该值在 CAN 总线上检测到任何帧的 ID 域开始时进行捕捉，并在成功接收/发送数据后写入。
- 第 2 个长字保存了标准表示符和扩展标识符，由 FlexCAN 模块根据 IDE 的值来选择。
- 第 3 和第 4 个长字为数据域，用以发送/接收数据，最大为 8 字节。

表 11-1　FlexCAN 模块接收操作码

接收新帧前的操作码	说　明	接收新帧后的操作码	说　明
0000	接收缓冲未激活	—	该缓冲不会加入匹配流程
0100	该消息缓冲已激活并为空	0010	该消息缓冲正在进行匹配，当接收成功后，该操作码会自动更新为 0010
0010	该消息缓冲已满	0010	对消息缓冲控制状态字（即第 1 个长字）的读取会解锁该缓冲，但不会使该操作码变为 0100，即便之后有新的数据帧进入该缓冲
		0110	在对消息缓冲控制状态字（即第 1 个长字）的读取前又有新的数据帧要写入该缓冲，则操作码自动更新为 0110
0110	缓冲溢出	0010	对消息缓冲控制状态字（即第 1 个长字）的读取解锁该缓冲，等待新的数据帧得以进入，该操作码自动变为 0010
		0110	在对消息缓冲的控制状态字（即第 1 个长字）的读取前又有新的数据帧要写入该缓冲中，则操作码保持不变
0011	忙：FlexCAN 正在更新消息缓冲中的数据域，此时不能对其进行读写操作	0010	空消息缓冲被更新
0111		0110	满/溢出的消息缓冲被更新

表 11 - 2　FlexCAN 模块发送操作码

RTR	初始发送操作码	成功发送后的操作码	说　　明
X	1000	—	发送缓冲未激活
0	1100	1000	数据帧会被无条件地发送一次,发送后,该缓冲会自动回到未激活状态
1	1100	0100	远程数据帧会被无条件地发送一次,发送后,该缓冲会自动变成接收缓冲,该缓冲的 ID 域不变,接收帧格式为数据帧
0	1010	1010	当接收到相同 ID 的远程请求帧时发送一帧数据帧。消息缓冲同时参与匹配和仲裁流程,匹配流程用来比较收到的远程请求帧和消息缓冲的 ID 域,如果通过,该消息缓冲将被允许参与当前的仲裁流程,操作码也自动更新到 1110 以允许该缓冲参与到下一步的仲裁流程。当成功发送帧后,操作码会自动回到 1010 以重新开始整个过程
0	1110	1010	1110 是一个起过渡作用的操作码,是在远程请求帧匹配通过后自动写入到缓冲的。数据帧会无条件地发送一次,然后操作码会自动回到 1010。人工设置该操作码也能起到一样的效果

11.2　CAN 外部功能引脚简介

CAN 外部引脚比较简单,就 TX 和 RX 引脚,不过由于它们基本上都和 GPIO 复用,在初始化时不要忘记使能引脚的 CAN 功能。

引脚初始化:

```
MCF_GPIO_PUCPAR = 0
| MCF_GPIO_PUCPAR_URXD2_CANRX
| MCF_GPIO_PUCPAR_URXD2_CANTX;
```

两个信号通过物理层 PHY 器件芯片连接到网络上。与其他重要的网络协议一样,CAN 也需要一个物理层器件来执行通信功能,其物理层规范源自 ISO/OSI 规定的 7 层模型,负责对总线进行电流和电压控制。物理层器件还需要处理瞬态电流和瞬态电压,以及信令链路上的错误,并尽可能地纠错。图 11 - 3 给出了一个 CAN 外部引脚与物理层器件的连接样例,在该样例中,物理层器件选择了 SN65HVD2300。

第 11 章　FlexCAN 控制器

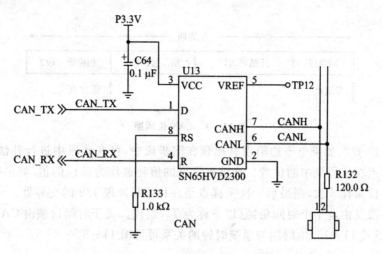

图 11-3　CAN 外部连接示意图

11.3　CAN 的中断控制

CAN 的中断源一般可分为两类：一类是消息缓冲队列的中断，当收/发成功完成时会产生一个中断；还有一类是错误中断，当总线关闭时，或者发生 CAN 协议中定义的错误时，会产生一个中断。中断产生后，需要进一步检查中断/错误状态寄存器，以确定中断的来源。中断的初始化可分为两部分：一部分是配置 CAN 模块的中断控制寄存器；另一部分是配置中断控制模块的控制寄存器，以确定中断的优先级。

11.4　FlexCAN 应用向导

11.4.1　CAN 总线位时序的计算

CAN 是一个异步串行多主通信协议，它广泛地应用于工业自动化、船舶、医疗设备、工业设备等方面。CAN 协议的一个特性是位速率、位采样点和每位采样次数是可编程的，这使系统工程师可以根据不同应用的特点来优化 CAN 网络的性能。

CAN 发送方在非同步的情况下每秒钟发送的位数称为位速率。位速率可由式 11-2 给出：

$$f_{NBT} = \frac{1}{t_{NBT}} \tag{11-2}$$

式中 t_{NBT} 为位周期，一个位可分为 4 段，如图 11-4 所示。

同步段：CAN 总线上的各节点通过此段来实现时序调整，同步进行接收和发送的工作。电平边沿（包括上升沿和下降沿）最好出现在此段中。

传播延迟段：该段用以吸收网络上的物理延迟。这里的网络物理延迟是指发送节点的输出延迟、总线上信号的传播延迟和接收节点的输入延迟。这个段的时间为以上各延迟时间的和的两倍。

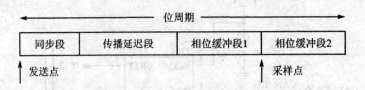

图 11-4 CAN 位周期

相位缓冲段 1/2：如果电平边沿没有出现在同步段中，可在此段中进行补偿，因此该段还用于定义采样点在位周期中的位置。在该点采样的值将被作为该位的值，如果初始化时设置采样方式是每位采样 3 次，则最后一次采样点是在相位缓冲段 1/2 的交界处。

上述这些段又由若干个时间份额（以下称为 T_q）组成。关于时间份额由 CAN 模块时钟来定义，具体可见式 11-1。位周期与系统时钟的关系可见图 11-5。

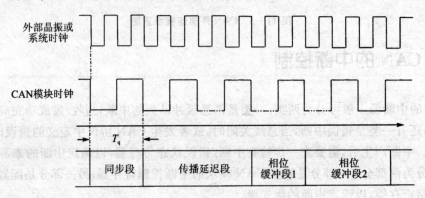

图 11-5 CAN 模块时钟与 CAN 位周期之间的关系

1 位分为 4 个段，每个段又由若干个 T_q 构成，这称为位时序。同步段固定为一个 T_q，其他 3 个时间段是可编程的，它们可进一步划分为两个时间段：t_{SEG1} 和 t_{SEG2}，具体公式可见式 11-3 和式 11-4。

$$t_{SEG1} = t_{传播延迟段} + t_{相位缓冲段1} \tag{11-3}$$

$$t_{SEG2} = t_{相位缓冲段2} \tag{11-4}$$

$t_{传播延迟段}$ 的长度一般在 1~8 个 T_q；如果选择每位采样一次，则 $t_{相位缓冲段1}$ 的长度在 1~8 个 T_q，如果每位采样 3 次，长度则为 2~8 个 T_q；如果 $t_{相位缓冲段1}$ 的长度不小于信息处理时间（以下称为 IPT），$t_{相位缓冲段2}$ 的长度必须与 $t_{相位缓冲段1}$ 相等；如果 $t_{相位缓冲段1}$ 的长度大于 IPT，则 $t_{相位缓冲段2}$ 的长度等于 IPT，具体可见表 11-3。

表 11-3 CAN 的位时序

时间段	持续时间
同步段	1 个 T_q
传播延迟段	1~8 个 T_q
相位缓冲段 1	1~8 个 T_q
相位缓冲段 2	MAX(IPT，相位缓冲段 1)

第 11 章　FlexCAN 控制器

IPT 的持续时间一般为 2 个 T_q,但如果采样方式为每位 3 次,或者 MCU 的系统时钟频率与 CAN 模块时钟频率相等时,IPT 为 3 个 T_q。

表 11-3 中,位周期虽然最小为 5 个 T_q,不过大多数 CAN 控制器要求每位最少持续 8 个 T_q,这也是 CAN2.0B 规范的要求。每位最大为 25 个 T_q。

对每个 CAN 节点来说,每一位的起始点是在同步段的开始。对发送节点而言,新的位值是在同步段开始时发送出去的;对接收节点而言,希望能在同步段开始时就接受到位的值。但由于从发送信号通过物理接口到总线以及总线上传播的延迟,接收节点的同步段将基于发送节点的同步段有一定的延迟,如图 11-6 所示。实际的延迟根据发送和接收节点间的距离而不同。

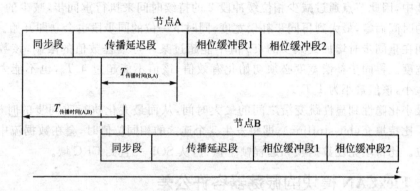

图 11-6　两节点间的传播延迟

传播延迟段的存在主要为了满足 CAN 协议中在各节点争取访问总线时的非破坏性仲裁机制和帧结构内响应域的要求。在非破坏性仲裁时,有一个以上的节点在发送仲裁域,每个发送节点同时从总线上采样数据以确定自己是否赢得了仲裁。当仲裁失败时它也要继续接收仲裁域。基于这个原因,每个节点采样时,被采样的位必须是所有发送节点发送数据位的逻辑重叠。在发送帧的响应域时,发送节点发送一个隐性位但期待能收到一个显性位,因此必须保证在采样点的位置上能采样到显性位。传播延迟段就是为了把一个节点最早的采样点进行延迟到,直到所有发送节点所发送的数据位已经到达网络各节点的时候。

图 11-6 中显示了两节点的传播延迟。A 节点发送的数据位在经过 $T_{传播时间(A,B)}$ 后被 B 节点接收,B 节点发送的数据位在经过 $T_{传播时间(B,A)}$ 后被 A 节点接收,此时 A 节点的传播延迟段还没结束,这就保证了 A 节点能正确地采样值,同理,B 节点也能正确地采样值,即使它的采样点超过了 A 节点的位周期,因为两节点之间存在传播延迟。$T_{传播时间(A,B)}$ 由 A 节点的驱动延迟、A 节点到 B 节点的总线延迟以及 B 节点的接收延迟组成,详见公式 11-5。

$$T_{传播时间(A,B)} = T_{发送(A)} + T_{总线(A,B)} + T_{接收(B)} \tag{11-5}$$

一个网络中的所有 CAN 节点在接收一个传送数据时都要同步,也就是说每个接收到的位的开始必须在各个节点的同步段内,这个通过同步机制来完成。同步机制主要用来吸收节点间的相位误差,这可能是由于不同节点间的时钟频率有轻微的差别,也可能是不同的节点发送时造成传播延迟段的变化引起的。因此可将同步机制分为两类:硬同步和重同步。硬同步只在消息帧结构开始的时候执行,每个 CAN 节点将自己的位时序同步段与从隐性位变为显性位的 SOF 位对齐,接下来如果在同步段外的其他时间段中,位值从隐性位变为显性位,则执行重同步。

对传送节点而言,它在自身同步段开始时将数据发送到总线上,直到相位缓冲段 2 才发送结束。所有活动节点包括发送节点都从总线上接收数据,它们都希望该数据位的变化能发生在节点自身的同步段中,如果一个隐性到显性的转换在节点同步段后被检测到,该节点将以此跳变沿为基准执行重同步。如果该跳变沿是在同步段后、采样点前被检测到,则被认为是迟到的信号沿,节点会根据信号延迟的 T_q 来延长相位缓冲段 1 的持续时间,最大延长到再同步补偿宽度,该值在 CANCTRL 寄存器中设置。这样的作用是,如果延迟时间没有超过再同步补偿宽度的话,可以把下一个采样点延迟到所期望的时间点上。相应的,如果信号跳变沿在采样点下一位的同步段前被检测到,该位被认为是提前的数据位,此时该位处于节点位时序中的相位缓冲段 2 中,因此节点通过减少相位缓冲段 2 的持续时间来执行重同步,减少的 T_q 视该数据位提前的时间而定,最大到再同步补偿宽度,同时下一位的同步段也会立即开始。

位周期在重同步时增加或减少的 T_q 值不能超过某一可编程数值的限制,该数值称为再同步补偿宽度。再同步补偿宽度必须初始化有效值,该值不能超过 4 T_q,也不能大于相位缓冲段 1 的大小,该值最小为 1 T_q。

为了最小化隐性到显性跳变沿之间的最大时间,从而最大化执行重同步的时机数,CAN 协议使用了比特填充(bit stuffing),即每发生 5 个连续的相同位值时,会在数据流中插入一相反的数据位。比特填充在数据帧和远程帧中执行,从 SOF 一直到 CRC 域。

11.4.2 FlexCAN 模块的振荡器容许公差

通常,每个 CAN 节点的 CAN 系统时钟来自不同的振荡器,每个节点的实际 CAN 系统时钟频率和位周期都会有一个容许公差,同时器件的老化和周围环境温度的变化也会影响最初的公差。CAN 系统时钟的公差被定义为一相对公差:

$$\Delta f = \frac{|f - f_N|}{f_N} \tag{11-6}$$

f 是指频率的实际值,f_N 是指理论值。

为了确保有效的通信,CAN 网络的最小要求是两个节点分别处于网络相对的两端,以使两者之间的传播延迟最大化,而且两个节点的 CAN 系统时钟频率分别在指定频率公差的相对极限值上,如式 11-6 中,即为 $f_N(1 \pm \Delta f)$。两者之间必须能够正确地接收和解码每条传播在网络上的消息,这就要求所有节点能够正确采样每个位的值。

确保正确采样位值的传播延迟段最小时间为:

$$t_{传播延迟} = t_{传播时间(A,B)} + t_{传播时间(B,A)} \tag{11-7}$$

当 A,B 节点在网络的两端时,两者之间的传播延迟最大,由式 11-5 可知:

$$t_{传播延迟} = 2(t_{总线} + t_{发送} + t_{接收}) \tag{11-8}$$

其中,$t_{总线}$ 是信号沿着两节点间总线最大长度传播的延迟,$t_{发送}$ 是物理接口的发送部分的传播延迟,$t_{接收}$ 是物理接口的接收部分的传播延迟。如果网络中的发送和接收模块不相同,则在式 11-8 中使用延迟的最大值。

分配给传播延迟段的最小 T_q 值为:

$$传播延迟段 = \text{ROUND\_UP}\left(\frac{t_{传播延迟}}{T_q}\right) \tag{11-9}$$

这里 ROUND_UP 是指取大于该值的最近的整数。

在不考虑由于电气干扰引起的总线错误时，比特填充机制确保了在重同步边沿之间最大 10 位的周期，即 5 个显性位加上 5 个隐性位（当然这后面仍会跟上一个显性位，但从周期性来看，这一位不必加上）。这 10 位系列代表了正常通信中相位误差积累的最坏情况。这些积累的相位误差必须通过发生在隐性位到显性位跳变沿的重同步机制来进行补偿，因此其必须不大于编程定义的 RJW。这个要求可以通过式 11-10 来表示，这些相位误差是由 CAN 系统时钟的公差引起的。

$$(2 \times \Delta f) \times 10 \times t_{NBT} < t_{RJW} \tag{11-10}$$

实际情况下，系统工作在有电气噪声的环境中，这必会导致总线错误。在检测到错误时，一个错误标志被发送到总线上。如果是本地错误，只有检测到错误的节点会发送错误标志，所有其他的节点会接收到该标志并发送它们自己的错误标志作为回显。如果这个错误是全局的，所有的节点会在同一位周期内检测到它并同时发送错误标志。因此一个节点能够通过发送错误标志后是否有回显来区分本地错误和全局错误，这就要求节点能正确采样到发送错误标志后的第 1 个位。

来自错误有效节点的错误标志由 6 个显性位组成，而且如果这个错误是一个比特填充错误的话，错误标志前还会有 6 个显性位。因此一个节点必须能正确采样自上一次重同步后的第 13 个位，这可以通过式 11-11 来表示：

$$(2 \times \Delta f) \times (13 \times t_{NBT} - t_{缓冲相位段2}) < \mathrm{MIN}(t_{缓冲相位段1}, t_{缓冲相位段2}) \tag{11-11}$$

通过 MIN 函数可以得到两者的较小值，因此必须满足两个时钟公差的要求。应该看到在高比特率时（即小的 t_{NBT}），CAN 时钟公差是基于一个相关的短时间周期来说明，即式 11-10 中的 $10 \times t_{NBT}$ 和式 11-11 中的 $13 \times t_{NBT} - t_{相位缓冲段2}$。这些参数对由锁相环电路产生 CAN 时钟的系统十分重要，因为输出的抖动会造成这些短时间周期相对精度的减少。

配置位时序的值要考虑多个基本的系统参数。对于传播延迟段的要求是利用了最大可达到的比特率和最大传播延迟之间的平衡，传播延迟与总线长度及总线驱动电路特性相关。最大可达到的比特率还受 CAN 时钟源公差的影响。最高的比特率只能通过一个较短的总线长度、一个较快的总线驱动电路和一个高频率高公差的 CAN 时钟源来取得。在很多系统中，总线长度是最不容易变化的系统参数，这给比特率设定了最基本的限制，然而实际比特率的选择还要考虑到其他系统约束，比如成本。

下列步骤给出了一个方法来决定最优的位时序参数，从而满足正确采样数据位的要求。

① 确定最小允许的传播延迟段的时间。从生产商提供的数据手册中得到发送和接收物理接口的传播延迟。将总线的最大长度和信号在总线上的传播延迟相乘得到总线传播延迟。结合式 11-8 使用这些数值可得传播延迟段的时间。

② 选择 CAN 系统时钟频率。CAN 系统时钟来自 MCU 的系统时钟或外部振荡器，因此 CAN 系统时钟频率通过预分频后，限制为 MCU 的系统时钟或外部振荡器频率的一部分。CAN 时钟频率的选择要保证 CAN 总线的位周期在 8~25 个 T_q。

③ 计算传播延迟段的 T_q 数。通过式 11-9 来计算，所得结果如果大于 8，则返回第②步，重新选择一个更低的 CAN 系统时钟频率。

④ 确定相位缓冲段 1 和相位缓冲段 2。从第②步计算出来的 T_q 值中减去第③步所得的传播延迟段的 T_q 值，再减去同步段（固定为一个 T_q），最后所得数值如果不大于 3，则返回第

②步，重新选择一个更高的 CAN 系统时钟频率；如果该结果是大于 3 的奇数，则将传播延迟段 T_q 值加 1 后重新计算；如果结果等于 3，则相位缓冲段 1 等于 1，相位缓冲段 2 等于 2，并且只能选择每位采样一次的模式；否则把结果除以 2 后赋值给相位缓冲段 1 和相位缓冲段 2。

⑤ 确定 RJW。RJW 是上一步计算所得的相位缓冲段 1 和 4 T_q 之间的较小值。

⑥ 通过式 11-10 和式 11-11 计算所需的振荡器容许公差。如果相位缓冲段 1 大于 4 T_q，推荐采用更大的预分频，即更小的 T_q 周期，重新进行第②步到第⑥步的计算，这样会进一步减少振荡器容许公差的要求。如果相位缓冲段 1 小于 4 T_q，推荐采用更小的预分频重新进行第②步到第⑥步的计算，直到传播延迟段为 8 T_q，以进一步减少振荡器容许公差的要求。如果此时预分频已为 1，但是仍需减少振荡器容许公差，那唯一的选择是考虑采用更高的时钟频率作为预分频器的时钟源。

【例 11-1】 根据下列系统约束计算位时序参数：
- 比特率为 1 Mbps。
- 总线长度为 20 m。
- 总线传播延迟为 5×10^{-9} s/m。
- 物理接口(PCA82C250)的发送器和接收器在 85℃ 的传播延迟为 150 ns。
- MCU 振荡器频率为 8 MHz。

计算：
- 总线物理延迟 = 20 m × 5×10^{-9} s/m = 100 ns。
- $t_{传播延迟段}$ = 2 × (100ns + 150ns) = 500 ns。
- 预分频参数选择 1，因此 CAN 系统时钟为 8 MHz，时间份额 T_q 为 125 ns，每位占用 1000/125 = 8 T_q。
- 传播延迟段 = 500/125 = 4 T_q。
- 相位缓冲段 1 + 相位缓冲段 2 = 8 - 4 - 1 = 3。因此相位缓冲段 1 等于 1，相位缓冲段 2 等于 2。
- RJW = MIN(4, 相位缓冲段 1) = 1。
- 由式 11-10 可得，$\Delta f < \dfrac{RJW}{20 \times NBT} = \dfrac{1}{20 \times 8} = 0.006\,25$。
- 由式 11-11 可得，

$$\Delta f < \frac{MIN(相位缓冲段 1, 相位缓冲段 2)}{2(13 \times NBT - 相位缓冲段 2)} = \frac{1}{2(13 \times 8 - 2)} = 0.004\,90$$

- 所需的振荡器允许公差取两者之间的较小值，即基于 12.75 μs 时间周期（即 12.75 个位周期）的 0.004 9(0.49%)。因为此时预分频参数为 1，所以无法进一步减少振荡器公差，除非使用更高频率的 MCU 振荡器；因为相位缓冲段 1 为 1 T_q，所以只能工作在每位采样一次的模式下。

结果：
- 预分频参数 = 1。
- NBT = 8。
- 传播延迟段 = 4。
- 相位缓冲段 1 = 1。

第11章 FlexCAN 控制器

- 相位缓冲段 2＝2。
- RJW＝1。
- 振荡器容许公差＝0.49％。

【例 11-2】 根据下列系统约束计算位时序参数：
- 比特率为 125 kbps。
- 总线长度为 50 m。
- 总线传播延迟为 5×10^{-9} s/m。
- 物理接口(PCA82C250)的发送器和接收器在 85℃时传播延迟为 150 ns。
- MCU 振荡器频率为 8 MHz。

计算：
- 总线物理延迟＝50 m×5×10^{-9} s/m＝250 ns。
- $t_{传播延迟段}$＝2×(250 ns ＋ 150 ns)＝800 ns。
- 预分频参数选择 4，因此 CAN 系统时钟为 2 MHz，时间份额 T_q 为 500 ns，每位占用 8000/500＝16 T_q。
- 传播延迟段＝800/500＝1.6≈2 T_q。
- 相位缓冲段 1＋相位缓冲段 2＝16－2－1＝13，因此相位缓冲段 1 为 6，相位缓冲段 2 为 6，并把多余的一位放到传播延迟段，即传播延迟段为 3。
- RJW＝MIN(4，相位缓冲段 1)＝4。
- 由式 11-10 可得，$\Delta f < \dfrac{RJW}{20 \times NBT} = \dfrac{1}{20 \times 16} = 0.0125$。
- 由式 11-11 可得，
$$\Delta f < \frac{MIN(相位缓冲段1,相位缓冲段2)}{2(13 \times NBT - 相位缓冲段2)} = \frac{6}{2(13 \times 16 - 6)} = 0.01485$$
- 所需的振荡器允许公差取两者之间的较小值，即 0.0125(1.25％)。因为此时相位缓冲段 1 大于 4，所以采用更大的预分频参数后重复第②步至第⑥步。
- 预分频参数选择 8，因此 CAN 系统时钟为 1 MHz，时间份额 T_q 为 1000 ns，每位占用 8 000/1 000＝8 T_q。
- 传播延迟段＝800/1 000＝0.8≈1 T_q。
- 相位缓冲段 1＋相位缓冲段 2＝8－1－1＝6。因此，相位缓冲段 1＝相位缓冲段 2＝3。
- RJW＝MIN(4，相位缓冲段 1)＝3。
- 由式 11-10 可得，$\Delta f < \dfrac{RJW}{20 \times NBT} = \dfrac{3}{20 \times 8} = 0.01875$。
  - 由式 11-11 可得，
$$\Delta f < \frac{MIN(相位缓冲段1,相位缓冲段2)}{2(13 \times NBT - 相位缓冲段2)} = \frac{3}{2(13 \times 8 - 3)} = 0.01485$$

所需的振荡器允许公差取两者之间的较小值，即基于 101 μs 时间周期（即 12.625 个位周期）的 0.014 85(1.485％)。这相当大地增加了振荡器允许公差的要求，因此最后结果为：
- 预分频参数＝8。
- NBT＝8。
- 传播延迟段＝1。

- 相位缓冲段1＝3。
- 相位缓冲段2＝3。
- RJW＝3。
- 振荡器容许公差＝1.485%。

11.5 CAN底层驱动简介

11.5.1 软件架构

FlexCAN的底层驱动可分为控制、发送/接收和中断3个部分。每个模块都提供了简洁易用的API函数以供使用。它们的操作都是基于3个数据结构定义来进行的,关系图可参看图11－7。

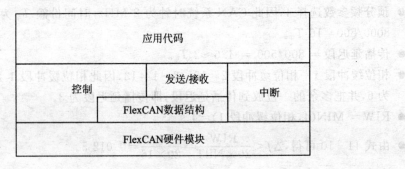

图11－7 FlexCAN模块底层驱动架构图

FlexCAN底层驱动定义了3个数据结构以支持驱动模块对FlexCAN硬件的操作,分别是tFlexCANID、tFlexCANMB和tFlexCANBuffers。其中,tFlexCANID定义了图11－2中的标识符域,tFlexCANMB定义了图11－2的消息缓冲,tFlexCANBuffers定义16个消息缓冲所组成的缓冲空间。

以下为定义的程序:

```
typedef union {
    uint32 u32ExtID;
    struct {
        uint16 u16StdID;
        uint16 u16StdTimeStamp;
    } u32StdIDField;
} tFlexCANID;

typedef struct tFlexCANMB
{
    uint16 u16CtrlStat;
    uint16 u8TimeStamp;
    tFlexCANID u32ID;
    uint8 u8Data0;
```

```c
    uint8 u8Data1;
    uint8 u8Data2;
    uint8 u8Data3;
    uint8 u8Data4;
    uint8 u8Data5;
    uint8 u8Data6;
    uint8 u8Data7;
}tFlexCANMB;

typedef struct tFlexCANBuffers
{
    tFlexCANMB MB0;
    tFlexCANMB MB1;
    tFlexCANMB MB2;
    tFlexCANMB MB3;
    tFlexCANMB MB4;
    tFlexCANMB MB5;
    tFlexCANMB MB6;
    tFlexCANMB MB7;
    tFlexCANMB MB8;
    tFlexCANMB MB9;
    tFlexCANMB MB10;
    tFlexCANMB MB11;
    tFlexCANMB MB12;
    tFlexCANMB MB13;
    tFlexCANMB MB14;
    tFlexCANMB MB15;
}tFlexCANBuffers;
```

11.5.2 API 函数简介

1. 控制模块

(1) FlexCANIntt( )函数

```c
void FlexCANInit(void)
{
/* FlexCAN 外部引脚初始化,详见例 11 - 1 */
FLEXCAN_GPIO_INIT();
/* FlexCAN 软复位 */
MCF_FlexCAN_CANMCR = MCF_FlexCAN_CANMCR_SOFTRST;
while ((MCF_FlexCAN_CANMCR & MCF_FlexCAN_CANMCR_SOFTRST) != 0x00)
    ;
/* 禁用 FlexCAN 模块,设置最大消息缓存(Message Buffer)数为 16 */
MCF_FlexCAN_CANMCR = MCF_FlexCAN_CANMCR_MDIS | MCF_FlexCAN_CANMCR_MAXMB(0xF);
while ((MCF_FlexCAN_CANMCR & MCF_FlexCAN_CANMCR_NOTRDY) != MCF_FlexCAN_CANMCR_NOTRDY);
```

```c
/*支持工作在传输波特率为 125 kbps、500 kbps、1 Mbps 和回环模式,用户可根据需要定义相关的宏*/
#ifdef CAN_125K
MCF_FlexCAN_CANCTRL = MCF_FlexCAN_CANCTRL_PRESDIV(0x17)|     /*定义模块时钟的分频*/
                      MCF_FlexCAN_CANCTRL_RJW(0x3)|          /*定义再同步补偿宽度*/
                      MCF_FlexCAN_CANCTRL_PSEG1(0x4)|        /*定义时间缓冲段1*/
                      MCF_FlexCAN_CANCTRL_PSEG2(0x3)|        /*定义时间缓冲段2*/
                      MCF_FlexCAN_CANCTRL_ERRMSK|            /*使能错误中断*/
                      MCF_FlexCAN_CANCTRL_BOFFMSK|           /*使能总线关闭中断*/
                      MCF_FlexCAN_CANCTRL_PROPSEG(0x5);      /*定义传播延迟段*/
#endif

#ifdef CAN_500K
MCF_FlexCAN_CANCTRL = MCF_FlexCAN_CANCTRL_PRESDIV(0)|        /*定义模块时钟的分频*/
                      MCF_FlexCAN_CANCTRL_RJW(3)|            /*定义再同步补偿宽度*/
                      MCF_FlexCAN_CANCTRL_PSEG1(4)|          /*定义时间缓冲段1*/
                      MCF_FlexCAN_CANCTRL_PSEG2(3)|          /*定义时间缓冲段2*/
                      MCF_FlexCAN_CANCTRL_ERRMSK|            /*使能错误中断*/
                      MCF_FlexCAN_CANCTRL_BOFFMSK|           /*使能总线关闭中断*/
                      MCF_FlexCAN_CANCTRL_PROPSEG(0x05);     /*定义传播延迟段*/
#endif
#ifdef CAN_1000K
MCF_FlexCAN_CANCTRL = MCF_FlexCAN_CANCTRL_PRESDIV(5)|        /*定义模块时钟的分频*/
                      MCF_FlexCAN_CANCTRL_RJW(0)|            /*定义再同步补偿宽度*/
                      MCF_FlexCAN_CANCTRL_PSEG1(0)|          /*定义时间缓冲段*/
                      MCF_FlexCAN_CANCTRL_PSEG2(1)|          /*定义时间缓冲段*/
                      MCF_FlexCAN_CANCTRL_ERRMSK|            /*使能错误中断*/
                      MCF_FlexCAN_CANCTRL_BOFFMSK|           /*使能总线关闭中断*/
                      MCF_FlexCAN_CANCTRL_PROPSEG(0x03);     /*定义传播延迟段*/
#endif
#ifdef CAN_LPB_MODE
MCF_FlexCAN_CANCTRL |= MCF_FlexCAN_CANCTRL_LPB;              /*使能回环模式*/
#endif
/*初始化消息缓冲队列,code 域设为 0,即未激活状态*/
MCF_FLEXCAN_BUFFERS.MB0.u16CtrlStat = MB_CTRLSTAT_CODE(0x0);
MCF_FLEXCAN_BUFFERS.MB1.u16CtrlStat = MB_CTRLSTAT_CODE(0x0);
MCF_FLEXCAN_BUFFERS.MB2.u16CtrlStat = MB_CTRLSTAT_CODE(0x0);
MCF_FLEXCAN_BUFFERS.MB3.u16CtrlStat = MB_CTRLSTAT_CODE(0x0);
MCF_FLEXCAN_BUFFERS.MB4.u16CtrlStat = MB_CTRLSTAT_CODE(0x0);
MCF_FLEXCAN_BUFFERS.MB5.u16CtrlStat = MB_CTRLSTAT_CODE(0x0);
MCF_FLEXCAN_BUFFERS.MB6.u16CtrlStat = MB_CTRLSTAT_CODE(0x0);
MCF_FLEXCAN_BUFFERS.MB7.u16CtrlStat = MB_CTRLSTAT_CODE(0x0);
MCF_FLEXCAN_BUFFERS.MB8.u16CtrlStat = MB_CTRLSTAT_CODE(0x0);
MCF_FLEXCAN_BUFFERS.MB9.u16CtrlStat = MB_CTRLSTAT_CODE(0x0);
MCF_FLEXCAN_BUFFERS.MB10.u16CtrlStat = MB_CTRLSTAT_CODE(0x0);
```

第11章 FlexCAN 控制器

```c
MCF_FLEXCAN_BUFFERS.MB11.u16CtrlStat = MB_CTRLSTAT_CODE(0x0);
MCF_FLEXCAN_BUFFERS.MB12.u16CtrlStat = MB_CTRLSTAT_CODE(0x0);
MCF_FLEXCAN_BUFFERS.MB13.u16CtrlStat = MB_CTRLSTAT_CODE(0x0);
MCF_FLEXCAN_BUFFERS.MB14.u16CtrlStat = MB_CTRLSTAT_CODE(0x0);
MCF_FLEXCAN_BUFFERS.MB15.u16CtrlStat = MB_CTRLSTAT_CODE(0x0);
/*设置 RXGMASK 寄存器,把 MB0-13 的 ID 域的过滤器设为每一比特位都要匹配*/
MCF_FlexCAN_RXGMASK = 0xFFFFFFFF;
/*设置 MB1 为接收缓冲,接收 ID 为 0x140*/
MCF_FLEXCAN_BUFFERS.MB1.u16CtrlStat = MB_CTRLSTAT_CODE(0x0);
MCF_FLEXCAN_BUFFERS.MB1.u32ID.u32ExtID = MB_STANDARD_ID(0x140);    //ID 0x140
MCF_FLEXCAN_BUFFERS.MB1.u16CtrlStat = MB_CTRLSTAT_CODE(0x4);
/*使能 FlexCAN 模块*/
MCF_FlexCAN_CANMCR &= ~(MCF_FlexCAN_CANMCR_MDIS);
while ((MCF_FlexCAN_CANMCR & MCF_FlexCAN_CANMCR_NOTRDY) != 0x00)
    ;
/*FlexCAN 中断初始化*/
MCF_FlexCAN_IMASK = 0x00;                    //使能所有消息缓冲的中断

/*设置中断控制模块中各消息缓冲中断的优先级和等级*/
MCF_INTC1_ICR08 = MCF_INTC_ICR_IL(2) | MCF_INTC_ICR_IP(0);
MCF_INTC1_ICR09 = MCF_INTC_ICR_IL(2) | MCF_INTC_ICR_IP(1);
MCF_INTC1_ICR10 = MCF_INTC_ICR_IL(2) | MCF_INTC_ICR_IP(2);
MCF_INTC1_ICR11 = MCF_INTC_ICR_IL(2) | MCF_INTC_ICR_IP(3);
MCF_INTC1_ICR12 = MCF_INTC_ICR_IL(2) | MCF_INTC_ICR_IP(4);
MCF_INTC1_ICR13 = MCF_INTC_ICR_IL(2) | MCF_INTC_ICR_IP(5);
MCF_INTC1_ICR14 = MCF_INTC_ICR_IL(2) | MCF_INTC_ICR_IP(6);
MCF_INTC1_ICR15 = MCF_INTC_ICR_IL(2) | MCF_INTC_ICR_IP(7);
MCF_INTC1_ICR16 = MCF_INTC_ICR_IL(4) | MCF_INTC_ICR_IP(0);
MCF_INTC1_ICR17 = MCF_INTC_ICR_IL(4) | MCF_INTC_ICR_IP(1);
MCF_INTC1_ICR18 = MCF_INTC_ICR_IL(4) | MCF_INTC_ICR_IP(2);
MCF_INTC1_ICR19 = MCF_INTC_ICR_IL(4) | MCF_INTC_ICR_IP(3);
MCF_INTC1_ICR20 = MCF_INTC_ICR_IL(4) | MCF_INTC_ICR_IP(4);
MCF_INTC1_ICR21 = MCF_INTC_ICR_IL(4) | MCF_INTC_ICR_IP(5);
MCF_INTC1_ICR22 = MCF_INTC_ICR_IL(4) | MCF_INTC_ICR_IP(6);
MCF_INTC1_ICR23 = MCF_INTC_ICR_IL(4) | MCF_INTC_ICR_IP(7);
MCF_INTC1_ICR24 = MCF_INTC_ICR_IL(5) | MCF_INTC_ICR_IP(0);
MCF_INTC1_ICR25 = MCF_INTC_ICR_IL(5) | MCF_INTC_ICR_IP(1);

/*使能中断控制模块中各消息缓冲中断*/
MCF_INTC1_IMRL &= ~(MCF_INTC_IMRL_INT_MASK25|MCF_INTC_IMRL_INT_MASK24|
                    MCF_INTC_IMRL_INT_MASK23|MCF_INTC_IMRL_INT_MASK22|
                    MCF_INTC_IMRL_INT_MASK21|MCF_INTC_IMRL_INT_MASK20|
                    MCF_INTC_IMRL_INT_MASK19|MCF_INTC_IMRL_INT_MASK18|
                    MCF_INTC_IMRL_INT_MASK17|MCF_INTC_IMRL_INT_MASK16|
                    MCF_INTC_IMRL_INT_MASK15|MCF_INTC_IMRL_INT_MASK14|
```

```
                        MCF_INTC_IMRL_INT_MASK13|MCF_INTC_IMRL_INT_MASK12|
                        MCF_INTC_IMRL_INT_MASK11|MCF_INTC_IMRL_INT_MASK10|
                        MCF_INTC_IMRL_INT_MASK9 |MCF_INTC_IMRL_INT_MASK8 |
                        MCF_INTC_IMRL_MASKALL);

    return;
}
```

该函数执行 FlexCAN 模块基本的初始化操作,包括外部引脚的初始化、传输波特率的初始化以及消息缓冲的初始化,用户可根据需要在此基础上做一定的修改。

有一些预定义的宏在该函数中用来选择波特率和工作模块。它们是:
- CAN_125K:传输波特率为 125 kbps。
- CAN_500K:传输波特率为 500 kbps。
- CAN_1000K:传输波特率为 1 Mbps。
- CAN_LPB_MODE:FlexCAN 工作在回环模式下。

(2) FlexCANSetMBforRx( )函数

```
uint8 FlexCANSetMBforRx(uint8 u8MB, uint32 u32ID)
{
    tFlexCANMB * BuffPtr;
    uint16 temp = 0;


    BuffPtr = &MCF_FLEXCAN_BUFFERS.MB0 + u8MB;              /*指针指向相关的消息缓冲结构*/
    (*BuffPtr).u16CtrlStat = MB_CTRLSTAT_CODE(0x00);        /*配置 code 域*/

    if (! (u32ID & FLEXCAN_EXTENDEDID(0))){
        /*标准 ID 域的配置*/
        (*BuffPtr).u32ID.u32ExtID = MB_STANDARD_ID(u32ID);
    }
    else{
        /*扩展 ID 域的配置*/
        (*BuffPtr).u32ID.u32ExtID = MB_EXTENDED_ID(u32ID - FLEXCAN_EXTENDEDID(0));
        temp |= (MB_CTRLSTAT_SRR | MB_CTRLSTAT_IDE);
    }
    /*设置消息缓冲为接收缓冲*/
    (*BuffPtr).u16CtrlStat = MB_CTRLSTAT_CODE(0x4)|temp;

    return 0;
}
```

该函数用于将消息缓冲设置为接收缓冲。

u8MB 为消息缓冲序列号,这里支持 0~15。

u32ID 为消息缓冲的标识符域,具体可参看图 11-2。

第 11 章 FlexCAN 控制器

(3) FlexCANEnableMBInterrupt( ) 函数

```
void FlexCANEnableMBInterrupt(uint8 u8MB, uint8 u8Mode)
{
    MCF_FlexCAN_IMASK |= (1<<u8MB);            /*使能相关消息缓冲的中断*/
    if (u8Mode == 0x00){
    /*flexcanMBISR 为一个中断函数数组*/
    flexcanMBISR [u8MB] = FlexCANGenericRXISR;    /*中断函数赋值为接收中断函数*/
    }
    else{
      flexcanMBISR [u8MB] = FlexCANGenericTXISR;  /*中断函数赋值为发送中断函数*/
    }
}
```

该函数用于使能消息缓冲的中断。
u8MB 为消息缓冲序列号，这里支持 0～15。
u8Mode 为消息缓冲的工作模式，0 表示接收模式，不为 0 表示发送模式。

(4) FlexCANDisableMBInterrupt( ) 函数

```
void FlexCANDisableMBInterrupt(uint8 u8MB)
{
    MCF_FlexCAN_IMASK &= ~(1<<u8MB);           /*禁用相关消息缓冲中断*/
}
```

该函数用于禁用消息缓冲的中断。
u8MB 为消息缓冲序列号，这里支持 0～15。

(5) FlexCANDisableALLInterrupt( ) 函数

```
void FlexCANDisableALLInterrupt(void)
{
    MCF_FlexCAN_IMASK = 0x00;                  /*禁用所有消息缓冲中断*/
    MCF_FlexCAN_IFLAG = 0xFF;                  /*清除所有消息缓冲中断标志位*/
    /*禁用总线关闭和错误中断*/
    MCF_FlexCAN_CANCTRL &= ~(MCF_FlexCAN_CANCTRL_BOFFMSK|MCF_FlexCAN_CANCTRL_ERRMSK);
    /*清除总线关闭和错误中断标志位*/
    MCF_FlexCAN_ERRSTAT |= (MCF_FlexCAN_ERRSTAT_ERRINT|MCF_FlexCAN_ERRSTAT_BOFFINT);
}
```

该函数用于禁用所有消息缓冲的中断。

(6) FlexCANDisableMBs( ) 函数

```
void FlexCANDisableMBs(void)
{
    uint8 i;
    tFlexCANMB * BuffPtr;
    BuffPtr =  &MCF_FLEXCAN_BUFFERS.MB0;

    /*将所有消息缓冲的 code 域设为未激活状态*/
```

```c
    for(i = 0; i < 15; i++){
        (*BuffPtr++).u16CtrlStat = MB_CTRLSTAT_CODE(0x00);
    }
}
```

该函数用于关闭所有消息缓冲,即将图 11-2 中的操作码设为 0x0000。

(7) FlexCANSetMask( )函数

```c
void FlexCANSetMask(uint8 u8MB, uint32 u32Mask)
{
/*设置消息缓冲 0～13 的接收帧的 ID 过滤器*/
    if (u8MB < 14){
        MCF_FlexCAN_RXGMASK = u32Mask;
    }
/*设置消息缓冲 14 的接收帧的 ID 过滤器*/
    if (u8MB == 14){
        MCF_FlexCAN_RX14MASK = u32Mask;
    }
/*设置消息缓冲 15 的接收帧的 ID 过滤器*/
    if (u8MB == 15){
        MCF_FlexCAN_RX15MASK = u32Mask;
    }
}
```

该函数用于设置对应消息缓冲的屏蔽寄存器。
u8MB 为消息缓冲序列号,这里支持 0～15。
u32Mask 为接收屏蔽寄存器的值,具体可参看 11.1.4 小节内容。

(8) FlexCANResetMasks( )函数

```c
void FlexCANResetMasks(void)
{
    /*将消息缓冲 0～15 的接收帧的 ID 过滤器设置为每一位都要匹配*/
    MCF_FlexCAN_RXGMASK = 0xFFFFFFFF;
    MCF_FlexCAN_RX14MASK = 0xFFFFFFFF;
    MCF_FlexCAN_RX15MASK = 0xFFFFFFFF;
}
```

该函数用于复位所有消息缓冲的屏蔽寄存器,即恢复上电复位值。

(9) FlexCANGetErrstat( )函数

```c
uint32 FlexCANGetErrStat(uint8 u8Clr)
{
    uint32 u32temp = gu32ErrFlg;   /*gu32ErrFlg 为一全局变量,它在错误中断伺服函数中被赋值*/
    if (u8Clr){
        gu32ErrFlg = 0;
    }
```

第11章 FlexCAN 控制器

```
    return u32temp;
}
```

该函数用来得到错误状态寄存器的值,同时将其清零。

u8Clr 为真时,清零错误状态寄存器。

2. 发送/接收模块

(1) FlexCANSendDataPou( )函数

```c
int8 FlexCANSendDataPoll(uint8 * pData, uint8 u8Size, uint32 u32ID, uint8 u8MB)
{
    uint8 u8Counter;
    uint8 * pDataPointer;
    uint32 u32Rescue = 0;
    tFlexCANMB * BuffPtr;
    uint16 temp = 0;

    /* 设置消息缓冲指针 */
    BuffPtr = &MCF_FLEXCAN_BUFFERS.MB0 + u8MB;
    /* 设置消息缓冲为发送缓冲 */
    ( * BuffPtr).u16CtrlStat = MB_CTRLSTAT_CODE(0x8);
    if (! (u32ID & FLEXCAN_EXTENDEDID(0))){
        /* 如果是标准 ID */
        ( * BuffPtr).u32ID.u32ExtID = MB_STANDARD_ID(u32ID);
    }
    else{
        /* 如果是扩展 ID */
        ( * BuffPtr).u32ID.u32ExtID = MB_EXTENDED_ID(u32ID - FLEXCAN_EXTENDEDID(0));
        temp | = (MB_CTRLSTAT_SRR | MB_CTRLSTAT_IDE);
    }
    /* 数据域的初始化 */
    pDataPointer = &(( * BuffPtr).u8Data0);
    for (u8Counter = 0; u8Counter < u8Size; u8Counter ++ )
    {
        * (pDataPointer ++ ) = * (pData ++ );
    }
    /* 根据消息缓冲数据结构设置数据长度 */
    temp | = MB_CTRLSTAT_LENGTH(u8Size);
    /* 发送数据 */
    ( * BuffPtr).u16CtrlStat = MB_CTRLSTAT_CODE(0xC)|temp;
    /* 设置等待时间,在这里 bit_time 为一常数 55,即用来等待 FlexCAN 发送完毕的时间 */
    temp = MCF_FlexCAN_TIMER + bit_time;
    MCF_GPIO_SETAN | = MCF_GPIO_SETAN_SETAN0;    /* 这里使用 AN 端口的一个 GPIO 来触发一个波
                                                    形,用于测试 */

    while(MCF_FlexCAN_TIMER! = temp);            /* 等待 55 个 FlexCAN 时钟周期 */
```

```
            temp = (*BuffPtr).u16CtrlStat;              /*读取消息缓冲的状态*/
            MCF_GPIO_CLRAN &= ~MCF_GPIO_CLRAN_CLRAN0;   /*这里使用AN端口的一个GPIO来触发一个波
                                                          形,用于测试*/
        /*轮询相关消息缓冲中断标志位,如果在一定范围内无法收到相关中断,则返回错误。*/
            while (!(MCF_FlexCAN_IFLAG & (1<<u8MB))){
            if (u32Rescue++ == RESCUE_VALUE){
                    return 1;
            }
        }
            /*中断发生,表示发送完毕,则清除相关标志位*/
            MCF_FlexCAN_IFLAG = (1<<u8MB);
            return 0;
    }
```

该函数是阻塞式的,成功发送数据后才返回。

pData 是待发送数据缓冲的指针。

u8Size 是待发送数据缓冲的长度,最大为 8。

u32ID 是代发送数据帧的标识符域,具体可参看图 11~2。

u8MB 为消息缓冲序列号,这里支持 0~15。

返回值为 0,表示发送成功,否则表示失败。

(2) FlexCANSendDataNoPou( )函数

```
void FlexCANSendDataNoPoll(uint8 * pData, uint8 u8Size, uint32 u32ID, uint8 u8MB)
{
    uint8 u8Counter;
    uint8 * pDataPointer;
    uint32 u32Rescue = 0;
    tFlexCANMB * BuffPtr;
    uint16 temp = 0;
    /*设置消息缓冲指针*/
    BuffPtr =   &MCF_FLEXCAN_BUFFERS.MB0 + u8MB;

    /*设置消息缓冲为发送缓冲*/
    (*BuffPtr).u16CtrlStat = MB_CTRLSTAT_CODE(0x8);
    if (!(u32ID & FLEXCAN_EXTENDEDID(0))){
    /*如果是标准 ID*/
        (*BuffPtr).u32ID.u32ExtID = MB_STANDARD_ID(u32ID);
    }
    else{
        /*如果是扩展 ID*/
        (*BuffPtr).u32ID.u32ExtID = MB_EXTENDED_ID(u32ID - FLEXCAN_EXTENDEDID(0));
        temp |= (MB_CTRLSTAT_SRR | MB_CTRLSTAT_IDE);
    }
    /*数据域的初始化*/
    pDataPointer = &((*BuffPtr).u8Data0);
```

第 11 章 FlexCAN 控制器

```
    for(u8Counter = 0; u8Counter < u8Size; u8Counter++)
    {
        *(pDataPointer++) = *(pData++);
    }
    /*根据消息缓冲数据结构设置数据长度*/
    temp |= MB_CTRLSTAT_LENGTH(u8Size);
    /*发送数据*/
    (*BuffPtr).u16CtrlStat = MB_CTRLSTAT_CODE(0xC)|temp;

    return;
}
```

该函数是非阻塞式的,如需判断是否成功发送数据需要结合消息缓冲中断伺服程序。
pData 是待发送数据缓冲的指针。
u8Size 是待发送数据缓冲的长度,最大为 8。
u32ID 是代发送数据帧的标识符域,具体可参看图 11～2。
u8MB 为消息缓冲序列号,这里支持 0～15。

(3) FlexCANReceiveDataPou( )函数

```
uint8 FlexCANReceiveDataPoll(uint8 u8MB, uint8 *aData)
{
    uint8 u8Temp;
    uint8 *pPointer;
    uint8 i;
    tFlexCANMB *BuffPtr;
    uint8 u8Len;
    /*设置消息缓冲指针*/
    BuffPtr =  &MCF_FLEXCAN_BUFFERS.MB0 + u8MB;

    /*轮询相关消息缓冲的中断标志位*/
    while(!(MCF_FlexCAN_IFLAG&(1<<u8MB)));
    /*中断发生,则清除标志位*/
    MCF_FlexCAN_IFLAG = (1<<u8MB);
    u8Temp = (*BuffPtr).u16CtrlStat;                            /*读取消息缓冲状态*/
    pPointer = &((*BuffPtr).u8Data0);                           /*设置读指针*/
    u8Len = ((*BuffPtr).u16CtrlStat) & MB_CTRLSTAT_LENGTH(0xF); /*读取数据长度*/
    for(i=0; i < u8Len; i++){
        aData[i] = pPointer[i];                                 /*数据搬移*/
    }
    /*更新消息缓冲的状态为空的接收缓冲*/
    (*BuffPtr).u16CtrlStat = MB_CTRLSTAT_CODE(0x4);

    return u8Len;                                               /*返回接收数据长度*/
}
```

该函数是阻塞式的,成功接收数据后才返回。

u8MB 为消息缓冲序列号,这里支持 0~15。

aData 是指针参数,指向用以接收数据的缓冲。

3. 中断模块

(1) FlexCANGenericRXISR( )函数

```
void FlexCANGenericRXISR(uint8 u8MB)
{
    tFlexCANMB  * BuffPtr;
    uint8 i;
    uint16 u16Temp;
    uint8 * pPointer;
    /*设置消息缓冲指针*/
    BuffPtr =  &MCF_FLEXCAN_BUFFERS.MB0 + u8MB;
    /*读取消息缓冲的状态字*/
    u16Temp = (( * BuffPtr).u16CtrlStat)&(MB_CTRLSTAT_IDE|MB_CTRLSTAT_SRR);
    /*在中断中完成数据的搬移*/
    pPointer = &(( * BuffPtr).u8Data0);
    gu8FlexCANLen[u8MB] = (( * BuffPtr).u16CtrlStat) & MB_CTRLSTAT_LENGTH(0xF);
    for (i = 0; i < gu8FlexCANLen[u8MB]; i ++){
        gu8FlexCANArrays[u8MB][i] = pPointer[i];
    }

    /*通知主程序*/
    gu8FlexCANIntSemaphore[u8MB] = 1;
    /*更新接收缓冲的状态*/
    ( * BuffPtr).u32ID.u32ExtID = ( * BuffPtr).u32ID.u32ExtID;
    ( * BuffPtr).u16CtrlStat = MB_CTRLSTAT_CODE(0x4)|u16Temp;
}
```

该函数为消息缓冲在接收模式下的通用中断伺服程序,主要是完成数据的复制以及通知主程序中断发生。

u8MB 为消息缓冲序列号,这里支持 0~15。

(2) FlexCANGenericTXISR( )函数

```
void FlexCANGenericTXISR(uint8 u8MB)
{
    tFlexCANMB  * BuffPtr;
    /*设置消息缓冲指针*/
    BuffPtr =  &MCF_FLEXCAN_BUFFERS.MB0 + u8MB;
    /*读取发送数据长度*/
    gu8FlexCANLen[u8MB] = (( * BuffPtr).u16CtrlStat) & MB_CTRLSTAT_LENGTH(0xF);

    /*通知主程序*/
    gu8FlexCANIntSemaphore[u8MB] = 1;
}
```

第 11 章 FlexCAN 控制器

该函数为消息缓冲在发送模式下的通用中断伺服程序,主要是复位消息缓冲的控制/状态字和通知主程序中断发生。

u8MB 为消息缓冲序列号,这里支持 0~15。

(3) FlexCANGetRXDataInt( )函数

```
uint8 FlexCANGetRXDataInt(uint8 u8MB, uint8 * aData)
{
    uint8 i;
    /*复制数据到用户指定的空间中*/
    for (i = 0; i < gu8FlexCANLen[u8MB]; i++){
        aData[i] = gu8FlexCANArrays[u8MB][i];
    }
    /*返回数据长度*/
    return gu8FlexCANLen[u8MB];
}
```

该函数用于收到接收中断后从对应消息缓冲中复制数据。如果不想中断伺服程序占用太多 CPU 时间,可以不使用 FlexCANGenericRXISR(),而只是在中断中通知主程序,再由主程序调用该函数来实现数据的接收。

u8MB 为消息缓冲序列号,这里支持 0~15。

aData 是指针参数,指向用以接收数据的缓冲。

返回值为实际接收到的字节数。

(4) FlexCANWaitMBInt( )函数

```
void FlexCANWaitMBInt(uint8 u8MB)
{
    /*等待中断程序的通知*/
    while (gu8FlexCANIntSemaphore[u8MB] == 0x00);

    /*标志位的复位*/
    gu8FlexCANIntSemaphore[u8MB] = 0x00;
}
```

该函数在主程序中调用,用以确认某个消息缓冲是否发生了中断。

u8MB 为消息缓冲序列号,这里支持 0~15。

(5) FlexCANBufn( )函数

```
__declspec(interrupt) void FlexCANBufn()
{
    /*清除中断标志位*/
    MCF_FlexCAN_IFLAG = MCF_FlexCAN_IFLAG_BUFnI;
    /*调用中断伺服程序*/
    (flexcanMBISR[n])(n);
}
```

CodeWarrior 7.1 支持的中断代码样例,主要是清中断标志位和调用相关消息缓冲的中断伺服程序,n 为相关消息缓冲的序列号,范围为 0～15。

(6) FlexCANERRINT( )函数

```
__declspec(interrupt) void FlexCANERR_INT()
{
    /*更新全局变量 gu32ErrFlg ,通知主程序*/
    gu32ErrFlg = MCF_FlexCAN_ERRSTAT;
    /*清除中断标志位*/
    MCF_FlexCAN_ERRSTAT = MCF_FlexCAN_ERRSTAT_ERRINT;
    return;
}
```

CodeWarriar 7.1 支持的中断代码样例,主要是清中断标志位和通知主程序发生了错误中断。

(7) FlexCANBOFF_INT( )函数

```
__declspec(interrupt) void FlexCANBOFF_INT()
{
    /*更新全局变量 gu32ErrFlg ,通知主程序*/
    gu32ErrFlg = MCF_FlexCAN_ERRSTAT;
    /*清除中断标志位*/
    MCF_FlexCAN_ERRSTAT = MCF_FlexCAN_ERRSTAT_BOFFINT;
    return;
}
```

CodeWarriar 7.1 支持的中断代码样例,主要是清中断标志位和通知主程序发生了 BusOff 中断。

11.5.3 API 函数样例

下列代码使用了 FlexCAN 底层驱动提供的相关 API 函数,实现了 MCF52259EVB 上的 FlexCAN 模块收发测试。

```
int main()
{
    char ch;
    uint8 aDummy[9] = {1,2,3,4,5,6,7,8,9};
    uint8 i;
    uint8 u8Integrity;

    /*FlexCAN 模块初始化*/
    FlexCANInit();
    /*中断禁用*/
    mcf5xxx_wr_sr(0x2000);
    printf("\t* * * * * * * * * * * * * * * * * * * *\t\n");
    printf("FlexCAN TX with Polling Test in MB0(no error expected)\n");
    printf("1. Connect CAN/UART1 connector to CAN bus\n");
```

```
    printf("2. Enable CANAlyzer @ 1Mhz \n");
    printf("3. Press a key when Ready \n");
    /*等待用户输入*/
    ch = in_char();

    /*使用阻塞方式从消息缓冲0发送数据,帧格式为标准帧*/
    for (i = 0; i < (sizeof(aDummy)/sizeof(aDummy[0])); i++){
        if (FlexCANSendDataPoll(aDummy, i, FLEXCAN_STANDARDID(0x80 * i),0) != 0x00)
            printf("\nERR! Error during send message.\n");

        printf("Message # %d ",i+1);
        printf("Sent with ID: %x\n",i * 0x80);
    }
    /*使用阻塞方式从消息缓冲0发送数据,帧格式为扩展帧*/
    for (i = 0; i < (sizeof(aDummy)/sizeof(aDummy[0])); i++){
        if (FlexCANSendDataPoll(aDummy, i, FLEXCAN_EXTENDEDID(0x1000000 * i),0) != 0x00)
            printf("\nERR! Error during send message.\n");

        printf("Message # %d ",i+1);
        printf("Sent with extended ID: %x\n",i * 0x1000000);
    }
}
```

第 12 章
DMA 与 EDMA 控制器介绍与应用

DMA(直接存储访问)的主要作用是使得访问存储器可以脱离 CPU 的干预,直接在存储器和存储器、存储器和外设之间传输数据。当需要在系统存储空间中传输数据时,CPU 设置 DMA 控制器的数据源地址和目的地址、需要传输的总字节数以及数据传输的选项,如字节对齐,带宽控制等;随后通过 CPU 软件或者外设产生的触发信号启动 DMA 控制器,由其全权负责数据的传输。此时 CPU 内核可以去处理其他的任务,直到 DMA 控制器发出中断信号表示数据传输结束或者出现某种错误。因此,DMA 有助于提高 CPU 的利用率,降低 CPU 的负荷,从而提高系统性能。

ColdFire 产品系列主要包括两种 DMA 控制器,MCU 产品一般配备 DMA 控制,MPU 产品则配备功能更为丰富的 EDMA 控制器。

12.1 DMA 控制器

DMA 控制器包括 4 个通道,每个通道都支持 CPU 软件触发或者片上外设信号触发 DMA 数据传输。片上外设触发源共 10 个,可配置为对应 4 个通道的任何一个,而在 EDMA 中片上外设或者外部的/DREQ 信号触发和通道之间的对应关系是固定的。

DMA 控制器支持以下一些特性:
- 可配置数据传输宽度,支持字节、字、双字和 16 字节数据传输。
- 独立的源数据和目的数据传输宽度。
- 源地址和目的地址自动对齐功能。
- 源地址和目的地址均可实现为环形缓冲方式。
- 可选择连续传输模式和单次传输(cycle - steal)模式。
- 通道自动关联。

12.1.1 DMA 控制器概述

ColdFire 的 DMA 控制器如图 12-1 所示,每个通道包括源地址寄存器 SAR、目的地址寄存器 DAR、字节数寄存器 BCR、控制寄存器 DCR 和状态寄存器 DSR。

DMA 控制器采用双地址传输方式,即每次数据传输包括两个步骤,先从源地址读取数

第 12 章 DMA 与 EDMA 控制器介绍与应用

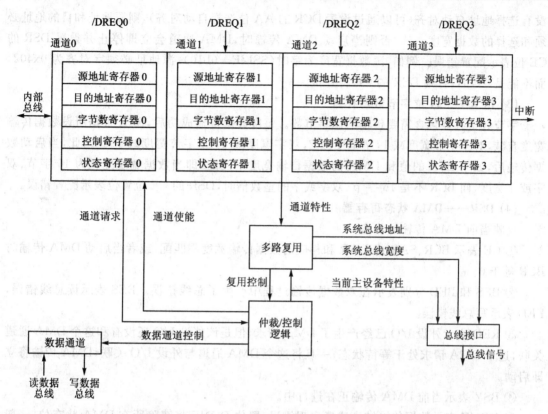

图 12 - 1 DMA 控制器框图

据,然后向目的地址写数据,如图 12 - 2 所示。这意味着每个基本的 DMA 数据传输包括一次读总线操作和一次写总线操作。

一个完整的 DMA 传输包括以下 3 个步骤:

① 通道初始化。软件初始化地址寄存器、通道控制信息以及传输字节数。

② 数据传输。DMA 控制器收到数据传输的触发启动信号(可以是软件触发或者是片上外设信号触发),开始驱动地址、数据和控制总线,进行传输。

③ 传输终止。当所有数据传输完成或者出现错误时,DMA 传输终止并置位状态寄存器的相应位。

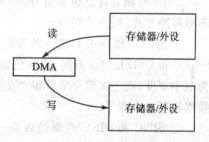

图 12 - 2 双地址传输方式

12.1.2 DMA 寄存器介绍

(1) DMAREQC——DMA 请求控制寄存器

用于配置选择哪个外设信号对应哪个 DMA 通道。DMAC0 对应 DMA 通道 0,DMAC1 对应 DMA 通道 1,以此类推。可选择的外设通道包括串口收发信号、DMA 定时器信号等 10 个通道。

(2) 源地址寄存器 SAR 和目的地址寄存器 DAR

用于设置源地址和目的地址。如果源数据宽度和目的数据宽度是字、双字或者 16 字节且没有选择地址自动对齐(可以通过设置 DCR 的 AA 位选择自动对齐),则源地址和目的地址必须和选择的数据宽度一致;否则当启动 DMA 传输时,DMA 通道会立即停止并设置 DSR 的 CE 位表示配置错误。例如,源数据宽度为字时(SSIZE=0b10),源地址必须字对齐为 0x402,而不能是 0x401,否则 DSR 的 CE 将置位。

(3) BCR——24 位字节数寄存器

字节数寄存器包含需要传输的总字节数。每次数据传输成功后,BCR 根据所设数据传输宽度自减,对于字节宽度减 1,字宽度减 2,双字宽度减 4,16 字节宽度减 16。因此,当启动数据传输后,如果 BCR 的值和 DMA 的数据传输宽度不匹配,即当数据宽度配置为 16 字节、双字或字宽度,而 BCR 不是 16 字节、双字或字的整数倍时,DSR 的 CE 位置位表示配置错误。

(4) DSR——DMA 状态寄存器

反映当前 DMA 传输的状态

① CE 表示 BCR、SAR 或 DAR 和相应的数据传输宽度不匹配,或者当启动 DMA 传输时 BCR 等于 0。

② BES 和 BED 分别表示在双数据传输过程中产生了总线错误。BES 表示读总线错误,BED 表示写总线错误。

③ REQ 表示外设 I/O 已经产生了 DMA 请求,但是该外设 I/O 还没有和这个 DMA 通道关联,这个 DMA 请求处于等待状态;一旦将这个 DMA 通道与外设 I/O 关联,DMA 传输将立即启动。

④ BSY 表示当前 DMA 传输正在进行中。

⑤ DONE 表示数据传输结束或者出现错误,置位 DONE 将清除所有 DMA 状态位,一般该位用于在中断处理程序中清除 DMA 中断和出错标志。

(5) DCR——DMA 控制寄存器

DMA 控制寄存器包含所有对 DMA 控制器工作方式的设置,如数据传输宽度、带宽控制、环形缓冲方式、通道关联等。

① SSIZE 和 DSIZE 选择源和目的数据传输的宽度,可选择字节、字、双字或 16 字节传输。SSIZE 和 DSIZE 可以不同,每次传输的宽度为其中较大的值,例如 SSIZE 为字节宽度,DSIZE 为双字宽度,则一次双字节传输产生 4 个读总线周期,每次读取一个字节,然后产生一个写总线周期写一个双字。

② SINC 和 DINC 控制是否在一次双地址数据传输后递增源地址和目的地址,每次递增的值对应 SSIZE 和 DSIZE 的值。一般源地址或目的地址是处于存储器内的数据区,需要配置 SINC 或 DINC 递增;但是对于源地址或目的地址是外设 I/O 寄存器或者是 FIFO 的情况,需要配置 SINC 或 DINC 不变化。

③ SMOD 和 DMOD 可用于实现源地址和目的地址环形缓冲方式,环形缓冲的大小从 16 字节到 256K 字节。设置环形缓冲之后,当数据传输时地址超过了环形缓冲的末地址,地址指针重新回到环形缓冲的起始地址,对于这种方式 SAR 和 DAR 必须和环形缓冲大小地址对齐,例如 SMOD 设置为 32 字节环形缓冲,则 SAR 必须是 32 字节对齐的地址。

④ AA 用于地址自动对齐,选择自动对齐后,源地址和目的地址总是递增而不管 SINC 和 DINC 的设置。如果 SSIZE 大于等于 DSIZE,则源地址自动对齐;否则目的地址自动对齐。地址对齐错误将对没有自动对齐的地址检查,即如果是源地址自动对齐,则会检查目的地址的情

第12章 DMA与EDMA控制器介绍与应用

况。例如源数据宽度为双字(SSIZE=0b00),目的数据宽度为字(DSIZE=0b10),则源地址自动对齐。如果DAR=0x401将引起CE配置错误。

⑤ CS和BWC主要用于带宽控制,防止某个DMA通道一直占用系统总线。CS选择连续传输模式或者单次传输模式。对于连续传输模式,DMA通道持续占据总线直到BCR减为0;对于单次传输模式,DMA通道每次进行一次双地址传输,然后释放总线至少一个总线周期以允许其他总线主设备抢占总线。BWC用于设置一定的传输数据块值以允许DMA通道释放总线,当BCR减为BWC数值的整数倍时,DMA通道将释放总线,例如BCR初值为40 000字节,BWC=0b001(16 384字节),则当BCR减为32 768或16 384时,DMA通道将释放总线。需要注意的是当设置AA选择自动对齐时,有可能会跳过这个BWC的整数倍值,因而会错过释放总线的机会。

⑥ DMA数据传输的触发分为软件和外设I/O触发两种。START用于软件触发,当DMA传输的相关设置如源地址、目的地址、传输字节数等设置完成后,置位START将立即启动DMA传输,之后START自动清零。EEXT置位将使能外设I/O触发,但DMA传输要等到外设I/O的触发信号出现时才会启动,比如串口收发完成。

⑦ D_REQ位选择是否在BCR减为0时,清除EEXT位,即取消外设I/O触发使能。

⑧ 通道关联功能可以通过LINKCC、LCH1和LCH2来选择。通道关联使得一个通道的数据传输完成可以触发另一个通道的数据传输。用户可以选择3种通道关联的方式:

- LINKCC=0b01。当前通道的一个单次传输完成后将触发LCH1指向的DMA通道的传输,当前通道的最后一次单次传输后BCR减为0,将关闭LCH1的连接并触发LCH2指向的DMA通道的传输。
- LINKCC=0b10。当前通道的一个单次传输完成后将触发LCH1指向的DMA通道的传输。
- LINKCC=0b10。当前通道的BCR减为0时,触发LCH1指向的DMA通道的传输。

这里LCH1和LCH2可以选择4个DMA通道中的任意一个,但不能和当前通道相同,否则产生CE配置错误。需要注意的是,如果选择了通道关联功能,则BWC设置失效,防止非零的带宽设置值在通道关联触发其他通道的时候启动总线仲裁。另外,当没有选择单次传输模式且LINKCC等于0b01或0b10时,不会启动LCH1对应通道的数据传输。

⑨ INT用于设置是否在数据传输完毕或者出现配置错误、数据传输错误的情况下产生中断。在中断处理程序中可以通过写DSR寄存器的DONE位清除DMA状态标志。

12.1.3 DMA控制器原理

为了启动一个DMA数据传输,DMA控制器首先设置SAR与DAR寄存器确定源地址和目的地址(该地址可以是存储器地址或者外设I/O的数据寄存器地址),并在BCR寄存器中设置需要传输的字节数;然后通过设置SSIZE和DSIZE来确定数据传输的宽度,如果需要可以设置SINC或DINC选择是否递增源或目的地址,这主要取决于是存储器地址还是外设数据寄存器地址。如果是外设寄存器地址或者希望实现FIFO,则可以设置SINC或DINC选择保持不变。用户通过设置DCR寄存器的START或EEXT位来启动DMA传输,但EEXT置位并不马上启动DMA传输,而需要等待外设触发信号的到来。在真正数据传输之前,DMA控制器首先确认SSIZE、DSIZE和BCR的设置是否和SAR与DAR寄存器的设置匹配,如果不匹配则 DMA 传输立即终止并置位 DSR 寄存器的 CE 位表示配置错误。如果选择了自动对齐功能(AA 置位),则配置错误检查只针对未对齐的源或目的地址。

(1) 双地址传输

每个 DMA 传输包括一次源地址读操作和一次目的地址写操作。DMA 数据传输启动后,DMA 控制器将 SAR 寄存器的值驱动到内部数据总线以便读取源数据,如果 SINC 置位,则 SAR 寄存器在读周期后自增,递增的值和 SSIZE 对应。如果 SSIZE 小于 DSIZE,则需要完成多次读周期,然后 DMA 控制才开始后续的写周期。如果读周期出现错误,则置位 DSR 寄存器的 BES 和 DONE 位,结束 DMA 传输。

在写周期,DMA 控制器将 DAR 寄存器的值驱动到数据总线,如果 DINC 置位,则 DAR 寄存器在写周期后自增,递增的值和 DSIZE 对应。同时,BCR 寄存器的值递减相应的字节数(SSIZE 和 DSIZE 的较大值),当 BCR 寄存器减为 0 时,控制器置位 DSR 寄存器的 DONE 位表示 DMA 传输结束。如果配置了 BWC 进行带宽控制,则当 BCR 寄存器为 BWC 的整数倍时,DMA 请求信号失效以允许总线仲裁器将总线分配给其他的总线主设备。如果写周期出现错误,则置位 DSR 寄存器的 BED 和 DONE,结束 DMA 传输。

(2) 自动对齐

DMA 模块的自动对齐功能可以根据设置的地址、字节数和传输宽度自动优化每次数据传输的字节数。具体是源地址还是目的地址自动对齐则取决于 SSIZE 和 DSIZE 的大小:如果 SSIZE 大于 DSIZE,则源地址对齐;否则目的地址对齐。自动对齐的地址将自增而忽略 SINC 或 DINC 的设置,没有自动对齐的地址仍然需要通过配置错误检查。

如果 BCR 寄存器的值大于 16,则源地址决定了传输字节数。首先 DMA 通过字节、字或者双字传输达到编程的传输宽度边界,之后数据传输根据编程的传输宽度进行。如果 BCR 寄存器的值小于 16,则传输字节数取决于最后剩下的未传字节数。

示例(AA=1,选择自动对齐):

SAR=0x0001,BCR=0x00F0,SSIZE=0b00(双字),DSIZE=0x01(字节)。

由于 SSIZE 大于 DSIZE,所以源地址自动对齐,对目的地址进行错误检查。数据传输的序列如下:

① 从 0x0001 读 1 个字节,向目的地址写 1 个字节,递增 SAR。

② 从 0x0002 读 1 个字,向目的地址写 2 个字节(由于目的数据宽度为字节,所以需要两个写周期),递增 SAR。

③ 从 0x0004 读 1 个双字,向目的地址写 4 个字节(由于目的数据宽度为字节,所以需要 4 个写周期),递增 SAR。

④ 重复第③步直到 SAR=0x00F0。

⑤ 从 0x00F0 读 1 个字节,向目的地址写 1 个字节,递增 SAR。

(3) 环形缓冲

如果设置 SMOD 或 DMOD,则用户可以将源数据区或目的数据区配置为环形缓冲形式,将数据区控制在某一范围内。

示例(AA=0,不自动对齐,如图 12-3 所示):

SAR = 0x400,DAR = 0x801,BCR = 40,SSIZE = 0b00(双字),DSIZE = 0b01(字节),SINC = 0b1(源地址递增),DINC = 0b1(目的地址递增),SMOD = 0b0001(16 字节环

第 12 章 DMA 与 EDMA 控制器介绍与应用

形缓冲),DMOD = 0b0000(不使用环形缓冲)。

数据传输序列如下:

① 从 0x400 读取 1 个双字,向 0x801 写 4 个字节,递增 SAR 和 DAR。

② 从 0x404 读取 1 个双字,向 0x805 写 4 个字节,递增 SAR 和 DAR。

③ 从 0x408 读取 1 个双字,向 0x809 写 4 个字节,递增 SAR 和 DAR。

④ 从 0x40C 读取 1 个双字,向 0x80D 写 4 个字节,递增 SAR 和 DAR。

⑤ 由于源地址为 16 字节环形缓冲,所以从 0x400 读取一个双字,向 0x811 写 4 个字节,递增 SAR 和 DAR。

⑥ 从 0x404 读取 1 个双字,向 0x815 写 4 个字节,递增 SAR 和 DAR。

⑦ 从 0x408 读取 1 个双字,向 0x819 写 4 个字节,递增 SAR 和 DAR。

⑧ 从 0x40C 读取 1 个双字,向 0x81D 写 4 个字节,递增 SAR 和 DAR。

⑨ 由于源地址为 16 字节环形缓冲,所以从 0x400 读取一个双字,向 0x821 写 4 个字节,递增 SAR 和 DAR。

⑩ 从 0x404 读取 1 个双字,向 0x825 写 4 个字节,递增 SAR 和 DAR。

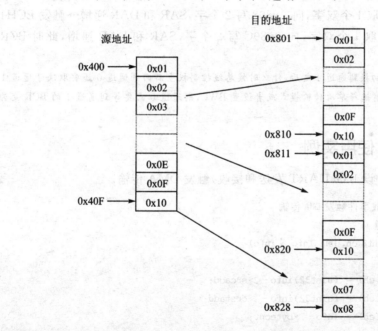

图 12 - 3　环形缓冲示例

(4) 带宽控制与通道优先级

DMA 控制器通过选择单次传输模式或者设置 BWC 位来实现带宽控制。单次传输的情况下,DMA 模块每次只做一次源地址到目的地址的数据传输,然后就释放总线以允许其他总线主设备占据总线;而对于连续传输的情况,如果设置了 BWC,则当 BCR 变为 BWC 的整数倍时,DMA 模块同样会释放总线,但对于自动对齐的情况(AA=0b1),需要注意有可能由于对齐的原因,BCR 的值会跳过 BWC 的设置值,因而总线不会释放。

DMA 通道的优先级安排为通道 0 最高,通道 3 最低。如果通道设置了 BWC,则优先级还受到 BWC 的影响。如通道 3 的 BWC=0,通道 2 的 BWC≠0,则通道 3 的优先级大于通道 2

的优先级,但不会大于通道1的优先级。

(5) 通道关联

DMA 模块的通道关联功能提供了除 START 和 EEXT 之外的另一个 DMA 传输触发机制。

示例(如图 12-4 所示,SAR0 = 0x400,DAR0 = 0x800,BCR0 = 16):

DCR0:SSIZE = 0b00(双字),DSIZE = 0b10(字),SINC = 0b1,DINC = 0b1,CS = 0b1(单次传输),LINKCC = 0b01,LCH1 = 0b01(通道 1 为关联通道 1),LCH2 = 0b10(通道 2 为关联通道 2)。

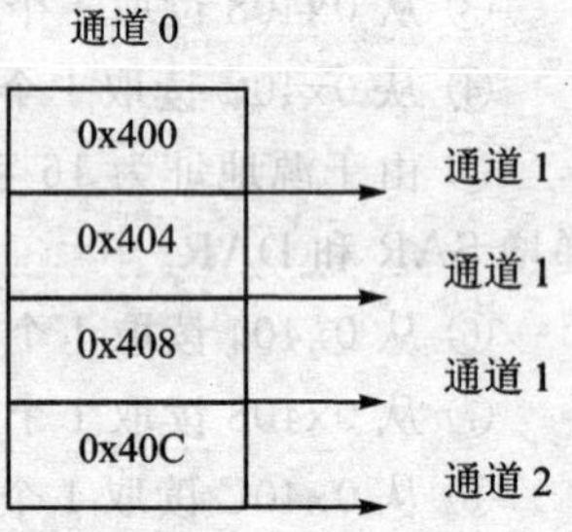

通道 0 的数据传输序列如下:

① 从 0x400 读取 1 个双字,向 0x800 写 2 个字,SAR 和 DAR 递增 →触发 LCH1。

图 12-4 通道关联示例

② 从 0x404 读取 1 个双字,向 0x804 写 2 个字,SAR 和 DAR 递增→触发 LCH1。

③ 从 0x408 读取 1 个双字,向 0x808 写 2 个字,SAR 和 DAR 递增→触发 LCH1。

④ 从 0x40C 读取 1 个双字,向 0x80C 写 2 个字,SAR 和 DAR 递增,此时 BCR = 0→触发 LCH2。

注意: 当从通道 0 切换到通道 1 之后,什么时候总线控制权重新回到通道 0 还要取决于通道 1 的带宽控制设置,如果通道 1 没有选择单次传输模式或者设置 BWC,则通道 0 需要等到通道 1 的 BCR 变为 0 才能重新获得总线。

12.1.4 DMA 使用实例

【例 12-1】 外设 I/O(UART 发送和接收)触发 DMA 传输。

```
//UART 发送和接收事件触发 DMA 传输
//初始化 DMA 通道
void DMA_init(uint8 ch, DMA_Info * info)
{
    MCF_DMA_SAR(ch) = (uint32)info->srcadd;
    MCF_DMA_DAR(ch) = (uint32)info->destadd;
    MCF_DMA_BCR(ch) = info->bytecnt;
    MCF_DMA_DCR(ch) = info->ctrl;
}
//启动 DMA 数据传输
void DMA_start(uint8 ch, DMA_Info * info)
{
    MCF_DMA_DCR(ch) |= info->ctrl;
}

void dma_extreq(void)
{
    uint8 u8Char;
```

第 12 章　DMA 与 EDMA 控制器介绍与应用

```
char trs_buf[] = "Hello world";
char rev_buf[10];
DMA_Info dma0_info,dma1_info;

//UART0 发送寄存器触发 DMA 通道 0,UART0 接收寄存器触发 DMA 通道
    MCF_SCM_DMAREQC = MCF_SCM_DMAREQC_DMAC0(0xc)| MCF_SCM_DMAREQC_DMAC1(0x8);

    //DMA 通道 0 设置
    //源寄存器设为内部的发送数据缓存
    dma0_info.srcadd = (uint32)&trs_buf[0];
    //目的寄存器设为 UART0 发送寄存器
    dma0_info.destadd = (uint32)&(MCF_UART_UTB(0));
    //DMA 传输字节数设为发送缓冲的大小
    dma0_info.bytecnt = sizeof(trs_buf);

//使能 DMA 中断,源和目的数据宽度为 1 字节,源地址递增,目的地址保持不变
//BCR 减为 0 时撤销 EEXT 信号,单次传输模式
dma0_info.ctrl = MCF_DMA_DCR_INT| MCF_DMA_DCR_SSIZE_BYTE
        | MCF_DMA_DCR_DSIZE_BYTE| MCF_DMA_DCR_SINC
        | MCF_DMA_DCR_D_REQ| MCF_DMA_DCR_CS;
//初始化 DMA 通道 0
DMA_init(0, &dma0_info);


//DMA 通道 1 设置
//源地址寄存器设为 UART0 接收寄存器
dma1_info.srcadd = (uint32)&(MCF_UART_URB(0));
//目的寄存器设为内部设置的接收缓存
dma1_info.destadd = (uint32)&rev_buf[0];
//DMA 传输字节数设为接收缓冲的大小
dma1_info.bytecnt = sizeof(rev_buf);

//使能 DMA 中断,源和目的数据宽度为 1 字节,源地址保持不变,目的地址递增
    //BCR 减为 0 时撤销 EEXT 信号,单次传输模式
dma1_info.ctrl = MCF_DMA_DCR_INT| MCF_DMA_DCR_SSIZE_BYTE
            | MCF_DMA_DCR_DSIZE_BYTE| MCF_DMA_DCR_DINC
        | MCF_DMA_DCR_D_REQ| MCF_DMA_DCR_CS;
//初始化 DMA 通道 1
DMA_init(1, &dma1_info);

//使能 DMA 通道 0 外部 I/O 触发
dma0_info.ctrl |= MCF_DMA_DCR_EEXT;
DMA_start(0,&dma0_info);

//等待 DMA 通道 0 数据传输完成
while(MCF_DMA0_DCR&MCF_DMA_DCR_EEXT)
```

```c
    ;

    //使能 DMA 通道 1 外部 I/O 触发
    dma1_info.ctrl |= MCF_DMA_DCR_EEXT;
    DMA_start(1,&dma1_info);

    //等待 DMA 通道 1 数据传输完成
    while(MCF_DMA1_DCR&MCF_DMA_DCR_EEXT)
        ;

    //打印由 DMA 接收的 UART 数据
    for(u8Char = 0; u8Char < sizeof(rev_buf); u8Char ++)
        printf("%c", rev_buf[u8Char]);
}

volatile uint8 int_status = 0x0;
uint8 dma0_done = FALSE;
uint8 dma1_done = FALSE;

//DMA 通道 0 中断处理函数
__interrupt__ void dma0_handler(void)
{
    int_status = MCF_DMA0_DSR;
        if(int_status & MCF_DMA_DSR_DONE)
        {
            if(int_status & MCF_DMA_DSR_CE)
            {
                //配置错误
            }
            else if(int_status & MCF_DMA_DSR_BED)
            {
                //目标总线错误
            }
            else if(int_status & MCF_DMA_DSR_BES)
            {
                //源总线错误
            }
            else
            {
                //dma0 传输完成
            }
            //清除 DMA0
            MCF_DMA0_DSR |= MCF_DMA_DSR_DONE;
            dma0_done = TRUE;
        }
```

第 12 章　DMA 与 EDMA 控制器介绍与应用

```
}

//DMA 通道 1 中断处理函数
__interrupt__ void dma1_handler(void)
{
    int_status = MCF_DMA1_DSR;
        if(int_status & MCF_DMA_DSR_DONE)
        {
            if(int_status & MCF_DMA_DSR_CE)
            {
                //配置错误
            }
            else if(int_status & MCF_DMA_DSR_BED)
            {
                //目标总线错误
            }
            else if(int_status & MCF_DMA_DSR_BES)
            {
                //源总线错误
            }
            else
            {
                //DMA 传输结束
            }
            //清除 DMA1 中断
            MCF_DMA1_DSR |= MCF_DMA_DSR_DONE;
            dma1_done = TRUE;
        }
}
```

【例 12-2】 通道关联(中断处理程序请参照例 12-1)。

```
const uint16 maxcnt = 0x0c00;
extern char __HEAP_START[];        //SRAM 中的 HEAP 堆

int8 channel_link(void)
{
    uint8 u8Char;
    uint8 j;
    uint16 count = 0;
    DMA_Info dma0_info, dma1_info;

    //DMA 通道 0 设置
    dma0_info.srcadd = (uint32)__HEAP_START;
    dma0_info.destadd = (uint32)(dma0_info.srcadd + maxcnt);
    dma0_info.bytecnt = maxcnt;
```

```c
    //DMA 通道 1 设置
    dma1_info.srcadd = (uint32)(dma0_info.destadd + maxcnt);
    dma1_info.destadd = (uint32)(dma1_info.srcadd + maxcnt);
    dma1_info.bytecnt = maxcnt;
    //使能 DMA 中断,源和目的数据宽度为 1 字节,源和目的地址递增
    //BCR 递减为 0 时触发 LCH1(通道 1)指向的通道关联
    dma0_info.ctrl = MCF_DMA_DCR_INT| MCF_DMA_DCR_SSIZE_BYTE
            | MCF_DMA_DCR_DSIZE_BYTE| MCF_DMA_DCR_DINC | MCF_DMA_DCR_SINC
            | MCF_DMA_DCR_LINKCC(0x03)| MCF_DMA_DCR_LCH1(0x01)
            ;
    //初始化 DMA 通道 0
    DMA_init(0, &dma0_info);

    //使能 DMA 中断,源和目的数据宽度为 1 字节,源和目的地址递增
    dma1_info.ctrl = MCF_DMA_DCR_INT| MCF_DMA_DCR_SSIZE_BYTE
            | MCF_DMA_DCR_DSIZE_BYTE| MCF_DMA_DCR_DINC| MCF_DMA_DCR_SINC;
    //初始化 DMA 通道 1
    DMA_init(1, &dma1_info);

    //软件启动 DMA 通道 0 数据传输
    dma0_info.ctrl |= MCF_DMA_DCR_START;
    DMA_start(0, &dma0_info);

    //等待 DMA 通道 0 数据传输完成
    while(FALSE == dma0_done)
        ;
    //等待 DMA 通道 1 数据传输完成
    while(FALSE == dma1_done)
        ;
    //开始检查数据
}
```

12.2 EDMA 控制器

EDMA 控制器集成了 16 个 DMA 通道,通过称为传输控制描述符(TCD)的数据结构来配置实际的数据传输。它主要包括以下一些特性:
- 源地址和目的地址可编程,数据传输宽度可编程。
- 内部 16 字节数据缓冲以支持 16 字节连续传输。
- 连接至交叉开关(crossbar switch)进行总线仲裁。
- 32 字节的传输控制描述符(TCD)支持双重嵌套的数据传输,内循环(minor loop)定义每次传输的字节数,外循环(major loop)定义总的循环次数。
- 通过 3 种方式触发 DMA 传输:软件触发、通道关联或外设事件硬件触发。
- 可选择固定优先级或循环优先级(round robin)方式。

● 支持分散/收集(scattered/gather)DMA 传输方式。

12.2.1 EDMA 控制器概述

EDMA(如图 12-5 所示)同样支持双地址数据传输,每次 DMA 传输包括从源地址读数据和向目的地址写数据两个步骤。DMA 传输通过软件触发、外设硬件触发或者通道关联启动,传输控制描述符(TCD)中指定了数据传输的特性,如源地址、目的地址、传输字节数、内外循环次数和通道关联等。EDMA 包括两个通道连接到芯片外部的用于 DMA 请求和应答的信号(/DREQ 和/DACK)。

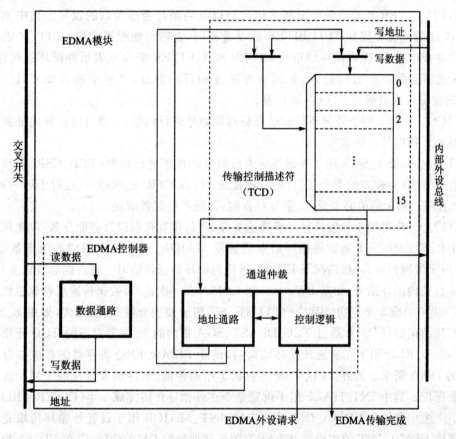

图 12-5 EDMA 框图

12.2.2 EDMA 寄存器介绍

EDMA 寄存器包括 2 个部分:第 1 部分对应每个通道 32 字节的传输控制描述符(TCD)用于指定希望的通道数据传输;第 2 部分寄存器主要用于控制和反映当前 eDMA 通道的状态。

1. 第 1 部分寄存器

① TCD_SADDR 和 TCD_DADDR 指定数据传输的 32 位源地址和目的地址。

② TCD_SOFF 和 TCD_DOFF 指定当前源数据读或目的数据写完成后获取下一个数据读或数据写地址所需的带符号偏移量。

③ TCD_ATTR 指定源或目的数据传输宽度,通过 SSIZE 和 DSIZE 选择字节、字、双字或 16 字节,另外可通过 SMOD 和 DMOD 选择源或目的地址是否采用环形缓冲方式。

④ TCD_NBYTES 表示内循环传输字节数,每次 NBYTES 字节传输完成后,外循环迭代次数减 1。

⑤ TCD_BITER 用于设置初始外循环迭代次数以及内循环级通道关联。其中 E_LINK 置位则当内循环结束后将触发 LINKCH 对应的通道传输,关联通道通过内部设置 TCD_CSR 的 START 位来请求 DMA 传输。BITER 表示初始外循环的迭代次数,如果 E_LINK 置位,则 BITER 为 9 位,否则 BITER 为 15 位。

⑥ TCD_CITER 反映当前外循环迭代次数以及内循环通道关联的设置。其中 E_LINK 和 LINKCH 的设置必须和 TCD_BITER 的设置相同,否则出现配置错误。CITER 表示当前外循环的迭代次数,每次内循环结束后 CITER 减 1,CITER 变为 0 表示外循环迭代结束,此时 DMA 通道会做一些后续处理,如调整源地址和目的地址,产生中断通知 CPU,最后将 BITER 的设置再次装载到 CITER 寄存器。

⑦ TCD_SLAST 用于外循环传输结束后对源地址进行调整,一般可以把源地址复原或者可以将源地址指向另一块数据区。

⑧ TCD_DLAST_SGA 用于外循环结束后对目的地址进行调整(TCD_CSR[E_SG]=0)或者设置分散/收集模式的下个 TCD 的开始地址(TCD_CSR[E_SG]=1),对于后一种情况,TCD_DLAST_SGA 的值必须是 32 字节对齐的,否则产生配置错误。

⑨ TCD_CSR 可用于设置外循环级通道关联、进行带宽控制以及使能分散/收集模式。其中 MAJOR_E_LINK=1 则在外循环结束后触发 MAJOR_LINKCH 对应的通道数据传输;BWC 可用于带宽控制,一般情况下 EDMA 进行内循环数据传输时一直占据总线以进行读/写数据传输直到内循环结束,如果 BWC≠0,则 EDMA 在一次读/写数据传输后释放总线 4 个周期(BWC=0b10)或 8 个周期(BWC=0b11);E_SG 用于使能分散/收集模式,如果 E_SG=1,则在外循环结束后,EDMA 通过 TCD_DLAST_SGA 指向的 32 字节对齐的 TCD 开始下一个 DMA 传输;D_REQ 用于在通道外循环结束后,清除 EDMA_ERQ 寄存器的相应位以撤销外设 I/O 的 DMA 请求。另外 TCD_CSR 还包括了中断使能、软件触发及反映 DMA 通道当前状态的数据位。其中 INT_HALF 用于设置是否在外循环传输完成一半(CITER=BITER/2)的情况下产生中断置位 EDMA_INT 的相应位;INT_MAJOR 用于设置外循环传输完成后产生中断置位 EDMA_INT 的相应位;START 用于软件触发 DMA 传输,它在 EDMA 数据启动后自动清零;DONE 表示外循环数据传输完成,即 CITER=0;ACTIVE 表示 EDMA 数据传输进行中,该位在内循环结束后或者出现配置错误的情况下清零。

2. 第 2 部分寄存器

(1) EDMA_CR——控制寄存器

通过 ERCA 位选择固定优先级或循环优先级(round robin)方式,对于固定优先级方式,可以通过设定通道优先级寄存器 DCHPRIn 指定每个通道的优先级。

(2) DCHPRI——通道优先级寄存器

当 ERCA=0 时,EDMA 选择固定优先级方式,可通过 DCHPRI 设置每个通道的不同优先级,其中优先级 0 为最低优先级,15 为最高优先级。另外还可以设置 ECP 来使能通道抢占功能(仅在固定优先级情况下有效),即通道的数据传输可以被高优先级通道抢占。在通道抢占的情况下,抢占通道在完成一个内循环传输后释放总线,允许被抢占通道恢复数据传输,被抢占通道完成一次读/写操作之后可再次被高优先级通道抢占。

(3) EDMA_ERQ——通道请求使能寄存器

用于使能外设 I/O 的 DMA 请求,也可以通过 EDMA_SERQ 或 EDMA_CERQ 来置位或清除某个通道或所有通道的请求位。在指定通道外循环数据传输结束后,如果 TCD 的 CSR 寄存器的 D_REQ 位置位,则 EDMA_ERQ 清零从而撤销外部 DMA 请求,否则 DMA 请求将一直有效。

(4) EDMA_ERR——通道错误寄存器

表示某个通道数据传输是否产生了错误,可通过软件查询 EDMA_ERR 来获得通道的错误状态,EDMA_EEI 寄存器用于使能通道错误中断。

(5) EDMA_EEI——错误中断使能寄存器

用于使能错误中断,也可通过 EDMA_SEEI 或 EDMA_CEEI 来置位或清除某个通道或所有通道的错误中断使能位。

(6) EDMA_ES——错误状态寄存器

错误状态寄存器显示通道传输出现的错误信息,错误可能由配置错误或总线传输错误引起,只要有任何一个错误产生,VLD 位就会置位。

① CPE 表示在固定优先级模式下,两个通道所设的优先级相同。

② ERRCHN 表示出现错误的是哪个通道。

③ SAE 和 SOE 表示源地址和偏移与传输宽度未对齐,即 TCD_SADDR 或 TCD_SOFF 和 TCD_ATTR[SSIZE]不一致。

④ DAE 和 DOE 表示源地址和偏移与传输宽度未对齐,即 TCD_DADDR 或 TCD_DOFF 和 TCD_ATTR[DSIZE]不一致。

⑤ NCE 表示内循环字节数 NBYTES 不是源数据宽度 TCD_ATTR[SSIZE]或目的数据宽度 TCD_ATTR[DSIZE]的整数倍;或者内循环通道关联使能的情况下,TCD_CITER[LINK]和 TCD_BITER[LINK]不一致。

⑥ SGE 表示在分散/收集模式下,DLAST_SGA 的地址没有 32 字节对齐(DLAST_SGA 地址存放的应是下一个 TCD 的地址)。

⑦ SBE 和 DBE 分别表示源数据读和目的数据写总线错误。

(7) EDMA_INT——中断请求寄存器

反映每个通道的中断请求信号,在中断处理过程中需要软件清除相应的通道请求位以撤销中断请求。EDMA_CINT 可用于清除某一个通道或全部通道的中断请求,而不需要对 EDMA_INT 执行一个读/修改/写的过程。

(8) EDMA_SSRT——软件触发寄存器

用于设置某个通道或全部通道的 TCD_CSR 的 START 位(软件触发)。

(9) EDMA_DONE——数据传输完成位清除寄存器

用于清除某个通道或全部通道的 TCD_CSR 的 DONE 位(数据传输完成)。

12.2.3 EDMA 控制器原理

EDMA 的数据传输分为以下 3 个阶段。

(1) 通道 DMA 请求

这可以通过外设 I/O 的请求信号、软件触发或者通道关联 3 种方式来请求 DMA 传输。如果是外设 I/O 请求,则还需要使能 EDMA_ERQ 的相应位。该请求信号通过控制逻辑进入通道仲裁逻辑,接着 EDMA 控制器根据采取的仲裁方式(固定优先级或循环优先级)来进行总线仲裁。仲裁完成后,获得总线控制权的通道号通过地址通路选择需要访问的 TCD 存储单元;之后,TCD 中对应通道的配置信息读取到地址通路的通道 x 或通道 y 寄存器(地址通路中包含 2 组寄存器,通道 x 和通道 y 分别对应普通通道和抢占通道,这样的结构便于实现某个通道数据传输过程中可被高优先级的通道抢占的情况)。

(2) 数据读/写传输

EDMA 控制器通过数据通道从总线读取源数据,在内部数据通道缓存,然后向目的写数据。如果 TCD_ATTR 中指定的源数据宽度 SSIZE 和目的数据宽度 DSIZE 不同,则 eDMA 控制器将进行多次数据读或写来达到较大的数据宽度,例如 SSIZE 为 16 位宽,DSIZE 为 32 位宽,则控制器首先进行 2 次 16 位读操作,然后进行 1 次 32 位写操作。

(3) 传输完成

当内循环数据传输完成后,地址通路更新 TCD 的相关寄存器,如 SADDR、DADDR 和 CITER。如果外循环迭代结束,则还会从 BITER 重新装载 CITER 寄存器,并可以输出中断信号(如果 EDMA_INT 选择了中断使能)给中断控制器。对于分散/收集模式,控制器还会从 TCD_DLAST_SGA 读取下一个 TCD 的内容更新通道寄存器。

12.2.4 EDMA 应用实例

【例 12 - 3】 源数据和目的数据宽度为 32 位,一次外循环,软件触发 DMA。

```
void edma_test_32bit(void)
{
    uint8 i = 0;
    ...
    MCF_EDMA_TCD_SADDR(i) = startAddress;

    //配置源和目的数据宽度为 32 位
    MCF_EDMA_TCD_ATTR(i) = ( 0
                           | MCF_EDMA_TCD_ATTR_SSIZE_32BIT
                           | MCF_EDMA_TCD_ATTR_DSIZE_32BIT );

    //源数据偏移为 4 字节,即传输完 4 字节,地址增加 4 字节
    MCF_EDMA_TCD_SOFF(i) = 0x04;

    //传输 byteCount 字节
    MCF_EDMA_TCD_NBYTES(i) = byteCount;

    //外循环结束不恢复源地址
    MCF_EDMA_TCD_SLAST(i) = 0x0;
```

第12章 DMA与EDMA控制器介绍与应用

```
    MCF_EDMA_TCD_DADDR(i) = destAddress;

    //一次外循环,必须和BITER设置相同
    MCF_EDMA_TCD_CITER(i) = ( 0
                            | MCF_EDMA_TCD_CITER_CITER(1));

    //目的地址偏移4字节
    MCF_EDMA_TCD_DOFF(i) = 0x04;

    //外循环结束不恢复目的地址
    MCF_EDMA_TCD_DLAST_SGA(i) = 0x0;

    //初始外循环次数为1次
    MCF_EDMA_TCD_BITER(i) = ( 0
                            | MCF_EDMA_TCD_BITER_BITER(1) );
    //清除eDMA状态标志
    MCF_EDMA_TCD_CSR(i) = 0x0;

    //启动eDMA数据传输
    MCF_EDMA_SSRT =   i;
    printf("DMA channel %01x started.\n",i);

    //等待DMA传输完成或者错误发生
    while( (!(MCF_EDMA_TCD_CSR(i) & MCF_EDMA_TCD_CSR_DONE)) &(!(MCF_EDMA_ES)) );

    //检查是否有错误产生
    if (MCF_EDMA_ES)
    {
        printf("ERROR!!! An error ocurred while processing.\n");
        printf("ES = 0x%08x\n",MCF_EDMA_ES);
    }
}
```

【例12-4】 外循环和内循环通道关联,通道i触发通道j的DMA传输。

```
void edma_channel_linking_test(void)
{
    uint8 i = 0, j = 1;

    //初始化通道1,如源地址和目的地址、源和目的偏移及传输字节数,参考例12-1
    ...

    //清除DONE标志位
    while ( MCF_EDMA_TCD_CSR(i) & MCF_EDMA_TCD_CSR_DONE )
    {
        MCF_EDMA_TCD_CSR(i) = ( 0 );
```

```c
    }
    //置位 E_LINK 位,外循环关联通道 j
    while (! ( MCF_EDMA_TCD_CSR(i) & MCF_EDMA_TCD_CSR_E_LINK ))
    {
        MCF_EDMA_TCD_CSR(i) = ( 0
                                    | MCF_EDMA_TCD_CSR_LINKCH(j)| MCF_EDMA_TCD_CSR_E_LINK);
    }

    //初始化关联通道,如源地址和目的地址、源和目的偏移及传输字节数,参考例 12 - 1
    ...

    //启动通道 i
    MCF_EDMA_SSRT =  i;
    printf("DMA channel %01x started.\n",i);

    //等待通道 j 数据传输完成
    while( ( ! (MCF_EDMA_TCD_CSR(j) & MCF_EDMA_TCD_CSR_DONE)) &( ! (MCF_EDMA_ES)) );
    ...
}

void edma_minor_link_test(void)
{
    uint8 i = 0, j= 1;

    //初始化通道 i
    ...
    //内循环关联通道 j
    MCF_EDMA_TCD_CITER(i) = ( 0
                                    | MCF_EDMA_TCD_CITER_ELINK_E_LINK
                                    | MCF_EDMA_TCD_CITER_ELINK_LINKCH(j)
                                    | MCF_EDMA_TCD_CITER_ELINK_CITER(loopCount) );

    MCF_EDMA_TCD_BITER(i) = ( 0
                                    | MCF_EDMA_TCD_BITER_ELINK_E_LINK
                                    | MCF_EDMA_TCD_BITER_ELINK_LINKCH(j)
                                    | MCF_EDMA_TCD_BITER_BITER(loopCount) );
    ...

    //初始化通道 j
    ...

    for( k = 0; k < loopCount; k ++ )
    {
        //启动 DMA 通道 i
        MCF_EDMA_SSRT =  i;
```

第 12 章 DMA 与 EDMA 控制器介绍与应用

```
        //等待内循环结束或者错误产生
        while( (((MCF_EDMA_TCD_CITER(j) & MCF_EDMA_TCD_CITER_ELINK_CITER(0x01FF)) == (loopCount -
        k))
                & (!(MCF_EDMA_ES))));
        …
    }
}
```

【例 12 - 5】 分散收集模式。

```
void edma_sga_test(void)
{
    uint8 i = 0;
    //由于 TCD 必须 4 字节对齐,所以此处多分配了几个字节,以便对齐
    edmaTcdType unaligned_tcds[(32 * nTcds) + 1];

    //指向 edmaTcdType 类型的指针
    edmaTcdType * TcdPtr;

    #define TcdPtr(i)      TcdPtr[i]

    //将 TCD 做 4 字节对齐
    TcdPtr = (edmaTcdType *)(((int)unaligned_tcds + 31) & 0xFFFFFFE0);

    //初始化通道 i
    …
    //通道 i 外循环结束后装载 TcdPtr 指向的描述符
    MCF_EDMA_TCD_DLAST_SGA(i) = (uint32 )TcdPtr;
    …

    //清除 DONE 标志位
    while ( MCF_EDMA_TCD_CSR(i) & MCF_EDMA_TCD_CSR_DONE )
    {
        MCF_EDMA_TCD_CSR(i) = ( 0 );
    }

    //置位 E_SG 位使能分散收集模式
    while (!( MCF_EDMA_TCD_CSR(i) & MCF_EDMA_TCD_CSR_E_SG ))
    {
        MCF_EDMA_TCD_CSR(i) = ( 0
                              | MCF_EDMA_TCD_CSR_E_SG );
    }

    //初始化传输描述符用于分散收集模式
    TcdPtr(0).saddr = startAddress2;
```

```c
        TcdPtr(0).attr = ( 0
                        | MCF_EDMA_TCD_ATTR_SSIZE_32BIT
                        | MCF_EDMA_TCD_ATTR_DSIZE_32BIT );

        TcdPtr(0).soff = 0x04;

        TcdPtr(0).nbytes = byteCount2;

        TcdPtr(0).slast = 0x0;

        TcdPtr(0).daddr = destAddress2;

        TcdPtr(0).citer = ( 0
                        | MCF_EDMA_TCD_CITER_CITER(1) );

        TcdPtr(0).doff = 0x04;

        //这是链表的最后一项,如果需要可以添加更多的链表项
        TcdPtr(0).dlast_sga = NULL;

        TcdPtr(0).biter = ( 0
                        | MCF_EDMA_TCD_BITER_BITER(1) );

        TcdPtr(0).csr = ( 0 );

        //启动 DMA 通道 i
        MCF_EDMA_SSRT =   i;

        //等待通道 i 数据传输完成
        while( (! (MCF_EDMA_TCD_CSR(i) & MCF_EDMA_TCD_CSR_DONE)) &(! (MCF_EDMA_ES)) );

        //此时 TCD 已经装载完通道 i,启动 DMA 传输
        MCF_EDMA_SSRT = i;

        //等待通道 i 数据传输完成
        while( (! (MCF_EDMA_TCD_CSR(i) & MCF_EDMA_TCD_CSR_DONE)) &(! (MCF_EDMA_ES)) );
        ...
}
```

【例 12 - 6】 通过 Flex 总线的 DMA 传输,这里配置两个外部总线设备分别接在 CS1 和 CS2,其中 CS1 映射到 0x00800000～0x008FFFFF,作为源地址,配置为 8 位端口;CS2 映射到 0x01000000～0x010FFFFF,作为目的地址,配置为 16 位端口。EDMA 源数据和目的数据宽度配置为 4 字节。关于 Flex 总线寄存器的配置请参考第 5 章。

```c
#define DEVICE1_ADD     0x00800000
#define DEVICE2_ADD     0x01000000
```

第 12 章 DMA 与 EDMA 控制器介绍与应用

```c
void edma_flexbus_test(void)
{
    //外部设备 1，连接 CS1，容量 1 MB
    MCF_FBCS_CSAR1 = DEVICE1_ADD;

    MCF_FBCS_CSMR1 = 0
                    | MCF_FBCS_CSMR_BAM_1M
                    | MCF_FBCS_CSMR_V;

    //CS1 配置为 8 位端口，支持突发模式
    MCF_FBCS_CSCR1 = 0
                    | MCF_FBCS_CSCR_BSTW           //突发写使能
                    | MCF_FBCS_CSCR_BSTR           //突发读使能
                    | MCF_FBCS_CSCR_PS_8           //8 位端口
                    | MCF_FBCS_CSCR_AA             //自动识别
                    | MCF_FBCS_CSCR_WS(0)
                    | MCF_FBCS_CSCR_SWSEN
                    | MCF_FBCS_CSCR_SWS(0)
                    | MCF_FBCS_CSCR_WRAH(0)
                    | MCF_FBCS_CSCR_RDAH(0)
                    | MCF_FBCS_CSCR_ASET(0);

    //外部设备 2，连接 CS2，容量 1 MB
    MCF_FBCS_CSAR2 = DEVICE2_ADD;

    MCF_FBCS_CSMR2 = 0
                    | MCF_FBCS_CSMR_BAM_1M
                    | MCF_FBCS_CSMR_V;

    //CS2 配置为 16 位端口，支持突发模式
    MCF_FBCS_CSCR2 = 0
                    | MCF_FBCS_CSCR_BSTW           //突发写使能
                    | MCF_FBCS_CSCR_BSTR           //突发读使能
                    | MCF_FBCS_CSCR_PS_16          //16 位端口
                    | MCF_FBCS_CSCR_AA             //自动应答
                    | MCF_FBCS_CSCR_WS(0)
                    | MCF_FBCS_CSCR_WRAH(0)
                    | MCF_FBCS_CSCR_RDAH(0)
                    | MCF_FBCS_CSCR_ASET(0);

    startAddress = DEVICE1_ADD;
    destAddress = DEVICE2_ADD;
    byteCount = 0x10;
```

```
                MCF_EDMA_TCD_SADDR(i) = startAddress;

                //源和目的数据宽度为4字节
                MCF_EDMA_TCD_ATTR(i) = ( 0
                                      | MCF_EDMA_TCD_ATTR_SSIZE_32BIT
                                      | MCF_EDMA_TCD_ATTR_DSIZE_32BIT);

                MCF_EDMA_TCD_SOFF(i) = 0x04;

                MCF_EDMA_TCD_NBYTES(i) = byteCount;

                MCF_EDMA_TCD_SLAST(i) = 0x0;

                MCF_EDMA_TCD_DADDR(i) = destAddress;

                MCF_EDMA_TCD_CITER(i) = ( 0
                                      | MCF_EDMA_TCD_CITER_CITER(1) );

                MCF_EDMA_TCD_DOFF(i) = 0x10;

                MCF_EDMA_TCD_DLAST_SGA(i) = 0x0;

                MCF_EDMA_TCD_BITER(i) = ( 0
                                      | MCF_EDMA_TCD_BITER_BITER(1) );

                MCF_EDMA_TCD_CSR(i) = 0x0;

                //启动 DMA 传输
                MCF_EDMA_SSRT =   i;

                //等待数据传输完成
                while( ( ! (MCF_EDMA_TCD_CSR(i) & MCF_EDMA_TCD_CSR_DONE)) &(! (MCF_EDMA_ES)));
                ...
        }
```

以下是在示波器上看到的 Flex 总线的数据、地址和控制信号,图 12-6 是采用突发模式的波形,图 12-7 则是不采用突发模式的波形。

从图 12-6 中可以看出 EDMA(当然也包括 DMA 模块)采用的是双地址传输模式,DMA 控制器首先从源地址读取指定宽度的数据,由于 EDMA 设置源数据宽度为 4 字节,源地址 CS1 配置为 8 位端口,如果不采用突发模式,则 DMA 控制器从源地址连续读取 4 次 1 字节数据(图 12-7 中 CS1 产生了 4 次),然后 DMA 控制器会将读得的数据传送到目的地址。这里目的地址数据宽度为 4 字节,目的地址 CS2 配置为 16 位端口,如果不采用突发模式,则 DMA 控制器向目的地址写两次 2 字节数据(图 12-7 中 CS2 产生了 2 次,紧随 CS1 之后)。如果在 Flex 总线片选控制寄存器中选择了使用突发模式,DMA 控制器的读写是相同的,也是先从源

第 12 章 DMA 与 EDMA 控制器介绍与应用

地址连续读 1 字节数据,然后向目的地址写 2 次 2 字节数据,但此时 CS1 和 CS2 都只产生 1 次。对于大量数据传输的情况,可以节省传输的时间。

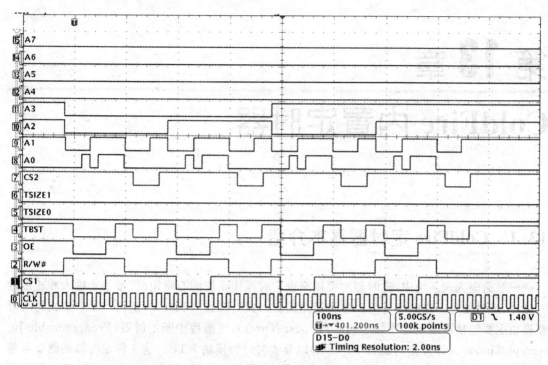

图 12-6 通过 Flex 总线的 DMA 传输,采用突发模式

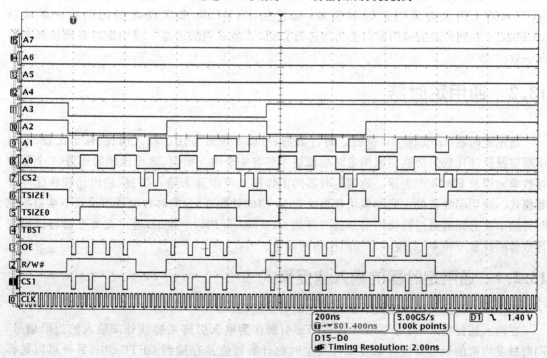

图 12-7 通过 Flex 总线的 DMA 传输,不采用突发模式

第 13 章

ColdFire 内置定时器

13.1 ColdFire 定时器基本介绍

一般的嵌入式系统中,定时器主要用来做实时操作系统的心跳定时、按要求输入和输出定时脉冲、定时处理一定的事务等。作为通用的嵌入式处理器,ColdFire 系列产品中集成的定时器模块主要包括通用定时器(General Purpose Timer)、可编程中断定时器(Programmable Interrupt Timer)、DMA 定时器(DTIMER)以及实时时钟模块 RTC。这 4 种定时器的侧重点各不相同,但也有重叠的功能。在不同的处理器中,可能会有不同的定时器模块配置。例如在 MCF54455 上则没有通用定时器模块,直接用 DTIMER 来实现类似的功能。本章以 MCF5225x 系列产品的通用定时器为例进行介绍,其他系列的产品中通用定时器模块基本与此一致。

13.2 通用定时器

通用定时器(GPT)是 16 位的定时计数器,可以实现最常用的输入捕捉、输出比较、定时中断以及脉冲计数的功能。通用定时器模块主要有 4 个输入捕捉、输出比较的通道、1 个脉冲计数单元以及 PWM 产生器。通用定时器的工作模式可以分为输入捕捉、输出比较和脉冲计数模式。通用定时器最主要的模块就是一个 16 位的计数器,它的时钟源通常模式下是由系统时钟频率 2 分频后通过模块内的分频寄存器 GPTSCR2[PR]产生的,通过该寄存器可以改变计数器的计数分辨率,实现在不同范围内的计数。

13.2.1 通用定时器的输入捕捉模式

图 13-1 是输入捕捉模式下的通用定时器结构图。

在输入捕捉模式下,每个通道的 GPTx 引脚作为输入引脚来捕获外部输入的边沿信号,同时触发内部的锁存器锁存触发事件发生时的计数器值并存储到 GPTCx 中;另外可以选择是否触发中断。在输入捕捉模式下,最小的捕捉间隙是 2 个计数器的时钟间隔。

输入捕捉模式一般用在测量外部信号的周期、脉冲宽度等。当测量信号周期时,可以将信

第 13 章 ColdFire 内置定时器

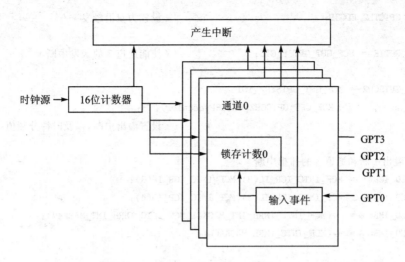

图 13-1 通用定时器模块输入捕捉模式

号的上升沿或者下降沿来作为捕捉触发条件,在 2 次捕捉触发时计数值的差值即是外部信号周期与内部时钟的比值,当然还需要考虑到计数器是否有溢出,这一点可以通过 GPTFLG2 的 TOF 位来判断。为了完备的设计,可以对溢出进行中断使能,这样在溢出时触发中断,在中断服务函数中记录溢出的次数,从而在最后计算计数差时考虑进去,这样可以支持多次溢出的情况。不过一般的系统设计都可以考虑到输入信号的范围,从而简化设计。

与输入捕捉模式相关的寄存器主要有 GPTIOS、GPTCTL2 和 GPTCx。

(1) GPTIOS——通用定时器输入捕捉/输出比较选择寄存器

显然,这个寄存器就是用来配置响应的通道是处于输入捕捉模式还是处于输出比较模式。如果需要将对应的通道配置为输入捕捉模式,则将对应位清 0 即可。

(2) GPTCTL2——通用定时器控制寄存器 2

当某通道被配置为输入捕捉模式时,此寄存器用来配置对应的通道输入的捕捉方式,即输入脉冲的上升沿捕捉、下降沿捕捉或者双沿捕捉方式。

(3) GPTCx——通用定时器通道寄存器

每个通道都有一个通道寄存器,是 16 位的寄存器,在输入捕捉模式下用来锁存捕捉触发时的计数值。

下面是一个简单的使用输入捕捉的代码例子:

```
/*****************************************************************/
...
MCF_GPT_GPTSCR1 = 0;                            /* 停止 GPT 模块 */

MCF_GPIO_PTAPAR = 0x40;                         /* 将 GPT3 引脚设置成 GPT 模块的引脚 */

MCF_GPT_GPTDDR & = ~0x8;                        /* 设置 GPT3 引脚为输入 */

MCF_GPT_GPTIOS & = ~MCF_GPT_GPTIOS_IOS3;        /* 通道 3 设置为输入捕捉 */

MCF_GPT_GPTCTL2 = MCF_GPT_GPTCTL2_EDG3A
```

```
MCF_GPT_GPTCTL2_EDG3B;                              /*设置为双沿触发*/

MCF_GPT_GPTIE = MCF_GPT_GPTIE_CI3;                  /*使能通道3的触发中断*/

MCF_GPT_GPTSCR2 = MCF_GPT_GPTSCR2_TOI
                  | MCF_GPT_GPTSCR2_PR(u8Prescaler);
                                                    /*设置溢出中断,以及时钟分频值*/

/*设置溢出中断和通道3的捕捉中断*/
MCF_INTC0_ICR41 = MCF_INTC_ICR_IL(3)|MCF_INTC_ICR_IP(3);
MCF_INTC0_ICR47 = MCF_INTC_ICR_IL(3)|MCF_INTC_ICR_IP(4);
MCF_INTC0_IMRH &= ~(MCF_INTC_IMRH_INT_MASK41|MCF_INTC_IMRH_INT_MASK47);
MCF_INTC0_IMRL &= ~(MCF_INTC_IMRL_MASKALL);

MCF_GPT_GPTFLG1 |= MCF_GPT_GPTFLG1_CF3;             /*清除通道3触发标志*/

MCF_GPT_GPTFLG2 |= MCF_GPT_GPTFLG2_TOF;             /*清除计数器溢出标志*/

MCF_GPT_GPTSCR1 |= MCF_GPT_GPTSCR1_GPTEN;           /*使能GPT模块开始工作*/
...
/****************************************************************/
```

这样,通道3就可以进行外部信号的捕捉,由于设置为双沿触发,所以将在上升沿和下降沿都触发保存计数值。在中断函数中做相应地处理,就可以测量出外部信号的脉冲宽度。下面是响应的中断函数,其中包含计数器溢出中断和通道3的触发中断。

```
/************************计数器溢出中断************************/
__interrupt__ void GPT_TOF( )
{
    MCF_GPT_GPTFLG2 |= MCF_GPT_GPTFLG2_TOF;         /*清除中断标志*/
    gu8GPTOverflows++;                              /*溢出累加值加1*/
    return;
}
/****************************************************************/

/*通道3触发中断*/
__interrupt__ void GPT_C3F( )
{
  static uint32 u32Offset;

  MCF_GPT_GPTFLG1 |= MCF_GPT_GPTFLG1_CF3;           /*清除中断标志*/

  /*将测量分为2个阶段:第1阶段为启动阶段对应与第1个沿的触发;第2阶段为结束阶段,对应与
    第2个沿的触发,这里用全局变量geSemaphore来表示*/
  switch(geSemaphore)
  {
```

第 13 章 ColdFire 内置定时器

```c
        case SEMAPHORE_1:                              /* 第 1 个沿的触发 */
        
            u32Offset = MCF_GPT_GPTC3;                 /* 保存现在的计数值 */
            gu8GPTOverflows = 0;                       /* 清除溢出计数,作为测量初始化 */
            geSemaphore = SEMAPHORE_2;                 /* 标志下次触发为第 2 阶段 */
                break;

        case SEMAPHORE_2:                              /* 第 2 个沿的触发 */
            /* 计算出新的计数值,并包含溢出的周期 */
            gu32PulseMeasure = MCF_GPT_GPTC3 + (gu8GPTOverflows * 0x10000);

            /* 减去前面保存的计数值,得到两沿之间的计数值 */
            gu32PulseMeasure -= u32Offset;

            GPT_STOP_TIMER();                          /* 停止 GPT */

            MCF_GPT_GPTFLG1 |= MCF_GPT_GPTFLG1_CF3;    /* 确保清空 */
            MCF_GPT_GPTFLG2 |= MCF_GPT_GPTFLG2_TOF;    /* 确保清空 */

            geSemaphore = SEMAPHORE_RDY;               /* 设置测量标志结束 */
            break;

        default:
            GPT_STOP_TIMER();
            geSemaphore = SEMAPHORE_ERR;
                break;
    }
    return;
}
```

13.2.2 通用定时器的输出比较模式

图 13-2 是输出比较模式下的通用定时器结构图。在这种模式下通用定时器每个通道的 GPTCx 寄存器保存着程序预设定的值,每次计数器变化时都会和这个寄存器进行比较。如果计数值和预设的值相同,则产生一个输出信号,这个信号可以是高电平、低电平或者电平反转信号。此外,GPCFORC 寄存器还可以强制输出一个比较信号。

与输出比较模式相关的寄存器主要有 GPTIOS、GPTCFORC、GPTOC3M、GPTOC3D、GPTTOV、GPTCTL1、GPTFLG1 和 GPTCx。

(1) GPTIOS——通用定时器输入捕捉/输出比较选择寄存器

同输入捕捉模式中的含义,这个寄存器是用来选择对应通道的工作模式的,对应位设置为 1 即选择输出比较模式。

(2) GPTTOV——溢出跳变寄存器

设置每个通道在计数器溢出时将输出信号跳变,用这一点可以改变输出信号的频率特征。

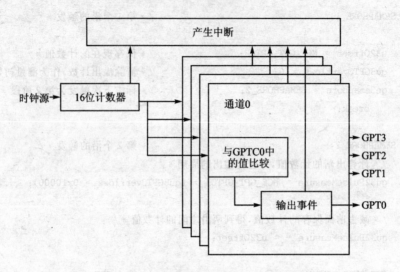

图 13-2　通用定时器输出比较模式

(3) GPTCTL1——通用定时器控制寄存器 1

用来配置各通道在比较事件发生时输出的信号,可以配置为高电平、低电平或电平跳变。

(4) GPTFLG1——通用定时器标志寄存器 1

在发生输出比较事件和输入捕捉事件时,设置该标志位供查询使用。

(5) GPTCx——通用定时器通道寄存器

在输出比较模式下,该寄存器保存各通道的比较值。

(6) GPTCFORC——通用定时器强制比较寄存器

用该寄存器可以在计数器没有达到通道预设寄存器的情况下,强制触发比较输出事件,从而在引脚上输出相应的电平。强制比较不会对标志寄存器进行更改。

(7) GPTOC3M,GPTOC3D——通用定时器输出比较 3 屏蔽寄存器和数据寄存器

由于通道 3 的特殊性,在它比较输出模式下,可以强制控制其他的 3 个通道输出指定的数据。GPTOC3M 就是用来选择哪些通道可以被通道 3 强制控制,而 GPTOC3D 则是用来配置强制输出的数据。

下面是一个输出比较的代码实例:

```
/*************************************************************/
...
    MCF_GPT_GPTSCR1 = 0;              /* 停止 GPT 模块 */

    MCF_GPIO_PTAPAR = 0x10;           /* 将 GPT2 引脚设置成 GPT 模块的引脚 */

    MCF_GPT_GPTIOS |= 0x4;            /* 设置通道 2 为比较输出模式 */

    MCF_GPT_GPTSCR2 = MCF_GPT_GPTSCR2_TOI
                    | MCF_GPT_GPTSCR2_PR(u8Prescaler);
                                      /* 设置溢出中断,以及时钟分频值 */

    MCF_GPT_GPTCTL1 = 0x10;           /* 通道 2 的比较输出为电平反转 */
```

第 13 章　ColdFire 内置定时器

```
MCF_GPT_GPTC2 = 1000;                         /*通道 2 的比较值为 1000*/

MCF_GPT_GPTSCR1 |= MCF_GPT_GPTSCR1_GPTEN;     /*启动 GPT*/
...
/******************************************************************/
```

这样就启动了通道 2 的比较输出模式,并且输出信号的高电平和低电平的宽度与计数器的溢出周期相同。

13.2.3　通用定时器的脉冲计数模式

通用定时器的通道 3 还可以配置成脉冲计数模式,用来计算外部输入信号的脉冲个数。在通道 3 处于脉冲计数模式下的结构图如图 13-3 所示。

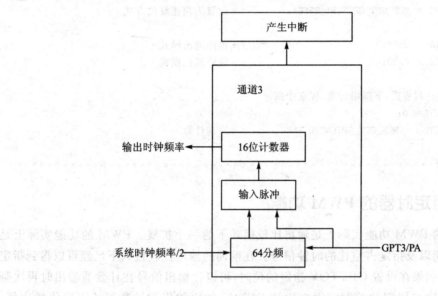

图 13-3　通用定时器脉冲计数模式

脉冲计数模块有一个单独的 16 位计数器用来计脉冲,可以计算输入信号的上升沿或下降沿个数,或者用外部输入的信号来打开逻辑门控制内部分频时钟作为计数基准。脉冲计数有两种模式:事件计数模式和门控制时钟累计模式。与脉冲计数相关的寄存器有 GPTPACTL、GPTPAFLG 和 GPTPACNT。

(1) GPTPACTL——通用定时器脉冲计数控制寄存器

该控制寄存器多个配置选项,除了用来使能脉冲计数功能,还可以选择脉冲计数的工作模式,例如输入信号边沿选择(是上升沿计数还是下降沿计数),或者选择高电平打开内部时钟的门还是低电平打开时钟门(电平触发方式)。此外该寄存器还有脉冲计数器溢出中断的使能以及脉冲输入中断的使能等功能位。

(2) GPTPAFLG——通用定时器脉冲计数标志寄存器

标志寄存器有两个有效位:一个是对应 16 位脉冲计数器的溢出标志;另一个是对应脉冲输入信号,当输入有所选择的沿产生时,该标志位置位。

(3) GPTPACNT——通用定时器脉冲计数器

这个寄存器保存着所累计的输入信号或内部时钟信号的个数。

下面是脉冲计数的例子程序：

```
/*******************************************************************/
...
MCF_GPT_GPTSCR1 = 0;                              /*停止 GPT 模块*/

MCF_GPIO_PTAPAR = 0x40;                           /*将 GPT3 引脚设置成 GPT 模块的引脚*/

MCF_GPT_GPTDDR &= ~0x8;                           /*设置 GPT3 引脚为输入*/

MCF_GPT_GPTIOS = MCF_GPT_GPTIOS_IOS(0x00);        /*清除其他模式*/

MCF_GPT_GPTSCR1 = MCF_GPT_GPTSCR1_TFFCA;          /*设置为快速复位方式*/

MCF_GPT_GPTCTL1 = 0x00;                           /*清除输出模式*/
MCF_GPT_GPTCTL2 = 0x00;                           /*清除其他模式*/

/*设置为事件计数模式,下降沿计数,屏蔽中断*/
MCF_GPT_GPTPACTL = 0;
MCF_GPT_GPTPACTL |= MCF_GPT_GPTPACTL_PAE;         /*启动计数*/
...
/*******************************************************************/
```

13.2.4 通用定时器的 PWM 功能

通用定时器的 PWM 功能实际上是输出比较模式下的一个扩展。PWM 的功能实际上是为了输出指定周期以及指定占空比的时钟信号。在前面的输出比较模式下已经可以得到指定周期的时钟信号,如果在设置 GPTTOV 指定的位时,可以让输出信号在计数器溢出时再次翻转,从而实现占空比和周期的控制。占空比是 GPTCx 的比较值与计数器的溢出值的比值。图 13-4 是输出比较和 PWM 的输出波形图。

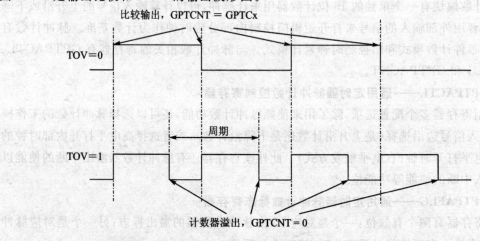

图 13-4 通用定时器输出比较和 PWM 脉冲输出模式波形图

13.3 可编程中断定时器

可编程中断定时器(PIT)主要是用来产生定时中断的,虽然其他的 GPT 或 DTIMER 模块都可以有相同的功能,但是它的使用更方便、简单且功能单一。在有多个定时功能需求的系统中,可编程中断定时器是系统定时中断的首选。一般来说,系统的定时中断主要是给实时操作系统用做定时心跳的。常用的实时操作系统都需要约 1 ms 的定时心跳来做系统调用,例如任务优先级的重新确认、任务切换等功能。

13.3.1 可编程中断定时器概述

ColdFire 中的可编程定时中断是一个 16 位的计数器,它的时钟源是系统内部时钟且可以控制其预分频数。该模块基本功能就是设定好指定的模数,计数器装载模数后进行倒计数,在计数到 0 时产生中断。图 13-5 是可编程中断定时器模块的内部结构图。

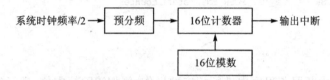

图 13-5 可编程中断定时器模块

(1) PCSR——可编程中断定时器控制状态寄存器

控制寄存器的作用包括:设置时钟源的预分频、模数的异步或同步装载模式、中断使能和中断标志、模块使能等。

(2) PMR——可编程中断定时器模数寄存器

定义计数的模数,用以被计数器装载。

(3) PCNTR——可编程中断定时器计数器

计数器当前的计数值。

可编程中断定时器通常使用的模式叫做模数装载模式,即计数器每次计数到 0 时自动装载模数并启动下一轮的定时计数周期,此时会设置标志位并可以产生中断。自动装载模数由控制状态寄存器的 RLD 位来指定。如果 RLD 位为 0,定时器处于的模式叫做自由运行模式,在这种状态下计数器在计数到 0 时不是装载模数,而是返回到最高的 0xFFFF 值,此时也会设置标志位并产生中断。

13.3.2 应用实例

这里以 μCOS 在 MCF52259 系统中的定时中断程序为例介绍该模块的使用。

```
/****************************************************************/
void timerInit(uint32 ticksPerSec)
{
    /* 设置好 PIT0 的中断控制器屏蔽和优先级等 */
    MCF_INTC0_IMRH &= ~(MCF_INTC_IMRH_INT_MASK55);
```

```
    MCF_INTC0_ICR55 = 0|MCF_INTC_ICR_IP(1)|MCF_INTC_ICR_IL(6);

    /*设置预分频为4、调试模式、模数异步装载、使能中断及自动装载*/
    MCF_PIT0_PCSR = 0
                    |MCF_PIT_PCSR_PRE(2)
                    |MCF_PIT_PCSR_DBG
                    |MCF_PIT_PCSR_OVW
                    |MCF_PIT_PCSR_PIE
                    |MCF_PIT_PCSR_PIF
                    |MCF_PIT_PCSR_RLD;

    /*系统时钟80 MHz,计数器的时钟源为10 MHz,设置模数寄存器*/
    MCF_PIT0_PMR = (SYS_CLK_KHZ * 1000/8)/ticksPerSec;

    /*启动定时器*/
    MCF_PIT0_PCSR |= MCF_PIT_PCSR_EN;//start counter

    return;
}
```

此外还需要在中断服务程序中进行相应的操作,例如清除标志位、进行任务处理等。

13.4 DMA 定时器

ColdFire 中的 DMA 定时器 DTIMER 是 32 位定时器,一般的 DMA 定时器模块有 4 个独立的通道,可以实现输入捕捉、比较输出的功能,此外还可以产生中断信号以及触发系统 DMA 模块的传输。

13.4.1 DMA 定时器概述

每个 DMA 定时器模块可以由内部的总线时钟通过可配置的分频作为时钟源,也可以使用外部的时钟信号通过 DTINx 输入。根据 DMA 定时器所配置的工作模式,其结构稍有不同,主要有输入捕捉模式、输出模式以及参考比较模式。在输入捕捉和参考比较模式中,都可以产生内部的触发信号触发中断控制或 DMA 传输。对于触发中断,ColdFire 的中断控制器都有对应的 DMA 定时器中断向量。而对于触发 DMA 传输,如果 ColdFire 内部集成的是增强型 EDMA 模块,则其中的 16 个通道中有 4 个通道专门对应于 DMA 定时器的触发源;如果是普通 DMA 模块,则所有的 4 个通道都可以被设置为 DMA 定时器触发。读者可以参考第 12 章的 DMAREQC 寄存器介绍。

1. 输入捕捉模式

在 DMA 定时器处于输入捕捉模式时,基本的结构框图如图 13-6 所示。

从图 13-6 中可以看出,由外部输入引脚 DTIN 引入的信号可以被沿捕捉模块捕捉到指定的边沿跳变(由 DTMR 的 CE 位来选择触发沿的种类是上升沿、下降沿或者双沿触发),触发事件产生后,可以触发相应的 DMA 定时器中断,或者触发相应的 DMA 传输(这是由

第 13 章　ColdFire 内置定时器

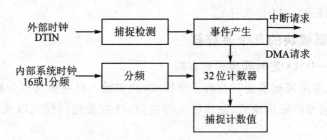

图 13-6　DMA 定时器输入捕捉模式

DTXMR 的 DMAEN 来选择的)。此外由于内部的计数器可以同时被内部的时钟源驱动计数,在捕捉外部触发事件的时候,还可以锁存当前的计数器的值到 DTCR 寄存器,通过周期锁存该值,可以实现对输入信号的周期进行计算等功能。在这里尤其需要注意的是,在输入捕捉模式下,DTIN 作为输入捕捉的信号源,不能同时作为计数器的输入时钟源,因此在这种模式下,计数器的输入时钟源只能是内部系统时钟。

这种模式为 DMA 模块提供了一个非常有用的功能,即外部 DMA 请求的功能。很多 ColdFire 初学者会发现 ColdFire 中有两大类的 DMA:普通 DMA 和增强型 DMA。对于增强型 DMA,有特定的外部 DMA 请求信号,可以为外部设备提供 DMA 的请求;普通 DMA 并没有特定的该信号,而 DMA 定时器的输入 DTIN 则为普通 DMA 提供了该功能。

2.参考比较模式

图 13-7 是 DMA 定时器在参考比较模式下的结构图。参考比较模式下,DMA 定时器的输入时钟源可以是外部 DTIN 的输入或者内部的总线时钟分频输入(DTIMR 的 CLK 位选择)。输入时钟驱动 32 位计数器进行计数,在达到参考值的时候,产生响应的触发中断事件或者触发 DMA 传输事件,此时 DTER 的 REF 标志位也会响应置 1。事件触发后,计数器可以清 0 或者继续往下计数,这由 DTMR 的 FRR 位来选择。这个模式的一个有用的功能就是提供周期定时的 DMA 触发或者中断。

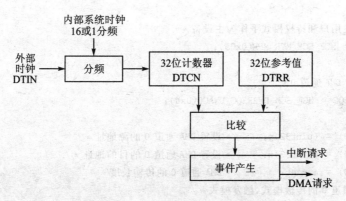

图 13-7　DMA 定时器参考比较模式

3.输出模式

输出模式其实是参考比较模式输出的扩展,为参考比较模式在事件触发的时候,还可以在 DTOUT 信号引脚上输出一个低有效的脉冲(脉冲宽度为一个内部总线时钟周期)或者进行一个跳变（通过 DTMR 的 OM 位选择）。

4. DMA 定时器模块的几个寄存器

(1) DTMR——DMA 定时器模式寄存器

这个寄存器主要用来配置定时器的工作模式，例如输入时钟源及预分频数、输入捕捉信号的边沿选择、输出信号的输出模式、输出触发的使能、计数器运行模式以及定时器使能。它是最主要的寄存器。

(2) DTXMR——DMA 定时器扩展模式寄存器

用来选择输出触发的 DMA/中断，控制内核停止模式下的计数器运行和计数器的增长模式。

(3) DTER——DMA 定时器事件寄存器

用来标志事件触发的情况，主要表示输出事件的触发状态和捕捉事件的触发状态。

(4) DTRR——DMA 定时器参考值寄存器

保存着 32 位的参考比较值，在参考比较模式下与计数器的值进行比较，相同时触发相应的事件。

(5) DTCR——DMA 定时器计数器捕捉寄存器

在输入捕捉事件触发时，这个寄存器会锁存计数器的计数值，供程序读取。

(6) DTCN——DMA 定时器计数器寄存器

32 位计数值，实时保存着计数的数值，向该寄存器写任何值时都会清空计数器。

13.4.2 应用实例

这里给出 MCF52259 的 DTIMER 的 DMA 实例。

```
/*****************************************************************/
...
MCF_GPIO_PTCPAR = 0xaa;           /* 设置 GPIO 为 DTIMER 模块功能 */

/* 允许 DMA 在用户和特权模式下作为主设备 */
MCF_SCM_MPR = MCF_SCM_MPR_MPR(0x05);

/* DTIM0 触发 DMA 通道 0 */
MCF_SCM_DMAREQC = MCF_SCM_DMAREQC_DMAC0(0x4);

MCF_DMA_SAR(0) = (uint32)p;       /* 设置 DMA 通道 0 的源地址 */
MCF_DMA_DAR(0) = (uint32)q;       /* 设置 DMA 通道 0 的目的地址 */
MCF_DMA_BCR(0) = maxcnt;          /* DMA 通道 0 的传输长度 */
/* 设置 DMA 通道 0 的传输模式，触发模式 */
MCF_DMA_DCR(0) = MCF_DMA_DCR_INT
               | MCF_DMA_DCR_SSIZE_BYTE
               | MCF_DMA_DCR_DSIZE_BYTE
               | MCF_DMA_DCR_DINC
               | MCF_DMA_DCR_SINC
               | MCF_DMA_DCR_D_REQ
```

第 13 章 ColdFire 内置定时器

```
                  | MCF_DMA_DCR_EEXT;

/*设置 DTIM0 内部系统时钟源*/
MCF_DTIM_DTMR(0) = MCF_DTIM_DTMR_CE(0)| MCF_DTIM_DTMR_CLK(1);

/*外部输出在触发事件时输出跳变*/
MCF_DTIM_DTMR(0) |= MCF_DTIM_DTMR_OM;

/*触发事件后,计数器复位*/
MCF_DTIM_DTMR(0) |= MCF_DTIM_DTMR_FRR;

/*使能 DMA 或中断*/
MCF_DTIM_DTMR(0) |= MCF_DTIM_DTMR_ORRI;

/*使能 DMA 触发输出*/
MCF_DTIM_DTXMR(0) |=    MCF_DTIM_DTXMR_DMAEN;

/*内核停止时计数器不停止计数*/
MCF_DTIM_DTXMR(0) &=    ~MCF_DTIM_DTXMR_HALTED;

/*计数模式为+1模式*/
MCF_DTIM_DTXMR(0) &=    ~MCF_DTIM_DTXMR_MODE16;

/*设置计数的比较输出周期即 DMA 触发周期,以及输入时钟信号的预分频值*/
MCF_DTIM_DTRR(0) = u32Modulus;
MCF_DTIM_DTMR(0) |= MCF_DTIM_DTMR_PS(prescale);

/*启动 DTIMER0*/
MCF_DTIM_DTMR(0)   |= MCF_DTIM_DTMR_RST;

/*等待 DMA 结束*/
while(0x0 == (MCF_DMA_DSR&MCF_DMA_DSR_DONE))
{}
...
```

13.5　实时时钟模块 RTC

　　实时时钟模块在嵌入式系统中主要提供秒、分、小时、天等的实时时钟计时功能。此计数器可以独立于内核运行,通常用于嵌入式系统的定时唤醒、计时等。

　　ColdFire 系列产品中集成的实时时钟模块主要可以实现时钟(秒、分、小时和天)计时、按天、小时、分钟和秒的定时中断、分钟倒计时等功能。一般采用独立的外接晶体来提供时钟源。实时时钟模块的中断可以在内核的最深度睡眠 STOP 模式中唤醒内核。图13-8是实时时钟模块的基本框图。

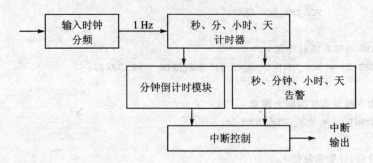

图 13-8 实时时钟模块

实时时钟模块采用外接的晶振经过分频产生 1 Hz 的时钟驱动计数器计时。分频数由 RTCGOCNT 来控制。

这里介绍实时时钟模块的寄存器。

(1) RTCGOCNT(RTCGOCU,RTCGOCL)——实时时钟模块通用时钟寄存器

用来确定外部输入时钟的分频数以产生 1 Hz 的时钟频率。

(2) SECONDS——秒计时器

6 位的秒计时器。每输入一个 1 Hz 的时钟周期频率,就会自动加 1,但只会从 0 计数到 59,随后归 0,并触发分钟寄存器加 1。

(3) HOURMIN——小时分钟计时器

包含 6 位分钟计时器和 5 位小时计时器。当秒计时器计时从 59 归 0 时,分钟计时器自动加 1,并且从 0 计到 59,随后归 0,并触发小时位加 1。小时计时器可以从 0 计到 23,表示 1 天;在 23 后归 0,并触发日计时器加 1。

(4) DAYS——日计时器

16 位计时器。在小时计时器从 23 归 0 时,日计时器自动加 1。日计时器可以从 0 增加到 65 535。

(5) ALRM_DAY/ALRM_HM/ALRM_SEC——日报警寄存器、小时分钟报警和秒报警寄存器

对应日、小时、分钟和秒计时器,在对应的计时器与报警寄存器相等并且报警中断使能时,触发报警中断。由于要所有的寄存器都相等时才触发,所以该报警中断的触发周期是 65 535 天。

(6) RTCCTL——实时时钟模块控制寄存器

用来复位和使能实时时钟模块。

(7) RTCISR/RTCIENR——实时时钟模块中断状态寄存器和中断使能寄存器

中断使能寄存器用来使能 6 种中断:报警中断(即报警寄存器等于计时器的值时中断)、每秒中断(即每次秒计时器加 1 时中断)、每分钟中断(即当分钟计时器加 1 时中断)、每小时中断(每次小时计时器加 1 时中断)、日中断(每次日计时器加 1 时中断)以及分钟倒计时中断。中断状态寄存器则对应各种中断的状态,当产生中断时相应位置 1。

(8) STPWCH——实时时钟模块分钟倒计时寄存器

6 位倒计时寄存器每 1 分钟减 1 计时,当计数值从 0 减到 -1 时,产生中断。

通过上述的寄存器可以看出,实时时钟模块 RTC 可以实现简单的时间日期记录功能以

第13章 ColdFire内置定时器

及定时中断的要求。此外实时时钟模块功耗极低,且单独使用外部晶振,可以独立于内核,主要被用在对低功耗应用比较敏感的场合。在将整个内核处于极低功耗的停止模式下,由实时时钟模块来实现定时唤醒功能。在早期的ColdFire产品中,实时时钟模块都采用由CPU主供电系统供电的方式,但是在新的一系列MCU和MPU产品中,该模块可以采用单独供电的方式,用3V电池供电,即使主电源掉电,也不会影响实时时钟模块的工作。在本书正在编写时,已生产的ColdFire产品中采用自供电方式的芯片如下:

MCF521x0
MCF5221x
MCF5225x
MCF5249/MCF525x
MCF5441x
MCF5301x

详细描述需要参看对应的芯片手册。

第 14 章

脉宽调制模块

14.1 简 介

本章以 MCF52259 为例介绍脉宽调制(PWM)模块的配置和运用,包含了一些框图、可编程输出模式、功能的介绍,以及一些简单的应用。

如图 14-1 所示,PWM 模块能产生周期和占空比可调的同步脉冲序列。如果配以适当的低通滤波器,PWM 模块可用于数模转换(DAC)。

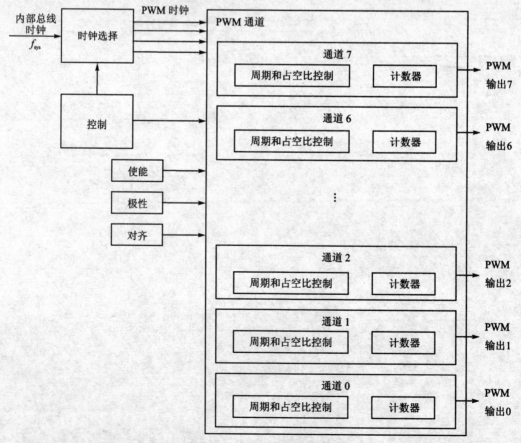

图 14-1 PWM 模块示意图

第 14 章 脉宽调制模块

PWM 模块主要特性如下：
① 双缓冲周期和占空比控制。
② PWM 左对齐或中央对齐输出。
③ 8 位宽度寄存器，方便对周期和占空比的编程控制。
④ 4 个可编程控制时钟源。

注意：在开始配置使用 PWM 模块之前，必须配置相应的 GPIO 输出引脚。相关配置请参考各芯片的 GPIO 模块引脚配置。

14.2 PWM 寄存器介绍

14.2.1 PWM 使能寄存器

每个 PWM 通道都有一个使能位（PWMEn）来控制该通道的波形输出。MCU 在正常工作状态下，如果所有的 PWM 通道都未开启（PWME[7:0] = 0），那么 PWM 的预分频计数模块将关闭以降低系统功耗。

本模块支持将两个 8 位 PWM 通道串联起来做一个 16 位 PWM 通道使用。在串联模式下，需要注意的是：当 PWMCTL[CON01] = 0b1（即串联通道 0 和通道 1）时，通道 0 的使能位（PWME0）无效，并且 PWMOUT0 关闭。

14.2.2 PWM 极性控制寄存器

PWM 极性控制寄存器（PWMPOL）的 PPOLn 控制相应的 PWM 通道输出的起始脉冲极性。如果在 PWM 开始输出之后改变输出脉冲的极性，那么可能导致一个尖脉冲或者宽脉冲的输出。

PWMPOL[PPOLn] = 0b0 表示 PWM 输出以低电平开始。
PWMPOL[PPOLn] = 0b1 表示 PWM 输出以高电平开始。
在通道串联模式下，偶数通道的极性控制位无效（即若 PWMCTL[CON01] = 0b1 时，PPOL0 无效）。

14.2.3 PWM 时钟源选择寄存器

通过 PWM 时钟源选择寄存器（PWMCLK），可控制每个 PWM 通道选择两种时钟源中的一种。通道 0、1、4 和 5 可选择时钟源 A 或 SA；通道 2、3、6 和 7 可选择时钟源 B 或 SB。如果在 PWM 开始输出之后改变时钟源，可能导致一个尖脉冲或者宽脉冲的输出。

PWMCLK[PCLKn] = 0b0 表示选择时钟源 A（通道 0、1、4 和 5）或 B（通道 2、3、6 和 7）。
PWMCLK[PCLKn] = 0b1 表示选择时钟源 SA（通道 0、1、4 和 5）或 SB（通道 2、3、6 和 7）。
在通道串联模式下，偶数通道的时钟源选择控制位无效（即若 PWMCTL[CON01] = 0b1 时，PCLK0 无效）。

14.2.4 PWM 时钟预分频选择寄存器

PWM 时钟预分频选择寄存器（PWMPRCLK）用于设置时钟源 A 和 B 的预分频。如果在

PWM 开始输出之后改变时钟源的预分频,可能导致一个尖脉冲或者宽脉冲的输出。

PWMPRCLK[PCKA/B] = $n(0\sim7)$,表示时钟源 A/B 输出的时钟频率为:内部时钟 $\div 2^n$。

14.2.5 PWM 中央对齐使能寄存器

PWM 中央对齐使能寄存器(PWMCAE)用于设置 PWM 输出为左对齐或中央对齐,必须在相应通道没有开启的时候改写该控制器中的位。

PWMCAE[CAEn] = 0b0 表示该通道选择左对齐输出方式。

PWMCAE[CAEn] = 0b1 表示该通道选择中央对齐输出方式。

在通道串联模式下,偶数通道的中央对齐控制位无效(即若 PWMCTL[CON01] = 0b1 时,CAE0 无效)。

14.2.6 PWM 控制寄存器

PWM 控制寄存器(PWMCTL)提供多种 PWM 模块的输出模式,必须在相应的两个 8 位通道都关闭的情况下才能开启串联模式。

PWMCTL[CONn,n+1] = 0b0 表示未开启双通道串联模式。

PWMCTL[CONn,n+1] = 0b1 表示使能双通道串联模式。通道 n 为高字节而通道 $n+1$ 为低字节,通道 $n+1$ 作为串联后 16 位通道的输出并且其相应通道控制位即为串联后通道的控制位,通道 n 则关闭并且其相应通道控制位无效。

PWMCTL[PSWAI] = 0b0 表示在 MCU 进入休眠(doze)状态时,预分频模块仍有时钟输入。

PWMCTL[PSWAI] = 0b1 表示在 MCU 进入休眠(doze)状态时,预分频模块停止时钟输入。

PWMCTL[PFRZ] = 0b0 表示在 MCU 进入调试(debug)状态时,PWM 计数器继续计数。

PWMCTL[PFRZ] = 0b1 表示在 MCU 进入调试(debug)状态时,PWM 计数器停止计数。

14.2.7 PWM 比例寄存器 A 和 PWM 比例寄存器 B

设置 PWM 比例寄存器 A(PWMSCLA)和 PWM 比例寄存器 B(PWMSCLB)用于对时钟源 A 和 B 的分频,从而产生时钟源 SA 和 SB。下面则是时钟源 SA 和 SB 的计算公式:

$$\text{Clock SA} = \frac{\text{ClockA}}{2\times\text{PWMSCL}} \qquad \text{Clock SB} = \frac{\text{ClockB}}{2\times\text{PWMSCLB}}$$

当改写该寄存器时,模块内部的计数器会立即更新为新的值。PWMSCLA 和 PWMSCLB 取值范围是 $0\sim255$,其中 0x00 表示分频因子为 256。

14.2.8 PWM 通道计数器

每个 PWM 通道都有一个 PWM 通道计数器(PWMCNTn)用以选定时钟源,并以其设定频率(PWMCLK[PCLKn])为输入的 8 位的加/减计数器,用户可以随时读取该寄存器的数值而不用担心读操作会改变其数值或者影响通道的正常输出。在左对齐模式下,计数器从 0 开始计数到(PWM 周期计数设定值 −1);在中央对齐模式下,该计数器从 0 开始向上计数到 PWM 周期计数器设定值,再由此向下计数到 0。因此,设定相同的 PWM 周期值,中央对齐模式的周期是左对齐模式的两倍。

任何写操作会将该寄存器清零,计数器会立即从缓冲中加载 PWM 占空比或周期寄存器的值,而输出的翻转则由极性位决定。

计数器在有效周期结束时会被清零。当通道关闭时(PWMEn= 0),相应 PWMCNTn 不计数;当通道被重新使能时(PWMEn= 1),相应 PWM 通道的计数器会从当前计数器中的数值开始计数。

14.2.9　PWM 通道周期寄存器

PWM 周期寄存器(PWMPERn)用于设置相关通道的 PWM 周期。计算周期的公式须取决于是否使用了中央对齐模式:

$$PWMn 周期 = 通道时钟周期 \times (PWMCAE[CAEn] + 1) \times PWMPERn$$

PWMPERn= 0x00 表示 PWMn 一直输出高电平或低电平(电平极性取决于 PPOLn,其值为 1 则输出高电平,其值为 0 则输出低电平)。

14.2.10　PWM 通道占空比寄存器

PWM 通道占空比寄存器(PWMDTYn)用于设置相关通道的占空比。占空比计算公式如下(高电平周期占整个周期比例):

$$占空比 = \left| \left(1 - PWMPOL[PPOLn] \frac{PWMDTYn}{PWMPERn}\right) \right| \times 100\%$$

PWMDTYn= 0x00 表示 PWMn 一直输出低电平或高电平(电平极性取决于 PPOLn,其值为 0 则输出高电平,其值为 1 则输出低电平)。

14.2.11　PWM 关闭寄存器

PWM 关闭寄存器(PWMSDN)提供了紧急关闭 PWM 输出的功能。若 PWMSDN[SDNEN]未被使能,PWMSDN[7:1]将被忽略。

PWMSDN[IF]:PWM 中断标志。直接反映 PWM7IN 的状态,如 PWM7IN 有变化则置该标志位为 1。该位可写 1 清零,写 0 则没有作用。

PWMSDN[IE]:PWM 中断使能。当 PWMSDN[IF]被置位时,触发中断。

PWMSDN[RESTART]:重启 PWM 模块。当 RESTART 位被置位后或在紧急关闭清零后(在 SDNEN= 1 之后清零),PWM 各通道在相应计数器清零后开始输出。该位自动清零,且对于读操作始终返回 0。

PWMSDN[LVL]:表示在 PWM 被关闭之后的输出电平。设置为 0 表示 PWM 关闭后强制输出低电平,设置为 1 则表示 PWM 关闭后强制输出高电平。

PWMSDN[PWM7IN]:PWM 通道 7 的输入状态(只读)。

PWMSDN[PWM7IL]:设置 PWM 通道 7 输入激活极性。若 SDNEN 置位,设置 PWM7IL 为 0 表示 PWM 7 输入低电平有效,设置为 1 则表示 PWM 7 输入高电平有效。

PWMSDN[SDNEN]：PWM 紧急关闭使能。若把 SDNEN 置位，PWM 通道 7 的相关引脚将强制置成输入状态并使能紧急关闭功能。

14.3 功能介绍

14.3.1 PWM 时钟源选择

基于内部总线时钟，PWM 模块有 4 路时钟源可供选择：A、B、SA(Scaled A)和 SB(Scaled B)。时钟源 A 和 B 频率均为可编程控制，可将内部总线时钟频率 1，2，…，128 分频。时钟源 SA 和 SB 以时钟 A 和 B 为输入，利用可重载计数器进一步(2，4，…，512)偶数分频得到。每个 PWM 通道可选择预分频时钟源 A 或 B，也可选择进一步分频后时钟源 SA 或 SB。4 路时钟源以及如何得到 SA 和 SB，如图 14-2 所示。

1. 预分频时钟源(A,B)

PWM 模块的预分频器以内部总线时钟为输入，通过设置 PWMCTL[PFRZ]来关闭在调试模式下的时钟输入，这对降低系统功耗以及模拟暂停 PWM 输出相当有用。输入时钟在所有 PWM 通道关闭时(PWMEn＝0)自动关闭。

时钟源 A 和 B 的输出频率取决于 PWMPRCLK[PCKAn]和 PWMPRCLK[PCKBn]的值，可将内部总线时钟频率 1～128 分频。

2. 分频时钟源(Scaled A,Scaled B)

分频时钟源 A (SA)和分频时钟源 B (SB)以预分频时钟源 A 和 B 二分频后作为输入，用户可编程设定进一步分频因子(1，2，3，…，256)，分频因子乘以 2 得到分频数(2，4，6，…，512)。时钟源 SA 和 SB 输出频率的计算公式如下：

$$\text{Clock SA} = \frac{\text{ClockA}}{2 \times \text{PWMSCLA}} \qquad \text{Clock SB} = \frac{\text{ClockB}}{2 \times \text{PWMSCLB}}$$

以下是一个简单的例子：

用户设定 PWMSCLA＝0xFF，PWMPRCLK[PCKA]＝2，那么每 255×2×2 个总线周期输出一个脉冲。

对 PWMSCLA 或 PWMSCLB 赋值，相应的 8 位计数器会被重新加载。另外，调整脉冲频率时，计数器将先完成一次计数后才能以新的频率工作。要避免这种情况，就需要在每次对 PWMSCLA 或 PWMSCLB 赋值前重新加载计数器。

在 PWM 通道正常输出的情况下改写分频寄存器会导致一个不规整的 PWM 输出。

3. 时钟源选择

每个 PWM 通道都能选择两个时钟源中的一个作为通道的输入时钟。通道 0、1、4 和 5 可选时钟源 A 或 SA；通道 2、3、6 和 7 可选时钟源 B 或 SB。可通过设置 PWMCLK[PCLKn]来选择通道的输入时钟。

在 PWM 通道正常输出的情况下改变时钟源会导致一个不规整的 PWM 输出。

第 14 章 脉宽调制模块

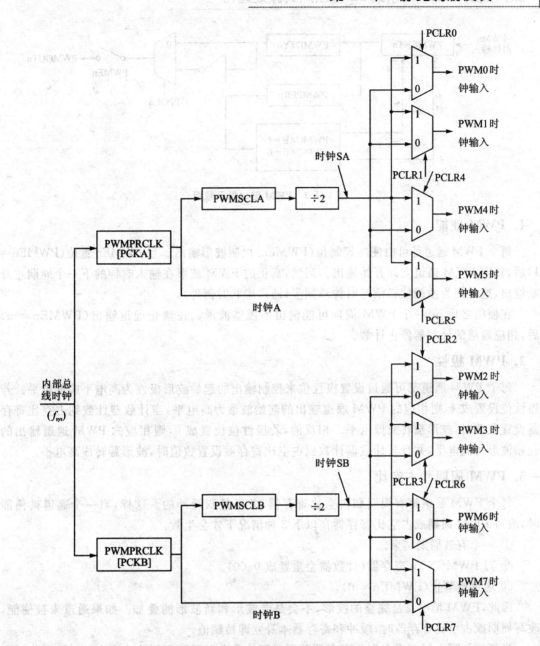

图 14-2 PWM 输入时钟源选择

14.3.2 PWM 定时器

PWM 模块的主要组成部分就是定时器。每个定时器有一个计数器、一个周期寄存器和一个占空比寄存器（均为 8 位）。周期寄存器设置的数值与计数器中的计数数值匹配控制输出波形的周期。占空比寄存器设置的数值与计数器中的计数数值匹配则控制输出波形的占空比和高低电平翻转。每个通道的起始相位也是可选择的。图 14-3 为 PWM 定时器的示意框图。

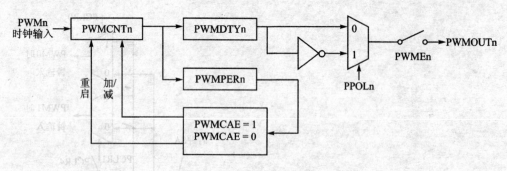

图 14 - 3　PWM 定时器示意图

1. PWM 使能

每个 PWM 通道都可由使能控制位(PWMEn)控制波形输出。当 PWMEn 置位(PWMEn=1)后,相应 PWM 通道立即开始输出。当然,真正的 PWM 波形在输入时钟的下一个周期才开始输出,这是因为使能位必须与时钟源同步(通道串联时例外)。

在使能之后,第一个 PWM 周期可能输出不规整波形。在禁止通道输出(PWMEn=0)后,相应通道的计数器停止计数。

2. PWM 极性

每个 PWM 通道都可通过设置极性位来控制输出的起始波形极性为高电平或低电平。若极性位设置成 1,则相应的 PWM 通道输出的起始波形为高电平,当计数器计数到占空比寄存器设置数值时,波形翻转成低电平。相反的,若极性位设置成 0,则相应的 PWM 通道输出的起始波形为低电平,并且当计数器计数到占空比寄存器设置数值时,波形翻转成高电平。

3. PWM 周期和占空比

每个 PWM 通道都有周期和占空比寄存器,并且是双缓冲的。这样,当一个通道被使能时,改写 PWM 周期或占空比寄存器在以下 3 种情况下才会生效:

① 一个有效周期结束。
② 写 PWMCNTn 寄存器(计数器会重置成 0x00)。
③ 通道被禁止(PWMEn=0)。

因此,PWM 输出总是完整的波形,不会是老波形和新波形的叠加。如果通道未被使能,改写周期或占空比寄存器时,缓冲和寄存器本身立即被赋值。

将新的值写入周期或占空比寄存器并同时写计数寄存器可强制让改变生效。写操作可让计数寄存器重置,同时让新的值立即锁存到周期或占空比寄存器中。另外,因为计数寄存器是可读的,所以可以对比占空比寄存器的数值和当前计数值,通过软件来调整改变生效时刻。如果让改变立即生效,那么可能输出一个不规则的 PWM 波形。

对应不同的极性位,占空比寄存器中的数值代表了高电平或低电平时间。

4. PWM 定时计数器

每个通道都有一个专用的 8 位加/减计数器,其工作在选定的时钟源频率下(时钟源选择如图 14-2 所示)。计数器对比周期和占空比寄存器中的数值(如图 14-3 所示),当计数器计数到占空比寄存器设定值时,输出翻转同时改变占空状态。当计数器计数到周期寄存器设定值时，PWM 波形输出依赖于输出模式的设定，如图 14-3 所示。

每个通道的计数器可在任何时刻读取其数值而不影响 PWM 的输出。

向计数器写任何值都会使其重置为 0x00，计数方向为加，立即从缓冲中重载周期和占空比寄存器，并且 PWM 根据极性位改变输出。当通道未被使能时（PWMEn＝0），计数器不计数。一旦通道被使能（PWMEn＝1），相应的 PWM 计数器从当前 PWMCNTn 数值开始计数。当通道被重新使能时，这就使 PWM 波形从上次停止的点继续输出。当通道被禁止时，向周期寄存器写 0 可使计数器在下一个时钟周期重置。

注意：若用户想要开始输出一个全新的 PWM 波形，那么必须先写该通道的计数寄存器，然后再使能通道。

通常来说，要从一个已知位置输出，写计数寄存器都要优先于使能通道。然而，在 PWM 通道使能的情况下也可以写计数寄存器，这么做可能让 PWM 通道输出一个不规则的波形。

计数寄存器在每个有效周期结束时被清零，如表 14-1 所列。

表 14-1 PWM 定时计数器状态

计数器清零（0x00）	计数器计数	计数器停止
向计数器写任意数值时	相应通道使能（PWMEn＝1），从当前值开始计数	相应通道未被使能（PWMEn＝0）
有效周期结束时		

5. 左对齐输出

通过设置 PWMCAE[CAEn]可决定输出模式，当 CAEn 被清零时，相应 PWM 通道输出波形左对齐。

左对齐输出模式下，8 位计数器被配置为加计数器。计数器对比周期和占空比寄存器中的数值（如图 14-3 所示），当计数器计数到占空比寄存器设定值时，输出翻转同时改变占空状态。当 PWM 计数器计数到周期寄存器设定值时，重置计数器并且输出翻转（如图 14-4 PWM 左对齐输出波形所示），从双缓冲周期和占空比寄存器中重载数值到相应寄存器中，计数器从 0 开始计数到周期寄存器设定值减 1。

注意：在通道使能状态下，改变 PWM 输出模式（左对齐改为中央对齐或中央对齐改为左对齐）可能输出一个不规则 PWM 波形。建议用户在使能通道前改变 PWM 输出模式。

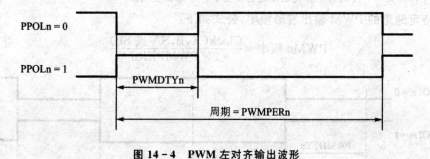

图 14-4 PWM 左对齐输出波形

计算特定通道的 PWM 输出波形频率，公式如下：

$$PWMn \text{ 频率} = \frac{Clock(A,B,SA \text{ 或 } SB)}{PWMPERn} \times 100\%$$

占空比计算公式（高电平所占波形周期的百分比）：

$$占空比=\left(1-\text{PWMPOL}[\text{PPOL}n]-\frac{\text{PWMDTY}n}{\text{PWMPER}n}\right)\times100\%$$

【例 14-1】 时钟源频率＝内部总线时钟频率，40 MHz（25 ns）；PPOLn＝0；PWMPERn＝4；PWMDTYn＝1。

那么：

PWMn 频率＝40 MHz÷4＝10 MHz

PWMn 周期＝100 ns

占空比＝(1－1/4)×100%＝75%

输出波形如图 14-5 PWM 左对齐输出波形所示。

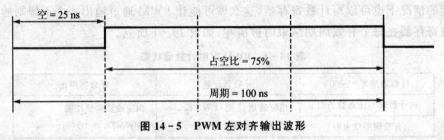

图 14-5 PWM 左对齐输出波形

6. 中央对齐输出

置 PWMCAE[CAEn]为 1，则相应通道 PWM 输出中央对齐波形。在中央对齐模式下，8 位计数器配置为加/减计数器，当计数到 0 时配置为加计数器。计数器对比周期和占空比寄存器中的数值（如图 14-3 所示），当计数器计数到占空比寄存器设定值时，输出翻转同时改变占空状态；当 PWM 计数器计数到周期寄存器设定值时，计数方向从加变为减；当 PWM 计数器减到与占空比寄存器设定值时，输出翻转并且同时改变占空状态；当 PWM 计数器减到 0 时，计数器计数方向从减变回加，同时从双缓冲读取数值重载周期和占空比寄存器，计数器重新从 0 开始计数到周期寄存器设定值，然后再减回 0。这样，有效周期就是 PWMPERn×2。图 14-6 是 PWM 中央对齐输出波形图。

注意：在通道使能状态下，改变 PWM 输出模式（左对齐改为中央对齐或中央对齐改为左对齐）可能输出一个不规则 PWM 波形。建议用户在使能通道前改变 PWM 输出模式。

计算特定通道的 PWM 输出波形频率，公式如下：

$$\text{PWMn 频率}=\frac{\text{Clock}(A,B,SA\text{ 或 }SB)}{2\times\text{PWMPER}n}$$

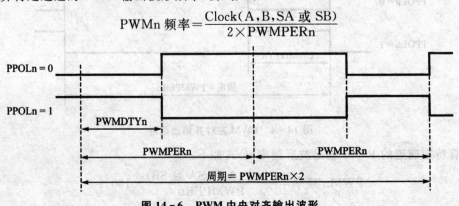

图 14-6 PWM 中央对齐输出波形

第14章 脉宽调制模块

占空比计算公式(高电平所占波形周期的百分比):

$$占空比 = \left(1 - \text{PWMPOL[PPOLn]} - \frac{\text{PWMDTYn}}{\text{PWMPERn}}\right) \times 100\%$$

【例14-2】 时钟源频率=内部总线时钟频率,40 MHz(25 ns);PPOLn=0;PWMPERn=4;PWMDTYn=1。

那么:

PWMn 频率 = 40 MHz÷(2×4) = 5 MHz

PWMn 周期 = 200 ns

占空比=(1-1/4)×100% = 75%

输出波形如图 14-7 PWM 中央输出波形所示。

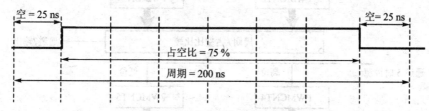

图 14-7　PWM 中央输出波形

7. PWM 16 位输出

PWM 定时器也可以将 8 个 8 位通道作为 4 个 16 位通道,以提高 PWM 的分辨率。通过串联 2 路 8 位通道可得到 1 个 16 位通道。

PWMCTL 寄存器中的 4 个串联控制位,每一位能控制一对 8 位通道串联成一个 16 位通道(0 和 1,2 和 3,4 和 5,6 和 7)。当两个通道都未被使能时才能改变串联控制位。

如图 14-8 的 PWM 16 位模式所示,当通道 2 和 3 串联时,通道 2 的寄存器就是串联后通道的高位;当通道 0 和 1 串联时,通道 0 的寄存器就是串联后通道的高位。

在 16 位串联模式下,输入时钟源取决于串联后通道的低 8 位通道的寄存器设置(奇数通道)。串联后通道在低 8 位通道的输出引脚上输出波形(如图 14-8 所示);同时,输出波形的极性也由低 8 位通道的寄存器决定。16 位 PWM 通道的使能由低 8 位通道的使能位控制,而高 8 位通道的使能位无效,并且禁止其 PWM 输出。

在此模式下,对该串联通道的低位或高位计数器进行 16 位写操作,都会使计数器清零。

低 8 位通道的 CAEn 控制位可用于选择串联后通道的输出模式(左对齐或中央对齐),高 8 位通道的 CAEn 无效。

8. PWM 边界情况

表 14-2 是 PWM 边界情况的总结(8 位或 16 位,中央对齐或左对齐)。

表 14-2　PWM 边界情况

PWMDTYn	PWMPERn	PPOLn	PWMn 输出
0x00(即占空比为 100%)	> 0x00	1	一直为低
0x00	> 0x00	0	一直为高

续表 14-2

PWMDTYn	PWMPERn	PPOLn	PWMn 输出
X	0x00*（即占空比为 0%）	1	一直为高
X	0x00*	0	一直为低
≥PWMPERn	X	1	一直为高
≥PWMPERn	X	0	一直为低

* 表示计数器＝0x00，不计数。

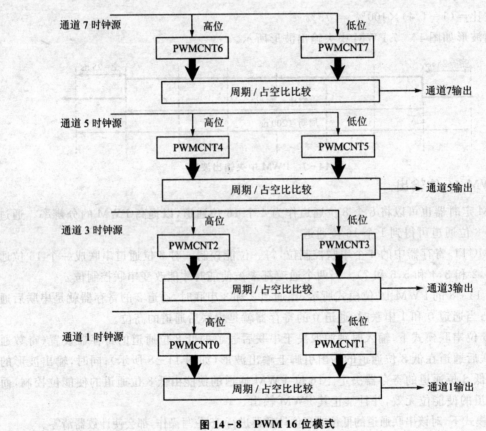

图 14-8　PWM 16 位模式

14.4　PWM 使用实例

以下为 PWM 基本功能实现的程序。

```
/*
* 文件：    pwm.h
* 作用：    PWM 模块头文件
*/

#ifndef _PWM_H_
#define _PWM_H_
```

第14章 脉宽调制模块

```c
#include "common.h"

extern uint8 shutdown;

typedef struct __PWMInfo
{
    uint8 u8Clksel;              /* 选择输入时钟源 */
    uint8 u8PrescalerA;          /* 选择预分频时钟源 A */
    uint8 u8PrescalerB;          /* 选择预分频时钟源 B */
    uint8 u8SADivisor;           /* 时钟源 SA 分频因子 */
    uint8 u8SBDivisor;           /* 时钟源 SB 分频因子 */
    uint8 u8ALign;               /* 选择中央对齐模式 */
    uint8 u8Concat;              /* 选择通道串联模式 */
    uint8 u8Polarity;            /* 选择极性 */
    uint8 u8StopInDoze;          /* 选择 PWM 模块在 doze 模式下是否关闭 */
    uint8 u8StopInDebug;         /* 选择 PWM 模块在 debug 模式下是否关闭 */
    uint8 u8Period;              /* PWM 输出周期设置 */
    uint8 u8Duty;                /* PWM 输出占空比设置 */
} PWMInfo;

int8 PWMInit(PWMInfo pwminfo, uint8 u8PWMModule);
void PWMEnable(uint8 u8PWMModule);
void PWMDisable(uint8 u8PWMModule);
void PWMShutdown(void);
void PWMExitShutdown(void);

__interrupt__ void pwm_handler(void);
#endif /* _PWM_H_ */

/*
 * 文件：    pwm.c
 * 作用：    PWM 模块测试驱动
 */

#include "pwm.h"

uint8 shutdown = 0;              /* 通道紧急关闭标志 */

/*********************************************
*       PWM 模块初始化                       *
*********************************************/
int8 PWMInit(PWMInfo pwminfo, uint8 u8PWMModule)
{
    /* 相关 GPIO 设置,极性、输入时钟源、输出模式设置 */
    switch(u8PWMModule)
```

```c
{/*根据通道设置*/
case 0:
    if(pwminfo.u8Polarity)      /*起始波形极性*/
        MCF_PWM_PWMPOL |= MCF_PWM_PWMPOL_PPOL0;
    else
        MCF_PWM_PWMPOL &= ~MCF_PWM_PWMPOL_PPOL0;
    if(pwminfo.u8Clksel)        /*时钟源选择*/
        MCF_PWM_PWMCLK |= MCF_PWM_PWMCLK_PCLK0;
    else
        MCF_PWM_PWMCLK &= ~MCF_PWM_PWMCLK_PCLK0;
    if(pwminfo.u8ALign)         /*输出模式(中央对齐或左对齐)*/
        MCF_PWM_PWMCAE |= MCF_PWM_PWMCAE_CAE0;
    else
        MCF_PWM_PWMCAE &= ~MCF_PWM_PWMCAE_CAE0;
    break;
case 2:
    if(pwminfo.u8Polarity)
        MCF_PWM_PWMPOL |= MCF_PWM_PWMPOL_PPOL2;
    else
        MCF_PWM_PWMPOL &= ~MCF_PWM_PWMPOL_PPOL2;
    if(pwminfo.u8Clksel)
        MCF_PWM_PWMCLK |= MCF_PWM_PWMCLK_PCLK2;
    else
        MCF_PWM_PWMCLK &= ~MCF_PWM_PWMCLK_PCLK2;
    if(pwminfo.u8ALign)
        MCF_PWM_PWMCAE |= MCF_PWM_PWMCAE_CAE2;
    else
        MCF_PWM_PWMCAE &= ~MCF_PWM_PWMCAE_CAE2;
    break;
case 4:
    if(pwminfo.u8Polarity)
        MCF_PWM_PWMPOL |= MCF_PWM_PWMPOL_PPOL4;
    else
        MCF_PWM_PWMPOL &= ~MCF_PWM_PWMPOL_PPOL4;
    if(pwminfo.u8Clksel)
        MCF_PWM_PWMCLK |= MCF_PWM_PWMCLK_PCLK4;
    else
        MCF_PWM_PWMCLK &= ~MCF_PWM_PWMCLK_PCLK4;
    if(pwminfo.u8ALign)
        MCF_PWM_PWMCAE |= MCF_PWM_PWMCAE_CAE4;
    else
        MCF_PWM_PWMCAE &= ~MCF_PWM_PWMCAE_CAE4;
    break;
case 6:
    if(pwminfo.u8Polarity)
```

第14章 脉宽调制模块

```c
            MCF_PWM_PWMPOL |= MCF_PWM_PWMPOL_PPOL6;
        else
            MCF_PWM_PWMPOL &= ~MCF_PWM_PWMPOL_PPOL6;
        if(pwminfo.u8Clksel)
            MCF_PWM_PWMCLK |= MCF_PWM_PWMCLK_PCLK6;
        else
            MCF_PWM_PWMCLK &= ~MCF_PWM_PWMCLK_PCLK6;
        if(pwminfo.u8ALign)
            MCF_PWM_PWMCAE |= MCF_PWM_PWMCAE_CAE6;
        else
            MCF_PWM_PWMCAE &= ~MCF_PWM_PWMCAE_CAE6;
        break;
    case 1:
        if(pwminfo.u8Polarity)
            MCF_PWM_PWMPOL |= MCF_PWM_PWMPOL_PPOL1;
        else
            MCF_PWM_PWMPOL &= ~MCF_PWM_PWMPOL_PPOL1;
        if(pwminfo.u8Clksel)
            MCF_PWM_PWMCLK |= MCF_PWM_PWMCLK_PCLK1;
        else
            MCF_PWM_PWMCLK &= ~MCF_PWM_PWMCLK_PCLK1;
        if(pwminfo.u8ALign)
            MCF_PWM_PWMCAE |= MCF_PWM_PWMCAE_CAE1;
        else
            MCF_PWM_PWMCAE &= ~MCF_PWM_PWMCAE_CAE1;
        break;
    case 3:
        if(pwminfo.u8Polarity)
            MCF_PWM_PWMPOL |= MCF_PWM_PWMPOL_PPOL3;
        else
            MCF_PWM_PWMPOL &= ~MCF_PWM_PWMPOL_PPOL3;
        if(pwminfo.u8Clksel)
            MCF_PWM_PWMCLK |= MCF_PWM_PWMCLK_PCLK3;
        else
            MCF_PWM_PWMCLK &= ~MCF_PWM_PWMCLK_PCLK3;
        if(pwminfo.u8ALign)
            MCF_PWM_PWMCAE |= MCF_PWM_PWMCAE_CAE3;
        else
            MCF_PWM_PWMCAE &= ~MCF_PWM_PWMCAE_CAE3;
        break;
    case 5:
        if(pwminfo.u8Polarity)
            MCF_PWM_PWMPOL |= MCF_PWM_PWMPOL_PPOL5;
        else
            MCF_PWM_PWMPOL &= ~MCF_PWM_PWMPOL_PPOL5;
```

```c
        if(pwminfo.u8Clksel)
            MCF_PWM_PWMCLK |= MCF_PWM_PWMCLK_PCLK5;
        else
            MCF_PWM_PWMCLK &= ~MCF_PWM_PWMCLK_PCLK5;
        if(pwminfo.u8ALign)
            MCF_PWM_PWMCAE |= MCF_PWM_PWMCAE_CAE5;
        else
            MCF_PWM_PWMCAE &= ~MCF_PWM_PWMCAE_CAE5;
        break;
    case 7:
        if(pwminfo.u8Polarity)
            MCF_PWM_PWMPOL |= MCF_PWM_PWMPOL_PPOL7;
        else
            MCF_PWM_PWMPOL &= ~MCF_PWM_PWMPOL_PPOL7;
        if(pwminfo.u8Clksel)
            MCF_PWM_PWMCLK |= MCF_PWM_PWMCLK_PCLK7;
        else
            MCF_PWM_PWMCLK &= ~MCF_PWM_PWMCLK_PCLK7;
        if(pwminfo.u8ALign)
            MCF_PWM_PWMCAE |= MCF_PWM_PWMCAE_CAE7;
        else
            MCF_PWM_PWMCAE &= ~MCF_PWM_PWMCAE_CAE7;
        break;
    default:
        break;
}

/*预分频时钟设置*/
MCF_PWM_PWMPRCLK = MCF_PWM_PWMPRCLK_PCKA(pwminfo.u8PrescalerA)
                 | MCF_PWM_PWMPRCLK_PCKB(pwminfo.u8PrescalerB);

/*SA/SB 设置*/
MCF_PWM_PWMSCLA = MCF_PWM_PWMSCLA_SCALEA(pwminfo.u8SADivisor);
MCF_PWM_PWMSCLB = MCF_PWM_PWMSCLB_SCALEB(pwminfo.u8SBDivisor);

/*PWM 周期设置*/
MCF_PWM_PWMPER(u8PWMModule) = MCF_PWM_PWMPER_PERIOD(pwminfo.u8Period);

/*PWM 占空比设置*/
MCF_PWM_PWMDTY(u8PWMModule) = MCF_PWM_PWMDTY_DUTY(pwminfo.u8Duty);

/*通道串联模式设置*/
if((pwminfo.u8Concat&0x01) == 0x01)
    /*通道 0,1 串联*/
    MCF_PWM_PWMCTL |= MCF_PWM_PWMCTL_CON01;
```

```c
    if((pwminfo.u8Concat&0x02) == 0x02)
        /*通道 2,3 串联*/
        MCF_PWM_PWMCTL |= MCF_PWM_PWMCTL_CON23;
    if((pwminfo.u8Concat&0x04) == 0x04)
        /*通道 4,5 串联*/
        MCF_PWM_PWMCTL |= MCF_PWM_PWMCTL_CON45;
    if((pwminfo.u8Concat&0x08) == 0x08)
        /*通道 6,7 串联*/
        MCF_PWM_PWMCTL |= MCF_PWM_PWMCTL_CON67;

/*Stop,debug 模式下的状态设置*/
    if(pwminfo.u8StopInDoze)
        MCF_PWM_PWMCTL |= MCF_PWM_PWMCTL_PSWAI;
    else
        MCF_PWM_PWMCTL &= ~MCF_PWM_PWMCTL_PSWAI;
    if(pwminfo.u8StopInDebug)
        MCF_PWM_PWMCTL |= MCF_PWM_PWMCTL_PFRZ;
    else
        MCF_PWM_PWMCTL &= ~MCF_PWM_PWMCTL_PFRZ;
    return 0;
}

/****************************************************
*      PWM 通道使能                                  *
****************************************************/
void PWMEnable(uint8 u8PWMModule)
{
    MCF_PWM_PWME |= (0x01 << u8PWMModule);
}

/****************************************************
*      PWM 通道禁用                                  *
****************************************************/
void PWMDisable(uint8 u8PWMModule)
{
    MCF_PWM_PWME &= ~(0x01 << u8PWMModule);
}

/****************************************************
*      紧急关闭 PWM 通道                             *
****************************************************/
void PWMShutdown(void)
{
    /*开启 PWM 中断*/
    MCF_INTC0_IMRH &= ~(MCF_INTC_IMRH_INT_MASK52 | MCF_INTC_IMRL_MASKALL);
```

```c
    /* 设置 PWM 中断的优先级 */
    MCF_INTC0_ICR52 = MCF_INTC_ICR_IL(3) | MCF_INTC_ICR_IP(4);
    
    /* 设置 pwm_handler 为 PWM 中断的 ISR */
    mcf5xxx_set_handler(64 + 52,(ADDRESS)pwm_handler);
    
    MCF_PWM_PWMSDN |= MCF_PWM_PWMSDN_IE;        /* PWM 中断使能 */
    MCF_PWM_PWMSDN |= MCF_PWM_PWMSDN_LVL;       /* 关闭后输出高电平 */
    MCF_PWM_PWMSDN |= MCF_PWM_PWMSDN_PWM7IL;    /* 高电平触发 */
    
    MCF_PWM_PWMSDN |= MCF_PWM_PWMSDN_SDNEN;     /* 关闭通道 */
}

/*******************************************************
*       退出紧急关闭模式                *
*******************************************************/
void PWMExitShutdown(void)
{
    MCF_INTC0_IMRH |= MCF_INTC_IMRH_INT_MASK52;      /* 屏蔽 PWM 中断 */
    MCF_PWM_PWMSDN &= ~MCF_PWM_PWMSDN_IE;            /* 禁用中断使能 */
    MCF_PWM_PWMSDN &= ~MCF_PWM_PWMSDN_SDNEN;         /* 禁用紧急关闭 */
}

/*******************************************************
*     PWM 重新开始输出(关闭之后)         *
*******************************************************/
void PWMRestart(void)
{
    MCF_PWM_PWMSDN |= MCF_PWM_PWMSDN_RESTART;
}

/*******************************************************
*             PWM 中断服务程序            *
*******************************************************/
__interrupt__ void pwm_handler(void)
{
    MCF_PWM_PWMSDN |= MCF_PWM_PWMSDN_IF;
    shutdown = 1;
}
/*
 * 文件:     pwm_example.c
 * 作用:     PWM 模块测试样例
 * 目标板:   MCF52259 evb 或 demo board
 */
#define WAIT_4_USER_INPUT()    in_char()
```

第14章 脉宽调制模块

```c
static PWMInfo pwm0info, pwm1info;

static void example_idle_state(void);

/***************************************************
*       PWM 模块初始化参数设置                    *
***************************************************/
static void example_idle_state(void)
{
    /* GPIO 设置,其中目标板 PWM0,2,4,6 输出端接了 LED */
    MCF_GPIO_PTCPAR |= MCF_GPIO_PTCPAR_DTIN0_PWM0;
    MCF_GPIO_PTCPAR |= MCF_GPIO_PTCPAR_DTIN1_PWM2;
    MCF_GPIO_PTCPAR |= MCF_GPIO_PTCPAR_DTIN2_PWM4;
    MCF_GPIO_PTCPAR |= MCF_GPIO_PTCPAR_DTIN3_PWM6;

    MCF_GPIO_PTAPAR |= MCF_GPIO_PTAPAR_ICOC0_PWM1;
    MCF_GPIO_PTAPAR |= MCF_GPIO_PTAPAR_ICOC1_PWM3;
    MCF_GPIO_PTAPAR |= MCF_GPIO_PTAPAR_ICOC2_PWM5;
    MCF_GPIO_PTAPAR |= MCF_GPIO_PTAPAR_ICOC3_PWM7;

    /* PWM0 参数 */
    pwm0info.u8ALign = 1;           //u8Align = 0, 左对齐;u8Align = 1, 中央对齐
    pwm0info.u8Clksel = 0;          //u8Clksel = 0, 时钟 A;u8Clksel = 1, 时钟 SA
    pwm0info.u8Concat = 0;          //u8Concat = 0, 8 个 8 位 PWM; u8Concat = 1, 4 个 16 位
    pwm0info.u8Polarity = 1;        //u8Polarity = 0, 起始波形为低电平;
                                    //u8Polarity = 1, 起始波形为高电平

    /*
    *   时钟源 A 和 B 的预分频,sysclk 是内部系统时钟
    *   0x0: sysclk/2
    *   0x1: sysclk/4
    *   ...
    *   0x7: sysclk/128
    */
    pwm0info.u8PrescalerA = 0x07;   /* 预分频参数,时钟 A 频率 = sysclk/128 */
    pwm0info.u8PrescalerB = 0x07;   /* 预分频参数,时钟 B 频率 = sysclk/128 */

    /*
    *   时钟 SA 和 SB 分频因子
    *
    *   Clock SA = Clock A / (2 * divisor)
    *
    *   0x0: 256 分频
    *   0x1: 1 分频
    *   0x2: 2 分频
```

```
 *     ...
 *     0xff: 255 分频
 */
pwm0info.u8SADivisor = 0x0;              /* SA 频率 = A 频率/512 */
pwm0info.u8SBDivisor = 0x0;              /* SB 频率 = B 频率/512 */

/*
 *    PWM 周期 = (pwminfo.u8Align + 1) * pwminfo.u8Period /(SYS_CLK_KHZ * 1000)
 */
pwm0info.u8Period = 150;                 /* PWM 周期 = 0.4 ms */
/*
 *    duty 占空比 = |1 - pwminfo.u8Polarity - pwminfo.u8Duty/pwminfo.u8Period|
 */
pwm0info.u8Duty = 100;                   /* PWM 占空比 */

pwm0info.u8StopInDebug = 0;              /* debug 模式下,预分频模块有时钟输入 */
pwm0info.u8StopInDoze = 0;               /* doze 模式下,预分频模块有时钟输入 */


/* PWM1 参数 */
pwm1info.u8ALign = 0;                    /* 左对齐 */
pwm1info.u8Clksel = 1;                   /* 中央对齐 */
pwm1info.u8Concat = 0;                   /* 8 位 PWM */
pwm1info.u8Polarity = 0;                 /* 起始输出波形为低电平 */

pwm1info.u8PrescalerA = 0x06;            /* 预分频参数,时钟 A 频率 = sysclk/64 */
pwm1info.u8PrescalerB = 0x06;            /* 预分频参数,时钟 B 频率 = sysclk/64 */

pwm1info.u8SADivisor = 0x7d;             /* SA 频率 = A 频率/250 */
pwm1info.u8SBDivisor = 0x7d;             /* SB 频率 = B 频率/250 */


/*
 *    PWM 周期 = (pwminfo.u8Align + 1) * pwminfo.u8Period /(SYS_CLK_KHZ * 1000)
 */
pwm1info.u8Period = 150;                 /* PWM1 周期 = 50ms */
/*
 *    占空比 = |1 - pwminfo.u8Polarity - pwminfo.u8Duty/pwminfo.u8Period|
 */
pwm1info.u8Duty = 100;                   /* PWM1 占空比参数 */


pwm1info.u8StopInDebug = 0;
pwm1info.u8StopInDoze = 0;

/* PWM 模块初始化 */
PWMInit(pwm0info,0);
```

```
        PWMInit(pwm1info,1);
}


/***********************************************
*       PWM 模块基本功能测试                   *
***********************************************/
int8 pwm_basictest(void)
{
    uint8 u8Char;
    uint8 j;

    /*向串口终端输出测试信息*/
    printf("\t********************\t\n");
    printf("PWM basic Test\n");
    printf("Connect PWM0 and PWM1 to O-Scope and press a key when ready\n");

    WAIT_4_USER_INPUT();                    /*等待用户串口终端输入,开始测试*/
    example_idle_state();                   /*PWM 模块初始化*/

    /*测试 PWM 通道 0 和 1 */
    for (j = 0; j < 2; j++)
    {
        PWMEnable(j);                       /*通道使能*/
        printf("PWM # %d\t", j);
        printf ("PWM Channel %d working OK? (y/n)", j);
        u8Char = WAIT_4_USER_INPUT();       /*等待用户确认测试情况*/
        PWMDisable(j);                      /*禁止输出*/
        printf("\n");
        if ((u8Char != 'Y') && (u8Char != 'y'))
        {
            return -1;
        }
    }
    return 0;
}

/***********************************************
*       PWM 模块紧急关闭功能测试               *
***********************************************/
int8 pwm_shutdown(void)
{
    uint8 u8Char;

    /*向串口终端输入测试信息*/
    printf("\t********************\t\n");
```

```c
    printf("PWM Emergency shutdown\n");
    printf("Connect PWM0 and PWM1 to O-Scope and press a key when ready\n");

    WAIT_4_USER_INPUT();                    /*等待用户串口终端输入,开始测试*/
    example_idle_state();                   /*PWM模块初始化*/

    PWMEnable(0);                           /*通道0使能*/
    PWMEnable(1);                           /*通道1使能*/

    printf ("Press key to shutdown(trigger with correct PWM7 input signal) PWM Channel\n");
    WAIT_4_USER_INPUT();                    /*等待用户终端输入,开始测试*/
    PWMShutdown();                          /*紧急关闭*/

    /*此时,用户可通过示波器观察PWM0,1是否有输出*/
    printf("Channel Shutdown functioning: OK? (y/n)");
    u8Char = WAIT_4_USER_INPUT();
    PWMExitShutdown();                      /*退出紧急关闭模式*/

    printf("\n");
    if ((u8Char != 'Y') && (u8Char != 'y'))
    {
        return -1;
    }
    return 0;
}

/****************************************************
*               PWM 串联功能测试                      *
****************************************************/
int8 pwm_concat(void)
{
    uint8 u8Char;

    /*向串口终端输出测试信息*/
    printf("\t*********************\t\n");
    printf("PWM concat mode Test\n");
    printf("Connect PWM0 and PWM1 to O-Scope and press a key when ready\n");
    WAIT_4_USER_INPUT();                    /*等待终端用户输入,开始测试*/

    /*GPIO设置,PWM0,2,4,6输出端连接了LED*/
    MCF_GPIO_PTCPAR |= MCF_GPIO_PTCPAR_DTIN0_PWM0;
    MCF_GPIO_PTCPAR |= MCF_GPIO_PTCPAR_DTIN1_PWM2;
    MCF_GPIO_PTCPAR |= MCF_GPIO_PTCPAR_DTIN2_PWM4;
    MCF_GPIO_PTCPAR |= MCF_GPIO_PTCPAR_DTIN3_PWM6;
```

第14章 脉宽调制模块

```c
MCF_GPIO_PTAPAR |= MCF_GPIO_PTAPAR_ICOC0_PWM1;
MCF_GPIO_PTAPAR |= MCF_GPIO_PTAPAR_ICOC1_PWM3;
MCF_GPIO_PTAPAR |= MCF_GPIO_PTAPAR_ICOC2_PWM5;
MCF_GPIO_PTAPAR |= MCF_GPIO_PTAPAR_ICOC3_PWM7;

/*串联通道参数设置*/
MCF_PWM_PWMPOL |= MCF_PWM_PWMPOL_PPOL1;              /*极性设置,高电平*/
MCF_PWM_PWMCLK &= ~MCF_PWM_PWMCLK_PCLK1;             /*选择时钟源A*/
MCF_PWM_PWMCAE |= MCF_PWM_PWMCAE_CAE1;               /*中央对齐*/
MCF_PWM_PWMPRCLK = MCF_PWM_PWMPRCLK_PCKA(0x7);       /*40 ms*/
MCF_PWM_PWMPER(0) = MCF_PWM_PWMPER_PERIOD(0x3a);
MCF_PWM_PWMPER(1) = MCF_PWM_PWMPER_PERIOD(0x98);
MCF_PWM_PWMDTY(0) = MCF_PWM_PWMDTY_DUTY(0x27);
MCF_PWM_PWMDTY(1) = MCF_PWM_PWMDTY_DUTY(0x10);
MCF_PWM_PWMCTL |= MCF_PWM_PWMCTL_CON01;              /*串联通道0和1*/
MCF_PWM_PWME = 0x02;                                 /*串联通道使能*/

printf("PWM Concat functioning? (y/n)");
u8Char = WAIT_4_USER_INPUT();
printf("\n");
if ((u8Char != 'Y') && (u8Char != 'y'))
{
    return -1;
}
return 0;
}
```

第 15 章

通用异步收发器

通用异步收发器(UART，Universal Asynchronous Transmitter Receiver)是一种最常用的通信接口。UART 模块支持 CPU 与其他异步外设之间使用标准非归零码(NRZ)进行数字通信。UART 模块结合不同类型的物理层收发器，又可以组成符合 RS232、RS422 和 RS485 协议的通信网络。

在 ColdFire 系列芯片中，大都集成了多个相同的 UART 模块。本章以 MCF52259 芯片的串口模块为例介绍。其主要特点是：

① 每个 UART 由互相独立的接收器和发送器组成，且发送器和接收器的时钟源是独立可编程的。
② 接收器和发送器各自具有多级 FIFO，可以有效地减少 CPU 开销。
③ 支持的数据字的格式：
● 一位起始位；
● 5 至 8 位可配置数据字长度；
● 可选择进行无校验、奇校验、偶校验或强制校验；
● 1 位、1 位半或 2 位停止位。
④ 支持半双工、全双工、自动回送、本地环回和远程环回。
⑤ 自动对数据进行检验，包括奇偶校验、帧完整性和数据溢出。
⑥ 支持多处理器自动唤醒模式。
⑦ 支持 DMA 请求。
⑧ 支持外部输入时钟同步(通过 DTIN 输入)。

15.1 UART 模块概述

UART 模块如图 15-1 所示。
UART 模块主要由以下 6 个部分组成：串行收发通道、UART 寄存器、内部控制逻辑、中断控制逻辑、DMA 请求逻辑和可编程时钟发生器。

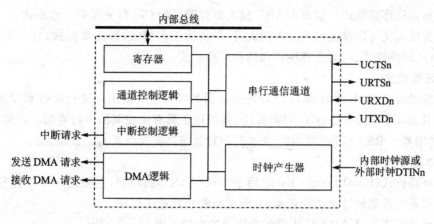

图 15-1 UART 模块结构图

15.2 UART 工作简介

15.2.1 异步通信的数据格式

UART 异步通信格式通常使用半双工(单路)或全双工(双路)通信。UART 通信时,信号线上共有两种状态,可分别用逻辑 1 和逻辑 0 来区分。在发送器空闲时,数据线应该保持在逻辑 1 状态。

异步通信协议规定,每个帧包括 1 个起始位、1 到 8 个数据位、1 个可选的奇偶校验位和 1 个或 2 个停止位,如表 15-1 所列。下面为数据格式中各名词的定义:

① 起始位:发送器是通过发送起始位而开始一个字符传送,起始位使数据线处于逻辑 0 状态,提示接收器数据传输即将开始。

② 数据位:起始位之后就是传送数据位。低位(LSB)在前,高位(MSB)在后。

③ 校验位:可以认为是一个特殊的数据位。校验位一般用来判断接收的数据位有无错误,UART 中采用的是奇偶校验。

④ 停止位:停止位在最后,用逻辑 1 标志一个字符传送的结束。

⑤ 帧:从起始位开始到停止位结束的时间间隔称之为一帧。

表 15-1 UART 的数据帧格式

位	START	D0	D1	D2	D3	D4	D5	D6	D7	P	STOP
描述	起始位	数据位								校验位	停止位

⑥ 波特率:UART 的传送速率,用于说明数据传送的快慢。在串行通信中,数据是按位进行传送的,因此传送速率用每秒钟传送数据位的数目来表示,称之为波特率。如波特率 9 600 表示为 9 600 bps(位/秒)。

15.2.2 UART 的通道工作模式

UART 的收发通道可以通过寄存器设置为 4 种工作模式:正常模式、自动回送模式、本地环路模式和远程环路模式。通过 UART 模式寄存器 2 的 CM 位来设置工作模式。

这 4 种模式又可以根据用途分为两大类：一类为工作模式，即正常模式；另一类为诊断模式，包括本地环路模式、自动应答模式和远程环路模式。

(1) 正常模式

正常模式时，URXD 接收和 UTXD 发送引脚都可以独立地用来进行接收和发送操作，而清除发送引脚(CTS)和发送请求引脚(RTS)则可用于具有流控制的串行通信。正常的应用模式，诸如采用基于 RS-232 或者 RS-485 的串行通信都需要设置为正常模式。

(2) 本地环路模式

本地环路模式(Local Loop-Back)用于测试 UART 的功能，主要是用于产品开发阶段，测试接收器和发送器的设置是否正确，并测试接收和发送子程序。

本地环路模式下，UART 模块的各功能块的连接如图 15-2 所示。

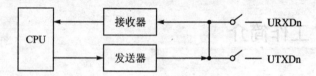

图 15-2 本地环路模式的结构

UART 的发送器和接收器都被使能。数据接收引脚和接收器之间未连接，数据发送引脚和发送器之间也没有连接，但发送器的数据发送和接收器的数据接收相连。

(3) 自动应答模式

自动应答模式(Auto Echo Mode)下，URXD 接收到的数据也被传送到 UTXD 发送引脚，同时接收器被使能，用来接收 URXD 引脚上发过来的数据，如图 15-3 所示。

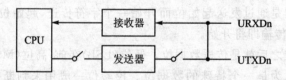

图 15-3 自动应答模式

自动应答模式下，接收器必须被使能，同时 CPU 能够正常读取接收器收到的数据。而 CPU 对发送器的操作是被禁止的，同时发送器也不需要被使能。

(4) 远程环路模式

远程环路模式(Remote Loopback Mode)下，URXD 接收到的数据也被传送到 UTXD 发送引脚，而发送器和接收器在这种模式下，CPU 都无法读取到当前接收到的数据，也无法写入发送数据，所有的状态寄存器的位也无效。该模式主要用于测试网络中对端 UART 收发器的工作。图 15-4 表示该模式的实际结构。

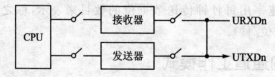

图 15-4 远程环路模式

15.2.3 UART 的中断

UART 中的接收器和发送器的读写操作都可以通过中断功能进行操作。UART 中有 4 个中断源，可以通过 UART 中断屏蔽寄存器来使能/屏蔽中断，通过 UART 中断状态寄存器读取中断状态。4 个中断中，1 个是由发送器产生的，3 个是由接收器产生的。

发送器和接收器有各自的中断使能位。当被禁止时，不会产生中断，但条件标志仍有效，反映发送和接收的状态。

(1) COS 状态改变(Change-of-state)

该中断用于需要使用通信流控制的场合，用于告知 CPU 引脚/UCTSn 的状态变化。当 UART 中断屏蔽寄存器中的 UACRn[IEC] 位也使能的话，/UCTSn 引脚的电平变化都会向 CPU 发出中断请求。CTS 在流控制模式下，接收器可以通过设置，自动清除或者使能发送请求信号/RTS。

在使用流控制时，如果 CPU 没有及时读取 UART 收到的字节，有可能使得接收器的接收缓冲区满字节，与此同时接收器在 RXD 引脚检测到一个有效的起始位信号时，/RTS 引脚的信号将自动被接收器取消。只有当接收缓冲区被 CPU 读取后，有空余字节产生，则接收器将再次使/RTS 引脚有效。

实际使用时候，两个 UART 模块之间的/RTS 和/CTS 引脚互相连接，一个模块接收器的/RTS 引脚向另一个模块的发送器/CTS 引脚发送信号。

CPU 需要通过读取 UART 输入端口变化寄存器 UIPCRn 来清除 COS 中断标志。

(2) DB(Delta break)

该中断主要用于检测数据传输中的中断情况。通常串行通信都需要采用特定的通信协议，报文大多数是多字节的数据，但在实际应用中，会有许多因素(如通信线断开，发送器出错)会导致发送中断。这时候都需要接收器能够检测到发送的中断，并需要发送端重新发送整个报文。UART 内部具有接收数据中断检测功能，当接收器收到一帧全 0 数据，且没有收到停止位时，能够自动产生中断。

需要通过对 UART 指令寄存器 UCRn 的 MISC 位写入特定值，才能够清除 DB 中断标志。

(3) FFULL/RXRDY 缓冲满/接收器准备好

该中断用来提示 CPU，接收缓存 FIFO 数据满，或者是接收器收到一个完整的数据。用户可以通过 UART 模式寄存器 1(UMR1) 的 FFULL/RXRDY 位，来选择中断源是 FIFO 数据满(FFULL)还是接收器准备好(RXRDY)。

FFULL/RXRDY 中断标志的清除方法也是根据所选择的中断源而定的。当中断源是 RXRDY 时，需要通过对接收缓存寄存器(URBn)的读操作来清除；当中断源是 FFULL 时，当读取缓存 FIFO 后，有一个或者多个字节为空时，FFULL 中断标志将被清除。

(4) TXRDY 发送器准备好

该中断和 UART 状态寄存器(USRn)的 TXRDY 位的发生机理相同。当发送器缓冲区的字符传入移位寄存器后，发送器准备好接收下一个待发送的字符时，将产生该中断。

当发送器缓冲区被 CPU 写入一个待传送的字符，或者是发送器被禁用时，该中断标志将被清除。

15.2.4 波特率计算

要计算波特率,首先需要确认发送器和接收器使用的时钟源。ColdFire 的 UART 模块的发送器和接收器可以独立设置各自的时钟源,可以选择 3 种时钟源:

① 经过 32 分频的内部总线时钟(f_{sys}),而且可以进一步使用波特率发生器寄存器设置分频系数的分频器分频。

② DTINn 引脚上的外部时钟输入。

③ 经过 16 分频的 DTINn 引脚上的外部时钟输入。

UART 模块针对不同的时钟源,波特率的设置也不一样。

使用外部时钟源:

波特率= 外部时钟频率(时钟源为 DTINn 引脚上的外部时钟输入);

波特率= 外部时钟频率/16(时钟源为经 16 分频的 DTINn 上的外部时钟输入)。

使用内部时钟源:

波特率= 内部总线时钟(f_{sys})/(32×[UBG1n:UBG2n])。

这里,[UBG1n:UBG2n]是波特率发送器寄存器的值,UBG1n 是高 8 位的值,UBG2n 是低 8 位的值。注意:UBG1n 和 UBG2n 组合允许设置的最小值是 2,也就是说当 UBG1 为 0 时候,UBG2 必须大于等于 2。

15.2.5 DMA 操作 UART 收发

UART 除了可以使用中断信号来向 CPU 发出信号,使用中断服务程序进行异步收发通信外,还可以使用 DMA 模块来进行收发的控制。使用 DMA 可以有效地减少 CPU 的开销,提高代码效率。使用 DMA 来控制 UART 的收发操作,同样需要使用到 UART 中断状态信号来向 DMA 控制器发出请求。

使用 DMA 控制,首先需要设置 UART 模块,使 UART 模块能够将 UART 中断状态寄存器(UISRn)中的发送就绪中断(TXRDY)和接收就绪中断(RXRDY)的标志产生中断请求;同时配置 DMA 模块,开辟对应的接收数据区和发送数据区,即设定源地址、目的地址、传送数据的字节数量以及设置传送选项。

对于发送数据,如果发送器就绪,产生发送就绪(TXRDY)中断,这将向 DMA 模块发出发送请求。DMA 模块收到后,将从内存中的发送数据区读取一个数据,送入到发送器缓冲区寄存器(TBn)。当写入的数据发送完成后,UART 会再次向 DMA 发出发送请求。在没有 CPU 参与下,DMA 将数据存储区内设定长度的数据发送到 UART 的发送器。当设定长度的数据发送完毕后,DMA 将向 CPU 产生中断请求,通知 CPU 发送完成。

对于接收数据,通常建议使用接收器就绪(RXRDY)作为中断源,向 DMA 发出接收请求。DMA 接收到 UART 模块发来的接收请求后,将会从 UART 的接收缓冲区(RBn)中读取一个字符,并写入内存中数据接收区。因为每次中断请求只读取一个字节,所以需要使用接收器就绪(RXRDY)而非接收缓冲区满(FFULL)作为中断源。在没有 CPU 参与下,DMA 将数据从 UART 的接收器缓冲区写入到存储区的数据接收区。当接收的数据达到设定长度,DMA 将向 CPU 产生中断请求,通知 CPU 接收完成。

对于实际应用,通常还需要在 DMA 中断服务程序中再次查询发送器或接收器的状态,以确保发送或者接收已经完成。下面是 DMA 操作的初始化流程。

① 配置 DMA 通道。在 DMA 请求控制寄存器(DMAREQC)中,将 UART 的 DMA 请求映射到指定的 DMA 通道。UART 的接收 DMA 请求和发送 DMA 请求需要在 DMA 请求控制寄存器(DMAREQC)中设置各自独立的映射通道。

② 在 UART 中断屏蔽寄存器中屏蔽用于 DMA 请求的中断。将用于 DMA 请求操作的中断屏蔽,从而防止该中断既产生 DMA 请求,又产生中断请求。

③ 在外设访问控制寄存器(PACR)中,使能所在 UART 模块的管理员和用户的读写访问权限,从而使能 DMA 对指定 UART 寄存器的访问。

④ 置位 SRAM 基地址寄存器(RAMBAR)中 SPV 位和存储器基地址寄存器(RAMBAR)的 BDE 位,使能 DMA 对 SRAM 的访问。

⑤ 初始化 DMA 通道。置位 DMA 控制寄存器(DCRn)的 CS 位,将 DMA 配置为单次传输(cycle-steal)模式,这将使得每次 UART 发出 DMA 请求后,DMA 只会执行单字节数据传送。

⑥ 初始化源地址和目的地址。设置 DMA 控制寄存器(DCRn)的 D_REQ 位,来禁用当字节数寄存器(BCR)到达 0 时产生的 DMA 外部请求。

⑦ 对于 DMA 发送操作:
- 将待发送数据的地址写入 DMA 源地址寄存器(SAR);
- 置位 DMA 控制寄存器(DCRn)的 SINC 位,使得每次发送后源地址寄存器(SAR)值递增;
- 将 UART 发送缓冲寄存器(UTB)的地址写入 DMA 目的地址寄存器(DAR);
- 清除 DMA 控制寄存器(DCRn)的 DINC 位,使目的地址保持不变;
- 将待发送的字节数写入 DMA 字节寄计数器存器(BCR)。

⑧ 对于 DMA 接收操作:
- 将 UART 接收缓冲寄存器(URB)的地址写入 DMA 源地址寄存器(SAR);
- 清除 DMA 控制寄存器(DCRn)的 SINC 位,使得每次接收后源地址寄存器(SAR)值保持不变;
- 将接收缓冲区的地址写入 DMA 目的地址寄存器(DAR);
- 置位 DMA 控制寄存器(DCRn)的 DINC 位,使得每次接收后目的地址寄存器(DAR)值递增;
- 将待接收的字节数写入 DMA 字节计数器寄存器(BCR)。

⑨ 置位 DMA 控制寄存器(DCRn)的 EEXT 位,使能 UART 的 DMA 请求。

15.2.6 UART 多点通信

多点通信,即将多个处理器通过 UART 接口连接到同一条通信电路中,但通信格式只允许一个处理器在同一串行线路中将数据有效地传送给其他处理器。在一条串行线路中,每次只可以有一个传送。换句话说,一条串行线上每次只能有一个信息源。

最常见的多点通信模式是采用符合 RS-485 协议的收发器,将多个处理器 UART 口连接到一个总线型通信网络。

多点网络中,每一个处理器都可以和一个或者多个处理器通信,即一对一通信和一对多

(广播)通信。为了使得网络中每个处理器能够知道发出的数据是否是给自己的,需要给每个处理器一个地址;同时需要告诉处理器,发送的数据是地址还是数据字符。

下面就简要介绍最基本的多点通信方法——地址位。

前面已经介绍过异步串行通信的数据结构包括起始位、数据位、奇偶校验位(可选)以及1或2个停止位。ColdFire 系列芯片中,数据帧中的奇偶校验位,可以通过模式寄存器设置为地址位。CPU 通过设置该位,发送器可以自动将发送的数据标志为地址字符或者是数据字符;而接收器也需要进行相同的设置,则接收器在收到数据时,可以自动将数据标志为地址字符或者是数据字符。

在多点通信中,所有的节点都在侦听网络上的数据。当某个节点发出数据块的第 1 个字节标识为地址字符时,它被所有处于接收状态的处理器读取,只有地址正确的处理器才能被紧随地址字节之后的数据字节中断;而地址不正确的处理器,仍然保持不被中断,直到下一个地址字节。

地址位模式通过标识每个字节,在块的第 1 帧中,将地址位置为 1,而在其他所有的帧中置为 0,用以区分数据字节和地址字节。这种模式能够更加高效地处理大量小块的数据,在数据块之间不需要等待。

15.3 UART 的寄存器

ColdFire 系列芯片中,每个型号带有的 UART 的数量有所不同,同时各个型号的 UART 所分配的寄存器偏移地址也有区别,但是 UART 寄存器的数量和功能都是一样的。这里将简单阐述 UART 寄存器的功能,详细的功能描述请参看芯片手册。

(1) UART 模式寄存器 1(UMR1n)

SCI 通信控制寄存器(SCICCR)用于定义 SCI 的字符格式、通信协议、通信模式和帧格式。

(2) UART 模式寄存器 2(UMR2n)

UART 模式寄存器 2(UMR2n)用于配置 UART 模块的工作模式。要访问模式寄存器 2,首先需要访问模式寄存器 1(读/写),然后模式寄存器的指针指向模式寄存器 2,这时候才能够访问模式寄存器 2(UMR2n)。能够访问模式寄存器 2(UMR2n)时,模式寄存器的指针将不会再更新,一直指向模式寄存器 2。

(3) UART 时钟选择寄存器(UCSRn)

时钟选择寄存器(UCSRn)用来选择 UART 模块的工作时钟源。UART 模块可以选择接收器和发送器的时钟源是从 DTIN 引脚输入的外部时钟源,或者是经过分频的内部总线时钟。接收器和发送器可以使用不同的时钟源。寄存器复位后,默认接收器和发送器的时钟源为预分频的内部时钟。

(4) UART 指令寄存器(UCRn)

UART 指令寄存器 UCRn 主要用于使能和复位 UART 的接收器和发送器的工作。必须注意的是,写入指令寄存器的值必须是合理的,且不产生歧义。例如,不能在一条指令中同时使能或者复位某个功能。

(5) UART 状态寄存器(USRn)

UART 状态寄存器(USRn)用来显示 UART 模块的中断状态、错误状态、缓冲器状态等,

第15章 通用异步收发器

主要包含6个接收器状态标志位和2个发送器状态位。

(6) UART 输入端口变化寄存器(UIPCRn)

输入端口变化寄存器(UIPCRn)是用于存放/UCTS 引脚当前状态和状态变化记录的寄存器。读取输入端口寄存器将清除中断状态寄存器(UISRn)的 COS 位。

(7) UART 辅助控制寄存器(UACRn)

辅助控制寄存器(UACRn)用来控制输入端口变化寄存器(UIPCRn)中的 COS 位,控制其是否会在中断状态寄存器中产生中断信号。

(8) UART 接收缓存寄存器(URBn)

接收器数据缓存包括1个移位寄存器和3个保持寄存器组成的 FIFO。接收缓存寄存器 URBn 连接到串行移位寄存器,接收到的数据由移位寄存器从串行数据变成并行数据,然后传送到 URBn,数据准备被读出。CPU 从 FIFO 的栈顶读出接收到的数据,而移位寄存器将收到的完整字符从 FIFO 栈底加入。

(9) UART 发送缓存寄存器(UTBn)

发送缓存包括数据缓冲寄存器和移位寄存器。当 UART 完成前一个发送,置位 USRn [TXRDY]后,发送缓冲寄存器将可以接收从内部总线写入的待发送数据。对发送寄存器进行写操作将清除 USRn[TXRDY]位,从而防止更多的字节被写入,直至移位寄存器中的数据发送完成,并将发送缓存的数据传入移位寄存器。移位寄存器中的数据发送完成后,如果检测到 USRn[TXRDY]位被清除,则得知发送缓存中有一个有效的数据字符。写入的数据必须是右对齐的,因为对于少于8位的字符,最左边的位是被忽略的。

(10) UART 中断状态/屏蔽寄存器(UISRn,UIMRn)

UART 中断状态寄存器(UISRn)提供当前所有的潜在中断源的状态,而中断屏蔽寄存器(UIMRn)用来屏蔽中断状态寄存器中相应的中断。当中断状态寄存器中的中断位置位时,如果屏蔽寄存器中相对应的位也是使能(置位)的话,则向 CPU 发出内部中断。

中断被屏蔽的时候(清除中断屏蔽寄存器的相应位),即使中断状态寄存器的相应位有效,也不会产生中断。中断屏蔽寄存器不会影响中断状态寄存器的状态,即使中断被屏蔽,中断状态也可通过查询方式读取。

中断状态寄存器和中断屏蔽寄存器共享同一个地址。读该地址时,返回的是中断状态寄存器(UISRn)的值;写该地址时候,则是写入中断屏蔽寄存器(UIMRn)的值。

(11) UART 波特率发生器寄存器(UBG1n,UBG2n)

UART 通信的波特率是通过设定波特率发生器寄存器(UBG1n 和 UBG2n)的值而得到的。UBG1n 和 UBG2n 分别存储波特率设定值的高位和低位,从芯片内部总线时钟分频得到一个用于发送器和接收器的时钟。

注意:UART 波特率发生器寄存器(UBG1n,UBG2n)的最小设定值是 0x0002,也就是说 UBG2n 的值必须大于 0x02。因为 UBG2n 寄存器的复位值是 0x00,所以在使能 UART 的发送或者接收功能前,必须设置 UBG2n 为一个有效值。UBG1n 和 UBG2n 寄存器只能够进行写操作;对寄存器进行读操作可能会带来无法预料的结果,有可能会影响串行数据发送和接收的准确性,同时寄存器的内容也可能会改变。

(12) UART 输入端口状态寄存器(UIPn)

UART 输入端口状态寄存器(UIPn)用于读取当前/UCTSn 引脚的状态。当读取 UIPn 寄存器时,/UCTSn 引脚的状态被锁存在 UIPn 寄存器的 CTS 位中。CTS 位的功能和输入端口变化寄存器(UIPCRn)中的 CTS 位相同。

(13) UART 输出端口置位寄存器 0/1(UOP0n/1n)

UOP0n/1n 寄存器中的 RTS 位用来控制/URTSn 引脚的输出。UOP0n 用来将/URTSn 置高电平,UOP1n 用来将/URTSn 置低电平。UOP0n 和 UOP1n 寄存器只能够进行写操作;对寄存器进行读操作可能会带来无法预料的结果,有可能会影响串行数据发送和接收的准确性,同时寄存器的内容也可能会改变。

15.4 UART 的应用

15.4.1 UART 配置流程

初始化 UART 模块需要遵循以下的流程。

(1) 初始化 UART 指令寄存器(UCRn)

① 复位接收器和发送器。

② 复位模式寄存器指针,使之指向模式寄存器 1。

(2) 设置中断屏蔽寄存器(UIMRn)

使能需要的中断源。

(3) 设置辅助控制寄存器(UACRn)

初始化输入使能控制位(IEC)。

(4) 设置 UART 接收器和发送器的时钟源

通过时钟选择寄存器(UCSRn)选择时钟源。

(5) 配置模式寄存器 1(UMR1n)

① 如果需要流控制,设置接收器的发送就绪操作。

② 选择接收中断的中断源为接收器就绪或者接收缓冲区满(RXRDY/FFULL 位)。

③ 设置出错模式为字符或者数据块模式(ERR 位)。

④ 设置奇偶校验或者多地址模式(PM 和 PT 位)。

⑤ 选择发送字符的数据区长度(B/C 位域)。

(6) 配置模式寄存器 2(UMR2n)

① 设置 UART 工作模式(CM 位)。

② 如果需要使用流控制,设置发送就绪 RTS 引脚功能。

③ 如果需要使用流控制,设置确认发送就绪 CTS 引脚的功能。

④ 选择停止位长度。

(7) 使能发送器和接收器

15.4.2 例 程

1. 最简单的异步串行通信实例

以下程序中只采用软件查询方式来判断是否收到一个有效的数据帧。本例程的目的是使大家熟悉最基本的 UART 初始化和收发操作。

第 15 章 通用异步收发器

```c
/*
 * UART 初始化,屏蔽所有中断,无硬件流控制
 * 变量:
 *     uartch      被初始化的 UART 的通道号
 *     sysclk      UART 系统时钟频率(kHz 为单位)
 *     baud        UART 波特率
 *     settings    初始变量
 */
void uart_init (int uartch, int sysclk, int baud)
{
    register uint16 ubgs;
        MCF_UART_UCR(uartch) = MCF_UART_UCR_RESET_TX;        /* 复位发送器 */

        MCF_UART_UCR(uartch) = MCF_UART_UCR_RESET_RX;        /* 复位接收器 */
        MCF_UART_UCR(uartch) = MCF_UART_UCR_RESET_MR;        /* 复位模式寄存器 */


        /* 数据结构:每字节 8 位,无校验 */
        MCF_UART_UMR(uartch) = (MCF_UART_UMR_PM_NONE | MCF_UART_UMR_BC_8);


        /* 工作模式:No echo or loopback, 1 位停止位 */
        MCF_UART_UMR(uartch) =
        (MCF_UART_UMR_CM_NORMAL| MCF_UART_UMR_SB_STOP_BITS_1);


        /* 设置接收器和发送器时钟源 */
        MCF_UART_UCSR(uartch) =
        (MCF_UART_UCSR_RCS_SYS_CLK| MCF_UART_UCSR_TCS_SYS_CLK);

        MCF_UART_UIMR(uartch) = 0;                           /* 屏蔽所有中断 */

        /* 计算并设置波特率 */
        ubgs = (uint16)((sysclk * 1000)/(baud * 32));
        MCF_UART_UBG1(uartch) = (uint8)((ubgs & 0xFF00) >> 8);
        MCF_UART_UBG2(uartch) = (uint8)(ubgs & 0x00FF);


        /* 使能接收器和发送器 */
        MCF_UART_UCR(uartch) =
        (MCF_UART_UCR_TX_ENABLED| MCF_UART_UCR_RX_ENABLED);
}


/***************************************************************/
/* 函数:       uart_getchar     */
/* 功能:       等待直至指定的 UART 模块收到一个字符 */
/* 返回值:     接收到的字符 */
Char uart_getchar (int channel)
{
```

```
    /*等待直到字符被接收*/
    while(!(MCF_UART_USR(channel) & MCF_UART_USR_RXRDY));
    return MCF_UART_URB(channel);
}

/******************************************************************/
/*函数:     uart_putchar */
/*功能:     等待 UART 发送器缓冲区有空余位置,然后发送一个字符*/
/*返回值:   无 */
Void uart_putchar(int channel, char ch)
{
    /*查询发送器缓冲区是否空*/
    while(!(MCF_UART_USR(channel) & MCF_UART_USR_TXRDY));
    /*发送字符*/
    MCF_UART_UTB(channel) = (uint8)ch;
}

/******************************************************************/
/*函数:     uart_getchar_present   */
/*功能:     查询指定 UART 通道是否已经收到一个字符*/
/*返回值:   0    未收到字符
            1    已收到字符
*/
Int uart_getchar_present(int channel)
{
    return(MCF_UART_USR(channel) & MCF_UART_USR_RXRDY);
}
/******************************************************************/
```

2. 使用中断复位的异步串行通信实例

本程序是一个使用中断复位来进行的异步串行通信的例子。

```
/*全局变量*/
uint8 UART0TxCounter;                    /*UART0 数据发送计数器*/
uint8 *UART0TxPtr;                       /*UART0 发送数据指针*/
uint8 UART0RxBuffer[UART0RxBuffSize];    /*UART0 接收缓冲区*/
uint8 UART0RxCounter;                    /*UART0 接收字节计数器*/
uint8 *UART0RxPtr;                       /*UART0 接收缓冲区指针*/
uint8 UART0Status = 0;                   /*UART0 状态变量*/


/*函数名称   UARTinit    用于初始化 UART0 通道*/
/*返回       无      */
void UARTinit()
{
    /*配置 UART0 端口所使用的引脚*/
```

第15章 通用异步收发器

```c
    MCF_GPIO_PUAPAR |= (MCF_GPIO_PUAPAR_UCTS0_UCTS0      /* CTS 引脚 */
                      | MCF_GPIO_PUAPAR_URTS0_URTS0      /* RTS 引脚 */
                      | MCF_GPIO_PUAPAR_URXD0_URXD0      /* RXD 引脚 */
                      | MCF_GPIO_PUAPAR_UTXD0_UTXD0      /* TXD 引脚 */
                      );

    /* 配置 UART 模块 */
    MCF_UART0_UCR |= MCF_UART_UCR_RESET_TX               /* 复位发送器命令 */
                    | MCF_UART_UCR_RESET_RX              /* 复位接收器命令 */
                    | MCF_UART_UCR_RESET_MR;             /* 复位工作模式命令 */

    MCF_UART0_UMR = (MCF_UART_UMR_PM_NONE                /* 无奇偶校验 */
                    | MCF_UART_UMR_BC_8                  /* 8 位数据位 */
                    );

    MCF_UART0_UMR = (MCF_UART_UMR_CM_NORMAL              /* 正常通道模式 */
                    | MCF_UART_UMR_SB_STOP_BITS_1        /* 1 位停止位 */
                    );

    MCF_UART0_UCSR = (
                    MCF_UART_UCSR_RCS_SYS_CLK            /* 接收器使用预分频的内部总线时钟 */
                    | MCF_UART_UCSR_TCS_SYS_CLK          /* 发送器使用预分频的内部总线时钟 */
                    );

    MCF_UART0_UIMR |= (MCF_UART_UIMR_FFULL_RXRDY
                    | MCF_UART_UIMR_TXRDY);              /* 使能发送和接收中断 */
    /* 计算设置波特率 */
    ubgs = (uint16)((SYSTEM_CLOCK * 1000)/(UART_BAUD * 32));

    /* 写入波特率 */
    MCF_UART0_UBG1 = (uint8)((ubgs & 0xFF00) >> 8);
    MCF_UART0_UBG2 = (uint8)(ubgs & 0x00FF);

    /* 使能接收器 */
    MCF_UART0_UCR |= MCF_UART_UCR_RX_ENABLED;            /* 使能 UART 接收器 */

    /* 初始化接收缓冲区 */
    UART0RxPtr = &UART0RxBuffer[0];

    /* 在系统中断控制器中使能 UART 模块的中断 */
    MCF_INTC0_IMRH &= ~(0x00000000);
    MCF_INTC0_IMRL &= ~((0x00000001<<13) + 1);

    /* 设置中断优先级和等级,优先级为 2,等级为 1 */
    MCF_INTC0_ICR(13) = MCF_INTC_ICR_IP(2) + MCF_INTC_ICR_IL(1);
```

```c
    }
    /* 函数名称        UART0_TXRX_ISR */
    /* 功能            UART0 发送接收中断服务子程序 */
    __declspec(interrupt:0)
    void UART0_TXRX_ISR(void)
    {
        uint8 ReadUSR0 = MCF_UART0_USR;                 /* 读取状态寄存器 */
        if(ReadUSR0&MCF_UART_USR_TXRDY)                 /* 检测发送器中断标志是否置位 */
        {
            if(UART0TxCounter)                          /* 检测是否有字符需要发送 */
            {
                UART0TxCounter -- ;
                MCF_UART0_UTB = * UART0TxPtr ++ ;       /* 发送下一个字符 */
            }
            else  /* 无字符需要发送 */
            {   /* 没有待发送的字节,禁用发送器 */
                MCF_UART0_UCR |= MCF_UART_UCR_TX_DISABLED;
            }
        }

        if(ReadUSR0&MCF_UART_USR_RXRDY)                 /* 检测接收器中断标志是否置位 */
        {
            if(UART0RxPtr == &UART0RxBuffer[UART0RxBuffSize])
            { /* 接收缓冲区已满,复位 UART0 接收指针,使之指向缓冲区首字节 */
                UART0RxPtr = &UART0RxBuffer[0];
            }
            * UART0RxPtr ++ = MCF_UART_URB(0);          /* 将接收到的字符保存 */
            UART0Status |= UARTByteReceived;            /* 设置接收字节标志位 */
        }
    }


    /* 函数名称    PrintMsg */
    /* 功能        使用 UART 口发送消息 */
    /* 变量        unsigned char * text     发送缓冲区指针 */
    /* 变量        unsigned char size       消息长度 */
    /* 返回        无 */
    void PrintMsg(uint8 * text, uint8 size)
    {
        UART0TxPtr = text;                              /* 将局部变量载入全局变量 */
        UART0TxCounter = size;                          /* 将局部变量载入全局变量 */
        MCF_UART_UCR(0) |= MCF_UART_UCR_TX_ENABLED;     /* 使能 UART0 发送中断 */
        return;
    }
```

15.4.3 UART 外围硬件设计

通常情况下,如果仅为芯片级别连接,则只需要通信双方的收发线交叉连接即可以实现通信。此外,UART 最常用于使用 RS-232 和 RS-422 收发器组成的点对点连接,例如与个人计算机、PLC 等通信;同时还可以使用 RS-485 收发器,结合通信协议(例如 MODBUS)组成多点通信网络,用于现场总线控制网络等。

下面简要介绍 ColdFire 片上 UART 模块与外部收发器的连接设计。

1. RS-232 收发器

RS-232 通信是采用的全双工方式,如果使用到流控制的话,一共需要两对收发引脚。常见的 RS-232 收发器有 MAXIM 公司、SIPEX 公司和 NS 公司出品的芯片,如 MAX232、SP232、DS14C232 等。但是这些芯片大多数是采用 5V 供电,而 ColdFire 是采用 3.3V 供电,因此需要使用如 MAX3232、SP3232 这些类型的 RS-232 收发器。RS-232 收发器连接见图 15-5。

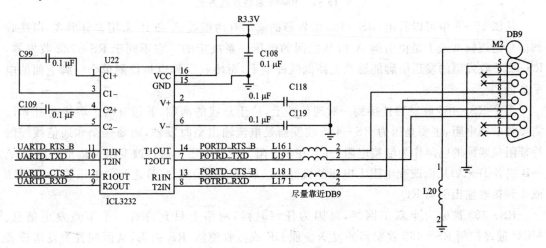

图 15-5 RS-232 连接方式

图 15-5 中,U22 是 Intersil 公司的 ICL3232 收发芯片,该芯片与 MAXIM、SIPEX 等公司的 MAX3232 和 SP3232 芯片功能、引脚定义和封装都相同。该芯片有两组 RS-232 收发器,T1-R1 和 T2-R2 是两组功能完全一致的收发器组。

这里,将 T1-R1 组分配给 RTS 和 CTS 引脚,T2-R2 组分配给 TXD 和 RXD 引脚。经过 ICL3232 后的 RS-232 电平信号连接到了 DB9 连接器的 2-TXD、3-RXD、6-RTS 和 7-CTS 引脚。

ICL3232 芯片内部具有基于电荷泵的电压泵升电路,能够将 3.3V 电压升高到 RS-232 所规定的电压值。芯片上连接的 C99、C109、C118 和 C119 是泵升电路使用的电容。通常建议使用 X7R 温度特性的多层陶瓷电容(MLCC),容量为 0.1μF,耐压为 50V。图 15-5 中的 L16~L19 是铁氧体磁珠,用来过滤信号线上的差模干扰信号。

2. RS-485 收发器

RS-485 通信采用半双工,通常多个 RS-485 收发器通过总线方式相连接,组成一个多点的通信网络。图15-6是总线方式连接示意图。

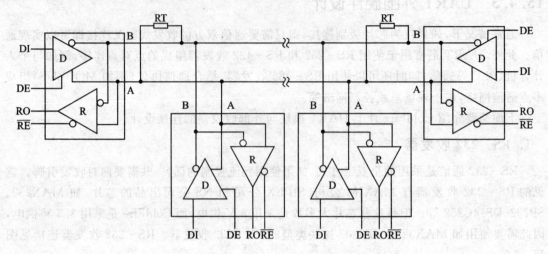

图 15-6 RS485 总线连接方式

从图15-6中可以看出,RS-485收发器的输出有两根线A和B,采用差分形式,即接收到信号是逻辑0或1是由引脚A和B之间的电压关系决定的。它不同于RS-232收发器,RS-232收发器的发送引脚能够产生高低两种电平,而接收引脚也是检测单个引脚上面的电平高低。

多个RS-485收发器挂接到一对通信线上,位于总线的两端,并接有两个端接电阻RT。需要加端接电阻,主要是因为RS-485收发器是电流输出型收发器,需要一个和通信线缆的特征阻抗匹配的电阻作为端接电阻,并且在该电阻上产生电压。通过改变电流输出的路径(A→B或者B→A)从而改变电阻上电压的极性。接收器通过检测A、B之间的电压关系,输出0或1到接收输出引脚RO。

RS-485被称为半双工网络,是因为任何时候,网络上只允许有一个节点发出信息。MCU通过控制RS-485收发器的发送使能DE或接收使能/RE引脚,从而配置为发送或者接收模式。通常,收发器的DE和/RE引脚是连接在一起的,并且通过MCU的一个通用I/O口来控制收发器的方向,这样做是因为在使能发送器的时候,会禁用接收器,从而避免MCU的UART接收到自己发送的字符而产生错误的判断。

常见的RS-485收发器有MAXIM公司、SIPEX公司和NS公司出品的芯片,诸如MAX485、SP485等。但是这些芯片大多数是采用5V供电,而ColdFire是采用3.3V供电,因此需要使用诸如MAX3485、SP3485这些类型的RS-485收发器。

图15-7是一个实际的RS-485接口电路设计。

图15-7中,U13是一个3.3V电源供电的RS-485收发器SP3485。引脚1-RO是数据接收输出,与UART模块的数据接收RX引脚相连;引脚2-/RE和3-DE引脚连接在一起,连接到一个MCU的通用I/O口,用来控制收发器的功能。当URT0引脚置高时候,收发器配置为发送状态;当URT0引脚置低时候,收发器配置为接收状态。这里还增加了一个R4下拉电阻,目的是为了在系统上电时,U13的默认状态是接收,从而避免多个收发器都处于发送状态而导致总线瘫痪。引脚4-DI是数据发送输入,与UART模块的数据发送TX引脚相连。

第15章 通用异步收发器

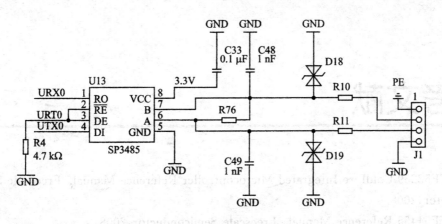

图15-7 RS485接口电路

在收发器的外部连接端,接有多个保护性器件,D18和D19是两个双极性瞬态电压抑制管(TVS),用来抑制RS-485数据线上的尖峰干扰。选择双极性的原因是RS-485收发器采用差分接收模式,接收器只会检测两根数据线间电压差,而数据线对地电压(即共模电压)的极性和幅度根据实际接线系统有所差异。采用双极性的瞬态电压抑制管(TVS),将数据线的电压钳制在收发器所规定的最大允许输入共模电压范围内,从而有效地保护收发器以及后续的主芯片。

参考文献

[1] MCF52259 ColdFire Integrated Microcontroller Reference Manual. Freescale Semiconductor, 2008.

[2] MCF54455 Reference Manual. Freescale Semiconductor, 2008.

[3] Munir Bannoura, Rudan Bettelheim, Richard Soja. ColdFire Microprocessors and Microcontrollers, Preliminary Edition. AMT Publishing.

[4] Melissa Hunter. Simplified EHCI Data Structures for the High-End ColdFire Family USB Modules, AN3520. Freescale Semiconductor, 2007.

[5] Melissa Hunter. Simplified Device Data Structures for the High-End ColdFire Family USB Modules, AN3631. Freescale Semiconductor, 2008.

[6] John Weil. DDR2 SDRAM on the ColdFire MCF5445x Microprocessor, AN3522. Freescale Semiconductor, 2007.

[7] Stuart Robb. CAN Bit Timing Requirements. Rev. 4. 2004.

[8] Eric Gregori. ColdFire TCP/UDP/IP Stack and RTOS. 2007.

[9] Eric Gregori. Small Footprint ColdFire TCP/IP Stack. 2007.

[10] Eric Gregori. ColdFire Lite HTTP Server. 2007.

[11] Universal Serial Bus Specification. Rev. 2.0. [2000-04-27]. http://www.usb.org.

[12] On-The-Go Supplement to the USB 2.0 Specification. Rev. 1.3. http://www.usb.org.

[13] Device Class Definition for Human Interface Devices (HID) Firmware Specification, Version 1.11. http://www.usb.org.

[14] Universal Serial Bus Mass Storage Class Bulk-Only Transport. Rev. 1.0. [1999-09-31]. http://www.usb.org.

[15] Universal Serial Bus Class Definitions for Communications Devices. Rev. 1.2. http://www.usb.org.

[16] Jan Axelson. USB Complete Everything You Need to Develop Custom USB Peripherals. 3th ed.

[17] TheI2C-BusSpecification. Version 2.1. 2000.

[18] MC13192/MC13193 2.4 GHz Low Power Transceiver for the IEEE®802.15.4 Standard Reference Manual, MC13192RM. Rev. 1.3. Freescale Semiconductor, 2005.

[19] Simple Media Access Controller(SMAC) User's Guide, SMACRM. Rev. 1.2. Freescale Semiconductor, 2005.